尼古拉斯·斯特恩严谨的分析、巧妙的沟通和务实的关注使他在全球气候政策中具有不可替代的关键作用。《尚待何时?》是其思想和论点之精美集成。这部著作对气候变化科学、创新经济学、贴现伦理学及国际气候协议可行性所作的引人入胜的分析，对经济理论和现实行动均具有重要贡献。

——阿黛尔·特纳，英国气候变化委员会原主席，英国金融服务局原主席

为应对气候变化，设计良策重要但也不易，为制定政策而进行政治动员更难，组织全球范围的国际合作更是难上加难。幸运的是，尼古拉斯·斯特恩的这部书带来了如此清晰且深刻的分析，既充满关怀，又洞悉机遇，对应对气候变化的逻辑、紧迫性和未来的分析极为透彻。

——彼得·戴蒙德，麻省理工学院退休教授，2010年诺贝尔经济学奖获得者

尼古拉斯·斯特恩对气候变化经济学这个日益重要的领域作出了巨大且宝贵的贡献。他对于颠覆性创新、气候行动协同效益及社会转型的关注将为气候减缓政策带来活跃的辩论。这些辩论是设计良好气候政策迫切所需的。

——奥特玛·艾登霍夫，IPCC第三工作组联合主席，墨卡托全球公共气候变化研究所所长，波茨坦气候影响研究所首席经济学家，柏林技术大学教授

低碳智库译丛

Why Are We Waiting?

The Logic, Urgency, and Promise of Tackling Climate Change

Nicholas Stern

尚待何时?

应对气候变化的逻辑、紧迫性和前景

(英) 尼古拉斯·斯特恩 著

齐晔等 译

东北财经大学出版社
Dongbei University of Finance & Economics Press
大连

Nicholas Stern: Why Are We Waiting? The Logic, Urgency, and Promise of Tackling Climate Change.

辽宁省版权局著作权合同登记号：图字06-2015-164

图书在版编目（CIP）数据

尚待何时?：应对气候变化的逻辑、紧迫性和前景 / （英）斯特恩（Stern，N.）著；齐晔等译．
—大连：东北财经大学出版社，2016.3
（低碳智库译丛）
ISBN 978-7-5654-2241-6

Ⅰ．尚…　Ⅱ．①斯…　②齐…　Ⅲ．气候变化-对策-研究　Ⅳ．P467

中国版本图书馆CIP数据核字（2016）第024483号

东北财经大学出版社出版发行
大连市黑石礁尖山街217号　邮政编码　116025
教学支持：（0411）84710309
营 销 部：（0411）84710711
总 编 室：（0411）84710523
网　　址：http：//www. dufep. cn
读者信箱：dufep @ dufe. edu. cn
大连图腾彩色印刷有限公司印刷

幅面尺寸：170mm×240mm　字数：346千字　印张：25 1/2
2016年3月第1版　2016年3月第1次印刷
责任编辑：李　季　杨紫旋　　责任校对：贺　荔
封面设计：冀贵收　　　　　　版式设计：钟福建
定价：86.00元

谨以此书，献给我们的子孙后代

“低碳智库译丛”总序

气候变化是当前人类面临的最大威胁，危及地球生态安全和人类生存与发展。采取应对气候变化的智慧行动可以推动创新、促进经济增长并带来诸如可持续发展、增强能源安全、改善公共健康和提高生活质量等广泛效益，增强国家安全和国际安全。全球已开展了应对气候变化的合作进程，并确立了未来控制地表温升不超过2℃的目标。其核心对策是控制和减少温室气体排放，其中主要是化石能源消费的CO_2排放。这既引起新的国际治理制度的建立和发展，也极大推动了世界范围内能源体系的革命性变革和经济社会发展方式的转变，低碳发展已成为世界潮流。

自工业革命以来，发达国家无节制地廉价消耗全球有限的化石能源等矿产资源，完成了工业化和现代化进程。在创造其当今经济社会高度发达的“工业文明”的同时，也造成世界范围内化石能源和金属矿产资源日趋紧缺，并引发了以气候变化为代表的全球生态危机，付出了严重的资源和环境代价。在全球应对气候变化减缓碳排放背景下，世界范围内正在掀起能源体系变革和转型的浪潮。当前以化石能源为支柱的传统高碳能源体系，将逐渐被以新能源和可再生能源为主体的新型低碳能源体系所取代。人类社会的经济发展不能再依赖地球有限的矿物资源，也不能再过度侵占和损害地球的环境空间，要使人类社会形态由当前不可持续的工业文明向人与自然相和谐、经济社会与资源环境相协调和可持续发展的生态文明的社会形态过渡。

应对气候变化，建设生态文明，需要发展理念和消费观念的创新：要由片面追求经济产出和生产效率为核心的工业文明发展理念转变到人与自然、经济与环境、人与社会和谐和可持续发展的生态文明的发展理念；由过度追求物质享受的福利最大化的消费理念转变为更加注重精神文明和文化文明的健康、适度的消费理念；不再片面地追求GDP增长的数量、个人财富的积累和物质享受，而是全面权衡协调经济发展、社会进步和环境保护，注重经济和社会发展的质量和效益。经济发展不再盲目向自然界摄取资源、排放废物，而要寻求人与自然和谐相处的舒适的生活环境，使良好的生态环境成为最普惠的公共物品和最公平的社会福祉。高水平的生活质量需要大家共同拥有、共同体验，这将促进社会公共财富的积累和共享，促进世界各国和社会各阶层的合作与共赢。因此，传统工业文明的发展理论和评价方法学已不能适应生态文明建设的发展理念和目标，需要发展以生态文明为指导的发展理论和评价方法学。

政府间气候变化专门委员会（IPCC）第五次评估报告在进一步强化人为活动的温室气体排放是引起当前气候变化的主要原因这一科学结论的同时，给出全球实现控制温升不超过2℃目标的排放路径。未来全球需要大幅度减排，各国经济社会持续发展都将面临碳排放空间不足的挑战。因此，地球环境容量空间作为紧缺公共资源的属性日趋凸现，碳排放空间将成为比劳动力和资本更为紧缺的资源和生产要素。提高有限碳排放空间利用的经济产出价值就成为突破资源环境制约、实现人与自然和谐发展的根本途径。广泛发展的碳税和碳市场机制下的“碳价”将占用环境容量的价值显性化、货币化，将占用环境空间的社会成本内部化。“碳价”信号将引导社会资金投向节能和新能源技术，促进能源体系变革和经济社会低碳转型。能源和气候经济学的发展越来越关注“碳生产率”的研究，努力提高能源消费中单位碳排放即占用单位环境容量的产出效益。到2050年世界GDP将增加到2010年的3倍左右，而碳排放则需要减少约50%，因此碳生产率需要提高6倍左右，年提高率需达4.5%以上，远高于工业革命以来劳动生产率和资本产出率提高的速度。这需要创新的能源经济学和气候经济学理论来引导能源的革命性变革和经济发展方式的变革，从而实现低碳经济的发展路径。

经济发展、社会进步、环境保护是可持续发展的三大支柱，三者互相依存。当前应对气候变化的关键在于如何平衡促进经济社会持续发展与管理气候风险的关系。气候变化使人类面临不可逆转的生态灾难的风险，而这种风险的概率和后果以及当前适应和减缓行动的效果都有较大的不确定性。国际社会对于减排目标的确立和国际制度的建设是在科学不确定情况下的政治决策，因此需要系统研究当前减缓气候变化成本与其长期效益之间的权衡和分析方法；研究权衡气候变化的影响和损害、适应的成本和效果、减缓的投入和发展损失之间关系的评价方法和模型手段；研究不同发展阶段国家的碳排放规律及减缓的潜力、成本与实施路径；研究全球如何公平地分配未来的碳排放空间，权衡“代际”公平和“国别”公平，从而研究和探索经济社会发展与管控气候变化风险的双赢策略。这些既是当前应对气候变化的国际和国别行动需要解决的实际问题，也是国际科学研究的重要学术前沿和方向。

当前，国际学术界出现新气候经济的研究动向，不仅关注气候变化的影响与损失、减排成本与收益等传统经济学概念，更关注控制气候风险的同时实现经济持久增长，把应对气候变化转化为新的发展机遇；在国际治理制度层面，不仅关注不同国家间责任和义务的公平分担，更关注实现世界发展机遇共享，促进各国合作共赢。理论和方法学研究在微观层面将从单纯项目技术经济评价扩展到全生命周期的资源、环境协同效益分析，在宏观战略层面将研究实现高效、安全、清洁、低碳新型能源体系变革目标下先进技术发展路线图及相应模型体系和评价方法，在国际层面将研究在“碳价”机制下扩展先进能源技术合作和技术转移的双赢机制和分析方法学。

我国自改革开放以来，经济发展取得举世瞩目的成就。但快速增长的能源消费不仅使我国当前的CO_2排放已占世界1/4以上，也是造成国内资源趋紧、环境污染严重、自然生态退化严峻形势的主要原因。因此，推动能源革命，实现低碳发展，既是我国实现经济社会与资源环境协调和可持续发展的迫切需要，也是应对全球气候变化、减缓CO_2排放的战略选择，两者目标、措施一致，具有显著的协同效应。我国统筹国内国际两个大局，积极推动生态文明建设，把实现绿色发展、循环发展、低碳发展作为基本途径。自“十一五”以来制定实施并不断强化积极的节能和CO_2减排目标及能源结构优化目标，并以此为导向，促进经济发展方式的根本性转变。我国也需要发展面向生态文明转型的创新理论和分析方法作为指导。

先进能源的技术创新是实现绿色低碳发展的重要支撑。先进能源技术越来越成为国际技术竞争的前沿和热点领域，成为世界大国战略必争的高新科技产业，也将带来新的经济增长点、新的市场和新的就业机会。低碳技术和低碳发展能力正在成为一个国家的核心竞争力。因此，我国必须实施创新驱动战略，创新发展理念、发展路径和技术路线，加大先进能源技术的研发和产业化力度，打造低碳技术和产业的核心竞争力，才能从根本上在全球低碳发展潮流中占据优势，在国际谈判中占据主动和引导地位。与之相应，我国也需要在理论和方法学研究领域走在前列，在国际上发挥积极的引领作用。

应对气候变化关乎人类社会的可持续发展，全球合作行动关乎各国的发展权益和国际义务。因此相关理论、模型体系和方法学的研究非常活跃，成为相关学科的前沿和热点。由于各国研究机构背景不同，思想观念和价值取向不同，尽管所采用的方法学和分析模型大体类似，但各自对不同类型国家发展现状和规律的理解、把握和判断的差异，以及各自模型运转机理、参数选择、政策设计等主观因素的差异，特别是对责任和义务分担的“公平性”的理念和度量准则的差异，往往会使研究结果、结论和政策建议产生较大差别。当前在以发达国家研究机构为主导的研究结果和结论中，往往忽略发展中国家的发展需求，高估了发展中国家减排潜力而低估了其减排障碍和成本，从而过多地向发展中国家转移减排责任和义务。世界各国因国情不同、发展阶段不同，可持续发展优先领域和主要矛盾不同，因此各国向低碳转型的方式和路径也不同。各国在全球应对气候变化目标下实现包容式发展，都需要发展和采用各具特色的分析工具和评价方法学，进行战略研究、政策设计和效果评估，为决策和实施提供科学支撑。因此，我国也必须自主研发相应的理论框架、模型体系和分析方法学，在国际学术前沿占据一席之地，争取发挥引领作用，并以创新的理论和方法学，指导我国向绿色低碳发展转型，实现应对全球气候变化与自身可持续发展的双赢。

本译丛力图选择翻译国外最新最有代表性的学术论著，便于我国相关科技工作者和管理干部掌握国际学术动向，启发思路，开拓视野，以期对我国应对全球气候变化和国内低碳发展转型的理论研究、政策设计和战略部署有参考和借鉴作用。

何建坤

2015年4月25日

↘ 中文版序言

尼古拉斯·斯特恩教授因其2006年出版的关于全球气候变化的《斯特恩报告》而在中国广为人知。该报告关于“应对气候变化无所作为的成本和风险远远超过采取行动的成本和风险”的核心结论，不仅促成了英国国内朝野超党派的广泛共识，使英国成为世界上第一个就应对气候变化而立法的国家，在世界应对气候变化的进程中发挥了引领作用，而且其核心理念也对世界各国凝聚共识、共同推进全球应对气候变化的进程发挥了积极的推动作用。

2013—2014年，为推动2015年年底巴黎气候大会最终就2020年后国际气候制度框架达成协议，斯特恩教授作为全球经济与气候委员会联合主席，推动和指导了该委员会旗舰研究项目“新气候经济”的研究。该项目的核心理念就是将未来20年世界经济转型与应对气候变化密切结合，从而促进经济强劲增长，并推动应对气候变化的积极行动。该项目的最终报告《更好的增长、更好的气候——新气候经济报告》就体现和论证了这一核心理念，并提出了相应的实施对策和实现路径，在世界范围内产生了广泛影响。清华大学团队有幸在该项目中完成《中国与新气候经济》的专题报告，也论证了中国实现经济持续稳定增长与减缓碳排放双赢的战略、政策和路径，这都有助于在世界范围内形成广泛的共识，即把应对气候变化行动作为促进经济转型的新的发展机遇，在新的认知和理念下，强化应对气候变化行动，促进自身的可持续发展，以及与世界各国的合作共赢。

本书是斯特恩爵士的最新力作，从经济学原理、道德伦理和哲学原则等多个视角，深刻论述了应对气候变化的风险、减排行动的成本与效益、代际及国别的公平性等问题，厘清了很多模糊和片面的论点和观念，分析了实现应对气候变化与可持续发展协调统一的行动领域和实现路径，并介绍了一些国家和地区的有益实践。该书在各种视角下的分析都导向一个共同的结论：全球采取应对气候变化的积极行动是有利的，也是必需的。各种理论分析依据也对作出合理的政治经济决策提供了指导。

全球气候变化是地球面临的生态危机，也是人类生存与发展的最大威胁之一。采取积极的应对行动，在管控气候风险的同时实现经济社会的持续稳定发展，其核心对策是实现经济发展方式的低碳转型。以低能耗、低碳排放支撑经济社会持续发展，特别是要推动能源生产和消费体系的革命性变革，节约能源、提高能源效率、发展新能源和可再生能源，改善能源结构，构建高效、低碳的能源供应体系和消费体系，实现经济发展与碳减排的和谐统一。各国都要制定并实施经济低碳转型的战略，设计实现路径和方式，并把全球合作应对气候变化作为新的发展机遇，加强技术创新和制度建设，打造自身的可持续发展能力和低碳经济技术的竞争优势。同时，加强国际合作，在共同但有区别的责任原则下，实现各国的合作共赢，公平实现可持续发展。本书的理论分析和实证研究都将成为有价值的借鉴。

中国实施应对气候变化国家战略，并已公布2020年后应对气候变化有雄心的国家自主决定贡献（INDC）目标和行动计划。外树形象，体现了我国深度参与全球治理、推动全人类共同发展的责任担当；内促发展，促进经济持续稳定发展并实现绿色低碳转型，从传统的资源依赖型、粗放扩张的高碳发展方式转向新型的创新驱动型、内涵提高的低碳发展路径。当前我国处于经济转型升级、提质增效的关键时期，实施创新驱动、绿色低碳发展战略是我国统筹应对全球气候变化，减排CO_2与国内节约资源、保护环境、促进经济持续健康发展双赢的战略选择。斯特恩爵士书中的论证和观点，也可为我国的转型发展提供有益的启示和借鉴。

我早就听说斯特恩爵士在撰写这本新书，一直期待它的面世。这次由齐晔教授团队在其英文版发行的同时翻译出版中文版，值得庆贺，并很高兴能将其纳入东北财经大学出版社“低碳智库译丛”精选系列译著之中，为译丛增光添彩，并为广大读者提供新的知识和经验。

何建坤

2016年1月

↘ 译者前言

——斯特恩及其气候变化研究

斯特恩勋爵是个明星。他的名字虽不是家喻户晓，但在气候变化研究领域的确尽人皆知。经过半个多世纪的集中研究和20多年来的政府关注，气候变化研究已然成为一个规模庞大的学术和实践领域。在这个领域中，人们得知斯特恩的名字是因为10年前的一份报告，即《关于气候变化经济学的斯特恩报告》，简称《斯特恩报告》。这份长达700页的研究报告，先是于2006年10月在网上发布，不久后正式出版。在这个快速阅读的时代，不知道有多少人真正读完了这份报告。但这似乎并不重要，重要的是，报告及其作者很快就在气候变化研究领域、国际谈判和相关政府部门获得了极高的知名度和认可度。这份报告虽然很长，但说明了一个简单的道理，那就是：应对气候变化是一个合乎理性的选择。斯特恩是经济学家，其所用的分析方法是经济学中常用的成本-收益分析。所谓的理性选择也是在经济学意义上。这个简单明了的论点更为严谨地表述了一个观点：采取行动来应对气候变化与拖延行动不作为相比，前者的行为净成本远低于后者的净损失。道理说到这种程度，其政策含义显而易见：选择立即行动，应对气候变化。

有些人可能会失望。那么著名的一项研究，就只是这样一个结论?!

现在回头来看，除了报告内容本身之外，还有两个因素使这份报告产生了巨大影响：一个是时机，另一个是作者的身份。先说时机，2006年年底，《京都议定书》正式生效，但国际气候谈判前景不明。这主要是因为以美国为首的一些发达国家退出了《京都议定书》。即便生效，其对全球减排的影响也不大。在国际气候变化谈判中，发展中国家整体力量薄弱，无法与发达国家抗衡。资金、技术等关键问题久拖未决，难以突破。

此时，在对气候变化的科学认知上，IPCC第三次评估报告的影响已是强弩之末。对全球和各国政府而言，选择采取行动来应对气候变化还是听之任之，坐等灾难发生？“生存还是毁灭，这是一个问题”，而答案并非显而易见。当时，特别是在发达国家，广为流传的一种论调就是应对气候变化会影响经济发展。事实上，2001年，美国的小布什总统，甫一上任就选择退出《京都议定书》，其主要的说辞就是采取行动来应对气候变化会影响经济增长，即所谓的气候变化不经济论——从经济增长的角度反对气候行动。当然，更多人对此嗤之以鼻，认为这种认知毫无根据。反对者除了反对之外，也拿不出真凭实据予以反驳。其结果是，在国内政治上造成模糊地带。政客们都是操纵并利用模糊地带的高手。若不想被人操纵，就必须予以澄清。这时，需要有人从经济学理论的角度来说清楚应对气候变化与经济增长之间的关系。有理有据固然重要，但更为重要的或许是澄清者的权威性。

英国人很高明。他们选择了斯特恩勋爵。斯特恩的权威不仅来自其爵位，更来自其地位。其地位在于其学术成就，也在于其丰富的履历。这位曾先后在牛津大学和剑桥大学求学的高才生，刚满24岁就成为牛津大学的讲师。此后，其学术生涯高潮不断、异彩纷呈。从34岁到43岁，他在华威（Warwick）大学任教授。1986—1993年，他被延揽到诺贝尔经济学奖辈出的伦敦政治经济学院，出任以诺贝尔经济学奖获得者、经济学家约翰·希克斯命名的讲席教授。之后，他被刚刚成立不久的欧洲复兴开发银行聘为首席经济学家及行长特别顾问。当时，他刚刚步入知天命之年。5年之后，正当他欲返回书斋和讲堂之时，又被世界银行聘为首席经济学家，接替经济学家斯蒂格利茨。2003年，他被布朗征召回国，担任英国财政部副部长。2005年，正当气候变化问题从科学问题转变为经济问题和政治问题之际，刚刚再次获得连任的英国首相布莱尔及其英国政府希望在全球气候变化问题上发挥领导作用，委托经济学功底深厚的斯特恩勋爵领导研究并回答应对气候变化的经济问题。这的确是一招妙棋。

这位学术研究和实践经验丰富的经济学家果然不负众望，在一年之内，就写出了700页的报告，从理论到方法再到数据，扎实而详尽地论证了采取行动来应对气候变化才是符合经济理性的政策选择。正如经济学分析通常所做的那样，这项研究的关注点是成本和收益。任何一项经济活动都有其成本和收益，气候变化及其应对也是如此。应对气候变化需要投入资金、改良技术来提高能效、减少温室气体排放，从而加强预防、降低风险、减少损失。在这里，资金、技术和人力的投入就是成本，减少的风险和损失就是收益，两相比较就得到了净成本。如果不采取行动，固然可以减少成本投入，但相应地，也放任了风险和损失，由此也能计算出净成本（或称净损失）。《斯特恩报告》的研究表明，对全球而言，如果选择应对气候变化，其净成本要远远小于不作为所带来的净损失。

当然，一份数百页的报告需要深思熟虑的推导和逻辑缜密的计算。比如，研究所采用的时间长度是1年、多年还是更长时间（时间尺度）？如果是多年比较的话，今天的一元成本跟100年后的一元成本应如何比较（贴现率）？各国的经济增长和全球气候变化在未来到底会发生什么（不确定性）？对关键参数的选择往往是仁者见仁、智者见智（模型假设）。因此，虽然该研究广受好评，但仍有不少批评和质疑。其中，批评较多的是贴现率的选择。好在这个问题不构成什么致命打击。

这份研究报告结论清晰，用严密的经济学分析并明确地解释了为什么必须采取行动来应对气候变化。在报告发表之后，IPCC紧接着于2007年年初发布了其迄今为止影响最大的第四次评估报告。这一年，世界上掀起了第一次真正意义上的关于气候变化的全球热潮。也是在这一年，中国成立了国家应对气候变化领导小组。其后不久，《联合国气候变化框架公约》第13次缔约方大会在巴厘岛召开。在这次大会上，诞生了极具进步意义的《巴黎路线图》，为之后的哥本哈根大会拉开了序幕，也开始进行积极的热身。2008年英国议会制定了世界上第一部气候变化法。应该说，《斯特恩报告》在此过程中发挥了重要的推动作用。

尽管如此，这份报告还是没有充分说服各国采取积极行动，这从后来哥本哈根大会的结果中可以看出。《斯特恩报告》留下了许多重要的问题没有回答，首先就是成本的分配问题。的确，从全球来看，行动比不行动或拖延行动都更符合经济理性。但是在全球近200个国家当中，如果一些国家选择行动，而另一些国家搭便车，那么选择行动的国家就要支付成本，而搭便车的国家不但不支付成本，反而享受了气候行动的收益，如此，成本分配显然不公平。因此，要行动，需要集体行动，需要解决搭便车问题。要集体行动，先要各方承诺并设置监督和惩罚机制以避免不守诺行为。毕竟，在多方“囚徒悖论”的情境下，一个经济学分析的结论并不足以保障各方自动守诺。

《斯特恩报告》的另一个问题是，其分析了成本和损失，但对于应对气候变化可能带来的效益和机遇着墨不多。其实，在其撰写报告时，已经有一些研究表明，应对气候变化带来的收益不仅体现在损失的减少上，行动本身也可以产生经济效益。例如，当时与斯特恩合作的麦肯锡公司的研究已经注意到，在某些减排的活动中，如加强建筑保温，不仅能够节能减排，而且从中长期来看，还可以减少电费成本，这从财务上来讲是划算的。麦肯锡公司的表述在后来被业界称为“麦肯锡曲线”（尽管严格地说，它是柱状图而不是曲线）。在“麦肯锡曲线”中，减少的电费成本被称为“负成本”。这些零星的研究结果当时并没有发展成为重要的观念。

另一类关于收益的研究围绕“协同效益（co-benefit）”概念。这个听起来很像经济学术语的概念来自环境保护中一些朴素的观察。例如，燃煤电厂在减少二氧化硫排放的同时，可以减少重金属等污染物的排放，也可以减少二氧化碳排放，即所谓的一箭双雕或多雕。那么，减少重金属或二氧化碳排放就是二氧化硫减排的协同效益。这个概念可以被很有效地推广到多种不同的情形中，用以描述两种或更多相互关联的“一荣俱荣、一损俱损”的效益（co-benefit）或成本（co-cost）。

在中国，气候变化对于决策者和公众而言，其直观感觉往往不像大气污染那样具体和迫切。为了减少大气污染，关键之一是减少煤炭燃烧。无论是政府还是公众，都会支持这样的政策措施。而在减少煤炭消费的同时，也减少了温室气体的排放，减缓了气候变化。在这个意义上，治理大气污染同应对气候变化是相辅相成、相得益彰的，是典型的协同效益。因此，减少大气污染就是应对气候变化的重要收益。

这种协同效益的思维诱发了更为广泛的政策方向。决策者很快意识到应对气候变化与国内节能减排，甚至转变经济发展方式是颇为一致的。2007年，中国政府在成立国家应对气候变化领导小组的同时，成立了国务院节能减排领导小组。两个小组，一个对外、一个对内，但实质上是一班人马两块牌子。可见，在决策者的意识中，国内节能减排与全球应对气候变化这两个问题的协同程度很高。于是，在2011年开始实施的“十二五”规划中，干脆就把这两个问题都归集在“应对气候变化”的同一章中。2010年年初，胡锦涛同志在中央政治局关于应对气候变化的集体学习中明确指出，要把应对气候变化当作转变经济发展方式的重要机遇。可见，在中国的思维和实践中，对气候行动的“效益”给予了充分考虑。但这种实践中的发展并没有被及时地反映在关于气候变化的理论研究中。因此，在2013年斯特恩勋爵与墨西哥前总统卡尔德隆共同领导的全球经济与气候委员会设立“新气候经济”项目时，人们对其寄予了厚望，“斯特恩报告2.0”呼之欲出，其核心就是关注应对气候变化的“效益”。2014年发布的“新气候经济”项目的研究报告——《更好的增长、更好的气候——新气候经济报告》，在原《斯特恩报告》的基础上进一步说明，不仅从成本的角度来说，采取行动来应对气候变化比放任不作为更加符合经济理性，而且——也许是更重要的，应对气候变化可以为经济增长、能源和产业转型及技术进步带来巨大效益。其理论化的论述成为斯特恩新书的核心构成。他更进一步指出，应对气候变化的种种努力，其本身就是有利于经济发展的，即便不针对气候变化，也应该采取这些节能减排、能源转型的行动。在发展中国家，应对气候变化甚至与减贫和可持续发展是互为补充、彼此需要的。至此，在《斯特恩报告》中被忽略的收益问题成了其新书《尚待何时?》的核心议题。

然而，前一个问题，即成本分配问题，或者更广义地说是集体行动问题可能更具挑战性。作为一个理论问题，集体行动问题始终是经济学中的一个驱之不散的幽灵。半个世纪前，曼科·奥尔森在哈佛大学攻读博士学位时，将这一问题作为论文研究的主题，并在毕业之后将论文改写成一部具有巨大影响力的著作——《集体行动的逻辑》。其实，早在经济学鼻祖亚当·斯密那里这个问题就已经是若隐若现了。他那个后来被经济学家们广为追捧的“看不见的手”，看似完美地、一劳永逸地用一种黑格尔式的辩证逻辑解决了这个问题。不是吗?市场这只“看不见的手”，把对每个行为主体私利的追求转化为对社会总体（集体）利益的追求。但另一些经济学家很快发现，这种解决方法只在“私人物品（private goods）”的范围内才有效。而在马克思将市场经济下的商品生产和消费循环放到更广泛的时空尺度下进行分析时则发现，这只“看不见的手”并不总是带来社会利益的优化，相反，还会带来许多问题甚至危机。用福利经济学家的话说，在公共物品领域，存在广泛的市场失灵现象，最典型的就是以隐喻的方式被描述为所谓的“搭便车”、“囚徒困境”和“公地悲剧”问题。发现并指出问题与提供方案解决问题之间存在巨大的鸿沟。1968年，时任美国科学进步促进会（AAAS）主席的生态学家哈丁在以人口问题为例讨论公地悲剧问题时，指出了两种解决方案：一是霍布斯所说的利维坦，即常说的国有化方式；二是产权私有化方式。同时，同样在美国加利福尼亚州，也同样关注类似的人口-资源矛盾的另一位年轻学者却发现，还有另外一种方式——社区合作，在某些情形下也许更为有效。这位年轻学者就是后来获得2009年诺贝尔经济学奖的奥斯特罗姆教授。她的获奖让许多经济学家大跌眼镜。在他们看来，奥斯特罗姆的研究根本就不像一个典型的经济学问题，也正因如此，他们始终没想到要把她的著作列入学生或自己的阅读书目中。这似乎也没错。无论是哈丁还是奥斯特罗姆，他们恐怕从未把自己看作经济学家。他们提出的问题以及解决方案，事实上已经超越当代经济学典型的研究范围，而进入了社会学、政治学和公共政策学领域。换言之，要探讨这类集体行动问题，可能需要超越经济学才有出路。而这正是斯特恩在《尚待何时?》一书中所采取的研究途径。此书第1章开宗明义，即从经济学、伦理学和政治学视角来探讨气候变化问题。斯特恩是一位经济学家，但他超越了经济学研究范式，将研究的问题和方法拓展到伦理学和政治学领域——同奥斯特罗姆的研究似有异曲同工之妙。

那么问题来了，气候变化是个伦理学问题吗?

气候变化问题是科学家们提出的科学问题。由于它与经济活动关系密切，所以很快就成为经济学家和政府决策者们关注的经济问题。在国际气候变化谈判历经20多年之后，人们毫不惊奇为什么气候变化是个政治问题。那么，它又是怎么成为一个伦理问题的呢？2005年，那位天生低调，据说总是在其担任美联储主席的夫人耶伦身后默默烹饪的经济学家阿克罗夫，在他所就职的加州大学伯克利分校做了一个关于气候变化的演讲。在这个简短的演讲中，他只说了一个观点：气候变化的实质不是科学问题，不是经济问题，不是政治问题，而是道德问题！他并没有展开论证，只是强调公平是应对气候变化的核心。2013年，奥巴马在发布其气候变化行动计划时，代表政府首次宣称，气候变化是一个涉及子孙后代的道德问题。当然，正如斯特恩在本书中所指出的，站在不同的立场，对公平的理解是不同的。有人着眼未来强调代际公平，有人注重现实，追求人与人之间、国与国之间的公平。有的认为机会均等是公平，有的则觉得分配平均才是公平。经济学家对于“实证研究”和“规范研究”具有特殊的敏感性。对许多人来说，一旦进入“规范研究”的范畴，便超越了“舒适地带”。那些公说公有理、婆说婆有理的伦理学问题就是定义式的规范研究问题。对此避之唯恐不及的经济学家所选择的一种处理方式就是，通过前提假说把这些问题“简化”掉。但斯特恩选择了另一种方式：直面！

作出这种选择所需要的不仅是勇气，更是实力。这位看上去总是彬彬有礼的勋爵，直言不讳地指出他的同行和朋友们在气候经济学研究中的种种问题甚至谬误。然后，他熟练地请出休谟、穆勒还有当代的罗尔斯和阿马蒂亚·森，谦卑地就教于康德，恭敬地引述亚里士多德的论述，力图精准地针对集体行动的难题，借助伦理学论据寻求解决方案。这些努力似乎是在表明，人类（西方）文明中的价值理念和道德追求，要求我们必须行动起来，不能再无谓地拖延！

作为学者，他并不试图诉诸道德说教，而是尝试构建一个融经济学、伦理学和政治学于一体的自洽理论体系。在这个体系中，行动的逻辑显而易见。

他的努力成功了吗？这要靠每个读者通过阅读得出结论。斯特恩在书中强调，他并不能给出终极解决方案。他强调这是一个学习、探索和发现的过程。不过，斯特恩对于未来前景倒是乐观地充满期待。在我看来，这部著作的一个重要贡献在于为气候变化经济学研究制定了新的研究议程，为今天的理论研究提出了必须回答的问题。作者对现实的关怀、对学术的态度和对方法的运用为当代研究者们树立了典范。

本书的英文版赶在巴黎大会之前由麻省理工学院出版社出版，刚一面市就引起热烈反响。诺贝尔经济学奖获得者斯蒂格利茨认为，这本书思想深刻且饱含热情，成功地阐述了通过技术进步来降低气候行动成本，从而使各国合作展开行动变得更有希望。另一位诺贝尔经济学奖获得者阿马蒂亚·森指出，在这个气候变化威胁和紧迫性已经被讲滥了的世界里，斯特恩的讲述最为精彩。他把科学、伦理学、决策论和政治学融为一体，把一个复杂问题娓娓道来，清楚地解释了为什么人类能够阻止环境灾难。还有一位诺贝尔经济学奖获得者彼得·戴蒙德认为，在面对应对气候变化中政策设计、政治动员以及国际合作等诸多难题时，我们幸运地发现，斯特恩的深刻分析把我们所面临的困境、机会和路径说得十分透彻。这也许就是《自然》杂志将《尚待何时?》这本书列为2015年最重要的20本必读书的原因吧?

斯特恩勋爵研究气候变化仅有10年历史，这个圈子的人常常觉得这位经济学家在短短几年就名声斐然。其实，反过来说可能更接近真实：他是以卓有成就且广受尊敬的经济学家的身份进入气候变化这个庞杂的领域中的。除了前面提到的在学术界、政府和国际机构的杰出贡献外，斯特恩勋爵还是著名的英国国家学术院院长。这个与英国皇家学会并列坐落在白金汉宫和唐宁街之间的机构，是人文与社科学术精英荟萃之所在，其显要的空间存在无声地彰显着一个民族对学术的重视与崇敬。在这个机构一个多世纪的历史中，斯特恩是第二位以经济学家的身份荣膺掌门的人。第一位是莱昂内尔·罗宾斯。本书就是在以纪念他的名义所做的讲座的基础上撰写而成的。罗宾斯也曾经是伦敦政治经济学院的教授，是一位伟大的经济学家，他与其他几位同事一起创建了伦敦政治经济学院里人才辈出的经济系。

我同斯特恩勋爵的初次见面是在2008年，当时他来清华大学公共管理学院做学术交流。虽然见面时间短暂，但印象深刻。其后两年，我多次陪同何建坤教授同他进行交流。两位先生年龄相仿、志趣相同、风格相近，每一次见面都直奔气候变化主题，写写画画、谈笑风生、你来我往、酣畅淋漓，谈笑之间闪烁着智慧光芒。我一旁聆听，受益匪浅。2013年，我参与了两位先生领导的“新气候经济”项目的中国研究部分，发现他们对气候变化经济学的理解一拍即合。2014年，在何建坤教授发表《走向新气候经济学》论文之际，正是斯特恩紧锣密鼓撰写著作之时。2014年年初，我在巴黎政治大学的国际关系学院讲授“比较环境治理”课程，借此机会，赴伦敦拜访了斯特恩教授，在他的办公室讨论了中国煤炭消费以及碳排放峰值问题、全球应对气候变化治理机制问题。这些问题在此书中都有详尽的论述。2015年，当我在伦敦首次读到英文版书稿时，我感到非常兴奋，建议同时出版中文版并得到了作者的首肯。由于程序原因，同时出版的想法未能实现，中文版延迟了数月出版，小有遗憾，但好在相差不远。

我的朋友丁建华（丁丁）和“新气候经济”项目（伦敦）的赵笑承担了主要的翻译工作。我的同事芦佳琪及《中国日报》的记者张钰晨也对翻译给予了很大的帮助。特别是丁丁，不仅一口气翻译了第1章至第6章以及第10章，还帮助赵笑校对了第7章至第9章。我的博士研究生赵小凡仔细校阅了前4章，并提出了有益的建议。当然，对全书翻译中出现的问题我承担全部责任。

齐　晔

2016年2月

序

2005年，我向上议院递交了一份联名签署的报告，提请英国财政部开展气候变化的经济学评估。在当时的环境下，我们很少去妄测接下来的事态发展。第二年出版的《斯特恩报告》几乎立刻成为了相关领域里最具权威的著作。

这种影响力主要源于作者多方面的才华。尼古拉斯·斯特恩教授是世界知名的公共经济学家之一，而公共经济学正是与气候变化最为紧密相关的学科。他具备扎实的基础科学背景，在国际经济政策领域亦有丰富的经验。当然，他还有着很强的说服力。

自《斯特恩报告》出版以来，公众对气候变化的关注度越来越高。然而，许多大国对公共利益的漠视却令人震惊。如今，我们看到了新的希望。2010年，各国同意把全球平均气温上升限制在2℃以内，并且近期各国又在实施路线方面达成了共识。

按照计划，各国将在2015年12月的巴黎气候大会上达成有关协议，可以预见此书届时必将成为大家热议的话题。本书以作者于2012年在伦敦政治经济学院所做的罗宾斯系列讲座为基础，同时极大地丰富和拓展了其内容，涵盖了基础科学、减排及适应的经济学研究，以及国际气候行动的政治博弈。即使是相关领域的专家也会在本书中看到新颖的分析。我相信这本书一定会像之前的《斯特恩报告》一样，成为分析气候变化危机最全面、最深入的专著。

理查德·莱亚德

2014年7月

↘前　言

这本书是基于2012年2月在伦敦政治经济学院举办的莱昂内尔·罗宾斯系列讲座而创作的。该系列讲座是为了纪念伟大的经济学家莱昂内尔·罗宾斯而开设的。他曾是伦敦政治经济学院的教授，也是该校20世纪二三十年代经济系的主要创始人之一。[1]他在1962年至1967年间担任英国国家学术院院长。后来，我成为他的继任者之一，而恰巧也是自他之后的首位经济学家和首位毕业于伦敦政治经济学院的人。因此，本书不可避免地包含了很多经济学内容，但同时我也会尽量让本书更加通俗易懂，并且尝试着阐明经济学与其他学科——特别是与科学和伦理之间的联系。此外，针对气候变化、经济发展和减少贫困的政策必然涉及对根本性变革的探究，因此也需要进行政治学及政治经济学方面的分析。另外，本书关于经济学方面的研究也很广泛，包括经济史、行为经济学和博弈论等多个方面。

就分析方法和角度而言，本书与我之前的著作一脉相承，包括2006年10月底在网上发表、2007年1月印制成书的《斯特恩报告》，以及2009年4月出版的《星球安全蓝图》(美国出版名为《全球新政》)。《斯特恩报告》的核心论点是，在应对气候变化方面，无所作为的成本和风险远远超过了采取行动的成本和风险，并分析了减排和适应的相关政策和机遇。《星球安全蓝图》一书则借2009年12月哥本哈根大会的契机，于同年4月份出版。这本书主要论述了如何达成国际协议。此外，鉴于《斯特恩报告》较长（总计692页，而且内容偏学术性),《星球安全蓝图》将《斯特恩报告》中的研究成果通过更通俗易懂的方式呈现给读者。

自2008年11月《星球安全蓝图》提交出版社以来，世界形势发生了很大变化。当时，奥巴马刚刚当选美国总统，而雷曼兄弟投资银行于两个月前刚刚倒闭。全球金融危机对世界政治经济产生了深远的影响，而各国中短期的工作重点也随之变化。事实证明，奥巴马总统不能或不愿在其第一任期内把应对气候变化作为重点工作。

2009年11月，哥本哈根大会前不久，东英吉利大学（UEA）气候研究小组的电子邮件引发了一轮争议，有人指责其部分数据被故意“篡改”。三次英国调查和五次美国审查从不同角度证明了这种指控并不属实。[2]很多独立研究成果的结论与UEA的数据也不谋而合。气候变化的科学基础和基本物理原理可以追溯到近200年前。然而，这一闹剧仍然导致部分民众开始怀疑科学的可信度。对气候变化科学性的抨击重点虽时有不同，但从未停止，正如长期以来一直有人反驳吸烟会导致疾病一样。既得利益团体的力量非常强大，这些抨击自然也不会很快消失。

2009年12月的哥本哈根大会，即联合国气候变化框架公约（UNFCCC）第15届缔约方大会（COP15）的结果令人失望。尽管当时世界各国主要领导人都出席了会议且取得了一些进展，但就总体而言，却是在混乱和争吵中错失了良机。好在各国领导人在最后时刻达成了《哥本哈根协议》，为次年的坎昆会议奠定了基础。

尽管遇到很多挫折，但中国、印度尼西亚、巴西、墨西哥、南非、埃塞俄比亚等新兴国家和地区在应对气候变化的行动上越来越坚决，发达国家也在金融和经济危机的震荡中取得了一定进展。此外，包括可再生能源在内的许多关键技术的迅速发展超出了我在2005年至2006年撰写《斯特恩报告》时的预期。而且，我们在碳价和上网电价等政策方面也积累了一定的经验，对化石燃料（尤其是煤和柴油）燃烧所产生的空气污染对健康的危害也有了更深刻的认识。

从2006年开始，我参加了历年的联合国气候变化框架公约缔约方大会（2006年在内罗毕，2007年在巴厘岛，2008年在波兹南，2009年在哥本哈根，2010年在坎昆，2011年在德班，2012年在多哈，2013年在华沙，2014年在利马），并见证了这些会议的进展。虽然并未取得突破性成果，但坎昆会议还是奠定了一个重要基础。德班会议后逐渐形成一个共识——目前各国的减排计划距离确保实现2°C的目标（即全球表面平均气温比19世纪中期提高不超过2°C）还存在很大的差距。[3]2°C目标是国际社会在坎昆会议中达成的共识。考虑到累积效应和连锁反应等不可控因素，科学界认为，当升温超过2°C时，气候变化的影响将达到“危险”的程度。

与此同时，科学为气候变化的因果关系提供了越来越强有力的证据，也提出了更多令人担忧的事实。随着排放量持续增加，地球大气层和海洋的吸收能力可能低于之前的估计，北极冰融化速度则比预期的速度更快。按目前各国的减排计划和排放趋势的发展，全球气温可能会升高4°C，这将是地球几千万年来前所未有的升温，其后果将是灾难性的。[4]关于气候科学，本书参考了《斯特恩报告》出版之后发表的IPCC第四次评估报告（2007年）和第五次评估报告（2013—2014年）。

本书囊括了《斯特恩报告》及《星球安全蓝图》出版以来相关事件和研究的最新进展，同时沿用了之前两本书的三个能对气候变化行动起到主导作用的主题：分析不作为的风险和成本，分析采取行动的可能性以及不同行动的成本和效益，探讨可行的、合乎众望的国际合作路线图。

哥本哈根大会结束后，我一直积极参与两个主要项目以推进对气候变化的研究和行动。首先，我加入了联合国秘书长的气候变化融资高级顾问团。2010年年初，即哥本哈根大会结束后不久，这个顾问团就启动了工作，埃塞俄比亚前总理梅莱斯·泽纳维、英国前首相戈登·布朗（2010年6月以前）和挪威前总理斯托尔滕贝格（2010年6月以后）先后任顾问团主席。顾问团于2010年年底提出了关于如何筹集资金并使其从富裕国家流向贫穷国家的明确建议。这是根据《哥本哈根协议》中关于每年1 000亿美元资金流动量的提议制定的。我和梅莱斯·泽纳维在哥本哈根谈判中积极促成了这条提议并将之加入最终协议中。

其次，在2013—2014年间，我出任全球经济与气候委员会联合主席，主席是费利佩·卡尔德龙（在2000年至2012年12月1日期间任墨西哥总统）。在他主持坎昆会议期间，我有幸与他密切合作。我同时兼任该委员会经济顾问团主席。该委员会在杰里米·奥本海姆的领导下，开展了一些非常深入而有价值的工作，包括研究如何使未来20年的世界经济转型与应对气候变化密切结合，从而促进经济强劲增长，同时大力推动应对气候变化行动。未来的20年既是世界经济结构的根本转型期，也是决定我们能否抓住机会实现2°C目标的关键时期。两个时期的重合给我们提供了机遇和决策时间。我们要么抓住机会，要么错失良机。

在这期间，世界经济总量大约会翻一番，城市化进程加快，总人口数量将从目前的70亿增加到80亿以上，未来森林和土地面积的分布将受到人口和收入因素的深刻影响。与此同时，经济活动会继续从发达国家向新兴国家和发展中国家迅速转移：20世纪80年代中期，发达国家经济总量约占世界的2/3，现在约占一半，25年之后可能会降到1/3。世界能源体系也将发生很大变化。

如果世界转型成功，资源利用效率稳步提高，基础设施清洁、智能，创新发挥重要作用，那么应对气候变化的大部分内容也将同时实现。这种情况不是泛泛而言的“绿色经济增长”，它是通过具体而深刻的结构性变化实现的。全球经济与气候委员会于2014年9月中旬发表的《更好的增长、更好的气候——新气候经济报告》多次提到了这一点，并介绍了新的、更可持续的道路，以及实现这一目标的途径。

这份《更好的增长、更好的气候——新气候经济报告》在2014年9月下旬召开的纽约气候峰会期间，被呈递给参会的各国领导人。联合国秘书长认为，召开峰会能为在2015年年底召开的巴黎气候会议前开展高层讨论提供足够时间，并希望巴黎会议可以达成一份国际协议，从而实现哥本哈根大会的初衷。

6年来，国际社会积累了丰富的经验，也实现了快速的技术进步，这些在本书中都将被逐一分析。在某种程度上，国际讨论也更加成熟，各国就国际行动的一些评估方法和原则达成了一些共识。在此期间，中国作为世界最大碳排放国，其规划和政策的变化至关重要。然而，目前仍存在许多分歧，要达成国际协议还有很长的路要走。在谈判期间，除了中国以外，其他一些国家也在采取行动并取得了一些进展。如果国际协议能够达成，这些进展的速度将会更快些。

我希望本书及《更好的增长、更好的气候——新气候经济报告》可以敦促国际社会就问题和原则达成共识，这是形成国际协议的重要前提。讨论内容既要涵盖不作为的风险，也要涵盖寻找更可持续路径的可能，还要包括下一步开展公平合作方式的原则，即2010年12月《坎昆协议》所提到的“公平获得可持续发展”原则。

本书也是为纪念伟大的经济学家莱昂内尔·罗宾斯而著，所以本书继承了传统的经济学方法，以经济学原理为主要基础。本书以气候变化科学为开端，以便读者理解气候变化的巨大风险和潜在破坏性，以及对其采取应对行动的思考方式和原则。在分析可能会导致严重后果的高风险路径时，我们要考虑今天的决定可能在未来产生不确定的结果，所以，我们也必须考虑当代及代际伦理。因为气候变化问题如此重要，稍有疏忽，可能百年后给人类留下的只有一个贫瘠不堪的世界。经济学家用于分析“常规”问题的经济分析框架多数不能满足气候变化研究的需要，实践也证明，多数常规分析方法的研究结论都存在偏颇，甚至完全错误。

若要全面地进行气候经济分析，不可避免地需要涉及从不同立场衍生出的伦理哲学及道德原则。另外，我们必须对不同的途径进行检验，因为我们不可能轻易断称某条途径是确切相关的或合乎众议的。尽管研究方法多样，但其结果大多数都导向同一个结论：我们需要采取积极的行动来应对气候变化。尽管风险巨大、时间漫长，但我们仍可找到可靠的基础，作出合理的经济和政治决策。

另外，国际合作也必须考虑伦理和公平，考虑国际政治互动的现实情况、对自身利益的解读以及对其他国家采取或可能采取的行动的假设。同时，应思考世人的观点是如何形成和变化的。这些都会涉及博弈论和行为经济学的内容。我们还要思考政治经济学、政治运动或政治压力以及领导力等相关内容。

因此，本书的第二个目的是研究这些复杂问题背后深刻的经济学原理。在此，我借鉴了自己前些年的一些研究成果，包括罗宾斯系列讲座中迸发的灵感和后续的相关研究。

以上关于世界经济、政治、碳排放、技术、科学及健康数据的描述，展示了自《斯特恩报告》及《星球安全蓝图》出版以来，我的理念是如何发展和深化的。科学研究证明，我们现在依然依赖碳氢化合物能源，这是令人十分担忧的现状。我们必须要应对未来的巨大风险，拖延只能让情况变得更危险。因此，本书更加强调这一点，并减少了对局部成本-收益的分析，以免喧宾夺主、淡化主题。

自《斯特恩报告》出版以来，低碳技术取得了显著的进步。仅举三个例子：太阳能和风能的发电成本大幅下降，大型汽车制造商都已开始生产电动车，照明也变得更加高能效。技术进步也深刻影响着成本比较和投资机会。与此同时，碳氢化合物的相关技术也在进步，包括所谓的非常规石油和天然气，本书对此也有所涉及。

就目前的技术进步和结构转型而言，我认为新低碳路径依然让人振奋并充满生机。因此，本书更加注重对技术学习、快速技术变革、超常结构转型等问题作熊彼特式的解释，这比《斯特恩报告》的研究方法更具动态化和系统性。

除了降低气候风险之外，本书也着重讨论了低碳转型的协同效益。在过去的几年中，我们更清楚地意识到空气污染所引发的巨大健康危害，而森林砍伐所引起的环境破坏问题也变得越来越突出。

关于未来估价及贴现的争论，使我意识到在不完美的经济中，即使在经济学界，也不能简单僵化地应用贴现等经济学基本理论和原则，必须要对现实进行更加深入细致的分析。在这类分析中，我们必须更加深入、广泛地关注伦理和道德哲学，而这两者正是传统经济学所欠缺的。气候变化的很多现实问题都会涉及生存及生活方式的改变，而经济学和伦理学必须能够分析和解决这些问题。因此，本书对这些领域进行了更深入的探讨。

最后，在国际合作领域，我们积累了许多经验，我在相关问题上的看法也在过去的五六年间发生了改变。我们更清楚地看到了国际层面的宏观协议与国家、地区、城市乃至企业层面的微观行动之间可以形成相互支持的关系，看到了强调合作动态收益的重要性，看到了建立信任的艰难，看到了国际协商必须把公平问题放在核心位置，看到了一味追求国际制裁力度的思路可能是错误的，看到了目前总体减排力度还远远不够，同时还看到了促进合作和减排的路径和流程。这些都将成为本书的重要内容。

本书的内容与我早期的作品有一些差异，但我想借此传达的基本信息是相同的——应对气候变化采取行动的成本远远低于不作为的成本，拖延只能更加危险。这个观点在本书中更加明确和突出。本书的内容是建立在更多的经验和研究的基础上的，因此其更具动态性，更体现了结构变化，更深入地探讨了伦理问题，也更仔细地研究了如何增强合作、形成理念，以及如何培养领导力和促进决策。

总之，本书希望能敦促各方抓住现有的机会，推进积极应对气候变化的行动。通过分析为什么我们的进度一直很慢，以及应如何改变这种现状，换句话说，即研究“我们还在等什么”，直接得出结论——现在该采取行动了。

我相信，罗宾斯也会认同气候变化问题的重要性，会认为各国乃至全球都迫切需要迅速地作出决策并采取行动，同时也会认为要深入了解这些问题、政策和行动，必须进行根本性的、深入的经济分析。如果他现在仍然在世，我相信他会和我们共同努力。

尼古拉斯·斯特恩

2014年10月

注释

1 见Howson(2011)。

2 独立审查(包括英国议会发起的一次,以及权威机构英国皇家学会介入的一次)表明,东英吉利大学科学家的结论是很有依据的。详情参见UEA网站:http://www.uea.ac.uk/mac/comm/media/press/CRUstatements/independentreviews。

3 这是通用的基准线,代表大规模"碳增长"之前的水平。

4 见世界银行2012年报告《降低热量》(*Turn Down the Heat*)(世界银行,2012b)。

↘致　谢

这本书是基于2012年2月在伦敦政治经济学院举办的莱昂内尔·罗宾斯系列讲座而创作的。感谢伦敦政治经济学院及我所在的经济系，感谢讲座组委会，包括组委会主席理查德·莱亚德及组委会中的罗宾斯家族成员。

进行讲座的过程促使我进一步探索自己近些年来一直思考和研究的问题，而本书结合了讲座的内容与我之前做过的一些研究。在这里，我要特别感谢那些自2009年《星球安全蓝图》出版以来与我进行探讨的朋友，并再次感谢《星球安全蓝图》致谢中所提及的人。

在演讲备课、后续的推进工作及本书的编写过程中，詹姆斯·赖迪给了我很大的帮助，他是一个优秀的合作伙伴，我非常感激他。在去年及本书定稿期间，我非常有幸地得到了罗德尼·博伊德与福格斯·格林的细心指导和帮助。他们三个人可以说是本书的联合作者。

罗宾斯系列讲座是在大学里举办的，所以大部分听众是学术界人士。讲座中提及我本人及其他学者的研究成果。分析气候变化及应对政策涉及广泛的学科领域。我参与了广泛的学术活动，主要集中在科学、哲学和经济学领域。本书的目标读者之一是那些关注气候变化、风险和长期政策的人，因此，我与世界各地的政策制定者、企业家和社会人士进行了讨论，参加了许多公开的讲座和研讨会，并获益匪浅。很多人指导我拓展思维、增长学识，如果下文未能多次致谢，还望海涵。

在科学方面，伦敦帝国理工学院教授、英国皇家学会气候变化专业负责人布赖恩·霍斯金斯一直给予我指导。感谢迈尔斯·艾伦、约翰·贝丁顿、詹姆斯·汉森、大卫·金、杰森·洛韦、马里奥·莫利纳、莉斯·莫耶、迈克尔·奥本海默、尼古拉·睿哲、约翰·罗克斯特伦、约翰·舍恩胡贝尔、朱莉娅·丝丽格、伦纳德·史密斯、罗布·索科洛、雷切尔·沃伦和罗伯特·沃森。我对科学的理解主要得益于与英国皇家学会历任会长的探讨，包括保罗·纳斯、马丁·里斯和罗伯特·梅伊。

在哲学方面，与牛津大学道德哲学教授约翰·布鲁姆的交流令我受益匪浅，与南希·卡特赖特、戴尔·贾米森和克里斯汀·李斯特的交流也让我收获颇丰。在塞缪尔·赛福乐组织的一次关于“政治哲学新方向”项目的研讨会（2012年10月13日）上，讨论了本书伦理部分的一些内容。这次会议是由纽约大学于纽约哲学研究所举办的，我非常感谢该会议的讨论和与会专家的宝贵意见。

在经济学方面，多年来，我与格兰瑟姆气候变化与环境研究所及伦敦政治经济学院环境系的同事们一直保持密切合作，尤其是西门·迪茨、卡梅隆·赫本和迪米特里·增西利斯，我非常感激他们。同时，感谢格兰瑟姆气候变化与环境研究所的山姆·弗兰克哈斯、朱里斯·李斯、鲍勃·沃德，我从他们那里学到了很多东西，也感谢来自格兰瑟姆气候变化与环境研究所曾与我交流合作的阿丽娜·阿沃晨科娃、亚历克斯·鲍文、埃马努·坎皮格里奥、乔纳森·科尔默、安东尼·德乐皮埃尔、巴兰·多达、汤姆·麦克德莫特、安东尼·米尔纳、金妮·帕维、约安娜·斯卡瑞迪、德芙·斯坦福斯。

在印度研究方面，我的同事、伦敦政治经济学院印度监事会的露丝·卡特穆瑞一直是我的重要合作伙伴。在伦敦政治经济学院亚洲研究中心，阿尔塔·侯赛因关于中国的相关研究给了我很多帮助，我的长期合作者爱提山姆·艾哈迈德给予我大量的指导。马蒂亚·罗姆在过去10年中经常与我密切合作，而且我们的合作卓有成效。

在与伦敦政治经济学院经济系同事的交流学习过程中，我一直受益匪浅，尤其是与蒂姆·贝斯利和罗宾·伯吉斯的交流。纵观我在经济学领域的职业生涯，我从周围人那里学到了很多东西，包括我的朋友托尼·阿特金森、安格斯·迪顿、彼得·戴蒙德、默文·金、阿马蒂亚·森、约瑟夫·斯蒂格利茨，以及我的老师吉姆·莫里斯和鲍勃·索洛。

与其他经济学家的交流也使我获益良多，包括比尔·诺德豪斯、希斯·伊德霍夫和马蒂·怀斯曼。还有阿马尔·巴塔查亚、法提·比罗尔、克里斯托弗·布利斯、拉吉·切迪、珍妮特·柯里、帕塔·达斯古普塔、凯默尔·德尔维什、史蒂芬·福莱、罗斯·佳诺、伊恩·戈尔丁、克里斯提娜·格利尔、大卫·格林纳威、迈克尔·格林斯通、杰夫·希尔、汤姆·海勒、克劳德·亨利、索罗门·姜、大卫·肯尼迪、霍华德·昆路德、托斯滕·佩尔森、鲍勃·平狄克、杰弗里·萨克斯、迈克尔·斯帕克曼、帕万·苏克德夫、克里斯·泰勒、劳伦斯·图比亚纳、阿代尔·特纳和马丁·沃尔夫，感谢他们给我建议和指导。

气候变化本质上是一个国际话题，我有幸能够与世界各地的杰出学者和决策者进行交流、探讨。10多年来，我一直与埃塞俄比亚总理梅莱斯·泽纳维在许多经济问题，特别是气候变化方面进行合作，直到2012年8月他英年早逝。我们定将怀念他非凡的智慧和解决这个时代重大问题的不懈努力。

世界各地曾与我交流并给予我帮助的朋友太多了，我无法全面致谢，在此特别感谢以下诸位：

印度的伊夏·杰支·阿卢瓦利亚、蒙特克·赛·阿卢瓦利亚、兰吉特·巴沙克、千卓沙哈尔、提亚·查特吉、尼廷·德赛、南丹·尼勒卡尼、拉金德拉·帕乔里、乔蒂·帕瑞克、齐瑞·帕瑞克、阿齐姆·普莱姆基、英迪拉·拉贾拉曼、拉马德萨伊、贾伊拉姆·拉梅什、拉文卓娜斯、毕图·萨嘎、山姆·萨兰、阿伦·苏芮、斯尼瓦桑和拉坦·塔塔；中国的樊纲、何建坤、胡长焘、林毅夫、刘鹤、楼继伟、卢迈、潘家华、齐晔、苏伟、王水林、解振华、周大地、周小川、邹骥、邹加怡；埃塞俄比亚的阿多·尼瓦伊；南非的普拉·约旦和特雷沃·曼纽尔；尼日利亚的高姿·奥孔姜·伊娃阿拉；巴西的卢西亚诺·科蒂尼奥和路易斯·皮埃尔·达席尔瓦；墨西哥的帕提西亚·埃斯皮诺萨。感谢企业界的约翰·布朗、罗杰·卡尔、约翰·克里德兰、托尼·法戴尔、尼尔·菲茨杰拉德、彼得·葛森、史蒂芬·格林、维诺德·科斯拉、才奥·科赫威悉、萨姆·莱德劳、迈克尔·力博里奇、杰拉德·莱昂斯、汉克·保尔森、保罗·波尔曼、文森特·德里瓦斯、里克·萨曼斯、埃里克·施密特、詹姆斯·史密斯、乔治·索罗斯、汤姆斯蒂亚、马克·斯图尔特、多米尼·华瑞。

感谢英国的丹尼·亚历山大、格雷格·巴克、玛格丽特·贝克特、温斯·凯博、克雷格·卡尔霍恩、埃德·戴维、霍华德·戴维斯、约翰·格玛、约翰·霍姆斯、克里斯·休恩、约翰·金曼、理查德·兰伯特、尼尔·麦格雷戈、尼古拉斯·麦克弗森、大卫·米利班德、埃德·米利班德、贾斯汀·曼迪、格斯·奥唐奈、大卫·拉姆斯登、蒂姆·杨；美国的朱棣文、阿尔·戈尔、约翰·霍尔德伦、约翰·克里、欧斯特·莫尼兹、珍妮弗·摩根、约翰·波德斯塔、托德·斯特恩、吉姆·沃尔芬森；欧洲的凯瑟琳·阿什顿、若泽·曼努埃尔·巴罗佐、何塞·曼努尔·巴罗斯、约瑟·波里尔、丽娜·艾克、劳伦特·法比尤斯、康妮·赫泽高、凯迪斯·隆德、安吉拉·默克尔、特蕾莎·里贝拉、金丝·斯托尔滕贝格。

至于国际机构，感谢世界银行的考希克·巴苏、玛丽安·费、伊泽贝尔·格雷罗、吉姆·金、瑞切尔·凯特；感谢OECD的安赫尔·古里亚和西蒙·厄普顿；感谢国际货币基金组织的米克·基恩、克里斯蒂娜·拉加德、伊恩·帕里、格里·莱斯、米诺车·沙菲克、朱民；感谢欧洲复兴开发银行的埃里克·波洛夫、苏马·恰卡巴提、汉斯·彼得·兰克斯、何塞·塔纳卡；感谢非洲开发银行的唐纳德·卡贝鲁卡、美洲开发银行的路易斯·莫雷诺；感谢联合国的科菲·安南、潘基文、克里斯提娜·菲格雷斯、罗伯特·奥尔、尼克·罗宾斯、玛丽·罗宾逊、阿奇·施泰纳。

在过去一年里，我一直参与全球经济与气候委员会的工作，费利佩·卡尔德龙任主席，我任委员会经济顾问团联合主席。在与费利佩·卡尔德龙及经济顾问团所有顾问的交流互动中，我收获颇丰。我与他们，特别是团队杰出的带头人杰里米·奥本海姆一直开展密切合作。在工作中，与海伦·芒福德、迈克尔·雅各布斯、安德鲁·斯蒂尔及所有同事的合作，都令我受益匪浅。

非常感谢格兰瑟姆基金会的支持，感谢经济与社会研究委员会通过其气候变化经济政策研究项目及格兰瑟姆研究所提供的支持，感谢慕尼黑再保险公司的支持。我在伦敦经济学院任I. G.帕特尔经济学教授时，得到了印度储备银行和印度国家银行的支持。我个人对杰里米和汉内洛尔·格兰瑟姆的鼓励和交流表示感谢。

自1986年我在伦敦政治经济学院任职以来，除期间几次在欧洲复兴开发银行、世界银行和英国财政部任职以外，我一直待在STICERD（三得利–丰田经济及相关学科国际中心）。2007年从财政部回归后，我非常感谢其一直为我保留位置。感谢蒂姆·贝斯利、奥丽安娜·班迪耶拉和简·迪克森主任。特别感激伊娃·李和凯里·夸克的辛勤付出，以及给予我的支持和友谊，他们为我承担了很多压力。

感谢我的经纪人安德鲁·怀利不断地给我指导和鼓励。马修·阿巴特、约翰·科威尔、珍妮特·罗西和麻省理工学院出版社的同事给予我很大的帮助。大卫·米尔纳也对本书提出了宝贵的建议，对此特别感谢。

↘目 录

第二部分 低碳转型政策的原则和逻辑：经济学与伦理学

绪　论

人类正在进行一场豪赌。近两个世纪以来，科学研究、基础物理学以及诸多有力证据都表明，未来100年及之后的气候变化会带来巨大的风险。人类与环境之间的关系将发生根本性的改变，世界上几亿甚至几十亿的人口都极有可能被迫迁移。历史表明，这很可能会产生持续的激烈冲突。我们将会成为第一代因为疏忽而破坏人类与地球关系的人，同时也可能会是最后一代有能力阻止气候变化危机的人。

另外，潜在的发展路径正变得前所未有的明晰，这体现在减少温室气体排放和创造性地适应无法避免的气候变化。这些发展道路本身的吸引力甚至超过了它们所带来的气候红利。借助新技术和高智能手段，我们不断发现并利用各种行之有效的方式来管理能源的生产和消费，组织城市发展并且高效用地。我们可以看到，增长、发展、减排和适应环境正多头并进。而声称气候行动与增长、减贫及改善人类福祉之间存在着必然冲突的言论，则是错误并具有误导性的。毋庸置疑，高碳增长只会在恶劣的自然环境中自取灭亡。一条坚定而慎重的低碳转型之路将在全球范围内引发新一轮的投资、创新和繁荣。

可以引导这种转变的经济政策是十分明确的，并足以付诸实践，我们将从中受益良多。这些政策的基础包括弥补市场失灵的理念，从经济史角度理解技术变革、经济增长理论和实践等。采用这类政策，将会刺激投资、促进增长、提高效率、鼓励创新。即便不考虑减排的价值、没有国际气候变化协议，目前各国也有很多马上能做且符合自身利益的事情。例如，让市场更好地发挥作用，改善基础设施，刺激投资和创新，减少低效能及其他自然资源的浪费，改善能源安全，减少当地环境污染等。

现在正是转型的关键时刻。站在十字路口，无论有意无意，我们必须作出关乎未来经济和气候的根本性抉择。在未来的20年里，我们将同时看到世界历史上的两个重大转变。首先，在这段时间，我们将会决定我们是否有可能避免危险的气候变化，即相比19世纪平均地表温度上升不超过2℃。温室气体排放与气候变化之间的关系应该是众所周知的。人类活动所排放的但又无法被地球完全吸收的温室气体（尤其是二氧化碳），都会聚集在大气层中，从而提高了温室气体的浓度。高浓度温室气体阻碍了地球的能量扩散，导致全球变暖和气候变化。尤其是二氧化碳可以在大气中留存很久，因此还会逐渐形成“棘轮效应”。

目前大气中的温室气体浓度已经达到了非常令人担忧的水平。如果温室气体含量持续高于这个水平，我们将很难或者不太可能把全球气温增长控制在2℃以内。而推迟行动同样是十分危险的。由于“棘轮效应”和更多高碳资本及基础设施带来的锁定效应，留给我们采取行动的时间已经非常有限了。

此外，未来20年世界将出现大规模结构性变革。这一时期是定型期，决定着未来几十年甚至上百年的城市面貌、能源系统和土地利用的方式。新城市将不断涌现，而旧城市也面临着改造和更新。随着发展中国家达到一定的发展阶段，它们的能源需求会强劲增长，与此同时，发达国家的能源系统也面临着改进，一个新的能源体系呼之欲出。随着人口增长、食品和资源需求的压力不断增大，那些保护森林和生态系统的战役的结果也会逐渐水落石出。

关于城市、能源系统、土地利用，上至国家和地区，下至省市、企业和家庭，都面临很多选择。这些决定可以很明智，也可以很愚蠢；可以很明确，也可以很模糊；可以是漫不经心的，也可以是深思熟虑的。作出这些决定可能是基于理性的判断，或者是着眼于未来，抑或是考虑到我们的行动对环境和社会产生的后果。例如，想象我们希望生活的城市是否有污染和交通拥堵，是否有社区归属感，我们未来的生态系统和自然资源如何使用，是否抓住了技术创新的机会等。同时，作出这些决定也可能是着眼于过去，或是基于狭隘的认知，假设我们应该延续传统的方式，无视我们的决定对别人的影响，不理会我们面临的机遇和挑战。如果在第二次结构转型这一关键点上我们能够作出明智的决定，那么无须计算减排的长期气候效益，即使我们只考虑现在的合理选择，这个决定本身也会包含应对气候变化所应采取的行动。这样的结构转型将需要大量的投资。但无论如何，在这样的转型时期里，投资总会以某种方式得以实现。我们的挑战是，要思考如何制定合适的政策和框架来鼓励这些投资以合理的方式进行。如果我们能成功地做到了这一点，那么应对气候变化的挑战也会容易许多。

国际合作对于促进低碳经济转型和确保公平性具有重要的作用。深入分析国家、城市、企业及家庭内部结构转变，可促使我们从新的角度理解气候变化的相关国际合作。我们需要认真思考怎样的合作模式才能促使全球实现良好的结构转型和气候转变。需要牢记的是，对于各国来说，转型为有能力抵御气候变化的低碳经济已是强烈的需求，而公平又有建设性的国际合作则可以使这样的转型更迅速、更高效、更有吸引力。

国际合作应包括温室气体减排的内容，确保实现全球应对气候变化的目标，同时提供清晰的信号，使各国对全球经济的未来发展方向产生信心。另外，国际机构可以为各国提供全球进展动态，通过仔细测量全球各地的排放水平，宣传优秀案例及成功经验，也可以协调资金和清洁技术等有形资产的国际转移。合作还应包括政策元素，以便于制定促进市场良好运行的政策。例如，温室气体定价、创新激励、网络建设（如电力和交通）、克服长期融资的市场障碍和失灵、共享技术、保护森林和生态系统、支持贫困国家等。换句话说，这些政策应该促进可持续的减贫和经济增长。公平是基础，这不仅是因为伦理原则认为公平很关键，更重要的是，没有公平就没有持久的相互理解——如果一份协议被视为不公平或不公正，它大概也无法长期存在。

若要成功地应对气候变化，那些直接或间接影响气候政策制定的人，从财政官员到商界领袖，从国际谈判专家到普通公民，都需要深入理解为什么必须采取行动，为什么现在就要行动，可以采取哪些形式的措施，以及它们会产生什么样的后果。本书的写作目的正是想通过分析来增强这样的理解。具体而言，本书分析了重要气候行动的相关“问题”（包括其性质、规模、紧迫性）、“解决办法”（包括其吸引力、有效性、可行性），以及落实解决办法的相关“体制”、“政策”和“措施”(包括国际层面、国家层面、国内层面)。这些研究涉及不同的学科和不同的角度，尤其是科学、经济学和哲学研究，以及政治、历史、地理等相关研究。我相信这些学科研究的结论可以为决策者提供清晰稳健的指导，并且能够打破“不作为论”支持者的种种混乱、虚假的理由，无论他们是出于良好的动机还是为既得利益者粉饰、遮掩。

本书的结构如下:

第一部分描述了人类所面临的两个选择，简单地说，就是自取灭亡，还是走向繁荣。

第1章介绍了气候变化的基本科学原理和潜在风险。作为科学基础，第1章的内容支撑着后面各章关于如何建设低碳、可持续、有吸引力的经济和社会的讨论与分析。本章强调，气候变化风险的性质和规模不容忽视，需要我们仔细思考未来温室气体排放对气候和经济产生的影响，并就此话题展开更顺畅的沟通与交流。

第2章介绍了除常规路径之外的另一种路径——低碳转型路径，解释了为什么它是可行的，为什么它是更好的选择，以及除了大幅降低气候风险外，它还有哪些优势。若要避免气候变化带来的灾害，大规模减排意味着需要通过全面的创新、探索和学习推动新一次的能源-工业革命。经验表明，历次技术革命都会带来大量投资和创新，带动为期二三十年的经济增长。能源-工业革命会大幅改进现有能源的生产方式和消费方式，改善城市规划和宜居性，提高我们使用土地和其他自然资源的可持续性。事实上，这场革命应该包括对森林、土地和生态系统的管理以及投资方式的创新。本章探讨了现有的可持续技术、服务和工艺(未来还会不断涌现出更多的发明、创造)，分析了涵盖各种技术的收益和成本(在多数情况下，成本在迅速下降)，以及大规模应用这些技术所需要的投资规模。本章还讨论了全球气候和经济委员会的研究成果(我和墨西哥总统费利佩·卡尔德龙联合任该委员会主席)。

本书的第二部分分析了能够促进迅速转型的研究方法和政策工具。

第3章重点讨论了实现转型所需要的国内政策。本章介绍了关于市场失灵的公共经济学，经济史上的经验和熊彼特学派关于技术、创新和增长的经济学。精心设计的政策应该吸取经验和教训，处理好减排、适应与发展之间的密切关系。本章还探讨了政府和企业在低碳经济转型中如何相互支持。

第4章对目前气候变化经济学研究的主流模型进行梳理和探讨。本书认为，现有模型严重低估了科学气候模型所描述的经济损失和风险，因为这些灾难性的风险很难进行经济学建模。我们所需要的不仅是新一代的模型，还需更广泛、更明智地思考如何合理使用现有模型。想真正理解与气候变化相关的巨大风险，我们需要从一个更具战略性的角度来展开研究，以便我们能够从各种渠道收集证据，同时避免建模狭隘性和限制。现有的建模方式忽略了许多真正重要的因素，并且都建立在极具误导性的假设条件下——认为风险不大、不确定性有限、增长基于外生驱动力。换句话说，我们应该更智慧地运用经济学，以便更好地理解现象和风险、选择更合适的模型、发挥建模对于分析和解决问题的作用。

在界定短期、中期和长期研究时，跨期价值和估值（即所谓的“贴现”）至关重要。第5章介绍了诸多跨代研究的错误，产生这些错误的原因是关键性分析方法的误用，尤其是误用与短期决策相关的标准贴现方法来研究长期问题。在某种程度上，这些错误的出现是因为对潜在危害的程度没有足够的关注，忽略了把市场信息作为长期公共决策的伦理基础所产生的问题，不能或不愿意认真理解价值和估值所涉及的基本道德原则，或未能深入学习与公共经济学相关的成本-效益分析与贴现的文献。

继讨论了跨代研究估值中所使用的道德标准方法之后，第6章探讨了更广泛的伦理和道德问题，以进一步支持气候变化政策分析。本章从各种道德理论的角度分析气候变化，并提出这些不同角度的研究结论非常相似，即必须迅速采取有效行动来应对气候变化。

总而言之，第二部分从政策、经济、道德伦理三个角度分别展开论证，形成了可靠的分析，足以证明应对气候变化应该采取强有力的行动。此外，许多必要的行动对某个国家本身而言也是有意义的，无论其他国家是否采取这些行动。

第三部分侧重探讨气候变化政策的全球性问题，研究在国家层面和国际层面行动之间的关系。

第7章回顾了全世界气候行动的最新进展。本章讨论了国际气候变化谈判的演变，从集中式和法规式的“京都模式”转向其他模式，因为多方实践证明《京都议定书》模式是不切实际的。本章大部分篇幅描述了近期在全球范围内国家层面气候变化政策的制定趋势，并以若干发展中国家和发达国家的行动为案例进行分析，[1]同时研究了一些非政府行为模式。研究发现，目前已经有大量应对气候变化的行动正在进行中，也有很多成功案例可供借鉴，但总体而言，全球进度还是严重滞后，亟须加速行动。

第8章在总结了第7章的教训的基础上，分析了近期国际机构气候变化谈判应如何演变，以便促进大规模低碳经济能够有效并快速转型。本章还讨论了2015年联合国气候变化框架公约巴黎会议（UNFCCC第21次缔约方大会）的重要性，它有可能提振各国政府和投资者的信心，促使各国采取更多的国内行动，而各国的大规模行动又可以增强全球的信心，这也是达成国际协定所需要的。

第9章进一步探讨了第8章里所描绘的全球气候治理框架所需的基础——国际公平性，以及实现国际公平性的方法。本章研究了过去以分担或分摊静态成本为基础的多种方法，认为这些方法从根本上扭曲了气候变化行动的经济学。追求国际公平的过程应该以创新和发现为核心，而无论其他国家采纳与否，许多行动不仅有益于降低长期气候风险，而且有助于该国自己的经济发展。

不过，低碳经济转型也涉及一些超出本国短期自身利益的投资和成本。因此，有必要探讨如何以公平的方式发起全球行动。我认为，各国应该按照2010年12月《坎昆协议》所述的“公平取得可持续发展”原则，构建自己的行动计划。公平性可以从多个角度理解，包括所有国家都应该努力打造有能力抵御气候变化的低碳经济，但发达国家应该更快采取行动，在这个过程中不断降低关键技术的成本，为发展中国家提供良好的榜样和案例，并提供资金、技术和经验的支持。

最后一章（第10章）拓展了前三个部分的内容，探讨了为什么尽管在理性和道德层面无法回避，但我们却没有看到应有的迅速且大规模的行动。本章分析了历史和社会发展中的经验，特别是那些涉及风险管理的事件，以及相关政治和心理学的经验教训，并探讨了如何克服采取行动所面临的种种壁垒。

如我在前言里所述，从2006年《斯特恩报告》发表到2014年本书撰写这期间，发生了很多变化。这些变化减少了一些障碍，进一步证明了大规模行动的必要性。同时，对之前的研究进行扩展和深入（如在健康和伦理方面的研究），并探讨了开展国际合作的不同模式，以及如何实现观念的转变。这些研究对国内和国际政策都具有参考意义。

希望本书的读者不仅能理解我们目前路径的风险，更能洞见我们所面临的非凡机遇和前景，不仅从长远来说，应对气候变化具有根本性的重要意义，而且就中短期而言，将目前气候-低碳转型正在进行中的经济、城市、农村和森林的根本性结构转变结合在一起，也可以创造出更多的机遇和更美好的未来。我还希望读者对相关的经济学、道德哲学、科学的基本观点和论据产生浓厚兴趣，从中获得启发，并认识到其重要性。本书所梳理的视角和逻辑，对于分析其他大型长期风险，乃至制定主要政策的伦理研究，都具有参考意义。

同时，我还希望本书能够促成进一步的研究计划。这是一个非常重要也非常有趣的研究领域。在风险、学习和变革的相关研究中，涉及众多经济学原理，并且超越了经济学，扩展到伦理、历史、地理等学科。社会科学家必须与自然科学家以及工程师们携手合作。这种合作将卓有成效、硕果累累。

如果人类能够保持想象力、理性、科学精神和合作态度，那么对于未来，我仍持乐观的态度。然而目前，整体进展非常缓慢，事态岌岌可危。其中部分原因是一些研究技术在分析行动案例上存在不足、错误或使用不当。例如，很多经济学文献严重低估了气候变化的风险，长期贴现值过于离谱。所以，我们迫切需要一个稳健而严谨的研究，以破除抵制者的错误论据。

当然，要有理有据才能开展理智和理性的行动。但是，仅有理论是不够的。如果有责任感的公民可以在适当的时候合理应用这些论证，便能使对方产生共鸣；如果具有影响力的人士参与社会讨论并听取了这些论证，领导大家采取行动，那么本书就实现了其创作初衷。接下来，我将带领大家一一分析这些论证。

注释

1 在本书中,关于国家,一般会交替使用国际通用的形容词,包括“发达”“富裕”“高收入”(及其反义词),除非特定情况下使用更精确的含义。

第一部分

地球的未来：繁荣抑或毁灭

[第1章]

科学如何塑造未来：经济学、伦理学和政治学视角

理解气候变化问题、认识并应对气候变化的挑战，都必须以相关科学为基础。在过去的200多年里，与气候变化相关的科学研究逐步发展起来，其基本物理原理就是简单而明确的温室效应，即温室气体阻止热量从地球向外流出。

受人类活动的影响，大气中温室气体的浓度日益攀升，再不尽快采取行动，其有可能会上升到无法挽回的高浓度，从而彻底破坏人类与其赖以生存的环境之间的和谐关系。

虽然我们无法百分之百地精确预测气候变化的全部后果，但科学告诉我们，如果继续拖延下去，在未来的100年里，全球各个经济体中的各行各业都将面临着巨大的风险，可能导致长期而严重的冲突。科学表明，拖延行动是非常危险的。

本书的第一部分包括第1章和第2章，这部分内容主要描述人类面临的两个选择：繁荣抑或毁灭。第1章首先解释了风险的性质和规模，并引用相关历史证据作为支撑；然后，以管理巨大风险、进行必要减排为出发点，从经济学、伦理学和政治学视角阐述了科学如何影响我们的决策，并论述了拖延行动的危险性。第2章列出了低碳经济转型的可能路径，分析了哪些因素可以推动这种转型。这章的结论是，落实低碳转型路径会塑造一个繁荣、可持续的经济与社会。

1.1 科学提出的难题

气候变化科学几乎是故意给我们出了一道最棘手的难题，导致应对气候变化步伐迟缓。其主要难点集中在4个关键因素：（1）规模庞大；（2）风险和不确定性；（3）滞后和拖延的严重后果；（4）温室气体排放的“公共性”——最终起决定因素的不是某个单独的排放源，而是全球总排放量。只有深入理解这4个因素，才能真正理解问题所在，从而研究如何创建减排方案、激发减排动力。

关于潜在后果的规模，未来几十年如果我们不采取积极行动的话，人类与地球之间的关系可能会被彻底改变。主要涉及的问题是：我们生存何处？何所作为？未来人类所剩多少？

人类很难对气候变化这样的极端威胁产生直观的感受，尤其当他们认为这种威胁还遥遥无期的时候。大部分的后果不能被准确地预测——它涉及风险和概率的问题，或者说涉及技术经济意义上的不确定性。即使危险迫在眉睫，我们依然很难明确其概率。行为心理学家研究发现，即使概率容易被评估、结果就近在咫尺、利害关系十分严重，大多数人的应对行为仍不符合“理性”方式。我们经常发现，人们很难切身感知风险，很难作出适当的决策，也很难管理这些风险。

温室气体排放所产生的影响在多年之后才能显现，而这种影响一旦产生就会持续很久，尤其是二氧化碳（CO_2）。因为二氧化碳在大气中停留的时间很久，其排放（流量）会导致浓度（存量）越来越高。这就是所谓的“流量与存量”问题。因此，拖延行动极为危险——越晚采取行动，大气中的存量温室气体越多，浓度越高，应对也就更加困难，削减到合理浓度所需要的努力也就越多。此外，高碳强度的投资和基础设施都存在锁定效应，在某些情况下甚至锁定长达几十年。人类似乎很难想象这种拖延和锁定所带来的严重后果。打个比方，如果有人看到他的朋友在严重醉酒后仍高速驾驶，则他可以清楚地预见这个朋友即将发生车祸的风险。但是，对于未来几十年才会出现的风险，即使这个风险同酒驾的风险一样真实，他仍很难有所感触，更不用说采取行动了。

温室气体排放还具有“公共性”。排放1千克二氧化碳，不管是发生在伦敦、约翰内斯堡、北京、圣保罗，还是洛杉矶，其科学的结果都是一样的。最关键的是全球的排放总和。经济学家把这种公共性纳入“公共物品”的相关研究，或在这种情况下纳入“公害品”的相关研究。可以想象，独立的个体可能会认为他只是问题的一小部分（因为他自己的排放量只占全球排放总量的一小部分），所以不愿采取行动，或者等待别人采取行动，或者认为其他人不会采取行动因而自己也拒绝采取行动。科学因素决定了气候变化问题的“公共性”，其严重制约着人们采取行动的积极性。

综合这些关键的科学因素，我们就可以理解为什么很难启动应对气候变化的措施了。而通过对这些问题进行认真分析，我们也可以寻找到破解之道——我们能做什么，或者按照道德标准，我们应该做些什么。只有这样，才能激发全球行动的积极性。

这一科学过程的4个因素还涉及很多道德伦理及经济学的问题。从伦理角度来看，我们有责任考虑后代的生存环境，不能因为我们的拖延而让他们承受巨大的风险和后果——届时他们面临的已不再是收入减少几个百分点的问题，而是能否继续生存的问题。同时，我们必须谨慎使用“后代”一词，以免人们觉得他们只是未来可能存在也可能不存在的一些抽象概念。即使对当今时代的年轻人，气候变化的风险和结果也可能是灾难性的，如果我们拖延行动，现世就会有人因此而遭受苦难。科学研究表明，那些最贫穷地区的人很可能最早受到影响，而且受到的影响最大。这涉及更深层次的伦理问题。

此外，我们必须确保我们设计的经济分析模型适用于评估这种大规模的风险。经济学家往往习惯性地将所有问题都变成简单的成本-效益分析，认为其中的变量是可以忽略的，并且把所有效益简单地折算成一个共同的分母（金钱）。思维定势就是如此，一旦有了一把锤子，看什么都像是钉子。

综上所述，政策研究必须以气候变化科学为基础。我们必须仔细检查在不同政策假设下所产生的可能结果。令人担忧的是，以目前的情形来看，我们正在朝着一个非常危险的方向前进。

1.2 科学理论及证据的发展史

在过去的两个世纪里，气候变化科学的理论和证据一直在不断地被完善。19世纪20年代，法国物理学家和数学家约瑟夫·傅立叶提出大气能够保留热量。他通过研究射入的太阳辐射量和传出的红外线辐射量，来检验地球热平衡方程，并发现地球表面实际温度比按照公式推导出的温度要高出约30℃。因此，他认为存在一种物质在减缓能量的散失。19世纪60年代初，爱尔兰物理学家约翰·廷德尔通过实验发现大气中存在一些能够减缓散热的气体，并检测出二氧化碳和水蒸气分子（后来被称为温室气体）正在减缓散热。19世纪末，瑞典化学家斯凡特·阿伦尼乌斯针对减缓散热的效果和幅度进行了一些初步的计算。20世纪40年代，沃尔特·埃尔萨塞等人的量子力学著作解释了“减缓散热”的原理，发现温室气体分子的振动频率和波长对离开地球的红外线能量产生干扰。在过去的几十年里，气候科学取得了显著的进展。例如，现在科学家可以进一步分析各种相互作用和连锁反应，包括估算温度升高（以下简称“温升”）对水蒸气的影响等。气候科学日新月异的发展很可能在未来几十年中持续，不过其基本的物理学原理已经很明确了，即温室气体会减缓地球的散热，从而导致气候变化。

因果关系的科学链

理解温室气体排放和气候变化的科学过程的基础是，认识到气候变化是因人类的行为而开始，所以也必须通过人类的行为来终结。我们可以忽略一些细节，将这一逻辑简化为5个步骤：（1）人类活动产生温室气体，形成了一个源源不断的“流量”。目前全球总排放量已经超过了地球通过碳循环可以吸收的容量。（2）这导致温室气体的多余“流量”累积为“存量”，使大气中温室气体的浓度升高。这个“流量-存量”过程还会产生“棘轮效应（rachet effect）”，即不可逆性。（3）这些增加的温室气体存量阻止了红外线能量从地球表面向太空散出，使其被吸收在大气层中，导致全球陆地和海洋的平均表面温度增加。地表变暖的程度取决于其“气候敏感性”。（4）这进一步导致本地气候和区域气候发生变化。（5）这些变化会对本地人的生活和更大范围的生态系统产生影响。[1]在这一链条中，每个环节都存在着很大的风险和不确定性。[2]

气候变化产生的影响大部分体现在水资源的变化上，包括降雨量或存在形式的变化，如暴风雨、洪水、干旱、荒漠化、海洋酸化、海平面上升等。温度和植物生长季节的变化也直接影响着人们的生产和生活。

河流、降雨量、风力和温度规律的变化，都会影响人类的活动。人类已经适应了长期以来全球平均地表温度所决定的规律和条件，因为自冰河时代结束以来，大约8 000年中这种规律和环境一直都保持稳定，直到最近气候开始变暖。气候变化的问题是：如果打破了长期以来的平衡，环境会发生怎样的变化？会对人类产生怎样的影响？这种变化是非常重要的，它可能具有深远的破坏性。

管理气候变化的策略应该立足于科学基础。我们将对气候变化科学的4个关键因素逐一进行详细分析。

1.3　风险及其规模：可能会彻底改变人类与地球之间的关系

我们可以通过分析大气中温室气体的浓度来理解潜在的风险及其规模。19世纪中期以来，温室气体浓度（存量）已经从285ppm二氧化碳当量（CO_2e）增加至445ppm左右。[3]本书重点分析1997年《京都议定书》所涉及的7种温室气体——二氧化碳、甲烷（CH_4）、氧化亚氮（N_2O）、氢氟碳化物（HFCs）、全氟化碳（PFCs）和六氟化硫（SF_6）。如果按照1987年《蒙特利尔议定书》所涉及的气体计算，[4]目前二氧化碳当量可能还要在445ppm的基础上再加上30ppm。温室气体中最主要的是二氧化碳，其浓度已经从19世纪中叶的280ppm上升至2014年的约400ppm。[5]在1930—1950年期间，全球以每年0.5ppm的速度增加排放；在1970—1990

年间，每年增加1ppm；在1950—1970年间，每年增加2ppm；现在的速度是每年大约3ppm。如果再不采取大规模行动，这个速度很可能会进一步提高。

大气中温室气体浓度的变化趋势与全球陆地和海洋年平均温度的变化趋势是一致的。自19世纪末到2012年为止，整个地球表面平均温度上升了大约0.8℃（如图1-1所示）。通常，研究都是以这一时期为研究范围，本书亦是如此。美国航空航天局和英国气象局哈德利中心的研究也得出类似的结论。2011年“伯克利地表温度研究”进一步证实了这一温升的趋势。[6]

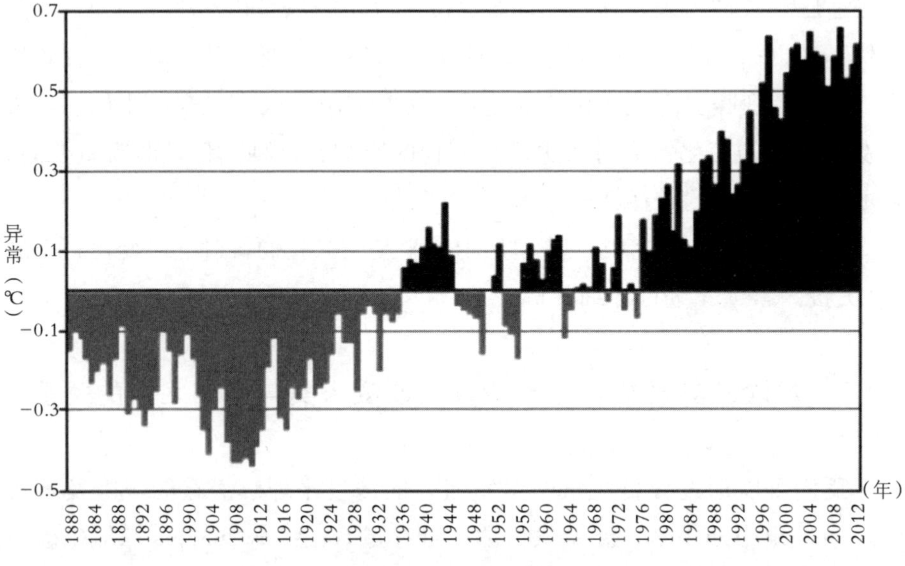

图1-1 全球陆地和海洋的温度异常

注：图中显示了全球陆地和海洋的年平均温度，20世纪时，地表温度为13.9℃（表示为纵轴上的0点），后期变化越来越大。

数据来源：美国国家海洋和大气管理局（NOAA2014a）。

如果全球温室气体排放仍“一切照旧”，那么到21世纪末，温室气体浓度可能上升到750ppm。一些气候模型表明，在未来的一二百年里，温升的中位数约为4℃，并且实际很可能远高于4℃。[7]

如果温升4℃以上，地球的自然地理和人文地理很可能会发生很大的变化，因为人们赖以生存的环境，包括沙漠、海岸线、河流、降雨模式等，都会发生改变或转移。[8]要想深入了解全球温升可能带来的后果，其中的一种方法就是分析过去二氧化碳浓度和温度的变化。自200年前的工业革命以来，由于人类大量使用化石燃料，导致大气层中的二氧化碳浓度迅速增加。在此之前，二氧化碳浓度的变化都是遵循自然规律的，在数千年甚至数百万年的时间周期中发生变化。在过去的至少80万年里，地球上的二氧化碳浓度从未超过当前的400ppm，[9]很可能在过去的300万年里都未曾达到400ppm。[10]全球平均气温长期比工业化前的水平高出4℃以上的情况，有可能在过去的至少1 000万年里，甚至更久，都未曾出现过。[11]上一次二氧化碳含量超过750ppm、地表温度比工业化前的水平远高出4℃的时候，很可能是约3 500万年前的始新世时期。当时，地球处于完全无冰期。而现在，如果温度上升超过4℃，将导致海平面上升70米。[12]

现代智人的历史大概不超过25万年，[13]而且他们并未经历过那样的高温。我们开始在乡村和城镇生活的文明，出现在全新世的最后一个冰河时期之后。大约在7 000年前到12 000年前的全新世早期，曾出现过冰层、海平面和气温的大幅变化，[14]在此之后，在过去的七八千年里，温度一直相当稳定，波动不超过平均值上下1.5℃。[15]这种温度为我们的社会发展创造了条件——人类将野草培育成谷物，为了在收割前照料庄稼、存贮剩余的谷物，人们逐渐形成定居生活，开始建设城市与乡村，形成了现有的文化技能和生活方式，发展出了我们所熟悉的现代文明。

目前地表温度已经达到了全新世时期温度波动范围的上限，而这在很大程度上是由于人类的活动所造成的。而3℃～4℃的升温将远超出这个范围。气温比工业化前的水平上升3℃以上的情况，在过去的约300万年里还从未出现过。似乎我们现在正在做一个巨大的实验，其结果难以预料，并且所产生的影响很可能是不可逆转的。[16]

1.4 气温升高的后果

随着全球变暖，气候变化所带来的影响将进一步加剧。目前，我们已经看到了温升0.8℃所产生的影响，但相对于我们未来将面临的风险而言，这还只是冰山一角。未来气候的变化将在很大程度上对水资源产生影响，降雨量过少或过多都会引起问题，而每个国家将承受的相关成本和影响是不同的。最根本的特点是，贫困人口和贫困国家很可能会最先受到影响，并且成为重灾区。而且，气候系统具有显著的非线性和临界点的风险，例如，亚马逊森林的破坏或永久冻土融化释放出巨大规模的甲烷，可能会导致气候系统瞬间崩溃。这种风险不仅规模巨大，而且发生的概率也不容低估：它们并不遵循“统计分布尾巴”（tails of the distribution）的规律。[17]

气温上升所产生的影响并不只是局部温度的提高，它是一个全球性的问题，科学证据指出，全球平均气温上升会产生严重的后果。2012年11月，世界银行发布了关于温升4℃的风险和可能造成的后果的最新科学研究汇总；该报告于2013年6月更新。其结论是，温升以后的世界将出现“史无前例的高温灾害和严重干旱，许多地区出现大洪水，人类系统、生态系统和相关服务都将遭受严重的影响”。[18]

上升的温度并非是被均匀地分布在全球各地的陆地和海洋。全球平均地表温度上升4℃，可能意味着陆地平均气温上升4℃～10℃，美国、地中海、北非和中东地区夏季平均气温可能上升6℃。这种温升可能会导致频繁出现高温灾害，就像2010年俄罗斯遭遇的那场毁灭性的高温——当时导致55 000人死亡，25%的农作物旱死，发生野火的可能性大大增加。温度上升还可能导致海平面上升，到2100年，海平面可能上升0.5～2米，之后还会不断增加，进而导致旱涝灾害频率更高、强度更大，对生物多样性和生态系统产生破坏性的影响。我们很难保证能够适应温升4℃后的世界，特别是那些最贫穷的人和那些受到海平面上升威胁的地区。当局部地区难以适应气候变化时，唯一的出路可能就是迁徙。大规模迁徙往往会导致极端冲突和人员伤亡。世界银行的报告指出，在全球温升4℃以上时，非洲撒哈拉以南的地区将格外面临着这方面的风险。

目前关于因气候变化而被迫迁徙的实证证据还相对有限，因为目前温升“只有”0.8℃。但历史上曾有过这样的例子——5 000年前，曾经是大面积的草原和湖泊的撒哈拉大沙漠就发生过大规模的人口迁移。[19]格陵兰岛沿海地区在几百年以前曾经存在一些游牧经济体。这两个例子还只是发生在全新世时期非常“有限”的温度波动范围（±1.5℃）的情况下。

设想人类对全球分布不均的地面资源的需求不断增加，局部或地区温度出现前所未有的变化，气候规律被打破，气象灾害频发，河道和流量发生改变，沿海地区发生暴风雨和洪水的频率日益增加，大量生活在那里的人们将面临生存考验，他们将很难适应这种快速的变化。例如，喜马拉雅山周边地区的降雨模式、冰雪蓄水能力、季风规律都可能从根本上发生改变，从而影响数亿人的生存环境。

历史表明，大规模人口迁徙（尤其是跨国迁移）可能导致剧烈、大范围、持久的冲突。目前，研究气候移民及潜在冲突影响的文献也越来越多。[20]

我们不能确定气候变化的后果——这是一个涉及不确定性和风险管理的问题。我们很难确切地预言因气候变化而产生的影响的性质、规模、可能涉及的范围和位置，但科学明确表明其潜在的风险是巨大的，而且非常紧迫。表1-1显示了当2100年温室气体浓度达到不同水平时，温升不超过2℃、3℃、4℃的可能性。最新IPCC的研究成果表明，即使2100年大气中温室气体浓度仅为550ppm（请注意，如果我们继续按照现在每年增加3ppm的速度，可能到21世纪中叶就会达到550ppm），温升不到3℃的概率低于50%。未来100年中，按照目前的排放速度，温升超过4℃以上的概率是20%～60%。[21]如前所述，这个星球在过去的300万年中还没有出现过温升持续超过3℃以上（和工业化前的水平相比）的情况，大概在过去的几千万年中也没有出现过温升4℃

的情况。而我们目前所面临的情况不是微小概率的麻烦，而是较高概率的灾难。

表1-1　2100年温室气体可能达到的浓度及全球平均温度上升（对比工业化前的水平）

温室气体的浓度（ppm CO_2e）[a]	预计温升（℃）（范围参见）[b]	温升低于一定水平的概率[c]		
		2℃	3℃	4℃
450	1.0～2.8	≥66%		
500	1.2～2.9	≥50%	≥66%	
550	1.4～3.6	≤50%	≤50%	≥66%
685	1.8～4.5	≤50%		
860	2.1～5.8	≤33%	≤33%	

注：a——2100年温室气体浓度水平，包括500ppm的情景（不超过530ppm）、550ppm情景（不超过580ppm）、650～720ppm的情景（报告中RCP4.5路径的高值）、720～1 000ppm的情景（报告中RCP6.0路径）。

b——全球平均气温相对工业化前的水平（1850—1900年）的上升。

c——概率数据源于IPCC（2014b）报告：可能（≥66%），比较可能（≥50%），可能性近似于不可能性（33%～66%），不可能性超过可能性（≤50%），不大可能（≤33%）。

数据来源：IPCC（2014b，表SPM.1，第13页）。

况且，2100年只是一个任意设定的截止日期，我们还要考虑2100年以后的情形。二氧化碳一旦排入大气中，就会停留很长时间，我们将不得不长期锁定在高浓度中，其后果可能非常严重。我认为，最新版IPCC报告（2013—2014年）过于局限在2100年这一日期。之前的报告曾论述达到最终稳定排放的相关概率。这是一个关于风险管理的问题，表1-2进一步显示了最终温度的概率情况。虽然这些估算基于诸多假设条件，但研究结果确实证明，随着温室气体的浓度升高，风险也逐渐上升。麦恩萧森（Meinshausen）的研究表明，保持目前二氧化碳当量浓度（约450ppm），温升4℃以上的概率是5%～35%。[22]

表1–2　温室气体的稳定水平及温升超过2℃和4℃的概率

稳定温室气体浓度（ppm CO_2e）	IPCC报告（2007）"最合理猜测"与温升（℃）的"可能性"范围	温升超过2℃的可能性（Meinshausen 2006）	温升超过4℃的可能性（Meinshausen 2006）
450	2.1 [1.4 ~ 3.1]	25% ~ 80%	<5% ~ 35%
500	2.5 [1.6 ~ 3.8]	50% ~ 95%	<5% ~ 45%
550	2.9 [1.9 ~ 4.4]	65% ~ >95%	5% ~ 55%
650	3.6 [2.4 ~ 5.5]	80% ~ >95%	15% ~ 65%
750	4.3 [2.8 ~ 6.4]	90% ~ >95%	30% ~ 80%

注：左边第二列给出温室气体稳定在不同浓度时，全球平均温度相对工业化前水平上升幅度的"最合理猜测"以及"可能性"（根据2007年IPCC报告，概率在66%~90%之间）。第三列和第四列给出全球气温上升超过2℃或4℃的概率估计（相对于19世纪中期工业化前的温度，当时温室气体浓度为280ppm二氧化碳当量）。

数据来源：Bob and Ranger（2009），表1.2，第9页。

关于气候变化的科学证据越来越确凿，其结论和影响也越来越令人担忧：温室气体排放量持续上升；地球（特别是海洋）的吸收能力低于预期；海洋酸化日益严重；永久冻土解冻释放的甲烷也越来越多等。尽管情况日益恶化，但很多人仍然意识不到问题的严重性，甚至有人依然在彻底否认问题的存在。

科学交流至关重要

要使全球都能理解气候变化问题的规模和影响，科学家们之间需要开展更为有效的交流。[23]这个任务并不简单，且目前开展得也并不理想。此外，科学家们需要与公众及决策者进行更频繁、清晰、及时、公开、透明的沟通。要做到这一点，科学家们需要摆脱过去几年的攻击言论，重新获得公众的信任，使公众相信他们的能力和人格。要达到这一目标，可以采取多种方式，如权威科学院和气象研究机构更积极地参与辩论和政策制定，并发挥领导作用。[24]目前，科学家们之间的交流已有所改善，例如，英国皇家学会与美国国家科学院2014年联合出版著作，论述气候变化的原因和证据。但是，未来还有很长的路要走。

我们应该设定怎样的目标？

如果不采取行动，我们可能会面临巨大的风险，但这些风险并非不可降低的。近年来，围绕温控目标的多数讨论都集中在“控制温升不超过2℃（相对19世纪中叶的水平而言）需要采取哪些行动”。这是一个被国际社会广泛接受的目标，因为温升超过2℃时的气候风险将达到“危险的程度”。很多国际气候变化框架谈判也是以此目标为基础，如2010年12月达成的《坎昆协议》。国际社会普遍认为，如果温升超过2℃，非线性和临界点的概率将大大增加。当然，如果应对行动成功的概率更高，结果会更好，如控制温升不超过2℃的可能性将达到66%以上。这一目标有时用66%的概率表示，不过更常用的术语是2℃温升（50%的概率）。因为结果具有不确定性，而且任何估算都存在一个概率分布，我们只能使用这样的公式。事实上，将“危险”的概率控制在50%已经很令人担忧了，其并不能彻底解决问题。只是，目前我们暂时决定以这一目标为基准。[25]

要达到这一目标，首先要将温室气体的浓度稳定在500ppm，然后再逐渐降低。这样，我们将有合理（50%）的机会把温升控制在2℃以内。较为合理的排放路径是将全球排放量从2013年的约500亿吨，[26]降低到2030年的350亿吨，再降到2050年的200亿吨。实际上，我们有可能在2050年将排放量降到200亿吨以下。如果后期减排更多，前期减排就可以相对少些。例如，假设在21世纪下半叶减排能力大幅提高，实现零排放或负排放，那么2030年350亿吨的目标可以变为420亿吨。[27]

图1-2显示了几种可以控制温升不超过2℃的排放路径。可以看出，无论采取哪种路径，我们都需要迅速、大幅度地扭转目前的排放趋势。虽然理论上我们可以先慢转后快转，或者先快转后慢转，但无论如何都要扭转目前的排放趋势。如果拖延行动，则代价将更大。

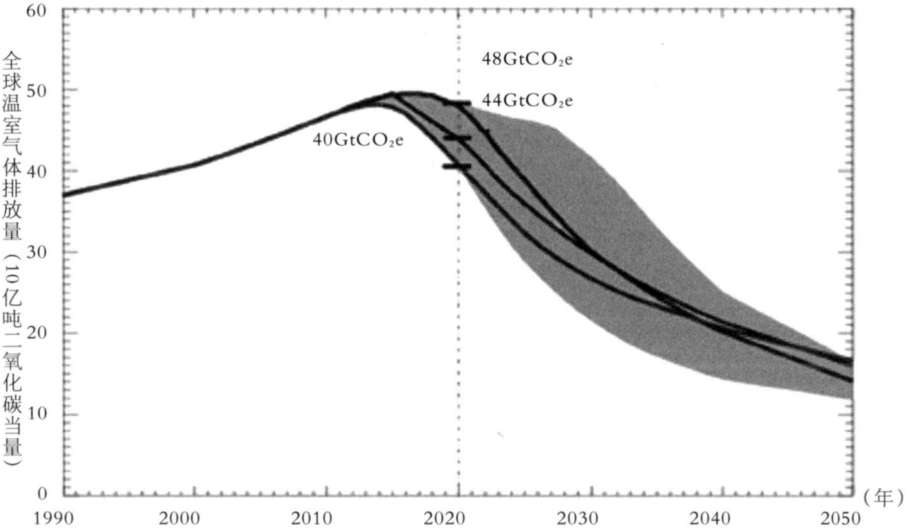

图1-2 几种控制温升不超过2℃的排放路径

注：阴影区表示确保有50%的机会控制温升不超过2℃的排放范围，三条曲线显示具体的排放路径。结果是根据哈德利中心气候模型IMAGIC计算得出的。

数据来源：Bob and Ranger（2009），表1.2，第9页。

表达未来排放路径的另一种方法是估算还有多少剩余的“碳排放空间”，即累计总排放量最多还能增加多少，才能实现控制温升不超过2℃的目标。图1-2显示了几条不同的排放曲线，但各曲线下的面积基本相同，[28]这个面积就是剩余的“碳排放空间”。IPCC等最新的重要研究表明，要实现控制温升不超过2℃的目标，剩余的“碳排放空间”约为1万亿~1.5万亿吨二氧化碳。[29]粗略估计，[30]这个数字大体上相当于目前全球每年二氧化碳排放量的40倍。鉴于排放量逐年攀升，如果不采取强有力的行动，这个空间可能不到40年就会被消耗殆尽。

要实现控制温升不超过2℃的目标，21世纪乃至21世纪之后都需要采取强有力的行动。我们应该意识到不采取大规模行动的风险和后果。如果浓度达到550ppm，全球温升有65%~95%的概率会超过2℃，有5%~55%的概率会超过4℃（见表1-2），因此，温升远超过人类历史水平的概率是很大的。与此相反，如果采取强有力的行动，我们实现2℃目标的概率也会增加。假使能将2100年累计排放量控制在1万亿吨二氧化碳以内，我们实现目标的可能性至少为66%（见表1-1）。本章后面将分析全球温室气体排放量及温升趋势，研究实现不同目标的可能性和现实意义。

1.5 风雨同舟、刻不容缓

只有深入理解气候变化问题所包含的时滞性、公共性、风险性，才能理解拖延的巨大危害，才能促使各方产生强烈的行动意愿。气候变化的潜在危害具有时滞性。流量转变为存量需要一个过程——温室气体（流量）被排放后在大气中逐渐累积，形成越来越多的存量，这些累积的存量气体捕获热量，导致产生温度升高等气候变化影响，更严重的影响则需要一段时间之后才会显现。因为存量一旦形成，这种温室气体浓度升高的影响很可能会持续几百年。例如，即使我们已经停止排放任何温室气体，存量温室气体依然会在未来几百年内继续导致海平面不断上升。

从某种意义上说，温室气体排放量具有公共性，引用经济学术语来说，它是一种“公害”。因为温室气体排放量一旦产生，无论其排放源在哪里，它对整个地球产生的影响都是一样的。也正是由于这种公共性，使得采取集体行动充满了挑战。有人会认为其个人的排放量很小，等别人采取行动就可以了；也有人拒绝采取行动，因为他们认为别人不会采取行动；由于结果的不确定性，也有人认为以后再行动也不迟，现在我们可以先研究更合理的行动路线，以后再采取大规模行动，而不急于马上行动——他们认为必须有更明确和直接的证据，才能说服大量的人来共同参与行动。

无论我们是否侧重于如何说服别人，气候变化潜在的规模和影响的不确定性本身就可能导致我们产生“观望”心理，让我们认为等有了更准确的信息和预测之后再采取行动也不迟。对于其他事情来说，这种心态可能是合理的，但用到气候变化问题上，则是大错特错。流量与存量是不争的事实，棘轮效应也意味着更大的风险，如果我们拖延行动，很可能导致温室气体浓度水平达到非常难以控制的程度，从而产生很多不可逆的严重危害。温室气体一旦被排放到大气中，就很难被消除，特别是二氧化碳，将会在大气中滞留很长的时间。大部分温室气体的滞留期是100年以上，有些甚至长达1 000年。目前，温室气体浓度已经达到了很难控制的高度，再拖延20年，二氧化碳当量可能会进一步增加50～60ppm，这会使550ppm浓度的控制目标无法实现，更不用说450ppm的目标了，温升超过4℃的概率也大大增加，提高到5%～55%（见表1-2）。

此外，电力、工业、建筑、交通、农业等基础设施和资金投入具有技术锁定效应，因为这些基础设施和资本一旦投入将会持续很长时间，通常长达几十年。如果现在拖延行动，则几十年后，我们将不得不采取激进、快速、破坏性的行动以实现减排，有可能会导致这些资本密集的基础设施不得不被拆掉重建，从而造成更大的浪费。

拖延行动的危险在印度和中国等发展中国家将更为显著。这些国家处于快速发展阶段，需要投资建设大量的基础设施，这些设施建成后将持续运营几十年。经济学顾问在组织"生动经济学"（Vivid Economics）研究时发现，中国和印度如果直到2030年才采取大规模温室气体减排行动，参与将全球温室气体浓度控制在450ppm的目标计划，[31]那么印度将需要报废价值200亿～700亿美元的煤电厂（现有电厂总价值的35%～140%），[32]而中国则需要报废价值500亿～2 000亿美元的煤电厂（现有电厂总价值的40%～70%）。这样的行动恐怕很难在现实中落实，因为这意味着为了减排而中断供电。对于印度和中国而言，未来几十年能源需求预计将持续强劲增长，一直处于供不应求的状态，即使低碳发电技术快速发展和应用，大量报废高碳设施仍不切实际。

国际能源署研究表明，为实现温升不超过2℃、浓度不超过450ppm的目标，2020年后采取行动的成本将会更高。根据其研究估算，目前电力行业清洁技术投资1美元的成果，如果拖延到2020年后，为取得同样成果，其投资将高出4.30美元。[33]

1.6　否认和拖延导致的风险

要综合考虑风险、危害的规模、不确定性、滞后性、公共性，以及拖延的成本，使采取行动变得很艰难，但也是刻不容缓的。我们只有深入理解这些基本要素，充分将其纳入决策过程中，才能作出采取大规模行动的抉择。拖延及观望心理是没有科学依据的，通常源于认知的混乱和错位，以及对相关伦理学和经济学的漠视。在某些情况下，甚至是故意忽视或扭曲科学证据，传播毫无科学根据的怀疑论。

下面，我将分析几种误导公众或扭曲事实的观点。有些人认为，气候变化问题涉及风险的概率，不能讨论具体的影响，除非大规模影响已经发生，我们不妨假设概率很低甚至不存在。然而，认为“风险很小”的观点似乎缺乏足够的科学证据。而且，这种态度也不符合处理不确定情况的理性选择原则。

还有人认为，“不确定性意味着我们应该采取观望态度”。正如上文所论述的，由于流量与存量的特征、潜在的棘轮效应，以及高碳投资和基础设施的锁定效应，拖延不仅是危险的，而且只能增加未来行动的成本。另一种常见的观点是，“无论发生什么样的变化，人类都能够适应”。这种观点似乎很鲁莽，因为我们所面临的风险的影响将远远超出现代人类文明的历史经验、目前的技术能力和资源规模。

如果有人提倡拖延甚至不必采取行动，则有以下几种可能的情况：第一，你深信风险很小；第二，拖延行动的风险很小；第三，未来会忽然出现解决气候变化问题的灵丹妙药；第四，你不关心未来会怎样，漠视这个巨大的风险。前两种情况在科学面前毫无立足之地；第三种情况则是鲁莽的赌博心态——把地球的未来押在一种渺茫的可能性上；至于第四种情况，我希望大多数人都会认同这是一个深深违反道德伦理的选择。

另外，很重要的一点是，利用科学来预测结果本身就存在风险与不确定性。如果我们按照科学得出的趋势采取行动，然后发现当时的科学研究高估了其中的风险，那么我们可能为之付出不必要的成本。但在气候变化问题上，情况有所不同。即使科学研究的结果高估了风险的概率，但我们并没有浪费投资，而是投资了有价值、更清洁的新技术，建成了更高效、更安全的能源基础设施，而且拯救了森林和生物多样性；反之，如果我们拒绝接受科学研究的结论，固执地认为风险很小，然后发现之前的科学结论是正确的，则那时的温室气体浓度已经达到了非常危险的程度，而且会在大气中长久停留，届时已失去了挽救的机会。事实上，仅仅根据常识就可以判断（基于基础的统计决策理论亦可得出相同的结论），采取大规模行动来应对气候变化是毋庸置疑的。[34]

提倡拖延甚至不必采取行动的人，无论是有意还是无意，无论是明示还是暗示，往往都是通过以下各种方法来反对科学结论：

1.在介绍或评估证据时，有意混淆气候波动与气候趋势的区别，甚至认为两者不存在区别。气候波动会持续存在，而潜在的气候趋势是基于科学理论研究和实际证据证明的。气候波动每几年或每10年都会出现，如厄尔尼诺和拉尼娜现象、太平洋的暖流和寒流的交替，或北大西洋涛动。太阳活动也会表现出或长或短的频率振荡和随机性。地球围绕太阳公转的轨道每几万年就会出现变化。但是，温室气体排放的流量和存量现象，以及温室气体导致温度上升，则是不争的趋势。这些趋势可以具体量化（如上文中所述），其变化之迅速也是气候历史上前所未有的。

2.强调个别出现错误的论文，以此否定所有其他论文。很多气候变化的论文都是出自全球不同地区的权威研究机构，数据繁多，证据确凿，剔除个别几篇不够严谨的论文，几乎不会影响长期积淀的研究结论。

3.有意忽略一些驳斥虚假论据的研究。这些虚假论据包括将全球气温提高简单归咎于城市热岛效益，或者用阴谋论解释东英吉利大学的电子邮件。持这些虚假论据的人总希望这些论据提出后能够得到扩散，然而现实中，它们很快就会被驳斥和拆穿。[35]

提倡拖延乃至不必采取行动的人，往往是采取反复质疑或简单否定的方式。即使其质疑的论据极不可靠，但反复提出还是会影响到一批人，让他们产生怀疑。就像大家一直对吸烟与健康的关系争论不休，而烟草行业内部著名的说法是“有怀疑我们就有市场”。[36]气候变化也是如此。

目前，有很多不可靠的论据不顾科学研究成果，反复否定气候变化。[37]其中，一种错误的论点认为，“全球平均温度已停止上升，因此全球气候已经停止变暖”。虽然最近全球平均气温曲线暂时趋于扁平化（如图1-1所示），但这并不能得出全球变暖已经停止的结论，得出这种结论显示其缺乏科学常识，不明白气候本身所具有的短期自然波动性（即“气候噪声”），也不理解随机振荡和气候辐射力（主要是温室气体辐射力与气溶胶辐射力）。[38]虽然科学家仍保留少量不确定性，不过其普遍认为最近曲线的扁平化主要是净气候辐射力增长率下降引起的。[39]具体包括逐步淘汰消耗臭氧的气体、甲烷排放增长速度降低、同温层的气溶胶增加、太阳辐射度下降等因素。目前，全球能源系统仍处于失衡状态，这意味着一定还有其他因素导致气温曲线的扁平化，而科学界普遍认为这是自然波动，包括气候噪声及海洋振荡等（尤其是过去几年拉尼娜的“冷却效应”）。[40]IPCC最新评估报告中“决策者摘要”的内容证实了这一论点，并指出，“全球平均地表温度呈现出大幅度的年代和年间的变化……由于自然变化，基于短期记录的变化趋势在很大程度上取决于该时期的开始日和结束日，但其并不能普遍反映长期的气候趋势。[41]

另一种常见的错误论点认为，20世纪全球变暖的趋势仅仅是由于结束了“小冰期”(16世纪—19世纪间发生在欧洲的一次自然变动)。对于小冰期的确切原因目前尚无定论，但大多数科学家认为这是自然现象引起的，包括太阳活动变化和火山频繁爆发等。[42]小冰期结束后，太阳活动确实有所增加，但这种增加仅仅持续到1950年左右。因此，太阳活动和火山爆发等自然因素并不能解释自1950年以来的温升。而且，小冰期当时仅发生在欧洲，并非全球现象。[43]在过去的8 000多年里，全球平均地表温度一直只在小范围内波动（正负约1.5℃)，而我们目前已经接近这个波动的上限。[44]

其他的反对言论则更显笨拙，如用区域性气候事件来质疑长期的全球平均温升趋势。例如，有人声称，2009—2010年冬季欧洲极度寒冷与全球温度升高的趋势正好相反。这次的气候事件最有可能是由于北极涛动而产生的区域性影响。[45]虽然欧洲遭遇寒冬，但世界其他地区的气温却普遍高于历史平均水平。就全球整体平均气温而言，2010年同2005年一样，成为2014年以前有记录以来最热的年份。目前来看，2014年全球整体平均气温有可能再创新高。[46]事实上，自有记录以来，温度最高的10个年度都发生在1997年之后。[47]

另一种常见的错误言论认为，水蒸气才是最主要的温室气体，而不是二氧化碳。水蒸气确实是一种重要的温室气体，但水蒸气的产生量也取决于温度。二氧化碳排放量增加引起温度升高，使水蒸气蒸发量增大，大气中水蒸气浓度提高，因而进一步地强化了温室效应。这就是所谓的正反馈循环，而这种正反馈背后最根本的驱动力还是二氧化碳的排放。[48]

还有人声称，火山的二氧化碳排放量远远超出人为的排放量。最新证据表明，人为二氧化碳排放量要比陆地和海底全部火山排放量的最高估值还要高出130倍。[49]

还有人提出，人类呼吸也排放二氧化碳。人类呼吸排放的二氧化碳来自我们吃的食物，如蔬菜，而蔬菜在生长过程中已通过光合作用吸收了部分二氧化碳，所以呼吸的排放量可以被视为“抵消排放量”。食品生产和加工过程中的排放量则要计入一个国家的排放清单中，包括化肥使用的相关氮氧化物排放、奶牛的甲烷排放、土壤耕翻中产生的二氧化碳排放等。

这些错误观点被不断重复，并且引发了很多误传的信息，而这些现象无益于全球采取大规模行动以应对气候变化。

1.7　我们将走向何方？

如果我们清醒地意识到我们所面临的现状以及未来的趋势，我们会更深刻地理解气候变化问题的危害性，更清楚我们所面临的巨大风险，以及减排的压力和挑战。只有这样，才能促使全球达成共识，商定我们需要采取的行动，确定我们努力的方向。

我将在第8章中具体介绍关于气候变化的国际协议和谈判的现状。本章重点分析全球目前的排放量，以及现在已经作出的2020年减排承诺（具体体现在2009年的《哥本哈根协议》和2010年的《坎昆协议》中，这两个文件是最新的国际共识声明。2015年年底巴黎会议的目标是达成一份更为正式的气候协议，包括设定新的减排目标）。本章还将探讨目前到2030年之间的排放趋势。[50]全球应对气候变化的整体步伐非常缓慢，大家好像还没有意识到拖延的严重危害，而是更多地关注行动的挑战和经济成本。事实上，对于《哥本哈根协议》和《坎昆协议》承诺的减排力度，即使可以将其视为比“一切照旧情景”有着显著的进步，但相对于我们有责任实现的目标（如以50%的概率实现温升不超过2℃）来说，其规模与力度还是不够的。[51]

全球温室气体的未来排放量取决于未来世界经济的走向，以及《哥本哈根协议》和《坎昆协议》承诺减排的落实情况。当然，我很希望2015年能够达成更为有力的《巴黎协议》。图1-3显示了2005年和2010年的实际排放量，落实《哥本哈根协议》和《坎昆协议》后2020年的排放量，以及推理估算的2030年排放量。[52]

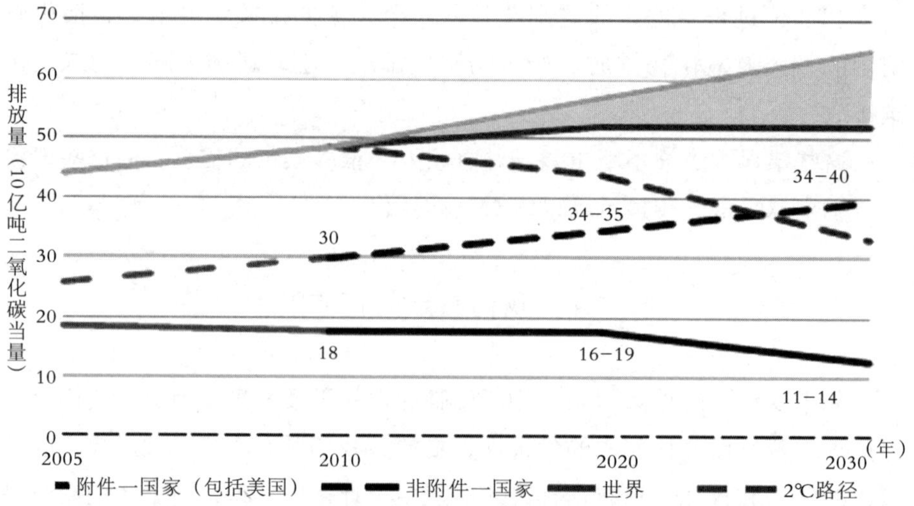

图1-3　2020年和2030年全球预测排放量（基于当前情况预测）

注：图中阴影区显示了如果我们不能实现每年约500亿吨二氧化碳当量的全球温室气体减排，则会出现的趋势。附件一国家基本上是发达国家，具体名单参见UNFCCC网站：http：//unfccc.int/parties_and_observers/parties/annex_i/items/2774.php。

数据来源：UNEP（2012），附件，作者计算。

从图1-3中可以明显看出，基于当前的计划（假设这些计划能够顺利实施），最多能实现每年约500亿吨的排放量。数据显示，发展中国家

（非附件一国家）排放量大幅增加，目前已经约占500亿吨总排放量的2/3，而且在2020年前还可能大幅上升。大部分增加排放量可能来自中国（可能每年30亿吨以上）和印度（可能每年15亿吨左右）。所显示的发达国家的大体趋势是基本稳定在目前的排放水平，即每年160亿～190亿吨左右。[53]

2020—2030年间的排放量仅是估算量。《哥本哈根协议》和《坎昆协议》有效期只到2020年。到2030年前，发展中国家可能会每年增加50亿～60亿吨的排放量。如果这些国家的经济和人口保持高速增长，甚至出现局部地区加速增长，其增加的排放量甚至会更多。这有可能导致2030年发展中国家的排放量达到约400亿吨（届时其排放量约占全球总量的70%，而GDP占全球总量的55%～60%或更多）。要实现控制全球温升不超过2℃，2030年全球年度排放量应该在350亿吨左右。这意味着即使发达国家已经实现大规模减排，发展中国家仍需要采取强有力的减排行动。即使假设21世纪下半叶全球实现零或负排放，允许2030年排放水平还暂时维持在420亿吨，按照目前《哥本哈根协议》和《坎昆协议》的进度，届时发展中国家总排放量也已大致相当于这个量。

根据我与印度和中国高层决策者的讨论，这两个国家是发展中国家排放量增加的主要原因，目前如此，2020—2030年间依然会如此（如图1-4所示）。然而，印度和中国的总人口虽然总计达到26亿，但在全球发展中国家总人口中也仅占40%（目前世界人口约70亿，发展中国家约60亿）。2030年预计世界人口约80亿，发展中国家约70亿，印度和中国总人口约30亿，非洲人口为15亿～20亿。不止印度和中国，很多发展中国家未来20年的经济增长都会非常迅速，按照目前明显的减排意愿来看，2030年时每年400亿吨排放量的估算已经是很保守的了（如图1-3所示）。不过需要强调的是，目前很多发展中国家正在积极开展关于减排的讨论，各国逐渐意识到高排放的危险，并且低碳技术的成本也在不断降低。

发达国家有可能再减排50亿吨，到2030年实现年排放量降到110亿～140亿吨之间。但这很可能不够抵消发展中国家所增加的排放量。

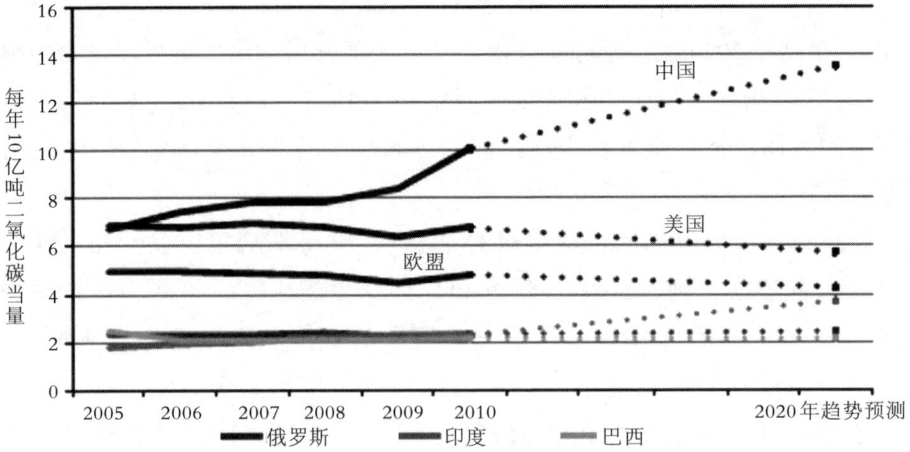

图1-4　2010年全球前六大排放国未来排放趋势

注：2010年全球前六大排放国总排放量占全球排放量60%左右。2010—2020年之间的排放量是估算量。

数据来源：2005—2010年的数据来自世界资源研究所（2013）。2020年预计排放量：中国和印度的数据来自联合国环境计划署（UNEP，2012）；美国数据来自世界资源研究所（2013）；欧洲数据来自欧盟委员会（2010）；巴西数据来自巴西联邦政府（2009）；俄罗斯数据来自俄罗斯联邦政府（2013）。

根据联合国环境计划署（UNEP）对2020年排放量的研究（如图1-3所示），以及我们对2030年的估算，结合我们与发达国家及发展中国家高层决策者的探讨，以及目前的排放增长和人口趋势，从目前的减排努力和预测看，全球总排放量可能在未来几十年达到高峰，约为500亿吨二氧化碳当量。研究未来的排放趋势有很多方法，本文的数据只是一种估算。不过，这些研究的结论都证明目前的趋势很令人担忧。在国际能源署（IEA）的《2012年世界能源展望》中，“新政情景”（包括所有已经公布或实施的减排计划）预测2030年度排放量刚刚超过500亿吨，与我们的估算值非常一致。[54]

该估算值假设发展中国家的经济将持续增长。这种假设比较合理——事实证明，发展中国家的经济确实在增长，而且消除贫困也需要经济持续增长。因此，如果没有更加强势的减排计划使单位产出的排放量大幅减少，那么预计峰值在500亿吨左右可能会过于乐观，我们最终可能达到图1-3的阴影区域——实现550亿～600亿吨的排放量。（本书的估算基础尚未成为定论。2014年10月，欧盟制定了2030年温室气体排放量相比1990年水平减排40%的目标。同年11月12日，美国和中国在北京发表联合声明，表示中国的温室气体排放量将在2030年达到峰值，而美国2025年温室气体排放量相对2005年水平减排26%～28%，这三个区域的排放量约占全球总量的一半。根据这些新设定的目标，粗略计算，2030年全球温室气体排放量约为500亿～550亿吨。）

我们应该仔细研究全球高排放量的后果，并增加沟通、深化理解。图1-3显示的情景很难满足温升不超过2℃的目标。为了实现这一目标，2030年温室气体的排放量需从目前的约500亿吨减少到约350亿吨，即使21世纪下半叶全球实现零或负排放，2030年的排放量也要控制在420亿吨左右。总体而言，全球目前的减排决心还不够大，排放量趋势不符合实现2℃目标的需求。

2030年温室气体的排放量达到500亿吨，意味着约100年后温室气体浓度将稳定在650ppm以上，温升约3.5℃的概率为50%。[55]这意味着温升变得更高的风险也相应增加，温升5℃的概率达到20%，温升6℃的概率达到10%。

在这种情况下，潜藏着巨大的气候风险。明智的做法是尽可能地选择能将排放量控制在温升2℃（50%概率）的路径。如果2030年全球年排放量控制在400亿吨左右，则发展中国家需要将年排放量控制在300亿吨以内（低于其现有的排放量），而发达国家需要将年排放量控制在100亿吨以内（相当于其现有排放量的一半）。就人均排放量而言，发展中国家应为3～4吨，发达国家应为8吨左右（现在人均排放量分别为发展中国家6吨、发达国家15吨）。[56]当然，所有这些数字仅是参考意义上的估算，只是用来说明我们亟须采取大规模的减排行动。

发展中国家和发达国家同时采取更为有力的减排行动是有可能实现的，但这需要增加协调、增强协作、提高效率。这里的关键点是，发达国家要提高其道德责任感，理解长期支持减排对自己的益处。采取更强有力的行动，需要我们建立共同的认知——21世纪两个最大的挑战是减少贫困和应对气候变化。同时实现这两个目标的唯一途径是创造条件，促进低碳转型。本书的核心观点认为，低碳转型是可以实现并有益于实现经济增长和减少贫困的明智选择。反之，在这两个挑战中，如果不能解决其中一个，则另一个也将无法解决。

目前，发展中国家追求低碳增长的积极性在不断提高，它们逐渐认识到气候变化的巨大风险，看到低碳转型能给经济发展和消除贫困带来机遇。2012年7月，印度北方电网的瘫痪印证了气候事件的风险和日益增加的能源需求。当时由于季风变化，降雨量大幅减少，农民不得不抽水浇灌农作物，导致电力需求大幅增加，电网无法负荷，从而发生大规模瘫痪。停电当天涉及约3.3亿人，第二天达到6.5亿人，几乎增长了一倍。就涉及的人口规模而言，这是人类历史上最大的停电事故。如果采取低碳发展战略，可以通过分布式太阳能和风能发电设施，在一定程度上降低集中供电的风险，避免集中电网运营中存在的腐败现象，降低电网瘫痪的概率，并且为农民提供廉价的电力，使其能够自己控制供电，乃至为目前数百万电网覆盖范围之外的人口提供电力。

许多发展中国家越来越支持低碳发展，包括中国、南非、韩国和埃塞俄比亚。我将在本书第7章中作出进一步分析。在发展中国家，支持低碳增长的企业也越来越多。根据麦肯锡2011年的调研，在中国和印度，认为气候变化政策将不断加强的受访者比例高于美国和欧洲。

地球工程（Geoengineering）

鉴于气候变化潜藏着巨大的风险，而各国还没有足够的决心来大幅扭转现有的排放趋势，因此我们有必要理性地探讨如何减少大气中的温室气体，或者阻止部分太阳能到达地球。这就是所谓的地球工程。尽管关于地球工程的探讨越来越多，但目前大多数地球工程技术并不成熟，仍停留在研发或计算机模拟测试阶段，并未开展过实际测试，而且这些技术可能涉及高昂的成本和较大的风险。[57]这些地球工程可能从根本上改变气候、海洋和大气层，其后果不可预测，甚至有可能产生根本性的危害。很多研究还提出了地球工程技术研发和使用的政治和民主问题。地球工程技术具有高度不确定性和跨境影响，世界各国能否建立合理的治理机制，来协调地球工程的开发和实施，如向大气中喷射气溶胶，是不容忽视的问题。

2013年世界经济论坛的一份报告探讨了类似的问题——如果某个国家或某个人单边采取地球工程行动会产生哪些风险。[58]这份报告中提到一位美国企业家向太平洋倾倒100吨硫酸铁以促进浮游生物生长，从而吸收二氧化碳并产生碳信用额。对这种行为的合法性仍有很大争议，因为其涉嫌违反两份联合国协议。然而，鉴于我们所面临的巨大风险和目前减排行动的波动，还是有必要进一步研究类似课题。

吸收二氧化碳的最佳技术是符合自然规律的绿化技术，包括恢复退化的森林、蓄养退化的草地和农田。具体参见全球经济与气候委员会发表的《更好的增长、更好的气候——最新气候经济报告》。[59]另一种比较适宜的技术是通过生物质能进行碳捕集和封存（carbon capture and storage），即在燃烧生物质时捕获碳排放，有可能实现零排放或负排放。目前由于碳捕集与封存技术在一定程度上局限在电力和工业应用领域。虽然这些脱碳技术还没有被大规模应用，但2014年IPCC第五次评估报告强调，要实现控制温升不超过2℃（50%的概率）的目标，这些技术在许多排放路径中还是必要的。以目前缓慢的减排进展看，我们可能需要设立21世纪末负净排放的目标。[60]

2℃的目标还有可能实现吗？

在研究如何实现2℃目标之前，应该先分析这个目标是否还有机会实现。根据国际能源署（IEA）《2012年世界能源展望》，我们还没有完全失去机会，但不加快行动的话，会变得越来越难。[61]2℃目标所允许的排放量，80%已经锁定在现有的电力等基础设施中。2017年这一比例将增加到100%，除非加速实施大规模节能措施，才有可能把这个时间推迟到2022年。该报告还表明，要实现2℃目标，2050年之前全球化石燃料使用不能超过目前探明总储量的1/3，除非碳捕集与封存技术取得显著的进展并被大规模地应用。然而，根据IEA的报告（2013），预计到2035年，只有1%的全球化石燃料发电厂会使用碳捕集与封存技术。[62]

IEA的报告（2013）表明，要保留实现2℃目标的机会，可以采取4项政策措施。这些措施可以被迅速实施（2020年前），并且净经济成本为零（具有较高的投资回报率），但却可以削减2020年80%的超额排放量(是指高于2℃路径的排放量)。除继续发展可再生能源之外，这些措施包括：强力推动能源效率提高，防止新建燃煤电厂并限制使用现有燃煤电厂，减少油气生产上游释放的甲烷，以及尽快降低化石燃料补贴。虽然要实现2℃的目标将会面临巨大的挑战，但综合考虑更高温升的危险性、气候影响的不确定性、延迟的危害性、地球工程的风险性，以及低碳路径的诸多利益（将在下一章中具体分析），我们还是要尽力推动实现这一目标。利用现有成熟技术是可以实现这一目标的。继续拖延并幻想，导致彻底失去实现2℃目标的机会，这种冒险行为是非常不负责任的。

除非碳捕集与封存技术发展能取得突破性进展，否则，要实现2℃目标，仍需将探明化石燃料储量的70%或更多保留在地下，即所谓的“不可燃碳”。[63]金融市场和一些业内人士似乎仍幻想着碳的中长期影子价格可以为零。许多人不明白，或者不想明白，随心所欲燃烧化石能源的时代已经结束了。有人仍在积极寻找非常规化石能源，[64]将其视为珍宝，而完全不顾大势所趋。

1.8 结论

分析和认知必须以科学为基础。本章提供了科学依据，证明人类亟须采取大规模行动以应对气候变化。此外，我们通过分析气候变化问题的不确定性、滞后性和公共性，探讨了目前应对气候变化行动迟缓的原因。

综上所述，本章主要结论如下：

- 气候变化隐含着巨大的风险。人类与地球的关系可能发生根本性变化，未来世纪可能出现过去数百万年来未曾有过的温升。由于人们通常很难理解这种规模的风险，因此难以作出适当的决策。

- 气候变化的后果具有很强的时滞性，而其一旦发生则难以逆转。温室气体的排放量（即“流量”）在大气中不断累积，形成“存量”，从而引发气候变化，这之间存在很长的滞后期。由温室气体浓度升高而产生的气候影响可能会持续好几百年。气候变化的影响可能是灾难性的、持久的、不可逆转的。拖延行动是极其危险的。

• 最重要的是碳排放总量，而不是排放位置。无论温室气体排放源在哪个区域，其产生的效果都是一样的。在这个意义上来说，气候变化具有“公共性”，需要广泛的共同参与。

• 在政策制定的过程中，科学尚未发挥其应有的作用。如上所述，世界各国很可能会因为认知混乱、不够了解科学、不相信证据，而造成拖延行动。

• 我们仍然有机会将全球温升控制在不超过2℃（相对于工业化前的平均温度水平来说），但这个机会在迅速消失。要想实质性地降低气候变化的风险，人类亟须在未来20年采取大规模、强有力的应对措施，并取得广泛且深入的进展。

这些结论为后续的分析奠定了基础。在此基础上，下文将具体探讨如何制定良好的经济政策，确保低碳经济和低碳社会的转型。这条道路的前景具有诸多益处。低碳转型也必然存在风险和不确定性，但与不受管控的气候变化所产生的风险和不确定性相比，其小得多。要提高全球推进低碳转型的积极性，有必要对这些相关风险进行分析，并开展沟通与交流。

注释

1 本书重点研究气候变化对人类生命和生活的影响。然而,气候变化不仅影响人类,还更广泛地影响到地球的自然生态系统,破坏生物多样性,危及许多物种。

2 在多数情况下,本书不特意区分"风险"和"不确定性"。在具体有所区分时,我们引用Knightian定义的"不确定性",即未知元素的概率。此外,参见Smith和Stern(2011)关于不同类型风险和不确定性及其政策潜在影响的研究。

3 CO_2e是指"二氧化碳当量",即温室气体产生量在特定时间尺度(通常为100年)温升潜能的等量二氧化碳数。ppm(百万分之一)是指温室气体分子与干燥空气分子总数的比率。

4 包括卤代烃,如氯氟烃(CFCs)和氢氯氟烃(HCFCs)。

5 辐射力是指气候系统中由于温室气体浓度变化或其他变化而导致的平均净辐射强度变化,如太阳辐射水平的变化(见Houghton,2004)。通常,这一数值的衡量区间在对流层顶部(低层大气高达约10千米,此处随高度的增加,温度开始下降)。

6 参考美国宇航局地球观测站(2014)、气象局哈德利中心(2013)、伯克利地球(2011)的研究。

7 参考案例包括国际能源机构(2012,2013),Stern(2013),Rogelj、Meinshausen和Knutti(2012),以及本书表1-1和表1-2。要了解更多关于气候变化的相关科学知识,可咨询权威科学团体(如美国国家科学院和英国皇家学会)的研究。

8 温升4℃对生命和生活可能造成的影响,参见第4章专栏4-2。

9 见Lüthi等(2008)。

10 见Pagani等(2009)。

11 见Zachos、Dickens和Zeebe(2008)的研究。

12 感谢Liz Moyer与David Archer(芝加哥大学地球物理科学系)就这方面证据给予我的指导。

13 见Stewart和Stringer(2012)的研究,并参见以下网址:http://www.worldmuseumofman.org/hum.php。

14 见Stringer(2007),IPCC(2007),Törnqvist和Hijma(2012)。

15 见Marcott等(2013)、Alley(2004)。政府间气候变化专门委员会第四次评估报告(IPCC,2007)第6章指出,在过去的2000年里,北半球温度相对于19世纪中期水平波动估计在±1℃。再往前追溯,在过去的7000年左右,全新世时期亦未发现全球气温波动超出此范围之外的迹象。我们非常谨慎地作出这些陈述,因为近似数据有其局限性,但论点是很明确的:20世纪后期观测到的温升是现代人类文明史前所未有的水平。

16 这种影响的范围和潜在时间,导致一些人建议我们应该把目前作为一个新地质时代的开始,称为人类世(Crutzen,2002)。我们不仅要考虑温升的影响(本课题的很多方面尚属未知领域),而且二氧化碳很难从空气中提取出来,可能持续停留数百年。这些变化还会引发荒漠化或洪水等具有长期影响的灾害。

17 温升4℃或更高可能造成的影响,见Stern(2013)的研究。

18 见世界银行(2012b)xiii及世界银行(2013a)的研究。

19 一个被称为"绿色撒哈拉"或非洲湿润期的时代,更多信息与阅读材料见deMenocal和Tierney(2012)。

20 参考案例包括Hsiang和Meng(2014),Hsiang、Burke和Miguel(2013),Hsiang、Meng

和Cane(2011),Gemenne(2011),Royal Society(2011),Steinbruner、Stern和Husbands(2012)。本书专栏1-2中关于扰动性移民的部分,参见Licker和Oppenheimer(2013)、Gilmore等(2013),以及2012年1月《和平研究杂志》中的“气候变化与冲突专刊”。

21 见国际能源署(2012e,2013e),其中指出基于当前与新政策情景温升超过4℃的概率为37%~83%。另见Stern(2013),Rogelj、Meinshausen和Knutti(2012)。

22 见Meinshausen(2006)。

23 包括需要媒体及其他公共渠道提供更加准确的报告。具体讨论见本书第10章。

24 见Ward(2013)。

25 2012年年底多哈气候变化框架公约会议推出2℃目标回顾报告。

26 目前全球二氧化碳排放量数据仅到2010年,这是本书写作时的最近数据集,尽管部分国家有排放量更新。具体见本书第7章。

27 这是全球经济与气候委员会使用的近似排放目标,基于IPCC(2014b)报告绘制,这一目标并未对21世纪末实现零排放或负排放作出严格假设(GCEC,2014)。

28 累积排放量见Myles Allen的相关研究,如Allen等(2009)。

29 见IPCC第一工作组报告第12章(2013)。请注意,达到一定概率的曲线(如至少50%或66%的概率)与二氧化碳排放量水平、二氧化碳当量及非二氧化碳温室气体辐射力之间微妙的相互作用。

30 需要提醒的是,由于数据的局限性,相对于“二氧化碳当量预算”而言,计算“二氧化碳预算”难度更大。二氧化碳的辐射力影响最大、测量最简单、在大气中停留期最长。

31 见《生动经济学》(2011)。

32 除非另有说明,本书中提到的“元”均指美元($)。

33 见国际能源署(2011f)。

34 统计学中将前者(虚假警报)称为一类误差,将后者(虚假负数)称为二类误差。

35 这些否定论是如何运作与获得资金支持的,参见两个人的精彩研究——Oreskes和Conway(2010),以及Michaels(2008)。

36 见Oreskes和Conway(2010)及Michaels(2008)在书中所引用的文献。

37 见http://www.skepticalscience.com/argument.php,这里为驳斥各地230条最常见的气候变化方面的疑问与问题提供了相关的科学证据与资料。

38 强制机制是指改变气候系统能量平衡的过程,如改变到达地球的太阳辐射与离开地球的红外线辐射之间的相对平衡。见http://www.epa.gov/climatechange/glossary.html#F。

39 20世纪40年代—70年代出现过曲线直接变平缓的情况,原因被认为是气溶胶冷却与温室气体效应大体平衡。

40 见Hansen、Sato和Ruedy(2012a),Buckle和MacTavish(2013)。Hansen等人的研究指出,虽然在最近的10年里,5年平均全球气温一直比较平稳,未来几年随着我们进入厄尔尼诺时期,全球平均气温有可能会继续迅速升高。

41 见IPCC(2013)第5组《决策者摘要》。

42 见http://www.skepticalscience.com/coming-out-of-little-ice-age.htm。

43 见Mann(2002)。

44 见Marcott等(2013)和Alley(2004)关于过去8000多年异常情况的研究,以及NOAA(2014a)关于过去100年异常情况的研究。

45 见http://www.skepticalscience.com/December-2009-record-cold-spells.htm。

46 2014年1—8月已成为这一时期(NOAA,2014b)记录的第2个最暖阶段,其中8月与9月突破了历史当月气温最高记录。

47 这些意见基于相对于20世纪平均水平的温度异常研究。见NOAA(2010)。

48 见http://www.skepticalscience.com/water-vapor-greenhouse-gas.htm。

49 见Gerlach(2010)。

50 关于《哥本哈根协议》与《坎昆协议》中发达与发展中国家的相关承诺、目标、计划与意图,参见http://unfccc.int/meetings/copenhagen_dec_2009/items/5262.php,以及http://cancun.unfccc.int/。2011年德班平台制订了一个长期谈判路径计划,争取在2015年达成具有法律约束力的应对气候变化条约,并且争取在2020年开始实施,具体参见https://unfccc.int/meetings/durban_nov_2011/meeting/6245.php。

51 见联合国环境署(2012)。

52 2012年地球气候立法研究(Townshend等,2013)系统全面地分析了33个主要发达国家与发展中国家的相关气候变化法规,旨在帮助立法者推动气候立法,为成功达成2015年国际气候协议提供帮助。

53 见联合国环境署(2012)附录。这项研究将2010年作为基准线,自2010年以来的信息基本佐证了其论点。

54 见国际能源署(2012)。

55 见国际能源署(2012)。

56 这些人均排放量数据仅为示意性估算值。如第9章所述,这主要取决于发达国家与发展中国家的定义。尽管数据并不精准,但总体而言,全球减排的努力和现状确实如此。

57 可参见英国皇家学会(2009)的研究。其结论是,在所研究的地球工程方法中,没有任何一项能够提供立即解决气候变化问题的方案,也不能减少强有力减排的迫切性。

58 见世界经济论坛(2013)。

59 见GCEC(2014)。

60 具体参见IPCC第三工作组第6章《评估变革的途径》(IPCC,2014b)。

61 见国际能源署(2012e)。

62 见国际能源署(2013e)。

63 相关分析见第3章,以及国际能源署研究、碳追踪计划(2013)、HSBC(2013)、Leggett(2013)。

64 鉴于其潜在规模和替代煤炭的可能性,我们在第3章中分析了天然气(尤其是非传统天然气)的情况。

［第2章］

推动新的能源–工业革命

影响通过采取强有力的措施来应对气候变化的政治意愿的第一大障碍是，不理解气候变化的风险级别以及拖延行动的危害。气候变化风险巨大，而且存在严重的不可逆转性，出于慎重的风险管理战略，必须尽早采取大规模行动。第1章陈述了气候变化的风险及相关科学证据，以加深公众对这一问题的理解。本章将分析第二大障碍，即人们对低碳路径的可行性及其潜在的收益存在狭隘且有限的认知。

低碳路径可以把经济增长、气候变化、环境保护结合起来。我们已经积累了足够的认知，可以实施这种路径。最新研究表明，现有的技术加上明智的投资，能够带动经济增长并同时实现大规模减排。如果我们下定决心，鼓励创新，未来还会积累更多的经验。此外，低碳经济转型等替代发展模式不仅能减少气候变化带来的风险，还会带来诸多收益。本章主要分析可替代发展模式，研究其创新、创造力、投资和增长方面的巨大潜力，以及诸多协同效益，包括使资源利用更清洁、安静、公平、安全，提升能源安全，使生活和工作方式更丰富多彩。

为避免气候变化带来的高危风险，实现大规模减排，我们亟须开展新一轮的能源–工业革命。历史上，每轮技术革命都带动了二三十年的经济增长与繁荣。本次技术革命将大规模改变现有能源的生产和消费方式，改善城市规划，提高城市宜居性，促使土地和其他自然资源的可持续发展。未来20年是决定发展道路的关键时期[1]，因为在很人程度上，这20年将决定我们以后更长远的发展方向。如果我们在这一时期处理好投资、创新、结构转型等问题，提高资源利用效率、治理污染、建设宜居城市、合理管理森林和草地资源，我们将不仅能够实现大规模温室气体减排，还能在未来行动中占据有利位置。幸运的是，已经出现一些转型的迹象，但如第1章所述，转型速度依然过于缓慢。

本章将探讨现有的技术、服务和工艺如何能够在转型中发挥作用（随着转型的推进，未来还会出现更多的技术），分析这些技术的效益和成本（多数成本在迅速下降），并测算将这些技术进行规模化应用所需要的投资。本章并未给出最终的解决方案，也不会面面俱到，因为转型是一个学习过程。本章只是研究论证转型的可能性，证明我们已经拥有了一个良好的基础。本章的研究范围侧重于电力与能源，同时兼顾其他领域的行动。在转型的过程中，我们生活的城市，我们管理土地及自然资源的方式，都是至关重要的。

本章结构如下：2.1节和2.2节描述了转型的背景。要明白转型的可能性，首先要了解各领域不同技术的发展历史和趋势，认识到转型之路是一个学习的过程。人类历史上曾出现过很多结构转型的案例，为我们积累了丰富的经验，尤其是在转型的驱动力以及其带来的长期利益方面。2.3节到2.5节介绍了打造低碳、气候适应型的经济和社会的各种因素，重点关注能源、交通、农林业。2.6节到2.10节分析了转型的经济效益，其中包括：投资需求；民营企业的作用；低碳经济在克服后金融危机时代经济增长停滞方面的潜力；低碳经济融资如何与经济增长、社会发展、减少贫困和结构转型相结合。本章最后得出如下结论：低碳经济增长不仅是可能的，而且是益处多多的。

加速低碳经济转型的关键在于，在未来的20年里采取大规模的减排措施。目前，很多国家仍处于建设高峰期，必须避免高碳资本的锁定效应，推动创新和学习进程，这样才能为21世纪低碳转型奠定良好的基础。同时，过去20年的全球经济大转型，在未来几十年里还会继续推进。

关于此次转型的速度和规模，请参考以下数据：由于城市化进程加快，2050年全球城市人口将会从目前的50%上升到70%；在过去的25年里，全球能源需求已经上升50%左右，并且未来20年还将继续上升40%；发展中国家经济快速增长——在过去的25年里，其产出只占世界总量的1/3，目前达到一半左右，在未来的25年可能达到2/3。

如果我们能把握好结构转型，低碳经济的转型也会容易很多；反之，如果结构转型失败，继续走低效污染的老路，低碳经济转型也更为困难。两种转型的一致性，为我们提供了良好的契机。

转型机会就在当下。如果我们再拖延一二十年，整合经济增长与气候变化责任的成本将会大幅上升，而实施起来也会更加困难。要么把握机会，要么错失良机，关键看我们如何抉择。

2.1　如何转型：创新的发现与活力

高碳增长之路，是一条破坏生态环境、导致自我毁灭的路径，而不是一个理性的中长期选择。我们以《联合国气候变化框架公约》的温升2℃（50%的概率）为目标，探讨能够确保这一目标的低碳发展路径。在前一章中我们已经讨论过，要实现2℃目标，需要将全球二氧化碳当量的排放量从目前的每年约500亿吨，降低到2050年的200亿吨，需要减排60%。如何理解低碳转型中减排与经济之间的关系呢？我们可以用算式来表达单位经济产量（GDP，即国内生产总值）与减排之间的关系。假设从2013年到2050年世界经济总量增加3倍，年增长率约为3%，并且持续稳定增长，那么到2050年，经济总量是现在的3倍，总排放量约减少2.5倍，那么单位GDP碳排放则需要减少2.5×3倍（即7～8倍）。如此大规模的减排及社会经济各方面的根本转型，可以被称为“能源-工业革命”。有些行业需要以更快的速度减少碳排放，特别是现有减排技术比较成熟的行业。例如，电力行业的温室气体排放量占全球总排放量的大部分，而且电力行业脱碳已经具备技术可行性。电力行业率先减排是重要的一步，可以为低碳经济转型发出清晰的信号（详情参见第8章8.2节）。

历史上大多数的经济增长模式都是由化石能源驱动的，目前，在我们设计进一步增长的同时，还要实现增长与化石能源的脱钩。因为各个领域减排难度不尽相同，低碳转型要求大部分经济领域到2050年实现零碳排放或者负碳排放。如第1章所述，2050年之后的发展轨迹要求我们在21世纪下半叶实现全球总量负排放。当然，大规模快速开展低碳经济转型，不仅需要论述可行性，还要分析其必要性及收益。但是不转型，我们就面临着巨大的气候风险。

根据历史的经验，过去一轮又一轮的技术变革，每次都能带动几十年充满活力的发展时期。在这些时期里，不仅充满着创新、投资、创造、机遇和经济增长，而且引领者也获得了广阔而持续的市场。[2]有关定价和管制温室气体的明确政策，以及对研发和创新的大力支持，能够极大地促进技术的进步。[3]本轮技术创新所引领的经济增长可能不低于早期铁路或电力技术变革所产生的效果（如图2-1所示）。

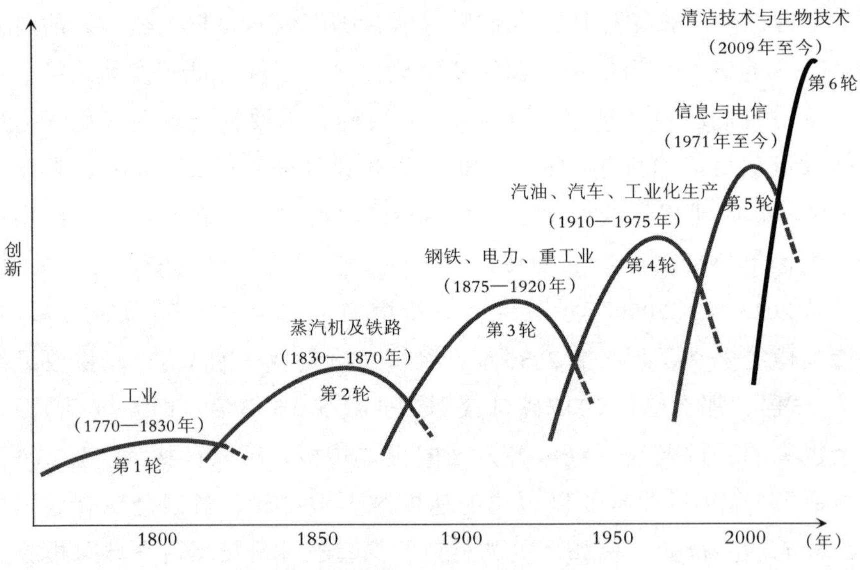

图2-1　历次创新

注：示意图，非按比例绘制。

数据来源：Dong Energy（2009），图形根据Merrill Lynch（2008）及Perez（2002）的研究绘制。

如果政府下定决心，制定良好的政策，低碳转型足以带动未来切实且充满活力的经济增长。在改善生存标准和生活质量方面，与之前技术革新相比，它具有更大的潜力。考虑到低碳转型与信息交流技术及生物科技革新的结合，这种潜力甚至会进一步增强。

低碳经济转型蕴藏着大量的机遇，因为在未来20年，它与世界经济结构转型不谋而合。这种结构转型包括：（1）城市数量快速增加；（2）能源领域出现大量投资，既包括新兴市场和发展中国家的新建项目，也包括发达国家的改造更新项目；（3）改变土地利用方式和森林资源管理的关键时期。在这一时期，经济活动持续从发达国家向新兴市场及发展中国家转移，因为后者的增长速度一直高于前者。如果处理好结构转型，资源得到有效利用，环境污染减少，城市变得宜居，森林草地得到保护，那么转型就会大幅减少碳排放。所以，对减少碳排放的增量投资将会极大减少。反之，如果没有处理好结构转型，未来减排成本将会更高。

低碳技术革命渐广渐深，越来越多的证据表明我们已进入创新、发展和突破的阶段。新技术不断涌现，包括合成水藻，大容量锂电池，电力业、制造业及建筑业使用的石墨烯等新材料，以及捕获并转化二氧化碳的技术；还包括目前已经被规模化应用的成熟技术，如太阳能、风能、电动交通工具、高效的快速公交转换系统等。

制定并实施良好的低碳政策，首先要理解低碳转型所涉及的两个概念——创造性破坏（creative destruction）和内生增长。虽然这场能源-工业革命和前几轮技术变革有很多相似之处，但这次的变革需要强有力的政策来克服大量的市场失灵（参见第3章）。如奥地利经济学家熊彼特（Joseph Schumpeter）所述，在创造性破坏时期，新生的和创新型企业以及先进理念将会淘汰既有企业及落后理念。大部分的学习都是反复试验，不断摸索。政府和民营资本都应直接对研发进行投资，这对鼓励创新和实现减排目标极为重要。理解这些动态的过程，尊重经济史和经济原则，是制定政策的关键所在。[4]

大规模减排需由投资推动，而大部分投资将来源于民营资本，因为公共财政毕竟有限。[5]这种投资还会促进学习、探索和创新。大量研究表明，如果我们现在开始行动，增量投资需求占每年国内生产总值的1%～3%（参见2.6节）。但如果拖延行动，投资需求将超过这一水平。这些数据对研发、创新以及规模经济的假设十分敏感，对政策的假设也十分敏感。这两个方面越强，投资规模越小，花费越少。如果低碳转型能够与世界经济结构转型相结合，包括与建设宜居城市、提高能源效率、合理利用土地相结合，则成本会进一步降低。[6]

低碳投资除了能够实现减排和带动创新之外，还能产生更多的协同效益。这条路径意味着更清洁、更安静、更安全、更社区导向、更包容，能源更安全，生物更多样化。例如，交通工具电气化可以降低燃煤发电需求，减少空气污染；遏制森林砍伐可以保护生态系统，涵养水源。只有深入理解低碳投资所能带动的创新以及带来的协同效益，才能形成低碳转型的信心与动力。目前，很多国家治理污染的成本已经占国内生产总值的5%。例如，在中国，每年仅为解决颗粒物污染死亡问题而支出的成本就已占国内生产总值的10%，而在德国，其占到6%。[7]低碳转型可能是解决污染问题最具成本效益的方式。

综合考虑这些因素，第1章所探讨的“不作为的成本”涉及领域非常广泛，乃至无法被精确计算。然而，考虑到气候危害的不可逆性，即使对研发投入资金的估算取高值，其依然不算昂贵，况且投资还能带来巨大的协同效益。所以，我们可以非常自信地说不作为的成本比转型成本要高很多。本书主要关注低碳经济转型的动态变化以及促进转型的政策，省略了《斯特恩报告》第6章中利用简单增长模型进行成本效益分析的内容。如本书第4章所述，这种模型存在诸多限制。然而，本书提到的各种论据，尤其是考虑相对成本后所得出的结论，比《斯特恩报告》更加有力地证明了行动的必要性。

2.2 谁需要转型：所有国家、所有部门

碳排放大国大多具有如下特点：人均产出高、人口规模大、工业和技术结构以化石能源（特别是煤）为主、大量砍伐森林。碳排放量持续

增长的国家也是经济增长迅速的国家，都呈现出以上所述的特征。要想在未来40年实现必要的减排量（从2010年全球约500亿吨二氧化碳排放量减至不超过200亿吨，从2010年人均约7吨二氧化碳排放量减至人均2吨左右），任何一个国家都无法单独完成这一任务，必须所有国家一起行动。

2050年，如果90亿人口中25亿人（如人口众多的中国、美国和欧洲）的人均排放量达到8吨，另外65亿人的人均排放量就要低于0。目前，美国人均排放量为20吨，中国人均排放量为9吨左右，而且这一数据还在上升。从另一个角度看，如果印度和非洲人口在2050年到达约30亿，人均排放量为7吨，则其他国家（包括中国、美国和欧洲）60亿人的人均排放量要低于0。这些数据并非基于道德或经济的考虑，也没有考虑到排放历史及人均收入，仅用来阐述全球减排量之大，以及各国都应该采取强有力的减排行动。本书一直强调，减排行动可以与减少贫困相结合，也必须相结合。

本书第7章和第8章分别探讨了在国家层面和国际层面低碳转型的潜力。本章主要分析各经济部门的转型。全球碳排放源来自不同的途径，但2/3以上的碳排放都与能源相关，包括电力、供热、矿产、制造、建筑以及交通部门（如图2-2所示）。

其余的1/3是与非能源相关的排放，包括变更土地利用、森林和农业活动等的排放。因此，电力供热行业脱碳是非常重要的，但仅依靠这一个行业的行动是无法实现总体减排目标的。当然，有些部门应该更快、更多地减排，尤其是目前技术成熟、可以大规模替代高碳资产的行业，如电力行业。其排放量最大，技术相对成熟，并且对交通和居民供暖也会产生很大影响。[8]

减排行动应该在各行业中广泛开展，能源使用和土地开发模式应该革新。最主要的是，我们如何建设、更新和管理城市，这对能源需求与使用、能源系统以及土地利用具有重要的影响（城市产生约70%的碳排放。[9]本章2.10节详细地探讨了城市的作用和影响，以及我们应该采取什么行动）。未来可能会出现大量的技术变革，包括风能、太阳能、地热能、海洋能等新能源发电，既有民用和商业建筑改造及新建建筑的设计更

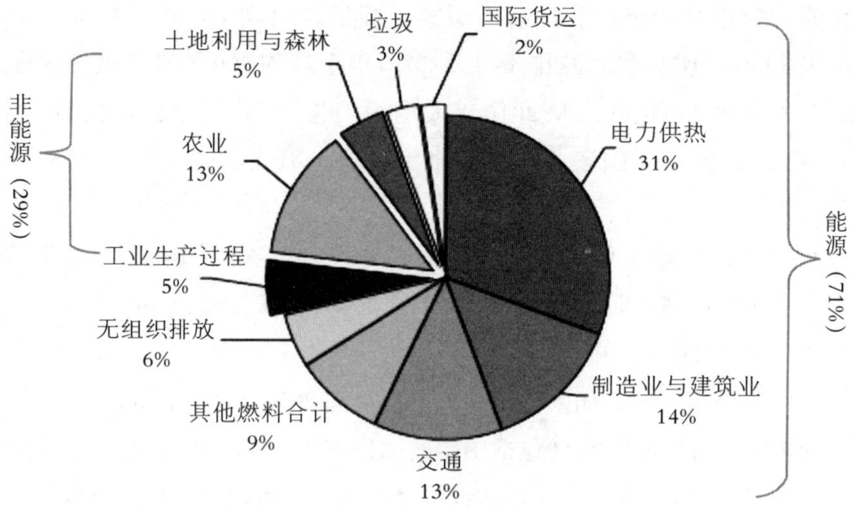

图2-2　2010年全球排放源（按领域划分）

注：图2-2采用的划分方法源于UNFCCC的《IPCC排放统计公用框架》。电力供热包括所有电厂和供热厂的排放，包括热电联产。其他燃料合计主要包括商业和民用建筑排放。

数据来源：气候分析指标工具（CAIT）2.0版（WRI，2014a）。

（编辑注：图2-2中数据由于小数点后四舍五入而导致数据加总存在误差。）

加节能与现代化，分布式可再生能源发电，智能需求侧能源设备，保温等高能效产品普及，等等。交通行业采取强有力的减排措施，如推进陆上交通（铁路和公路）电气化[10]、空中交通使用生物燃料，以及海洋交通采用混合生物燃料、实施电气化、使用碳捕集与封存技术。制造业提高原材料和能源的有效利用率。通过信息技术提高能源使用效率及电网系统管理运用。农业活动发生改变，鼓励使用高效肥料，实行少耕种、停止砍伐森林、尊重生物多样性和平衡生态系统等。目前，这几大措施看起来充满希望（在一些领域，某些技术已经成熟），未来还会出现更多的新技术。行动越多，收获越多，但我们必须加快行动步伐。

人类行为和社会结构需要进行深刻变革，尤其是涉及能源和资源的生产和消费方式。这并非是简单地用低碳发电设施代替高碳发电设施，现存的能源系统的使用将有别于其设计初衷。例如，在世界城市化进程中，乡村和城市建设的设计至关重要。[11]在未来几十年中，世界的城市化率将从目前的一半增长到3/4，甚至更高（相当于约30亿人口即将进城）。因此，城镇的结构和设计变得十分关键。多数城镇设计应该是以社区为导向的——完善公共交通，促进社会交流，鼓励步行或骑自行车以提高健康水平、减少当地污染，促进回收再利用以减少废弃物，推广先进的热电联产，提升社会包容度，增加住房选择，等等。这种社区有利于提升能源效率，增加社会凝聚力。

很多领域的转型行动都很重要，而最重要的是提高能源效率。国际能源署对能效潜力展开了前沿的、详实的研究（如图2-3所示）。尽管有些细节尚待讨论，但整体结论很明确：（1）能源效率至关重要；（2）需要采取强有力的行动开展广泛的经济和技术转型。国际能源署认为，要实现2050年2℃的目标，在所需要的减排量中，有40%可以通过提高能效实现。考虑到未来20年的城市化进程和规模，城市（包括但不限于新建和既有的建筑与交通基础设施）的能源效率至关重要。

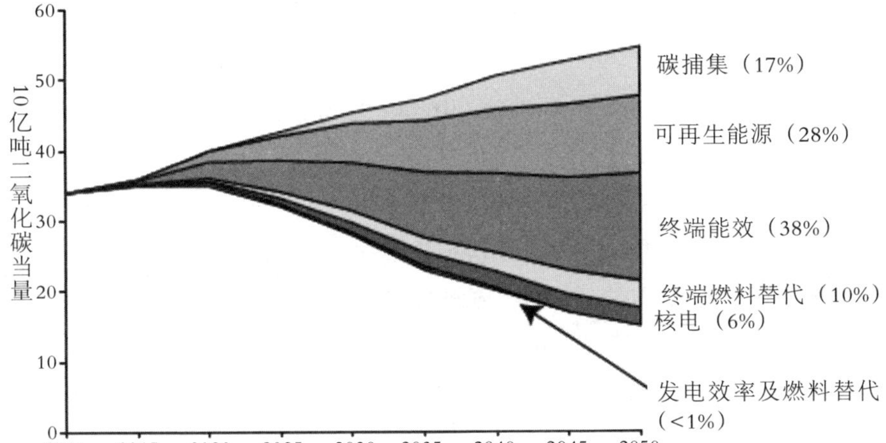

图2-3　能源行业主要减排领域及其潜力

注：百分比是指为实现2050年2°C的目标，在对比“一切照旧情景”所需减排总量中的占比。

数据来源：IEA（2014a）。

但是，仅靠提高能效还不能实现全部减排目标。如前所述，要使人均排放量到2050年减至2吨，必须实现大部分经济体的零排放或负排放。没有碳捕集技术，化石能源就不能实现零排放。根据国家能源署的推算，要实现2°C的目标，将可再生能源和碳捕集与封存技术结合大约可以实现总减排任务的45%。核能和能源替代（从煤炭到天然气）只能减排约16%。所以，我们可以得出有力结论：要实现2℃的减排目标，需要多种技术同时配合。忽视任何一种减排技术都是错误的，这会给其他技术带来额外的压力，还很可能会增加风险和成本。

另外，倡导“所有技术配合”也有可能产生误区，导致对各种技术不加甄别，不能正确选择互相配合的技术（从技术、商务及政治角度而言）。能源系统粗重迟缓，具有长期的路径依赖。现在所形成的能源结构对未来将产生长远的影响。所以，我们需要解决大量困难且棘手的问题：我们想要什么样的能源系统？我们需要怎样的经济社会变革才能适应不同的能源生产模式？我们应如何协调能源系统与自然资源的关系（如水资源和土地利用）？我们愿意接受哪些能源技术风险？我们想创造和维护什么样的利益关系？如何处理好各方的关系？

本书在即将定稿时，经济学家杰弗里·萨克斯（Jeffrey Sachs）主导的“深度脱碳路径项目”（Deep Decarbonization Pathways Project）于2014年9月在纽约联合国气候变化峰会上发布了第一期报告。[12]深度脱碳路径项目分析了实现2℃目标要采取的多种国家级行动，提出了一个基于利用内部技术并带有时间表的可行方案。该份报告展示了一系列深度脱碳的案例研究和发展路径，覆盖了占全球70%碳排放量的15个国家[13]，包括到2050年大量减少与这些国家能源相关的碳排放量。深度脱碳路径项目的前期工作被认为是技术可行的脱碳方案，下一阶段的研究将侧重于社会经济成本、深度脱碳的效益、实现这些目标的重要因素。其第二期报告于2015年年底的巴黎峰会上发布。

2.3　如何实现低碳转型：能源是关键

实施低碳经济转型可以借鉴历史上各次转型的经验，并分析各行业不同技术的最新进展。我们承认，转型是一个“干中学”的过程，不过确认现有知识已经足以支撑开始转型是非常重要的。本节（能源）和之后两节（交通和农业森林）的主要目的就是论证这一点。关于能源的探讨是这三节里最长的，当然也是最重要的，其他两节尽管篇幅相对较短，但重要性也不容小觑。本书重点分析、论述能源行业，以论证转型的可能性。这一行业近些年涌现出很多技术，取得了长足的进步。当然，其他领域也是如此。

通过分析区域和环境间的不同和变化，我们可以积累经验，以指导如何使转型满足个体经济、工业及政治的需求。

从20世纪70年代中期开始，法国在短短的15年里建造并运营了45个核电站，如今这些核电站为法国供应80%的电力。20世纪90年代，英国电力部门展开电力市场化改革，电厂纷纷用天然气代替煤炭和石油，1990—1995年间二氧化碳排放量下降了6%，电价也随之下降。[14]

其他国家也实现了不同的变革。美国发现了大量的非常规页岩气，从而使天然气价格迅速下降，天然气资源开始逐渐取代煤炭资源。在中国，由于城市污染严重，越来越多的人开始强调减少煤炭的使用。[15]

要分析成功的转型，一定要具备国际视野。总体而言，尽管目前和预期的转型步伐过于缓慢，不足以确保以合理的概率实现2℃的目标，但个别地区已出现良好的信号。通过大量的对比来观察不同的技术、部门以及区域，我们会发现很多重要的见解，这些见解对于如何促进转型很有价值。以下是本书精选的案例。

2.3.1　不同国家、行业、企业以及建筑部门的能效与节能工作

尽管各国都开展了不同程度的能效措施，但就减少能源浪费而言（如图2-3所示），很多国家的进展速度仍然十分缓慢。[16]中国是在提高能效领域表现最突出的国家之一：“十一五”期间，单位GDP能耗降低19%；

“十二五”期间(2011—2015年)设立了再降16%的目标;[17]未来的5年计划还会设立很高的节能目标。

很多企业也在设计并实施创新的节能和能效项目,大部分项目都是长期的。比如,杜邦公司在1990—2010年间将其能源消费总量降低了6%,但产量却上升了40%。[18]英国合作集团在2006—2011年间减少了35%的碳排放(到2020年计划减少50%)。[19]维珍集团已下定决心提高陆上和空中运输的能源效率,到2020年实现每千米提高30%的燃料经济性,并积极投资可再生能源技术。[20]陶氏化学公司通过内部竞争集资,将投资1亿美元实施节能和能效项目。谷歌积极使用并投资可再生能源,设定了能源100%来自可再生能源的目标(目前可再生能源比重为34%),并在公司运营中采取提高能源效率和交通效率的措施。[21]

家电能效也大幅提高。例如,同一型号的冰箱,新型冰箱比20世纪70年代节能约70%。制造业企业正在研究利用先进机器人技术和信息技术改善工艺,实施能效创新,前景令人瞩目。[22]

新建和既有建筑在能效方面还有很大的提升空间。2008年,国际能源署推荐了25个能效提升项目,其中很多都与建筑有关,包括强制性建筑能效规范和最低能效标准、既有建筑能效改造、能效标识与认证、建筑部件及系统能效提升等。国际能源署预计,到2030年,每年全球建筑实现的节能量相当于目前美国和日本的年均能源消耗总量。建筑师和工程师为节能提供了很多创意。例如,利用冷却梁来使水冷取代气冷,再结合自然通风,可以比常规室内制冷节省30%的能耗。通过智能恒温器在夜间或白天无人时自动关闭供热,从而节约耗能;用真空绝缘板取代常规绝缘板,因为前者的能效高达后者的10倍。

靠近工厂或大型建筑地下室的热电联产在提升工业生产率和建筑能效方面具有巨大潜力。最近几年,热电联产在美国迅速发展,从1998年的120亿瓦扩大到目前的820亿瓦(约占美国总量的8%),技术上还能再增加1 300亿瓦。热电联产技术不断改进,成本预计还会进一步下降。[23]2012年8月,奥巴马政府为了加速低碳转型,颁布了一项总统令,计划到2020年再增加400亿瓦热电联产装机容量。[24]以这个速度进行下去,热电联产将促进美国工业的能效转型，提高其重点工业生产率及竞争力。有人估计，到2030年，美国的热电联产装机容量将占总量的20%（相当于增加1 560亿瓦装机容量），带动2 340亿美元的投资，并创造将近100万个高级技术工作岗位。[25]

通过信息通信技术创新提升能效，也是具有很大潜力的。技术和设计可以刺激具有成本效应的节能措施，特别是它能让人们更加直观地看到通过调节用能可以节省开支。Tony Fadell创立的Nest Labs设计并制造了拥有自主学习能力设定程序的智能电器，[26]特别是能优化房间制冷供热的恒温器。这种设施可以与其他家电交流，还能与智能手机应用相结合。[27]2014年，谷歌公司以32亿美元收购了Nest Labs，表明对其潜力的认可。SmartThings等项目[28]通过建立用户与各种智能家电的更好互动，可以更方便地控制感应器、锁、灯具开关、插座、恒温器等设施。气候组织（The Climate Group）在2008年报告中指出，如果大量使用智能技术，到2020年全球年碳排放量将减少15%，节约近6 000万欧元（7 500万美元）。[29]能效提高的潜力和重要性，特别是具有成本效益的能效措施，意味着有必要制定能效标准（参见第3章关于政策的内容）。这样可以推动智能技术的应用，为加快减排步伐创造重要机会。

智能电网具有巨大的发展潜力，将成为低碳能源转型的核心。根据经济史的经验，网络（无论是电网还是铁路网）在过去的经济转型中发挥了最核心的作用。网络促使创意和创新大量涌现，带动了经济增长，创造了各种机会。[30]智能电网能促使能源市场变得更系统、更安全，也更具有竞争力。

通过更详细地掌握能源需求信息、更好地控制能源调度，智能技术能够更有效率地接入可再生能源。太阳能和风能等可再生能源的发电情况取决于太阳和风力的变动，具有一定的波动性。要平衡能源供需、确保能源安全，可以发展多元化发电组合，建立良好的电网系统，应用储能技术。

可再生能源项目选址不应沿用传统煤电选址的思路，即最好在城市附近或煤矿附近。到达地球表面的太阳辐射在干旱或半干旱地区更为强烈和稳定。太阳能资源比较丰富的国家和地区包括美国、非洲、拉丁美洲、印度、澳大利亚和中国。同理，稳定的风力资源主要分布在海洋沿线、群山山顶、开放平原及群山之间的间隙。英国拥有充足的风力资源，约占欧洲总量的40%。[31]

燃烧化石燃料造成城市空气污染，威胁健康及生命，而且产生高昂的成本。[32]最好的可再生能源的资源往往远离城市等能耗集中区。距离远意味着需要运输能源，需要新建基础设施。有些国家的交流电网通过提高电压、降低电流，以尽可能减少输电线路的能源损失。[33]同时，高压直流输电对于大电网系统更加经济划算，特别是国际电缆和海底电网。[34]直流电可以大幅减少损失，提高远距离输电效率，不过由于大部分电路是交流系统，直流输电需要较好的转换技术。[35]

提高能源系统的时间和空间管理效率。例如，使用智能技术或者增加能源市场灵活性，有助于提高电网对低碳发电的管理能力、减少基础设施需求、激发可再生能源满足基础需求与峰值需求的潜力。

同时，智能电网可以协助电网公司更有效地开展需求侧管理，使消费者能更合理地控制用能的时间和方式。例如，电网公司可以利用电动车电池或其他储能技术调节电量，在需求高峰期切断家用电器的电源，调低恒温器温度。实时的能源价格信息可以通过智能技术（甚至通过智能手机）传播，居民可以在白天能源价格较高的时间段里减少能源使用。这些智能技术还有助于管理可再生能源发电的波动性，平衡需求曲线。多数国家早晚用电达到峰值（在我们早晨醒来和下午下班时），而夜间需求曲线则变得非常低。通过这种方式，基荷电源和可再生能源可以在夜间给电动车充电。最重要的是，在城市等人口密集区，能源使用和生产方式可以从被动（平衡能源供需）转为主动。智能技术还可以降低对昂贵化石燃料备用容量（如装有碳捕集与封存的燃气电厂）的需求，同时确保供电可靠性（关于能效的讨论参见3.7节，包括最有可能加快行动的政策措施）。

能效措施能够实现一半的减排需求，因此是最重要的领域。尽管如此，仅靠能效是无法实现全部减排目标的。要实现减排目标，生产能源方式必须发生根本性变革。可再生能源技术的规模化应用对于推动未来低碳能源发展具有举足轻重的作用，包括风能、太阳能和海洋能，接下来我们将一一分析每种能源，并简单探讨技术的关键方面。

鉴于可再生能源的应用与成本是整个低碳转型的核心，因此应该对相关话题展开广泛的公众讨论，包括可再生能源运营的成本、工艺、未来潜力等。可再生能源（特别是风能和太阳能）的成本在过去10年中持续下降，未来很可能还会继续下降，理解这一点非常重要。

尽管可再生能源对于实现电力零排放非常重要，但我们还得考虑一个事实——在近期及中期，它们必须同核电和天然气发电等常规技术配合，并且跟碳捕集与封存等非常规技术配合。

2.3.2　可再生能源：太阳能、风能、水电以及其他

太阳能光伏发电（Photovoltaic）

每90分钟到达地球的太阳能相当于地球一整年的用能量，[36]因此不难理解，太阳能技术发展为何那么迅速，特别是太阳能光伏发电技术，已成为目前增长最迅速的能源技术之一，从2008年到2013年年底，其增长达80倍（从18亿瓦到近1 500亿瓦的装机容量）。但是它并不是呈直线增长趋势——目前总装机中有一半是在2012年和2013年才建成的。高速增长源于政策激励（如为太阳能发电提供高于市场的上网电价）和巨大的能源市场（如德国、意大利、西班牙、美国和中国）。

伴随创新与学习曲线，太阳能光伏发电技术成本迅速下降，其幅度远超预期。太阳能光伏板的价格从1955年每瓦2 800美元降低到20世纪70年代每瓦100美元，再到2012年年底每瓦0.75～0.90美元（如图2-4所示）。根据1976—1988年期间减少的成本，可以计算出学习率[37]为30%，1988—2010年的学习率约为17。[38]德国关于小型光伏发电装机容量（低于100千瓦）的研究表明，从2006年到2011年，成本下降了58%。[39]新技术的学习率，特别是太阳能光伏发电技术的学习率，经常被低估（例如，2005年的研究预测，到2030年每瓦的价格也不会降到1美元/瓦）。[40]下降的原因有很多，包括规模化应用、干中学的过程、全球产业竞争、技术进

步等。

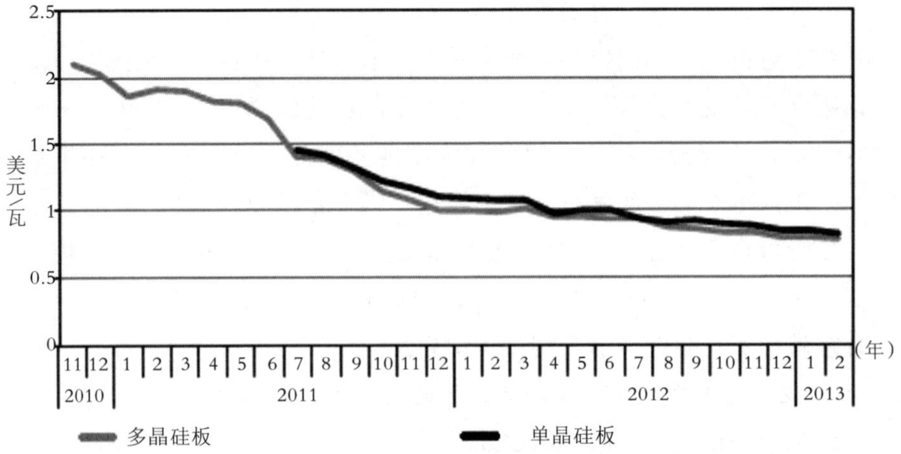

图2-4　太阳能光伏板立即交付价

注：2010年11月至2013年2月太阳能光伏板立即交付价（调研中按当时美元汇率统计）。

数据来源：彭博社新能源财经（2013），太阳能板价格每周统计。统计价格与国际可再生能源机构（IRENA）的研究结果一致，IRENA研究发现截至2012年9月，中国晶硅太阳能板在过去两年中价格降低了65%（IRENA，2013a）。

太阳能产业的迅速发展不可避免地导致不稳定情况。迅速发展的行业经常会出现产能过剩和产业泡沫，如19世纪铁路扩张和20世纪90年代的网络公司热潮（两者都产生了巨大的经济和社会效益）。竞争、创新和研发都很重要，在此过程中，有些企业家不可避免地会下错赌注，投资不安全或者没有竞争力的技术。这是企业发展、技术变革和工业革命的固有特点。

未来几年中，技术进步可能会导致太阳能光伏发电的成本继续下降。尽管规模经济和学习曲线的潜力都在减少，但2010年到2013年价格依然下降了3倍（如图2-4所示）。价格下降刺激新的发展机遇，加快技术的规模化应用。例如，孟加拉国的乡村能源公司（Grameen Shakti）目前正在以每瓦1美元的价格大量销售太阳能光伏板。其总裁穆罕默德·尤努斯

（Muhammad Yunus）说："如果价格降到每瓦0.5美元，公司可以将太阳能光伏板卖到全国的每一个角落。"[41]

太阳能光伏发电技术发展如此迅速，很多地区已经实现市电同价，[42]未来几年预期将有更多的地区实现市电同价。2014年，美国前副总统艾尔·戈尔表示，太阳能光伏发电在79个国家和地区具有成本优势。国际能源署表示，这种优势既出现在太阳能资源充足的地区（如澳大利亚、加利福尼亚、意大利），也出现在太阳能资源缺乏的北部地区（如德国、荷兰）。[43]值得注意的一点是，以上市电同价的案例是指终端电价（即用户电价），因为这些太阳能光伏发电项目为现场供电。如果通过电网销售，除生产成本外，还需考虑输配电成本。

专栏2-1　电价的单位

电价的单位是依据每单位能源的（当地）价格计算，通常乘以"瓦时"，依据不同的用电量，价格可能也有差异。1瓦时的定义是，可以使1瓦功率运行1小时的能量。

使用更普遍的单位是千瓦时。1千瓦时足以供11瓦的低功率灯泡持续照明4天。对于大多数居民，能源供应商会根据用电量按照每千瓦时多少美元（折算本地货币当量）收费。

世界各地的能源公司每年交易数百万千瓦时的电力（有时数十亿乃至数万亿），所以能源公司更常用的能源单位（作为全球能源市场售价）是1 000千瓦时或者1兆瓦时。我们根据涉及电量的多少，用美元/千瓦时或美元/兆瓦时为单位表达电价（每千瓦时0.10美元相当于每兆瓦时100美元）。

举例而言：中国2011年平均每户用电量为1 300千瓦时，德国为3 450千瓦时，美国为11 800千瓦时。在这些国家中，1兆瓦时能够分别满足40户中国家庭、15户德国家庭或者4户美国家庭一周的用电量。[44]以目前的价格，中国每户家庭每周电费为2.50美元（以100美元/千瓦时的价格），德国为25美元（以370美元/千瓦时的价格），美国为32美元（以130美元/千瓦时的价格）。[45]

一般而言，比较成本通常以均化成本（Levelized Cost of Energy）为标准。均化成本是测算发电成本的普遍方法，测算过程中考虑了资产有效生命周期。通过均化成本可以将不同来源的发电技术进行公平的比较。图2-6展示了不同技术的发电成本，这些成本将在2.3.6节中进一步简单讨论。

同一技术不同项目的均化成本也会有所差异，具体成本取决于项目所在地（如不同地区太阳能辐射水平不同，与用电端的距离远近不同）、机构设置（如熟练而可靠的项目安装人员可以降低成本）、项目类型（如小规模家用和大规模商用的成本会存在差异）、现有基础设施（如是否容易并网），以及融资与运营周期的差异。政策差异（如有无碳价标准）也会影响到项目的均化成本。

太阳能电厂的交付价格在很多地区已经实现市电同价，尤其在太阳能辐射水平较高和政府财政支持较大的国家和地区（如意大利、德国和西班牙），以及在上网电价政府补贴较高的地区。[46]在美国，太阳能光伏发电在加州已经实现或接近市电同价，其他州在可再生能源税收政策的支持下，也逐渐开始实行。例如，新墨西哥州的First Solar公司与埃尔帕索电力公司（El Paso Electric）以0.06美元/千瓦时的价格签订了能源销售协议。作为对比，燃煤发电厂的价格为0.12美元/千瓦时。[47]除此之外，与Eskom国家能源公司平均0.09美元/千瓦时的售价相比，[48]南非以0.08～0.10美元/千瓦时的低价赢得太阳能光伏发电的竞标。[49]值得注意的是，大多数计算尚没有将温室气体排放价格纳入。从某种意义上来说，基于化石能源的资源价格偏低，因为其没有考虑碳排放的气候危害和空气污染造成的成本。

在印度和孟加拉国等发展中国家，小规模太阳能光伏（包括屋顶光伏）发电越来越有竞争力，因为太阳能发电技术成本下降，而用于照明和烹饪的传统煤油成本却在上涨。而且，屋顶光伏发电可以直接向需求端（家庭用户）提供能源，不需要额外配置输电设施。理论上，这意味着节约系统成本，[50]尽管有些地区增加了额外的管理成本（如监管审批及获得许可的成本）。随着技术的成熟，未来这些成本都会减少。[51]根据2014年国际能源署《太阳能光伏发电能源技术路线图》预测，太阳能光伏发电系统的成本在2035年将会降至0.03～0.04美元/千瓦时。[52]

此外，能源独立还有一个很重要的益处。许多发展中国家不再依赖电网，这也就意味着其不再受停电、能源不稳定以及电网公司腐败行为的影响。从这个意义上来说，太阳能光伏发电可以增加社会包容性，壮大弱势群体。

太阳能光热：聚光太阳能发电（Concentrated Solar Power，CSP）

在2009年之前的20年里，聚光太阳能发电技术[53]的发展一直停滞不前。2009年，通过国家政策和财政的支持，西班牙和美国的CSP项目取得了商业成功，此后CSP装机容量增加了6倍，达到34亿瓦。尽管目前CSP发电在世界能源中尚微不足道（不到总发电量的0.1%），但国际能源署预测，到2050年它可以满足10%的能源需求。[54]CSP的增长潜力不仅在美国和西班牙，全球还有很多稳定投资或正在开发的项目，未来几年装机容量可能翻一番。很多国家都制定了CSP发展目标。[55]

聚光太阳能发电是目前成本最高的可再生能源技术，所以尚未被大规模应用，但其成本现在正在迅速下降。[56]CSP项目有两个关键优势：一是容易本地化（对于工资低的发展中国家来说，这一点很关键）；二是它是目前唯一一种可以进行大规模经济储能的非水电可再生能源。CSP项目可以储存多余的太阳能，将其转化为热能，即使在日落之后也能发电。在这一点上，CSP技术可以与化石燃料发电一样，既能满足基荷供电，也能满足峰荷供电。

目前，发展CSP技术的最大障碍是成本过高、操作技术相对有限。CSP装机净成本高达每瓦4～8美元（作为比较，太阳能光伏发电不超过每瓦1美元，海上风电每瓦约1.2～2美元），[57]储能成本甚至高达每瓦10美元。但是，其成本一直在迅速变化，而且这种比较存在偏失——特别是当CSP结合储能时，与风能和太阳能等传统可再生新能源相比，它可以利用相同的装机容量发更多的电。在大规模CSP技术发展的同时，小规模CSP技术也取得了很多有趣的进展。例如，利用CSP技术改进工业加热工艺，协助提高整体能效。

陆上风能发电

陆上风能是应用经验最丰富、成本最低的可再生能源技术。它占全球可再生能源发电装机容量（不含水电）的60%。到2013年年底，全球陆上风电装机总量达到3 200亿瓦（1984年仅为2亿瓦，1996年仅为60亿瓦）。[58]由于持续增长和产业发展，陆上风机成本从1981年的每兆瓦280万欧元（350万美元）下降到2005年的每兆瓦90万欧元（110万美元）。[59]然而，在2007—2009年期间，装机成本出现大幅增长，这主要是由于制造风机的钢铁和水泥等原材料成本增加；[60]在2011年，成本估计为每兆瓦120万～200万美元，或者每瓦1.2～2美元（如图2-5所示）。[61]关于风电成本的文献显示，陆上风电的学习率约为9%～19%。[62]

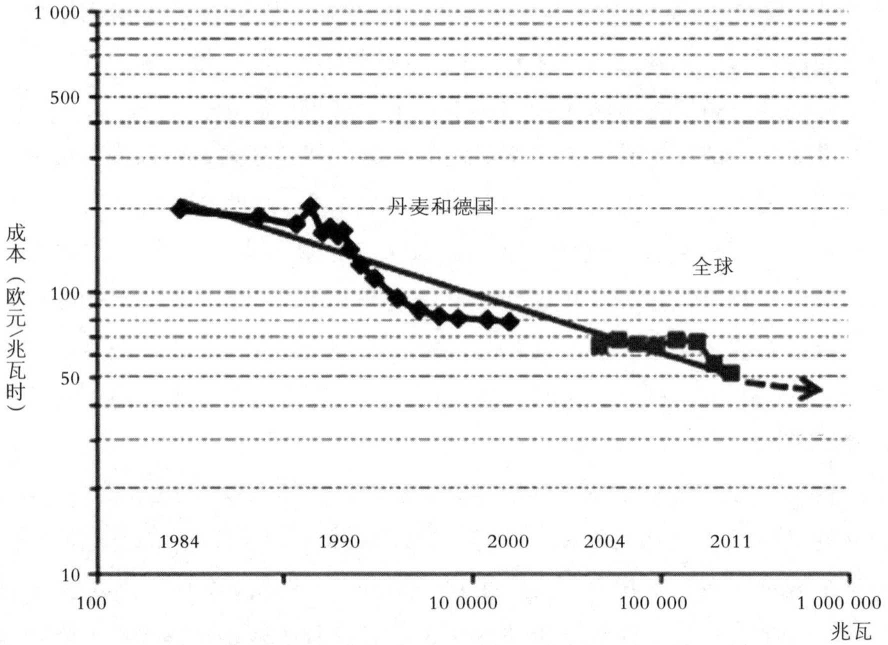

图2-5 1984—2011年陆上风电均化成本（欧元/兆瓦时）

注：横轴显示全球累计陆上风电装机容量（对数标度），以及相应的年份。作为参考，1欧元约为1.25美元。

数据来源：彭博社新能源财经（2011）。

除风机价格外，运营维护成本也在下降，从而使陆上风电的总体成本大幅下降，从1981年的每千瓦时0.25美元降到2004年的每千瓦时0.05美元，而2010年又增长到每千瓦时0.075美元。[63]1984—2011年陆上风电成本曲线如图2-5所示。[64]据彭博社新能源财经数据分析，陆上风电平均成本现在只比天然气发电成本高出一点点，即每千瓦时0.0075美元（或者每兆瓦时7.5美元），只要实施较低的碳价（每吨二氧化碳约18美元），就可以弥补这种差距。[65]

同太阳能光伏发电一样，有些地区新建的陆上风电已经比化石燃料发电更有竞争力，因为其交付成本在过去5年里下降了15%。[66]到2030年，它极有可能比没有碳捕集与封存的天然气发电项目更有竞争力，特别是在实施适当碳价的情况下更是如此。

海上风能发电

海上风电技术与陆上风电技术基本相似，但是海上发电有以下几个明显的优势：在更远、更开阔的场地容易获得稳定、强劲的风力能源；可利用的免费空间更多，对当地人口影响偏小，所以规划许可的限制较小。然而，海上风电比陆上风电成本更高、挑战更大——技术条件更加苛刻（如深海、极端天气、潜在的破坏性波浪），运营困难也更多（如距离更远、缺乏安装或维修涡轮的场所、缺乏运输船只、需要与航船路线协调）。[67]（原书缺注释67，此处为译者注）

由于这些挑战，再加上缺乏相关的技术经验，海上风电的装机容量低于陆上装机。2012年年底，海上风电装机容量约为55亿瓦，而陆上装机容量已达到3 000亿瓦。海上风电所面临的挑战导致投资和运营成本远高于陆上风能发电。最新数据表明，海上风电装机成本约每瓦4～4.5美元，[68]近几年发电成本呈上涨趋势，从2009年每兆瓦时150美元上升到2011年年底的每兆瓦时225美元。成本上涨的原因有很多，包括：缺乏可用资金；从2008年起开始上涨的原材料价格、商品价格和劳动力成本；水深及离岸距离增加；供应链受到限制；规划和监管机构审批出现延迟。不过，在未来几年，成本降低的可能性也非常大。技术创新将会带动成本下降。例如，吸力桶（Suction Bucket）为海上风机提供更安全的地基，[69]

而且这种创新技术比常规涡轮便宜20%。如果英国所有6 000个涡轮未来10年全部使用这种技术，能节约50多亿英镑（约80亿美元）。[70]

这种与大容量涡轮相结合的创新、更多的竞争、更高效的供应链，以及更高效的融资机制将有效降低发电成本，到2020年英国的交付成本将下降到约每兆瓦时100英镑（约160美元），与目前陆上发电成本一致。[71]国际能源署2013年风能技术路线图认为，2010—2050年间海上风电学习率为9%，到2050年成本将下降25%。[72]

海洋能：波能和潮汐能

海洋能源包括波能和潮汐能。海洋能源在英国、爱尔兰、葡萄牙、韩国、澳大利亚等国家都有巨大的发展潜力，因为这些国家都拥有较长的海岸线、开阔的海域，以及强烈的潮汐。[73]为了让大家对这种能源有基本的了解，以英国为例，预计仅英国一个国家的波能和潮汐能储量就达到550亿～800亿瓦，大致相当于英国目前的总装机容量。[74]近海波能和潮汐能发电技术仍处于研发的初级阶段，但已展示出其巨大的开采潜能。苏格兰的欧洲海洋能源中心和英国国家可再生能源中心正在大力支持海洋技术测试，希望借此振兴海洋能源产业。

相比于波能和潮汐能，利用潮水涨落的水位变化生产能源，有着更长时间的运营经验，而且近期有可能实现规模化应用。例如，英国西南部的赛文湾有13米高的潮差，名列地球第二。英国最近提议投资250亿英镑（约400亿美元）建设18米高的潮堰，安装6 500兆瓦的装机容量。但在2013年年底，国会否决了这一提议，认为目前工程的可行性研究不够充分。这一区域还有一些规模较小的项目，如天鹅海湾200兆瓦的“潮汐泻湖”项目，这个项目与潮堰不同，它周围是一个单独的河口。项目建成装机价约为3英镑（约4.5美元）/瓦，发电量足够满足天鹅海湾区所有居民的用电量，每年减排二氧化碳200 000吨以上，最早到2017年可以并网。

水力发电

利用流动的水产生能源已经有数千年的历史，古代文明曾利用流水灌溉农田，驱动舂米水磨等机械装置。20世纪90年代初，随着技术进步，出现了以大坝和抽水蓄能为主的大型水力发电站，[75]最新的应用是利用自然河流动能的小型水电站。

水电是技术上最为成熟的可再生能源，且成本较低，目前占全球可再生电力能源发电量的4/5，占世界总发电量的16%。[76]很多国家完全靠水电满足电力需求，[77]159个国家都或多或少地在利用水电。[78]2011年年底，水电装机容量已经达到10 000亿瓦，预计2017年将达到13 000亿瓦。继续大规模开发的潜力有限，因为最适宜开发的地区已经建成，项目规模大，成本也会更高（成本高达7美元/瓦），甚至在有些区域开发还会导致全国性的投资风险。[79]非洲、南美洲及亚洲的水电开发潜力最大，[80]全球水电技术可开发的储备是目前水电规模的4.8倍。[81]

当水电被纳入大电网后，它能够利用充足的低碳能源来协助平衡跨国能源系统，[82]增加电网灵活性，减缓因可再生能源发电产生的供需波动。水电开发往往还结合其他功能，包括保障供水、控制洪水，为灌溉、航运、渔业等提供便利。但大型水电存在很多争议——制造大面积洪水淹没区，导致数百万人口移民，摧毁当地生态系统；[83]改变河道自然属性，使其在暴雨中出现异常，乃至引发地质变化；水位变化导致水库沉积植物，这些植物腐烂时会排放温室气体。此外，大坝还可能造成致命性灾难。1975年，中国河南板桥大坝崩塌，导致约30 000人死亡。1963年，意大利瓦依昂大坝崩塌，造成2 500人死亡，而其崩塌的主要原因是工程师和地质学家在大坝设计过程中，未能充分考虑大坝如何应对暴雨等极端天气，以及大坝建造带来的地质结构变化。联合国教科文组织将这次悲剧列为5大“警示故事”之一。

水电作为成熟技术，近期和中期成本下降的潜力有限，远期可能因为先进技术与设计而使成本进一步下降。目前，根据规模和地理位置，水电成本的差异很大。国际可再生能源机构（IRENA）估计大型水电成本约为0.02～0.19美元/千瓦时，小型水电成本约为0.02～1.27美元/千瓦时。很多国家大规模商业开发可再生能源都是从水电开始的。

可再生能源的储存

有些可再生能源具有波动性和间歇性。要确保在没有风、光照和降雨的情况下，能源供应也不中断，就需要稳定的能量来源进行平衡。多数可再生能源占比高的电网都将启停迅速的化石燃料发电厂作为备用。

化石燃料可以进行物理储存，如通过仓库储存煤，通过桶罐储存石油和天然气，而可再生能源的储存却比较困难。不过，存储可再生能源并不是一个新的概念——大型水电站可以在大坝建成后储存大量水能，变电站也能通过压缩空气储能。

众所周知，小型家用电器也可以通过电池储存电力，但大型电池储能因为成本太高，很难被大规模商业化应用。[84]国际能源署估计，目前全球电力储存容量已有1 410亿瓦，包括1 400亿瓦水电储能和10亿瓦的非水电储能。为完成电力部门减排任务，确保实现控制温升2°C的目标，国际能源署预计仅美国、欧洲、中国和印度就需要新建3 100亿瓦并网的储能容量，包括水电和非水电。[85]

电池可以在能源富余时充电，在能源不足时放电，从而平滑电网的波动性，平衡新接入电源，包括小型分布式电网。鉴于未来电网将更加多样化，储能技术的前景非常可观。[86]虽然潜力很大，但具体应用还需结合新技术、减少成本、增加规模。为实现这些目标，国家能源署推荐了一个进度表，包括制定激励政策、融入未来能源市场设计、开展国际合作、统一国际标准等。

目前，大规模电池存储尚待普及，[87]其他技术已得到不同程度的开发，如高速飞轮、制氢、超级电容器、石墨烯等。电动车数量的增加也将迅速扩展储能容量（参见2.4节）。如果电动车连接到智能电网充电，电网公司可以利用这些电容来储存富余的能源，尤其是富余的可再生能源，从而实现更有效的电网运营，平衡低谷期的能源供给。在城市建设中推广电动车，尤其是推广公交车辆电气化，可以有效促进低碳经济转型。如上所示，CSP项目结合储热技术，也可以使可再生能源为基荷供电。

2.3.3 化石能源

能源领域的创新和科技进步不仅仅局限于可再生能源。水平钻井和水力压裂大大降低了非常规天然气资源（特别是页岩气）的开采成本，使其商业化开采变为可能。这对如何利用政策管理好资源具有很大的借鉴意义，本书第3章会就此进行进一步的探讨（参见3.4节和3.5节）。

最近美国页岩气的迅速发展推动了从煤到气的转型，表明页岩气作为过渡技术可以协助实现减排目标，保障低碳转型的能源供给。如果在开采、运输和使用过程中散逸比例可以控制在很低的水平，则天然气是相对低碳的能源，现代高效燃气电厂单位排放比燃煤电厂少一半。[88]

IPCC第五次评估报告（IPCC AR5）认为，如果天然气资源储量充分，开采散逸控制较好，它可以作为过渡燃料。[89]IPCC减缓气候变化工作组进一步解释，燃气电厂（未安装碳捕集与封存）虽然能够作为减排的过渡技术，但对天然气使用量应该设定峰值，并且在2050年降到目前规模以下，2100年进一步减少。如第1章1.4节所述，要实现全球温升控制不超过2℃，21世纪后半叶须实现零排放或负排放。由此推算，2100年前燃气电厂应该尽早实现全部使用碳捕集与封存。

低碳经济转型要求限制无CCS的化石能源使用量，这与化石能源储量存在根本性市场矛盾，如第1章1.7节所述。国际能源署《2012年世界能源展望》预计，要实现2℃目标，2012—2015年全球只能直接（无碳捕集与封存）使用30%的化石能源储量。[90]所以，要么保持70%的储量不用，要么大规模安装并运行CCS，并且要保证运行效果。至今，全球还没有按这一基本逻辑行动。按照现在化石燃料的定价，很难实现2℃目标，除非迅速实现碳捕集与封存的规模化应用，但就目前来看，这似乎不太可能（具体见下一节内容）。

现有化石能源的探明储量（如果不加CCS直接利用）足以导致温室气体排放超标，以致超出全球温升2℃的控制要求。而且，未来可能还会出现新的探明储量、技术进步及开发潜力提高。[91]我们如何处理化石能源储量和技术，对于减排进度至关重要，也会深刻影响气候政策。我们将在第3章更加深入地讨论政策影响（3.4节和3.5节研究石油和天然气的水力压裂技术改进）。此处仅强调，增加化石燃料的直接使用（无碳捕集与封存）会导致大量二氧化碳排放，亟须制定适宜的碳价及相关的监管政策，以实现控制全球温升不超过2℃的目标。我们得直面直接使用化石燃料的弊端，并加快碳捕集与封存技术的研究与应用。

2.3.4 碳捕集与封存（CCS）

化石能源使用数量巨大，在控制碳价和实施监管政策的情况下，对碳捕集与封存的需求也会越来越高。碳捕集与封存技术的研发和应用非常关键，但目前进展日益迟缓，前景很不明晰。根据全球碳捕集和封存研究所（Global Carbon Capture and Storage Institute）的数据，2014年有60个[92]处于不同阶段的大型碳捕集与封存项目，包括工业项目和电厂项目（作为对比，2012年有75个，2013年有65个），[93]其中12个在运营（都是工业项目），8个在建（6个是工业项目），40～45个项目还处于规划阶段。所有运营的项目都是本身工艺就需要分离二氧化碳的工业项目。有2个在建碳捕集与封存电厂，计划在2014年年底或2015年年初投入运营，以展示电力行业实施碳捕集与封存的可行性。这2个项目，1个在美国（Kemper County），1个在加拿大（Boundary Dam）。

电力行业应用碳捕集与封存对实现2℃目标（如图2-3所示）具有非常重要的意义。国际能源署认为，到2050年，碳捕集与封存应该贡献20%的碳减排。[94]但目前的进度距离这一目标还存在巨大的差距。[95]20%意味着至2050年每年需要捕获70亿吨以上的二氧化碳，相当于约3 000个电厂要运行碳捕集与封存（假设每个电厂平均每年捕获200万～250万吨二氧化碳）。

尽管从目前进度来看，实现这一目标的机会比较渺茫，但也有很多积极的信号。中国有12个在建的碳捕集与封存项目，2009年只有4个。有些发达国家（包括英国）的政府推出计划以支持碳捕集与封存商业化。目前，全球碳捕集与封存研究所认定的8个在建项目中，除1个项目外，其余7个在2015年就可以正式运营。要想推动碳捕集与封存快速发展，需要制定全球一体化战略，政府对碳捕集与封存的研发和应用给予定向支持，需要鼓励产业创新、多方竞争和技术扩散。在监管政策尚不健全时，有一个适宜的碳价极为关键。然而，目前来看，由于各个国家和地区的政治、经济不同，制定较高碳价并不现实，其很难促使碳捕集与封存的大规模应用并确保实现2℃的目标（更多政策分析参见第3章）。

开发碳捕集与封存项目需要考虑两方面内容：一是“长远来看，能够安全并经济地捕获多少碳”；二是“捕获碳之后该怎么办，是永久封存起来还是用来加强油气开发，或者用于建材生产”。许多行业内的人认为，要促进碳捕集与封存规模化应用，二氧化碳价格应该定在每吨50美元。[96]这个价格即使目前来看，也没有完全包含二氧化碳的社会成本。美国政府跨部委工作小组估算，在2010年碳价约为每吨35美元。[97]我认为这个价格严重偏低，因为采用的模型低估了风险和危害，[98]而且基本理论也表明，碳价应该随着时间推移而逐渐上涨。[99]

2.3.5　核能

截至2013年年底，核电约占全世界总发电量的14%，全球有435个运营的核反应堆。[100]20世纪80年代，208座核反应堆投入运营，平均每17天一座，其中包括美国47座、法国47座、日本18座。在部分国家，从2015年起核电可能会出现类似的快速发展，尽管在2011年日本福岛地震和海啸灾难后，德国等国家开始逐步减少核能。

目前，仍有很多国家在投资新建核电站。2013年，13个国家有60座在建核电站，其中中国有26座。多数核电站采用压水反应堆，目前全球压水反应堆占所有反应堆总量的62%，其发电量占核电总发电量的68%，被视为最安全可靠的技术。[101]

国际能源署预测核电装机容量将从目前的4 000亿瓦扩大到2050年的12 000亿瓦，每年发电量将达到10 000亿瓦时左右，[102]占2050年全球总发电量的24%，成为最大的发电来源。[103]

在第3章中，我将讨论对风险的理解及公众对核能技术的态度变化。尽管福岛事件之后公众对核能的支持率下降，但2013年10月，英国依旧批准投资245亿英镑（约400亿美元）在萨默塞特（Somerset）建设欣克利C角核电站（Hinckley Point C），成为英国自1995年以来的首个核电站，这也许会带动更多核电站的审批。核能很可能成为很多国家的重要基荷能源，包括中国、法国、英国、印度和美国。中国也许会成为全球核能技术应用最多的国家，因为中国在接下来的20年可能建成约150座核电站。

2.3.6 不同发电方式的成本比较

通过计算均化成本（LCOE），可以对不同发电技术的成本进行比较。鉴于不同技术投资和运营成本差异较大，均化成本计算法在比较不同技术成本方面特别有用。例如，要比较可再生能源发电和化石燃料发电，前者建设成本很高，但一旦建成后，其运营成本会比较低；而后者前期建设成本相对较低，但燃料价格贵、运营成本高。[104]也有不少人质疑均化成本分析法，认为它没有纳入可再生能源的可变性（即可再生资源很难保证在任何需要发电量的时候都能发电），没有考虑运营周期和融资周期，没有计入健康损害的价值（如燃烧化石燃料造成空气污染，采矿事故造成死亡）。总体而言，均化成本能够计算融资成本，将长期成本进行平均（如考虑了电厂基础设施建设和贬值），纳入了运营成本（如资产维护和燃料成本）和财务成本（如资本金成本、借贷利率、税收等）。

图2–6展示了不同发电技术来源、人均成本、碳价和技术如何造成发电成本各异。这是基于英国的数据，但是对比较不同发电技术有明显的指示作用。

融资成本：融资成本主要取决于项目的风险。总体来说，技术越成熟，融资成本越低。此外，资本对投资环境高度敏感，如借贷的名义利率、通货膨胀预期等，而且还取决于投资者自身的状况，如各种不同的融资工具（贷款或债务等）是否能够被使用，以及对借贷者信誉度的评估。图2–6反映了融资成本范围在3.5%～10%。

碳价：根据英国能源与气候变化部的数据，图2–6假设碳价每年上升8.3%，从2010年的每吨14英镑（约23美元），增长到2011年的15英镑（约25美元），再增长到2030年的70英镑（约110美元）。[105]

技术进步：图2–6显示了2011年建设项目（左边柱状条）和2030年建设项目（右边柱状条）的不同成本。假设条件包括未来技术的学习率（通常成熟技术学习率较低），这建立在分析相关技术成本降低可能性的基础上。[106]

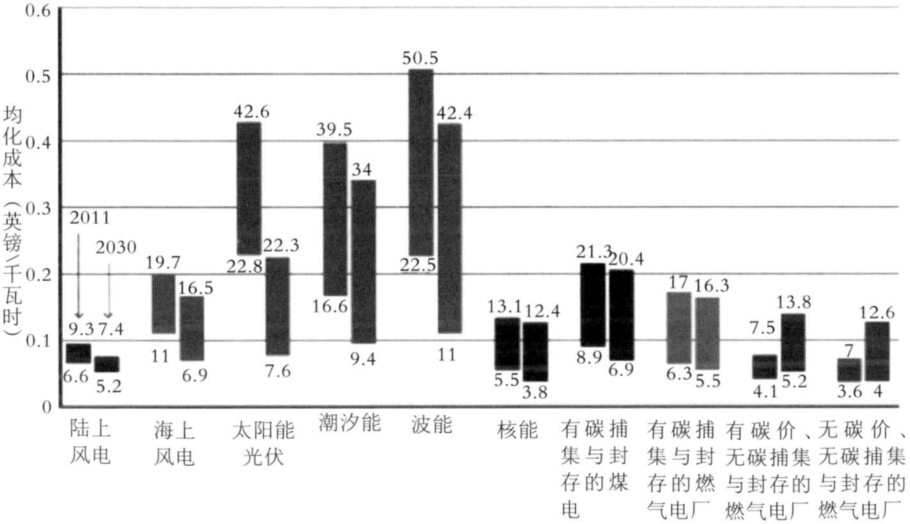

图2-6　各种发电技术的均化成本

注：各种发电技术的均化成本（左边柱状条是2011年成本，右边柱状条是2030年预计成本）。每个柱状图上限值假设融资成本为10%，下限值假设融资成本为3.5%。碳价假设2010年为每吨14英镑（约23美元），之后每年上升8.3%，即2011年为15英镑（约25美元），2030年为70英镑（约110美元）。

数据来源：Bassi，Bowen，and Fankhauser（2012），基于柱状图的数据（2011年）。

如图2-6所示，融资成本的差异直接影响能源成本，不同技术的均化成本对于融资成本的敏感度也有差别。均化成本计算对于评估可再生能源发电和化石燃料发电的费用具有重要意义，因为对于前者来说，资本密度高，主要成本来源于前期投资的融资成本，后期燃料成本基本可以忽略。对可再生能源而言，降低融资成本至关重要。这就好比投资人要减少投资风险。常规能源项目一般风险较低，因此融资成本也更有优势。[107]与常规高碳能源相比，减少可再生能源和碳捕集与封存的均化成本对提高其竞争力尤为重要。良好的政策（参见第3章）和开发银行等国有机构的支持（参见第3章和第8章）可以协助降低融资成本。稳定而强有力的政策和融资条件确实可以降低融资成本。

2.4 如何实现低碳转型：交通

交通工具

加速交通的低碳转型，尤其是电动车的推广，是全球低碳转型的重要环节。国际能源署认为，要实现温升控制在2℃的目标，到2020年电动车的销售量需要达到每年700万辆，到2050年达到每年1亿辆。[108]电动车市场具有巨大潜力，预计2050年对低碳交通工具和燃料的投资将远远超过对能源业和建筑业的投资（如图2-7所示）。

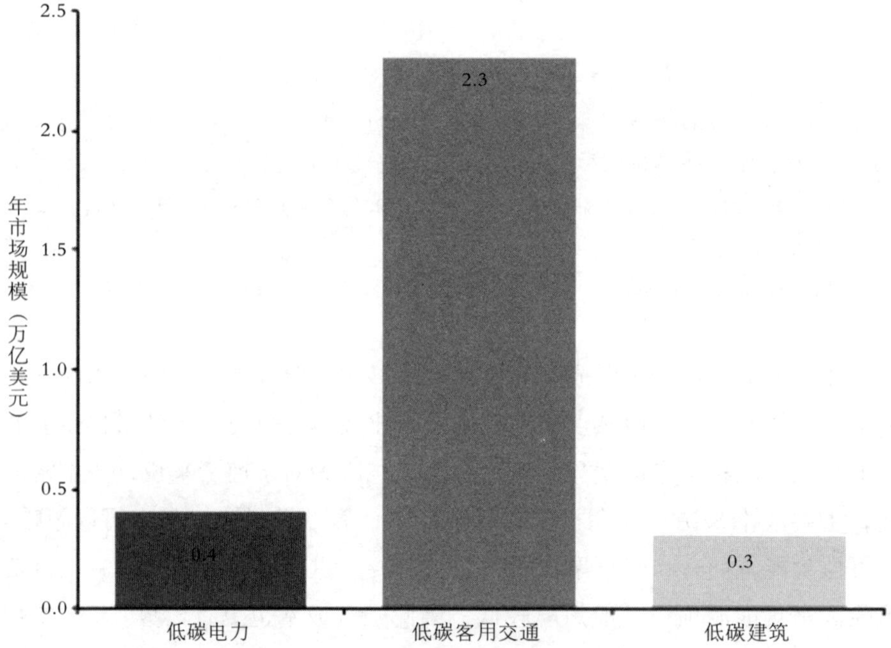

图2-7 2050年低碳客用交通工具与燃料市场

注：预计2050年低碳民用交通与燃料市场将超过每年2万亿美元。数据来自IEA《蓝色路径图》，即2050年实现相比于2007年的排放量减半的目标。

数据来源：IEA与活力经济学（Hepburn 2011年引用）。

尽管电动车（含油电混合动力汽车）很有发展前景，但电动车的普及速度一直很缓慢。2011年，全球电动车和插电式混合电动车总销售量只有约4万辆。[109]其主要障碍是电池价格过高，充电基础设施有限。不过，随着时间推移，预期成本会下降。根据美国的研究，锂离子电池将从目前的500～600美元/千瓦时下降到2025年的160美元/千瓦时，电池价格也会低于250美元/千瓦时。如果汽油或柴油零售价不低于3.5美元/加仑或1.3美元/升，就会使电动车比高效内燃机汽车更有竞争力。[110]使用新材料研发新一代大容量电池的工作也在推进，尽管这些创新技术距离市场化还有一段路要走。电动车产业带头人特斯拉汽车公司（Tesla Motors）最近公开发布了其所有的电动车专利，公司创始人兼CEO埃隆·马斯克（Elon Musk）认为，打造这样"一个共同的、快速进步的技术平台"，可以使所有的汽车公司都从中受益。[111]马斯克正计划启动一项50亿美元的投资，建立一个到2020年可以每年生产50万辆电动汽车的工厂，从而降低成本，获得最大规模效益。[112]

电动车发展的一大瓶颈是投资建设基础设施，这涉及电网协调及充电站布局。只有行业发展到一定规模，这两个问题才有可能解决。提高市场信心、增加基础设施利用率，都有助于推动行业的发展。[113]反过来，投资基础设施建设的积极性又取决于电动车市场的规模。与太阳能光伏发电等其他能源技术一样，电动车随着技术迅速发展，成本也会快速下降，尤其是在有明确稳定的政策支持的情况下更是如此。

航空业

如今的飞机比40年前的节能70%，航空业还设定了每年节能率提高2%的目标。[114]2005年，全球国际航空二氧化碳排放量近10亿吨，占世界总排放量的2%。然而，尽管取得了一定的成绩并设定了能效提高目标，但预计到2020年，航空业的碳排放量将增加70%，到2050年将增加300%～700%，[115]相当于30亿～70亿吨。这在2050年全球每年200亿吨的目标值中占很高的比重。

很多商业航线开始认真考虑引进可替代能源以减少排放。2012年，空中客车公司、波音公司及巴西航空工业公司签署了一项备忘录，决定共同研发价格合适、可以与目前能源兼容的航空生物能源，并设定了到2020年实现航空生物能源商业化生产的目标，这样同时能满足欧盟民航部门提出的到2050年可持续生物能源使用量达到200万吨的目标。同样，国际航空运输协会要求其成员到2017年使用10%的“替代”能源，各成员国也已正式开始联手开发航空生物能源。[116]维珍航空更是早在2008年就开始试用生物燃料。

除了使用替代能源，还可以通过提高能效来减少二氧化碳的排放。波音787梦想飞机将近一半的机身使用碳纤维强化塑料材质和其他合成物，减少了约20%的重量。减少燃料使用以及缩减飞行时间，也可以实现运营节能（如在最适宜的高度以最适宜的速度飞行，并尽量飞直线）。机场管理提升可以减少地面能源用量，改善飞行交通管控，也可以减少拥堵等待的时间。

2012年，欧盟将航空业纳入碳排放交易计划，然而实践证明这很难操作。在遭遇强烈的国际抗议后，欧盟暂时推迟了纳入国际航班的计划。按照其原有计划，首先在欧盟内部的航线推行，然后逐渐纳入国际航线。由于美国、中国和俄罗斯施加的强大压力，以及欧盟成员国出于贸易目的表示支持，欧盟不得不放弃最初的想法，暂时不把进入和离开欧盟的国际航线纳入计划，直到2016年重新开始协商。2013年年底，欧盟与国际民航组织达成协议，约定到2020年创建全球减排机制。

航运业

2008年，国际航运业碳排放约占全球二氧化碳总排放量的3%，预计到2020年将增加至30%，到2050年将增加至300%。[117]全球实施了很多国际性和区域性减排项目。2011年，国际海洋组织实施了强制性能效标准，并被视为“自《京都议定书》以来首个具有法律约束力的气候变化协议”。例如，其中包含的能效设计指标体系，根据航船的类型和规模，对大型高能耗新航船执行最低能效标准（克二氧化碳/运输单位），该标准每5年提高一次，直到2025—2030年，届时所有新航船都必须比2000—2010年间生产的航船平均能耗降低30%。[118]

2.5　如何实现低碳转型：农业和森林

2.5.1　农业

农业在减少（减缓）排放、适应气候变化和经济发展（包括提高效率与生产率）方面具有巨大的潜力。这三个方面是交织在一起的，任何关于低碳农业的讨论都应该把三者结合起来考虑，特别是在发展中国家。近几年来，讨论的热点变为“气候智慧型农业”（Climate-Smart Agriculture），这个概念包括可持续地增加农业产量、提升农业适应性、减少碳排放，并确保国家粮食安全及全球发展目标。[119]尽管这个名字很通俗，但气候智慧型农业在增强土壤固碳能力、提高农作物产量和促进当地发展方面具有巨大的潜能。它涉及技术变革，例如采取低耕农业，减少因土壤耕作而造成的排放，节约能源和水资源，提升气候适应性。它还涉及为了减少甲烷排放以及节能，大量减少稻田的水量。水稻集约栽培体系（System of Rice Intensification）的实践引进了更高效、高产的种植水稻技术，[120]减少了移植前培育的时间，减少了每组种子种植的数量和种植深度，降低了大面积稻田水的深度。该种植技术可以增加50%的产量，减少25%～50%的耗水量，每0.01平方千米节约25%左右的成本，化肥、杀虫剂以及灭草剂使用量相应减少，[121]收入增加70%。[122]

尼日尔在防护林带种植各类树木避免土地沙漠化，并采取措施保证树林的稳定性。尼日利亚在玉米田与豇豆田之间间隔种植银合欢树来提高土壤肥力。坦桑尼亚和埃塞俄比亚联手世界银行、联合国粮食及农业组织、非洲联盟，引领着气候智慧型农业的发展，设立了每10年农业产量提高20%、碳排放减少20%、减少贫困20%的目标。[123]大力投资合作研发（如通过国际农业研究磋商组织这样的平台）是推进转型的关键所在。[124]

推广气候智慧型农业确实需要克服重重困难，包括农业扩展计划的缺失、前期投入过高、初始几年试验农田的机会成本，以及某些地区外资涌入农业（所谓的圈地运动），使脆弱的农田面临高密度工业化种植的危险，侵蚀当地社区的收益。

从积极的方面来看，气候智慧型农业在土壤固碳方面很有潜力。在过去的几十年里，不可持续农业活动使土壤变得贫瘠，土壤碳含量流失。提高土壤的碳含量可以增加产量，世界农田每年从大气中可以吸收12亿吨碳。[125]增加土壤碳含量的技术包括免耕农业和作物轮种。另外，在退化和沙漠化的土地上造林和再造林也有很大发展潜力。这些措施经常与农业和土地开垦项目结合在一起。埃塞俄比亚西南部的汗布（Humbo）地区从20世纪80年代以来，一直加速砍伐森林，对可利用水资源、生物多样性及当地社区都造成了极大的影响。“辅助自然再生项目”正在积极协助恢复自然林地，通过实施农民主导的项目，促进树木和草地生长，改善水资源管理，同时带来一些协同收益，包括为牲畜提供了饲料、减少了土壤侵蚀和洪灾等。[126]该项目获得了清洁发展机制提供的至少10年的资金（这是非洲首个大规模的森林计划），项目在60年周期内可以储存90万吨二氧化碳。[127]

2.5.2 森林

砍伐森林所造成的碳排放量占全球总排放量的10%～20%，[128]大约相当于美国的总排放量。关于如何保护森林、生物多样性及森林的宝贵生态系统，各种创意层出不穷。对于某些重要的热带雨林，有些国家已经有效地降低了森林砍伐率。巴西即将提前实现其到2020年减少亚马逊森林砍伐率80%的目标（参见第7章）。这一成果源于先进的卫星监控技术及精英警察团队强有力的现场执法。但有些大型项目执行起来则会反复多变。印度尼西亚政府在挪威的支持下制定了减少森林砍伐的战略，从2011年开始强制执行2年的“休伐期”，在某些区域限制新的森林伐木转让协议。虽然这个项目很有创意，但执行一直是个问题。[129]

从国际视角来看，加强控制森林砍伐率的力度具有巨大的潜力。在主要热带雨林国家连续多年反对之后，2011年南非德班召开的联合国气候变化框架公约会议终于为之后的国际谈判确立了“合理的市场化方式”原则。“保护森林减排计划”（Reducing Emissions from Deforestation and Forest Degradation in Developing Countries，简称REDD）为储存在森林里的碳赋予了经济价值，升级版的REDD+计划增加了森林可持续发展、森林保护以及增强碳储存的概念。这两个项目已经获得很高的国际影响力。但在2012年年底的多哈峰会上，该项目几乎没有取得进展。2012年6月，在里约热内卢举办的20国峰会中，其也只取得了一点微弱的进展。

减少森林砍伐是所有减排方式中成本最低的方式之一。每年全球由于森林砍伐造成的二氧化碳排放量约50亿～100亿吨。避免这些碳排放的成本约20美元/吨，每年这个市场价值超过1千亿美元。1/4的排量能以不超过5美元/吨的价格来避免，这是一个非常便宜的选择。但是如果要取得进步，国家和当地政府部门必须下定决心，协调好大、小型企业等既得利益者，[130]调动社区和居民的积极性，改善他们的生活水平。

显然，农业和森林在促进发展、增强气候适应性及减少碳排放方面有很大的潜力。发达国家比那些参与产业活动的国家更容易支持这些项目。然而，无论实施什么样的项目，都应该获得农业和森林所在国的认同和支持。

2.6　所需的投资规模

在讨论数据之前，我们首先得澄清一个重要的概念：多数低碳经济转型的相关花费都应该作为投资进行分析，而不是简单的净成本支出或财政直接成本。[131]理由很简单：低碳转型的增量投资除了获得根本性的减排收益之外，还会产生很多协同效益，而且大部分投资将来自民营资本。这些支出涉及创新、学习及发现的动态过程，且大部分与能源效率有关，除了狭隘的投入-产出模型预测的收益外，多数都会带来协同效益。它不是一个静态的向具有高投入-产出系数但是低增长的技术的转移。

我们已经分析了创新和学习的动态过程，更清洁、可靠、有保障的能源体系的实现，以及采取更多样化的生产和消费模式的潜力。这些分析直接指出现有经济分析的缺点，基于狭隘的模型，人们认为低碳技术只是成本更昂贵，但忽略了学习的动态过程及协同效益，特别是这些模型不能很好地体现减排的价值，不考虑能效等方式可以实现的成本降低，忽略创新与学习带动经济发展的能力，未纳入规模经济、能源安全、可靠性、生物多样性和生态系统的价值。

这些模型通常不能表现惯性和路径依赖等复杂关系，越早作出政策决策，越能在基础设施中锁定正向影响，越能推动技术创新，越能改变理念以促进经济转型。[132]很多经济模型不考虑这些因素，它们以僵化的方式提前决定产出，导致对减排成本过于高估。其从本质上假设（而不是推理）低碳注定影响经济增长。这种经济学是经不住推敲的。

低碳经济转型不可避免地包括一些不确定因素，以为学习和探索是转型过程的核心问题。前后矛盾的错误政策会打击投资的积极性、增加成本，而创新、学习和发现对转型至关重要。好的政策必须把创新置于核心地位（详细讨论参见第3章）。

那么，推动低碳转型所需的投资规模到底有多大呢？很多人估计，其为每年国内生产总值的1%～3%。

- 《斯特恩报告》估计，为实现低碳经济转型，全球需要的增量投资为每年GDP的1%～2%，不过这个低值是基于将温室气体浓度稳定控制在550ppm情形下的。[133]
- 2013年，帝国理工大学的研究表明，依靠现有技术，2008—2050年减排一半二氧化碳所需要的成本大约是2050年全球预计GDP的1%~2%。[134]
- 国际能源署认为，要将浓度稳定控制在450ppm，从目前到2050年，需要35万亿美元的增量能源投资，每年将近1万亿美元，约合目前世界GDP的2%。[135]
- 最新的IPCC《第五次评估报告》在评估低碳模型时指出，增量能源投资到2030年约为世界GDP的1%～4%，到2050年约为2%～6%。[136]然而，这些低碳模型存在很多上文中提到的缺陷，包括忽略技术进步、学习和创新的潜力，不考虑规模经济，因而认为减排边际成本会急剧增加。

从增量投资角度来看，如果全球总平均增长率是2%，则每年占GDP2%的增量投资意味着我们本该在2050年达到的消费水平，将推迟到2051年达到。

总体而言，这些估算都具有不确定性，但如果将创新和规模经济考虑进去，则增量投资有可能显著低于GDP总量的2%。[137]而且，我们应该从这些投资估算额中扣除投资带来的低碳经济增长和协同效益。有些效益可能短时间内就会快速体现，如减少当地的空气污染。如前文所述，与空气污染治理有关的支出在很多国家占GDP的4%～5%，在中国这样的国家甚至更高。[138]总体结论是一致的：所需的投资额度比较大，但是是可以承受的，而且还可以把我们带向更好的可持续发展之路。是否能从投资中实现所有利益，取决于我们能否管理好市场失灵。误导性的或前后矛盾的政策都会导致成本增加。

但是，用之前所述的狭隘模型进行分析，就会得出不同的结论和观点。我们需要认识到世界处在一个根本性的结构转型期，这一时期城市化快速发展、能源系统建设和更新、土地利用发生改变。如果处理好结构转型（如减少交通拥堵、废弃物和污染），我们就能将应对气候变化所需要的大部分措施付诸实施。这是全球经济和气候委员会的核心观点（参见第2.10节）。

2.7　私营部门的角色

应对气候变化行动的大部分增量投资需要来自私营部门。[139]只有政府出台明确、稳定、可靠的政策，它们才会大规模地进行投资以推动低碳转型。第3章将具体讨论这些政策的性质。政府能否处理好这些细节还是其次，更重要的是确保政策在中长期的稳定性。不幸的是，近几年的情况大多相反，政府缺乏清晰、明确和持续稳定的政策（更多细节参见第3章）。

对于全世界的民营企业而言，最打击投资积极性的莫过于政府主导的政策风险，[140]这就是在21世纪初期我担任世界银行首席经济学家时一直把投资环境列为发展战略的核心的原因。[141]有的国家的最大问题是来自政府换届的危险，有的是政府官员的腐败，有的是被当地官员、黑社会、工会或既得利益者威胁，有的是法律系统的混乱，有的是在选举期间制定的政策及其他政策反反复复、不能落实。

过去10年来，民营企业对清洁能源的投资大幅增长（如图2-8所示）。由于全球经济放缓和一些不确定的政策，2012年和2013年有所下降（如图2-9所示），但预期还会回升。2011—2013年间，全球投资下降

23%，其主要是因为美国监管政策的不确定因素造成投资下降了32%，欧盟经济危机导致投资下降了58%，印度风能激励政策到期且太阳能需求很低造成投资下降了52%。中国是一个明显的特例，2011—2013年间，其投资增加了9%，很大程度上是因为增加了对太阳能光伏发电和风能等小型可再生能源项目的投资。

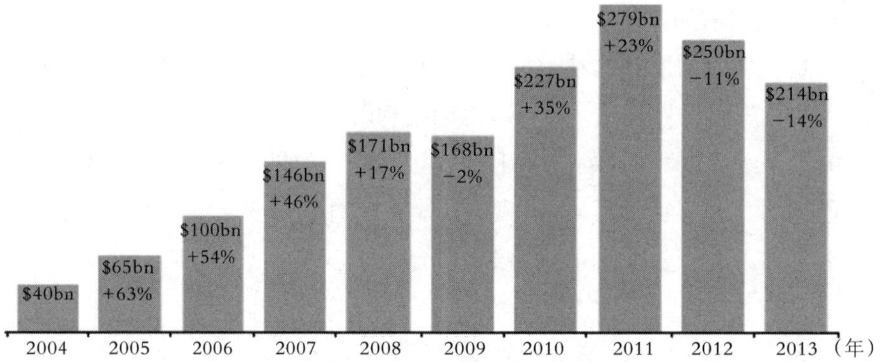

图2-8　2004—2013年全球可再生能源增量投资（含政府投资和民间投资）

数据来源：FS-UNEP（2014）。

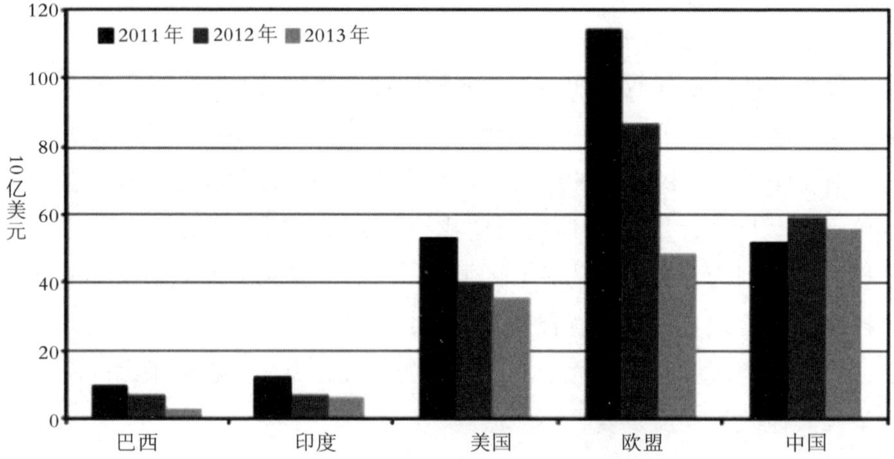

图2-9　2011—2013年清洁能源增量投资

数据来源：FS-UNEP（2014）。

总体而言，尽管最近几年投资金额下降，但整体趋势仍然利好。随着可再生能源成本下降，固定投资每年可以建成的容量会越来越大。[142]太阳能光伏发电等小型项目最近的投资减少最快，2013年下降了25%，降低到600亿美元，结束了长达6年的持续增长期。但太阳能光伏发电仍一直破纪录地发展，2011年装机容量达到290亿瓦，2012年为310亿瓦，2013年为390亿瓦。[143]

在这场新工业革命的前沿，涌现出了很多民营企业创新的案例。资产高达140亿美元的美国固废管理公司创建了“绿色组织”，从垃圾中寻找价值，通过在原计划送往填埋场的垃圾中寻找可重复使用的材料，创造了90亿美元的价值。[144]有些创新则是小规模的，例如，菲律宾有些创业者经过培训后可以利用废旧塑料瓶做成简单的太阳光照明设施，将其安装在没有照明设施的房子的屋顶，使住户不再使用发电器、煤油及蜡烛，每月节约6美元，也减少了室内空气污染。[145]公私合营项目也体现出创造力，例如，美国海军与轮船巨头马士基航运集团合作，共同开发可持续的生物燃料试验，旨在降低生物燃料的成本。

还有一些概念性的创新案例。例如，用二氧化钛涂层的碳纳米管制造高容量电池、碳捕集与封存水泥存储、使用二氧化钛纳米粒子及半导体镉纳米晶体涂层制造太阳能涂料、人工光合作用、干细胞制肉等。本书不就这些技术作详细探讨。然而，这些创新活动所显示的创造性与活力，是十分令人赞叹的。其中大部分都会失败，但很可能有些技术会为世界作出巨大的贡献。

2.8　如何一箭双雕——将减排责任与经济增长、社会发展和减少贫困结合起来

我认为，并且一直强调，21世纪两个最决定性的挑战就是减少贫困和应对气候变化，其中一个失败，则另一个也会失败。如果我们不能处理好气候变化，环境就会恶化到阻碍发展的地步。如果我们应对气候变化的行动阻碍了经济的发展和贫困的减少，则也难以建立起所必要的减排联盟。幸好，我们已经看到低碳经济转型具有很大的潜力，可以将经济增

长、社会发展、承担气候变化责任结合起来，实现增长、发展、减缓和适应的一体化。

我们从气候智能型农业中看到这样的案例，类似的例子还有很多。例如，印度目前大约还有3亿无电人口，随着太阳能发电成本迅速下降和技术进步，这些人口将有机会使用清洁的太阳能电力（全球总共约有13亿无电人口，27亿人口没有清洁炉具）。[146]相比当地不可靠的电网系统和相关的腐败行为，利用太阳能可以获得更可靠、更低碳的电力，并且协助社区居民提高话语权、促进发展、减少贫困，使小孩和成人能够在夜晚学习、有上网的机会，使妇女有计划地就地创业——如运营太阳能充电站，减少她们远距离搜集生物燃料的时间和危险。[147]

民营企业家纷纷涌现，积极挖掘发展太阳能在促进经济增长、发展社会、保护环境方面的潜力。目前，分布式独立能源系统在技术上已经可行，挑战在于如何找到投资。联合国可持续能源计划预计，到2030年需要累计投资近1万亿美元来实现能源全面普及。[148]如果有合适的融资渠道（通常是小额信贷），只要能看到可靠的投资回报，穷人也愿意自己投资，而这些投资的社会效益甚至会更高。

印度SELCO公司与金融机构合作，通过创新的方式为穷人提供太阳能贷款，目前客户已超过10万户家庭。[149]印度GramPower公司建立了一种新的商业模式，向当地社区提供高效的智能微电网，居民可以通过预付费模式使用电网服务。GramPower的客户还拓展到电信塔和目前依赖高成本柴油发电机的企业。[150]Pollinate能源公司创造并引领了一种新型社会企业商业模式，为班加罗尔的城市贫民区提供低成本的太阳能电池照明灯，雇用并支持一些创业者，让他们充当企业和社区之间的重要媒介（使用太阳能电池照明灯的居民每周还贷额相当于他们买煤油的价格）。[151]这些太阳能领域的企业家能够促进低碳发展、增加气候适应性，并避免建设高碳锁定的基础设施——这些设施通常不稳定、不清洁、成本高，还往往涉及腐败问题。

低碳和资源高效利用的经济增长模式还可以使社区更包容、更强大，如满足当地居民基本的用水和能源需求。在农村和林区，可以通过赋予森林减排量及生物多样性经济价值来创造经济发展及就业机会。[152]发展公共交通系统能够大大增加穷人的就业机会。循环和再利用则增加社区的沟通与凝聚力。

这些低碳发展模式具有巨大潜力。然而，令人反思的是，如果选错方向，危机不仅不能变成转机，还会变成危险。

2.9 低碳增长与危机

目前全球经济似乎并不健康，至少在发达国家好像如此。未来10年的经济将不得不面对严重的困难和危机，包括宏观经济的严重结构性失衡、发达国家的高债务及严重赤字、未完成的金融机构改革，以及很多国家的低增长率。同时，国际劳务和分工也会继续迅速变化，有些发达国家可能还会出现断层。要处理好这些巨大的挑战和风险，需要稳定和整合的措施，需要全球协作，而不是各行其是。

要减少赤字和债务负担，必须寻找新的增长点，从宏观经济环境和结构调整上看，现在正是投资低碳转型的好时机，这将成为未来经济的增长点。很多发达国家的民营企业坐拥创纪录的储蓄，储蓄的流通性及长期实际利率都很低。很多资源都没有得到有效利用，应该用这些闲置资金投资具有高社会经济回报率和长远发展前景的项目和基础设施中。如第3章所述，政府的政策能够“创造活力新市场，带动民营投资和创新，刺激经济发展而无须大量财政支出”。[153]要抓住这些机会，必须实施明确而强有力的政策。

在这样的环境下，良好的公共政策可以纠正市场失灵、鼓励创新，从而提升市场信心、撬动大规模民营资本投资，使民营资本确信没有“被挤出”的危险。这需要利用政策工具来帮助降低风险，包括上网电价、能效和排放标准、智能电网、绿色投资银行等政策工具。制度框架也非常重要。例如，一个积极的、财力雄厚的绿色投资银行有助于减少政策风险，并鼓励从长远角度评估财务回报（如果国有银行投资，民营资本会更愿意参与）。虽然我们预期应对气候变化的大部分投资来自民营资本，但企业家的投资意愿在很大程度上取决于国家政策和国有机构的活动，包括国有金融机构。如果政府把（几乎零利率的）贷款投资于最有保障的项目，则最理性的选择应该是投资这样的项目：能重振被市场失灵阻碍的投资和创新，也能撬动民营资本，鼓励其投资这种推动经济长远发展和有利于应对气候变化的项目。

拍卖碳排放许可证及碳税的收入能够促进低碳增长，有助于管理好公共财政。认为气候行动“扰乱市场”的说法完全是错误的，是很糟糕的经济学。纠正市场失灵是为了使市场更健康地发展。笼统地认为这种情况下公共投资将会挤掉民营资本的观点也是错误的——很多国家即使拥有可利用的资金，经济发展仍然很缓慢。相反，政府投资良好的公共基础设施项目很可能会撬动民营资本投资，带动经济增长。

推迟这种投资意味着有可能错过迅速增长的低碳市场机会，导致技术锁定，未来还需要花费更多成本更新锁定技术。拖延经济复苏的机会，会导致资本闲置、技能流失、经济恢复更加困难。大力发展绿色经济则可以广泛培养高价值技能，并产生能效等大量的收益来源，而转型所需要的大部分工作是劳动力密集型的（如建筑行业），因此还能增加就业。

2.10 低碳增长和结构转型

本书在定稿时，最新的气候变化行动成本效益分析源于全球经济与气候委员会的研究。该委员会的主席是费利佩·卡尔德龙（2012年年底之前任墨西哥总统），而我任联合主席。我认为，委员会的工作很有价值，在世界经济根本性结构转型的大环境下设计了一种新的方法，包括低碳转型、投资和行动的方式。

杰里米·奥本海姆领导的新气候经济项目是委员会的旗舰项目，旨在帮助政府、企业以及社会团体在如何实现经济繁荣发展和解决气候变化的问题上作出更周全的决定。该项目为经济决策者服务——包括政府决策者和私人决策者。项目约1/3的成员为政府官员（包括前总统、总理和财政部长），1/3的成员为企业家，而剩下1/3的成员来自国际机构，包括两位市长（里约热内卢的市长和休斯敦的市长）和我自己。2014年9月，项目发表报告《更好的增长，更好的气候》，分析了经济增长和气候责任的新观念。[154]该报告中的许多分析和深入见解在本书中被再次呈现。我认为，它有助于我们理解更新、更可持续的发展路径是怎样的以及如何实现，为我们描述了一个充满阳光和智慧的路径。新路径不是一个僵硬的计划，而是一条伴随着学习和进步的过程、最终实现可持续增长和减少贫困的道路。这份报告重点研究了转型和决策的关键领域（城市、能源系统和土地利用）及主要的转型推动力（能源效率、基础设施和创新），并有机结合了两个同时发生的进程——世界经济根本性结构转型（包括城市化）和低碳经济转型。专栏2–2列出了该报告推荐的10项行动计划。

专栏2–2　全球经济和气候委员会的《重点推荐全球行动计划》

《重点推荐全球行动计划》[155]呼吁决策者：

1.将气候变化充分纳入核心经济决策过程中，加速低碳转型。各级政府和企业都应该这样做，可以通过系统改善政策和项目评估工具、绩效考核指标、风险评估模型和统计报告要求等来使其实现。

2.缔结一份有效、持久、平等的国际气候协定，以增强国内政策改革的信心，为发展中国家提供必要的支持，向投资者发出积极的市场信号。

3.逐步取消对化石燃料和农业投入的补贴，取消鼓励城市扩张的政策，提高资源效率，将公共财政资金投资到低收入人群补贴等公益项目中。

4.采用适时合理、可预测的碳价，以便形成明确的市场信号，从而更好地影响财政改革和市场行为。

5.大幅减少低碳基础设施建设投资的融资成本，鼓励国有融资机构提供低成本融资渠道。

6.扶植关键性创新低碳技术规模化应用，政府应将其对清洁技术的研发投入增长至现有水平的3倍，并消除创业和创新所面临的障碍。

7.通过鼓励城市优化发展、优先投资安全高效的公共交通系统，促进城市化方式向紧凑联网型城市转变。

8.2030年前，停止对自然森林的砍伐，刺激长远投资，鼓励保护森林，全球年度投资增加到每年约50亿美元，并加强对投资效果的监管。

9.2030年前，至少修复500万平方千米已经消失或正在退化的森林和农业土地，增加农业收入，提高食品安全。

10.加速淘汰污染的燃煤发电，2025年在发达国家和中等收入国家淘汰无碳捕集与封存的燃煤电厂。

前6条建议为建立强大而可靠的框架体系提供了必要条件，这个体系可以培育和鼓励低碳和具有气候适应性的投资和经济增长。后4条可以为城市、土地利用及能源系统转型提供重要机会，促进未来经济增长并降低气候风险。

这份研究重点关注未来20年的发展，结论是，这段时期内的世界经济结构转型可以与应对气候变化行动结合起来，最终既促进经济快速增长，又加快应对气候变化的行动。换句话说，促进生活水平强劲、可持续增长能够也应该与降低气候风险有机地结合起来。如果全球把握好转型，提高能源效率，建设稳定、清洁、智能的基础设施，加大创新力度，那么应对气候变化的大部分必要措施也将同时付诸实施。这个过程不能被泛泛地称为“绿色增长”，它是特定关键时期发生深刻结构转型的过程，是有重点关注领域（城市的重要行业、能源系统以及土地利用）和系统计划的。

如果按这个新方式处理好未来20年的经济转型，不仅会带来上文所述的收益，而且还可以为21世纪后期的转型和减排奠定良好的基础。如果这些年处理得当，我们将会创造新的技术，建设和改造更高效的新型城市，创造更科学的能源系统、农业和森林，为未来奠定基础。

两种转型相结合将产生巨大的契机。研究显示，如果未来20年采取强有力的措施来确保低碳转型，那么就会走向一条最理想的路径，可以同时实现经济增长与应对气候变化的目标。但如果拖延，我们就会错失良机，有效应对气候变化的成本也会显著增加。如果我们不抓住这个机会，就会失去它。

重要的是，即使不考虑减排的效益，我们所推荐的投资和行动在实现减排的同时也能给国家带来正向的经济和社会利益。从这个意义上来说，未来20年的大部分碳排放实际上是符合各国自身利益的。这种一致性主要源于两个因素：第一，如本章所述，低碳技术的成本在急剧下降；第二，人们越来越意识到化石燃料（特别是煤）的燃烧意味着过高的经济和社会成本，本章对此也有分析。

2.11　本章小结

本书基于一个系列讲座，因此本章内容既不是一个关于如何实现低碳转型的整体解决方案或路径的说明书，也不是一个结论性的论述。而且，我们应该格外小心使用结论性的论述，因为转型问题本身是一个学习和改进的过程。无论如何，细节很重要，本章也试着研究了不同领域的潜力和可能性。而且，在行业分析之后，我们还探讨了转型与经济总体增长、经济结构变化、消除贫困和公共财政的关系，以及政府与私营行业的关系。

通过分析与案例可以看出，我们对低碳转型已经掌握了足够知识，形成了一个坚实的基础，可以开展低碳转型。这个转型之路不仅是可能的，而且本身还会带来诸多效益。利用现有的方法和技术就可以实现很多减排，不过，要避免气候变化的巨大风险，必须进行新一轮能源–工业革命。这会需要时间和投资，但都是值得的。历史经验表明，历次技术改革都会带动未来二三十年甚至更久的经济增长和繁荣。拖延是危险的，我们必须现在就行动，未来20年尤为重要。

综上所述，本章结论如下：

- 向低碳经济转型会从根本上改变能源生产和使用方式。我们必须采取强有力的措施，脱碳并提高能效。城市、建筑、交通、农业、土地利用、能源系统管理等方方面面都将发生改变。

• 过去20年已出现过技术变革推动快速减排并带动经济增长的案例。

（1）通过信息交流技术、改变材料、更新设计和创新技术，能源效率得到普遍提升。然而，要实现减排总任务的40%，还需要采取更多的措施。

（2）可再生能源技术，特别是太阳能光伏技术，在过去的10年里，发展速度与规模都超出预期。[156]现在很多国家的光伏发电已经与传统能源一样具有经济竞争力了。而且，光伏成本还会继续下降。

（3）从煤炭向天然气的过渡短期能够迅速实现减排，但应关注生产过程中的散逸风险及高碳投资锁定效应，并规划碳捕集与封存技术或者其他替代技术。

（4）碳捕集与封存技术发展缓慢，不过还是有可能在未来减排路径中发挥重要作用的。

• 每个国家、每个部门都需要改变。本质上，我们将面临新一轮的全球性能源-工业革命。历史经验证明，历次创新热潮都能带来巨大的机遇和发现，从这个角度而言，应对气候变化也会带来类似的机遇。

• 各行业都应该探索大规模技术革新，这是非常重要的。我们不能精确预测出哪种技术进步更快，哪里会出现新技术。不同技术之间可以创新地融合。换言之，我们应追求“整体组合”。

• 现在是投资未来经济增长的最佳时机，因为目前利率很低，而且有大量尚未利用或尚未充分利用的资源。在后危机停滞时代利用低碳转型重振经济是一个可靠且理性的选择。

• 应该将低碳经济转型视为世界经济持续深层结构转型的一部分。结构转型包括经济活动向新兴国家和发展中国家转移、加速城市化、大幅增加能源投资、改造发达国家城市和能源系统，以及投资于森林、草原和农业。如果能创造性地并稳健地处理好结构转型（包括在垃圾、交通拥堵、污染以及生物多样性等方面），我们能够同时实现未来20年所需要实现的大部分减排。

• 随着证据越来越充分，各国逐渐理解燃烧化石燃料会产生大量小型颗粒物（PM2.5），也逐渐意识到它对人体健康的危害性。

• 这一时期，如果我们以更加紧凑的方式设计、建设或改造我们所居住的城市，大力支持公共交通工具、自行车及步行，我们的城市就会变得更高效、更宜居。反之，如果我们对未来几十年中的快速城市化管理不善，则将会产生深远的负面影响。

如果未来20年处理好经济转型，我们将会为21世纪碳减排奠定稳定的基础。而一旦错过这个机会，可能就走上了一条不归路。我们需要大幅改变现有的能源生产和消费方式，提高城市宜居性和规划科学性，更好地管理土地和其他自然资源。这些领域的行动是能源-工业革命的核心所在，也是将应对气候变化与实现稳定、可持续的经济增长及减少贫困有效结合的核心所在。

注释

1 见本书第7章与GCEC(2014)。

2 见Perez(2002,2010)。

3 事实上,理论研究(Acemoglu等,2012;Aghion等,2012)、建模研究(Fischer,2008;Fischer和Newell,2008)和实证研究(Popp,2006)均显示,有效率、有效果的低碳技术创新战略应涵盖两套相辅相成的政策工具:一组设定排放量的价格,一组对创新链中的每一个环节(从研发到应用)提供支持。Aghion等(2014)指出,温室气体减排在很大程度上取决于两个因素——技术创新与实践。这就涉及一个路径依赖的过程,在此期间,历史与期望很大程度上都在影响着最终结果。

4 例如《能源政策》(2012),该研究全面而详细地审查了过去与未来的能源转型。很多人都在试图整理与研究创新与工业革命的相关资料。Pearson和Foxon(2012)回顾了关于英国第一次工业革命驱动因素的不同观点,包括Allen(2009)、Mokyr(2009)、Crafts(2010),展示了新变革技术的重要性。这些技术常常被称为"通用技术",它们可能是推动5次长期的创新变革浪潮、提高生产率、促进增长的重要因素。见图2-1及Freeman和Perez(1988)的研究,该研究分析了如何实现技术变革,借鉴了当时杰出经济史学家Chris Freeman毕生的研究成果,以及Broadberry(2007)的研究成果。很多关于非能源行业创新的研究也提供了深刻的见解,如Henderson和Newell(2011)。这一话题有很多可挖掘的地方,也是研究的活跃领域。

5 然而,就激励、支持和撬动民间投资而言,政府可以发挥很重要的作用,因为这些创新与研发具有很大的"公共性",会产生市场失灵。同时,由于资本市场的信息、信誉度、美誉度、抵押等因素,也会存在市场失灵。

6 全球经济与气候委员会持此观点,见GCEC(2014)及本章下一节2.10。

7 见Hamilton(2014)。该研究发现,在2010年15个二氧化碳排放量最大的国家中,空气污染导致的健康损害平均占GDP的4%以上。

8 详细分析见8.2节。

9 见IPCC(2014b)。

10 低碳电力目前看起来是陆地交通中最有前途的解决方案,但还需要进一步研究和探索。空运与海运也是如此。

11 见GCEC(2014)。

12 深度脱碳途径项目是联合国可持续发展解决方案组与国际关系可持续发展研究所的合作项目。见IDDRI / SDSN(2014)。

13 这些国家分别是澳大利亚、巴西、加拿大、中国、法国、德国、印度、印度尼西亚、日本、墨西哥、俄罗斯、南非、韩国、英国与美国。详细信息见IDDRI / SDSN(2014)。

14 见Bowen和Rydge(2011)。创新案例见Henderson和Newell(2011),该研究分析了多个非能源行业产生变革的共同因素,进一步提供证据表明快速变革是可能发生的。事实上,现代电话技术在非洲大陆的快速发展就是一个显著的例子。

15 世界各地气候行动相关情况见本书第7章。

16 见国际能源署(2013b)。

17 中国也在推动7大战略性低碳创新产业(见第7章)。

18 见杜邦公司(2011)。

19 见Co-operative Group(2012)。

20 见Virgin Group(2014)。

21 见Google(2014)。

22 见McKinsey(2012a)。

23 见国际能源署(2010b)。

24 见美国清洁热源与电力协会(2012)。

25 见橡树岭国家实验室(2008)。

26 智能技术(通常)采用现场系统数据与信息的双向沟通,以提高运营效率、能源效率并节约成本。智能技术应用范围很广泛,如在建筑、发动机系统、物流中都有应用。其中,智能电表与电网是最受关注的领域之一,国际能源署将之定义为"使用数字及其他先进技术来监控和管理从所有发电源输送电力以满足不同终端用户电力需求的网络。智能电网统筹协调所有发电站、电网运营商、最终用户及电力市场利益相关者的需求,从而尽可能高效地运行系统中的所有环节,最大限度地减少环境影响、降低成本,同时最大限度地提高系统的可靠性、弹性与稳定性。"国际能源署(2011d)。

27 见www.nest.com。

28 见www.smartthings.com。

29 见Climate Group(2008)。

30 见Zysman和Huberty(2011)。

31 见Coriolis Energy能源公司(2013)。

32 见Hamilton(2014)与GCEC(2014)。

33 AC是指交流电。俄罗斯与中国的电网运行电压为1 000千伏。较小的国家(如英国)电网运营电压为275千伏或400千伏。

34 DC是指直流电。在中国,高压直流电缆用于远距离(1 000千米)传输电力,从中国中心地带的三峡大坝输送到沿海用电较多的地区。

35 见Parsons Brinckerhoff(2012)。

36 见国际能源署(2011b)。

37 学习率是指产量每翻一番或者装机容量每翻一番单位价格下降的百分率。

38 见Kersten等(2011)。

39 见Grau(2012)。

40 见Candelise、Winskel和Gross(2013)。

41 与作者的私人交流。

42 电网平价是指太阳能发电价格与其他电源上网电价相同。需要强调的是,在电力系统中,价格可能并非是固定不变的,随着供需关系的变化,每天的价格可能都有所不同,因此评估一种可再生能源发电技术是否已达到电网平价,需要从不同时期的多个角度进行考量,包括考虑其发电波动性与电网的兼容性。

43 见国际能源署《太阳能电池技术路线图》2014年更新版(国际能源署,2014c),以及Gore(2014)。

44 见世界能源理事会(2013)。

45 中国每户每周平均用电量为25千瓦时,德国为66千瓦时,美国为226千瓦时。中国2012年平均零售电价是0.1美元/千瓦时(范围在0.075～0.11美元/千瓦时)(深圳市政府,2012),德国2013年家庭平均电价为0.30欧元(约0.37美元)/千瓦时(欧盟统计局,2014年),美国平均电价为0.13美元/千瓦时(EIA,2014b)。

46 见欧洲光伏工业协会(2011),同时见Eclareon(2014)。

47 见新墨西哥公共管理委员会(2012)。同时见http://www.bloomberg.com/news/

2013-02-01/first-solar-may-sell-cheapest-solar-power-less-than-coal.html。

48 取决于当地货币的汇率(南非能源部,2013)。

49 见IRENA(2013b),Boyd、Rosenberg和Hobbs(2014)引用。

50 这在很大程度上取决于电价结构,不同地区的情况可能也有所不同。例如,加州“净计量”机制允许家庭在抵销自己的用电量后只支付差额的部分,而德国住户以优惠电价销售其全部发电量,然后再购买电力以满足自己的需求。

51 见国际能源署(2014c)。

52 见国际能源署(2014c)。

53 目前有3种商业化运营的CSP技术:槽式、线性菲涅尔、电力塔/中央接收器(第4种碟式系统CSP技术仍处于早期研发阶段)。各种技术原理都是用镜子聚集太阳辐射能量,通过加热液体或热传递介质(有时是熔融盐),将水变成蒸汽驱动涡轮机发电。

54 见国际能源署(2012a)。

55 见Stadelmann等(2014)。

56 见Stadelmann等(2014),国际能源署(2014d)。

57 见Stadelmann等(2014)。

58 见全球风电理事会(2014)。

59 2010年美元价,基于丹麦风电场计算(国际能源署,2012c)。按目前汇率,1欧元约等于1.25美元。

60 见国际能源署(2012c)。

61 数据基于中国和美国的成本。2011年欧盟平均成本约为120万美元/MW(IRENA,2013a)。

62 见国际能源署(2012c)。

63 见国际能源署(2012c)。价格为2010年美元价。据Wiser和Bolinger(2012)的年度市场研究报告估计,陆上风力发电的学习率在1982—2011年间为7.5%,在1982—2004年间为14.4%(如前所述,在系统成本增加之前)。

64 见彭博社新能源财经(2011)。根据彭博社新能源财经估计,1984年陆上风电均化成本约为200欧元(250美元)/兆瓦时,2011年降为52欧元(65美元)/兆瓦时,在此期间,相应的学习率超过14%。该报道认为,现在陆上风电供电成本可能比欧盟/美国2011年联合循环燃气电厂的平均成本仅高出6欧元(7.50美元)/兆瓦时而已。

65 假设天然气发电厂每兆瓦时发电约产生0.4吨二氧化碳,则根据7.50美元/兆瓦时与0.4tCO_2/兆瓦时可得出每吨二氧化碳的价格为18.75美元。

66 FS-UNEP(2014)。

67 如图2-6所示。

68 相比陆上风电的1.2~2美元/W(Stadelmann等,2014)。

69 见 http://www.carbontrust.com/media/105314/foundation_innovators_29may2012.pdf。

70 见http://www.theguardian.com/environment/2013/jan/22/suction-bucket-offshore-wind。

71 The Crown Estate(2012)。

72 见国际能源署(2013c)。

73 见《欧洲海洋能战略计划》(SI-Ocean):http://www.si-ocean.eu/en/。

74 相对于潜在的30GW~50GW海洋与潮汐能,以及25GW~30GW乃至60GW的潮汐坝能而言。见DECC(2013b)或下议院能源与气候变化委员会(2013b)。

75 在抽水蓄能中，发电涡轮机可以反向运转抽水到水库中。在许多地方，这种变化可以在白天电价高时发电卖出电能，再在晚上电价低时抽水蓄能。

76 国际能源署(2012d)。

77 超过25个国家目前依靠水电供应90%以上的用电量，12个国家100%的用电来自水电。见国际能源署(2012d)、IRENA(2012)。

78 典型例子包括挪威(超过95%)、巴西(80%)、加拿大(62%)。见国际能源署(2012d)。

79 见IRENA(2012)。

80 见国际能源署(2012d)。

81 见IRENA(2012)。

82 例如(但不止)欧洲电网(IRENA，2012)。

83 世界水坝委员会估计，1950—1990年间约有4 000万～8 000万人因水坝建设被迫拆迁移民，其中印度与中国占2 600万～5 800万人(世界水坝委员会，2000)。世界银行估计，水坝拆迁移民占全球总数的63%(世界水坝委员会2000年引用)。

84 见国际能源署(2014b)。

85 基于国际能源署《能源技术展望》的2℃情景(国际能源署，2014b)。

86 无论发展中国家还是发达国家，无论有没有高比例可变电源或可再生能源发电，作为现代日益一体化的安全能源系统的一部分，电池对能源系统而言都将发挥重要作用，可以提供有价值的能源服务(国际能源署，2014b)。

87 总部位于柏林的电网公司与储能公司Younicos最近兴建了欧洲第一个也是最大的电池发电厂。该厂有5兆瓦的锂离子电池，项目优势是技术供应商为了打破人们对电池技术风险的顾虑，提供20年的产品保证。详情见http://www.younicos.com/en/media_library/news/022_2014_09_16_Wemag_Open.html。

88 在本书3.5节中将提到，即使漏气率低于总产量的3%，依然能够大大影响煤转气所能带来的减排效益。

89 见IPCC(2014b)。

90 见碳追踪计划(2013)的相关研究。

91 确认储量也被称为“储量增长”，是指由于技术变革与价格变化带来储量的增长，通常指除了“探明储量”(基于现有技术与价格的概率计算)与“新发现储量”以外的储量。

92 见GCCSI(2012，2013)，我是GCCSI国际顾问团的成员。GCCSI对大型综合CCS项目的定义是，以煤为主的电厂每年至少捕获80万吨二氧化碳，或者其他高碳型工业设施(包括燃气发电)每年至少捕获40万吨二氧化碳(GCCSI，2014)。

93 麻省理工学院也开展了CCS项目跟踪研究。其研究了52个处于不同开发阶段的项目(工业与发电行业平均分布)：2个运行后关闭，12个在运营，3个在建(包括上面提到的2个电站)，35个处于规划阶段(其中24个是电厂)。详见http://sequestration.mit.edu/tools/projects/index_capture.html。

94 见国际能源署(2014a)。

95 鉴于近几年规划项目的变化，现期规划项目与前期规划项目之间存在差距。GCCSI(2014)数据显示，2013年项目总数与2009年大致相同。在2010年以来的4年间，规划阶段的项目数量减少了20个，而进入施工阶段的项目数量只增加了4个。

96 目前的成本远远高于这一数值。目前大部分成本源于捕捉工艺，这方面存在技术进步的空间。

97 碳社会成本跨部门工作组(2013)。有关气候模型的详情参见本书第4章。

98 见第4章,以及Stern(2013)。
99 见Stern(2007)。
100 见核能研究所(2013)。
101 见欧洲核学会(2013)。在压水堆工艺中,水作为冷却剂和减速剂。减速剂的作用是减缓中子的速度,提高其被铀235捕获与发生裂变的可能性。
102 1TWh等于1000GWh。
103 见国际能源署(2010c)。
104 见联合国开发计划署(2013)。
105 见Bassi、Bowen和Fankhauser(2012);更多信息参见Barrs(2011)。
106 见Bassi、Bowen和Fankhauser(2012);更多信息参见Barrs(2011)。
107 见联合国开发计划署(2013)。
108 见国际能源署(2011c)。
109 见清洁能源部长级会议(CEM),电动汽车倡议(EVI),http://www.cleanenergyministerial.org/Our-Work/Initiatives/Electric-Vehicles。
110 见McKinsey(2012b)。
111 见Musk(2014)。
112 见特斯拉汽车公司的巨型工厂(Tesla Motors Gigafactory),http://www.teslamotors.com/blog/gigafactory。
113 但是,有些方法可以协助用户克服"里程焦虑"。例如,德国汽车制造商大众汽车公司为每个购买电动车的顾客每年提供1个月的同等型号汽油/柴油车免费租赁服务,这样顾客需要长途旅行时就可以使用免费租赁的车。
114 见国际民用航空组织(2010)。
115 见DG Clima(2013)。
116 见美国-巴西合作航空生物燃料开发项目:http://brazil.usembassy.gov/biofuel-partnership.html。
117 见国际海事组织(2009)。
118 见国际海事组织(2013)。
119 见联合国粮食与农业组织(2010)。
120 在应用到其他作物(如土豆)时,也被称为作物集约化系统。见http://sri.ciifad.cornell.edu/aboutsri/othercrops/otherSCI/。
121 而且在有些国家还能减少劳动力需求(如Africare、乐施会、世界自然基金会,2010)。
122 见Africare、乐施会、世界自然基金会(2010)。
123 见世界经济论坛(2012b)。
124 国际农业研究磋商是由57个公营与私营成员组成的非正式协会,成立于1971年,支持16个国际农业研究中心。
125 见Lal(2009),相当于44亿吨二氧化碳(碳/二氧化碳转化率为44/12)。
126 见世界银行(2010)。
127 见国际农业研究顾问组(2012)。
128 这些估算具有很大的不确定性,因为无法人工计算特定区域有多少棵树(因而也就无法精确计算这些树失去后生成的排放量)。科学家们根据若干因素进行估算,包括该区域有哪些树种、有多少树、土壤类型及卫星数据。随着数据收集过程不断改善和卫星图像分辨率的提高,该数据的可靠性也相应提高。

129 见Murdiyarso等(2011)。

130 这两者都可能涉及违规操作。

131 见Romani、Stern和Zenghelis(2011)。

132 然而,在Aghion及其同事的部分论文中,路径依赖成为核心(如Aghion等(2012)的研究)。Aghion等(2014)研究指出,温室气体减排量在很大程度上同时取决于技术创新与实践两个因素。这将导致路径依赖的过程,其中历史与期望在很大程度上影响着最终结果。

133 其他较一致的估计包括den Elzen、Meinshausen和van Vuuren(2007),Knopf等(2009),Edenhofer、Carraro和Hourcade(2009)。

134 见Shah等(2013)。

135 见国际能源署(2012e)。

136 见IPCC(2014b)。

137 见麦肯锡(2011)关于效率的研究与世界经济论坛(2012a)。

138 见Hamilton(2014),该研究发现在2010年15个二氧化碳排放量最大国家中,空气污染导致的健康损害平均占GDP的4%以上。

139 见UNFCCC(2007)。

140 见Frisari等(2013),多边投资担保机构(2014)。

141 见世界银行(2005)。

142 见FS-UNEP(2014)。

143 见FS-UNEP(2014)。

144 见Nidumolu、Prahalad和Rangaswami(2009)。

145 见Kopernik(2012)。

146 见国际能源署(2013e)。

147 "照亮10亿人行动"由印度能源与资源研究所(TERI)发起,自2008年以来已经为2 000多个村庄的100多万人提供了电力,详细信息见http://labl.teriin.org。

148 见国际能源署(2012e)。

149 见http://www.selco-india.com/finance.html。

150 见http://www.grampower.com/。

151 见http://pollinateenergy.org。

152 见世界银行(2012a)。

153 见Zenghelis(2011)。

154 见GCEC(2014)。

155 见GCEC (2014),www.newclimateeconomy.report/global-action-plan/。

156 见国际能源署(2010d)。

第二部分

低碳转型政策的原则和逻辑：经济学与伦理学

［第3章］

动态变革与转型政策：经济史和经济理论的视角

为降低气候变化的巨大风险，我们怎样才能促进迅速有效的变革？应该怎样制定合理的公共政策？在研究这些问题时，我们必须认识到，许多公共政策的经济学理论仅限于制定激励措施以形成正确的导向，却没有关注引发变革的速度。正如我们所论述的，应对气候变化的行动关键在于速度，我们必须从更加动态的角度来制定政策，突破通常意义上公共经济学的局限。第一阶段所应制定的经济政策很明确，即促进低碳转型和提升经济活力。这些政策及相关机制的设计不仅要考虑激励机制、公平性、可行性，更要确保稳定性和可靠性，以便为投资者和企业家提供长期可靠的信号，从而鼓励投资、刺激增长、提升效率、促进创新。如第2章所述，这样我们就可以迎来一个创新发明的新热潮。

回顾经济发展史，历次技术革新的浪潮提供了很好的经验。有些国家，特别是东亚地区的国家，近几十年来取得了快速的转变。通常，在战争爆发和战后的恢复阶段，都会出现大规模经济变革，甚至在某些新领域会出现根本性的快速变革，如信息技术。在这些领域中引发结构性变化的政策为低碳经济转型的政策提供了必要的经验。本书第二部分利用一些政策分析工具，探讨如何制定合理的政策以促进应对气候变化所需的快速转型。第3章分析了制定结构性动态变革政策所涉及的基本经济原则和视角。3.1节介绍了公共经济学中市场失灵的相关教训、经济史的视角，以及熊彼特关于技术、创新和增长的思路。本节梳理了诸多领域中的相关市场失灵，分析如何更合理地制定基于市场的政策，以促进必要的创业和投资，同时总结了经济史中关于创新、增长和技术变革的经验教训。这些分析考虑到了减缓、适应与发展之间的密切关系，并兼顾了低碳经济转型中政府和企业的不同角色。民营资本将是低碳经济转型的主要驱动力——包括民营的小型农场、中小型企业及大型公司。而民营资本的信心一定是源于政府所创造的政策环境，包括稳定、可靠的政策所形成的良好投资环境（3.2节的内容），以及一系列鼓励低碳转型的定价和监管政策（3.3节的内容）。3.4节～3.8节探讨了低碳转型的关键环节（培育价格适宜、使用安全的能源体系）中政策所将发挥的重要作用，继而分析了公众的认知，讨论了持续开发新能源及非常规化石燃料的风险，以及如何挖掘大规模的减排潜力。

如果认识到所面临的挑战的规模，结合适当的广度和深度，现代公共经济学对于我们认识问题和分析政策制定可以发挥重要的作用。然而，如第4章所述，气候变化问题所涉及的范围非常广泛和深入，多数文献在气候变化经济学建模上有所缺失。这些模型过于狭隘，忽略了动态变革所涉及的很多关键问题，而且关于气候变化潜在危害、增长过程、转型成本等参数的错误假设，也导致了不必采取大规模行动的错误结论。强行用简单、错误的方式分析深入、动态的问题，必然会产生误导性的错误结论。

第5章和第6章主要从伦理角度进行分析。气候变化所涉及的问题涵盖了短期、中期、长期，乃至更长远的问题。从不同的时间点出发来评价结果，关于决策的结论也会截然不同。我认为，我们只有确保公开、可靠、诚实的决策过程，才能更好地反映所涉及的伦理问题。第5章重点讨论了贴现问题，尤其是从不同的时间段出发所产生的不同贴现思路，并涉及基本的福利经济学、资本理论以及市场失灵等概念。从本章的分析可以看出，仅从市场角度出发而忽略道德价值，会得出非常谬误的结论。

第6章突破了多数经济学家所采用的标准福利经济学的局限，延伸到更为广泛的道德视角。标准经济学方法确实有效、实用，但还应结合整体的道德哲学进行考量。后者在某些方面比标准福利经济学的方法更深入，涵盖了权利、正义、自由、品德等概念。整体而言，第5章和第6章探讨了代际分配和跨时代公平性等根本性问题。

3.1　动态转型的政策

3.1.1　经济史中的经验和教训

我们在第2章中论述过，要实现转型，需要各个部门、各个地区全面开展低碳行动和投资，其规模和速度相当于新一轮的能源–产业革命。历史上，多数经济大转型都是技术变革推动的。经济历史学家克里斯·弗里曼把大型变革总结为5次变革潮（如图2–1所示）。他在20世纪六七十年代的著作，如《产业创新的经济学》中，重新引入约瑟夫·熊彼特和尼古拉·康德拉季耶夫关于经济转型所需条件的观点。[1]理查德·纳尔逊及其他几位学者重新构建了有关创新研究的体系，提出了通用技术的概念，即可以在各经济领域中被广泛应用的技术，如煤、电、互联网相关技术。这一概念已经广泛地出现在近现代的文献中。

然而，仅仅靠技术本身并不能实现转型。其他经济、哲学、政治因素也很重要，有人甚至认为，从逻辑上说，这些应该是重要的先决条件。分析英国18世纪工业革命等几次转型，相关因素包括启蒙运动后劳动力相对价格的提高，社会、科学、哲学、文化和制度的发展，合作与竞争的同时增加等。[2]这些因素可能构成适宜的环境和激励机制，促进新技术的发明和推广，形成推动转型前进的力量。在这些观点中，政策并没有发挥核心作用。然而，转型的成功发生，至少证明公共政策和制度没有阻碍其发展。关于这期间的政策，有多少政策是“有意培养或创造有利环境”，是一个很有趣的研究课题。[3]

我认为，本次转型有可能与过去的技术变革浪潮有着重要的相似之处，但同时也有着显著的差别。首先，在这次转型中，利用政策来纠正市场失灵成为关键性因素。其次，有些行动的收益巨大，却不是行动者可以立即看见的。许多低碳技术所获得的利益，在很大程度上将属于行动者以外的人群——例如，行动会降低气候风险、提高能源安全、增加效率、减少污染、改善空气质量、提升生物多样性和生态系统环境等。[4]正因如此，相对于历史上的转型浪潮，低碳转型更需要通过制定合理的政策来推动，这一点至关重要。

这里涉及几个重要的市场失灵，它们将导致市场不能给出有效的信号。本次转型的主要驱动力将来自民营资本，但只有通过合理的公共政策，创造良好的投资环境，民营资本才能达到必要的投资规模和速度，以发挥发现市场和资源分配的功能，从而推动低碳转型的开展。

非能源领域的转型研究也可以为政策制定提供宝贵的经验教训。我曾亲眼看到过印度20世纪六七十年代的绿色革命，这次变革在很大程度上是由公共研发所推动的。[5]亨德森和纽厄尔最近研究了几个非能源行业的创新与变革，包括农业、化工、生命科学、计算机、半导体和因特网。[6]这些行业的创新和转型有时出现非常迅速的变化，例如，在1992—2002年间，同等计算能力的个人计算机价格下降了35%左右。这项研究比较了不同领域所发生变革的共同因素。首先，需要拥有足够的资金支持并精心管理的研发项目，包括政府和私营部门合作的研发项目。推广也很重要。例如，在20世纪六七十年代的农业推广计划中，示范和推广发挥了重要的作用。其次，历次转型中都出现需求的快速增长，这种增长有时需要政策的支持。最后，需要有强有力的政策促进激烈的竞争，包括新企业的进入政策和技术的扩散政策。

此外，鉴于低碳转型的“公共物品”性质，除了私营部门，还可以从历史上公用事业的“社会变革”中借鉴经验。例如，在伦敦提供清洁供水和污水处理基础设施建设的案例中，就积累了一些关于政策制定的经验。[7]通常，在这些案例中，认识到现实问题的严峻性是一个至关重要的因素。我经历过20世纪50年代的伦敦雾霾污染，当时污染造成数以千计的死亡人数，能见度有时降低到几米。严酷的事实促使政府制定严格的监管政策，禁止使用未经处理的煤炭，最后快速取得了显著的成效。

历史上几次变革的性质涉及很大的不确定性，都出现过一段充满活力和相对快速的变化期，出现过创造性破坏（借用熊彼特的语言），即大规模打破之前的做事办法，最终被新的秩序所取代。低碳过渡可能具有许多相似的特点——我们很可能会看到现有的工业模式或者迅速衰退，或者努力投资和创新，在竞争中求发展；我们很可能还会看到新兴产业迅速崛起。而那些在经济活动中可能会出现损失或错位的利益集团则会强烈地抵抗。此时，政策则成为一项重要的工具，管理混乱的局面，支持现有产业的变革，并监管新兴产业的发展以保持稳定，防止出现泡沫。

3.1.2　经济理论的教训

外部性和市场失灵

简单回顾经济史，我们发现要管理好如此大规模、高速度的变革，需要对公共政策进行动态分析。

大部分公共经济学研究一直专注于“静态比较”，[8]致力于分析现有结构和结果存在哪些问题，继而探讨什么样的政策能够产生更好的结构和结果。这确实是很必要的分析方法，但同时我们还必须重点研究改革的速度。现有公共经济学需要有所拓展才能更加动态化。不过，许多现有理论还是非常有用的，特别是市场失灵的相关分析，提供了重要的基础。

实行快速的低碳转型的必要性，源于温室气体过度排放这个根本性问题。温室气体排放涉及“外部性”，即直接影响他人生产和消费的活动。如果没有政策进行纠正，就会出现市场失灵，即市场不能提供处理这些问题的有效激励。我们排放温室气体会对他人形成潜在损害，除非实施适当的政策，否则排放者并不承担排放造成的成本和损害。[9]换句话说，市场不再有效，市场形成的价格不能反映对社会和经济活动形成的真实成本，不能促使资源配置到最有效率的地方去。温室气体的外部性源于其以下几个特征：它的影响是全球范围的；其作用是长期存在的；其后果可能是巨大且不可逆转的；其因果关系科学链涉及显著的不确定性和风险；由于存量、流量特征，其排放产生的影响具有延迟性。如《斯特恩报告》所述——“气候变化是人类历史上最大的市场失灵”，[10]其影响可能是巨大的，而且我们都是这个原因和结果的一部分。

温室气体的外部性可以通过碳税、总量控制、碳排放权交易制度及管制政策进行纠正。根据不同的情况，还有可能需要三者结合起来同时实施。要想激发大规模的行动，政策力度必须足以纠正温室气体的市场失灵，并系统研究其他类型的市场失灵。要想制定有效的政策，各方必须深入理解市场失灵并达成共识。我们常常听到一种观点——只要纠正温室气体的外部性，一切就会按照市场的进程顺利发展。纠正温室气体的外部性确实是制定政策的基本和必须的出发点，但如果认为只有这一点就足够了，则是不了解市场运作的原理和公共政策的基本原则。不纠正市场失灵会破坏市场，限制其推动变革的巨大潜力——不愿采取行动来纠正市场失灵，是反市场的态度与行为。然而，政府失灵（包括政策不合理、治理能力低下、贪污腐败、被既得利益绑架等）也可能造成同样严重的问题。制定政策既需要审视公共政策和制度的弱点与不足，也需要意识到市场失灵的严重性。

纠正关键市场失灵的政策

不同的市场失灵需要不同的政策措施进行补救。如果设计得好，这些措施还可以相辅相成。在设计过程中，需要认真研究当地的情况、能力及现有制度。本文仅涵盖了一些简单的原则，在具体落实中，还需针对特殊情况认真开展理论与实践研究。

本书分析了6种市场失灵及相应的政策措施（其相关性和重要性比较明显），在简单介绍每种市场失灵的概念基础上，研究相关应对政策，其中包括：（1）温室气体——排放会伤害他人利益，因此具有负外部性；（2）研发和推广——创意、案例与研究属于公共领域的“商品”，可以传播扩散，也可以给他人提供指导；（3）风险/资本市场的不完美性——显然个人或公司不可能随时获得自己想要的借款和贷款，在给定的市场条件中，存在信息不对称、执行不完善、合作不完美等情况；（4）网络——跟外部性类似，但涉及具体的社区和技术结构，由于任何一个个体所面临的机会都取决于周边人的行为，所以这本质上是一个协调的问题；（5）信息——在快速变革中，很多人无法得知所有的可能性或全部正在发生的情况；（6）协同效益——除了参与者的市场回报，许多气候变化的相关行动都会产生协同效益，如总体能源安全性的改善、更清洁的空气、生态系统效益等。

➢温室气体：可以实施碳税、碳定价、总量控制与碳排放权交易制度来管制温室气体排放。

➢ 研发和推广：为民营行业的研发和推广提供税收优惠；通过上网电价促进推广；[11]对研发活动的直接公共投资以及公私合作模式。就研究而言，研发政策对于任何经济领域来说都是很重要的，尤其是考虑到气候变化所涉及的风险规模、拖延的危险，而且应用低碳技术产生减排本身就具有公益性，对于气候变化更是如此。目前全球能源研发投资约为20世纪70年代的1.5倍。[12]促进技术推广，则需要补贴和激励政策，特别是上网电价，对于降低可再生能源的技术成本和减少投资风险具有重要作用，尤其是从长期看。就推广量而言，在德国、意大利和西班牙，没有上网电价强有力的激励机制，就不会有太阳能光伏的成功推广及后续技术成本的降低（见第2章）。[13]

➢ 风险/资本市场的不完美性：通过提供担保或专项保险（如政治风险或出口担保）、提供股权、支持可再生能源（如通过上网电价或基于配额的市场机制）、支持碳价（如设置保底价）等方式建立风险分担或降低机制。在资本市场中，投资者在各种新情况（如新技术、新政策环境、新回报方式等）中进行投资，必然会面临固有的投资风险。利用上面的工具，可以将一些最重要的风险进行控制，至少在一定程度上降低这些风险。然而，资本市场的性质意味着不可能控制所有的风险。投资者和企业家将根据投资环境和低碳经济转型的机会，开发创新的商业模式，如资产所有权的创新（如租赁的屋顶太阳能）。[14]绿色投资银行是一个相对较新但又很重要的机构，特别是在气候变化领域，鉴于大部分投资的规模和长期性，这种机构尤其重要（详情参见3.1.5节）。一般而言，如果有国家级或世界级的开发银行参与投资，风险投资者将认为这样会降低政策和政府风险（具体分析见下文）。[15]

➢ 网络：无论是能源领域的电力、燃气、二氧化碳，还是交通领域的公共交通和电动汽车、自行车等零碳交通方式，抑或是电信（如宽带互联网）、回收再利用、社区节能改造方案等，网络和与网络相关的基础设施都是非常重要的。尤其是对于低碳经济转型而言，更是如此。这些网络能够高效建设与运营的前提条件是，国家和地方政府制定整体性政策框架，提高规划和协调性。例如，增加可再生能源发电上网，需要电网运营方式发生显著变化；扩大电动汽车的普及，需要充电基础设施的建设；建设快速公交系统，需要道路空间和路线的严格控制。

➢ 信息：推广汽车、家用电器、资本货物及产品的认证和信息透明度。未来在能源体系中，需求侧措施将会成为越来越重要的元素，而实施需求侧措施的前提是，拥有关于系统和设备的定价结构和特征的明确信息。

➢ 协同效益：赋予生态系统、生物多样性、能源安全经济价值，监管产生空气污染和水污染的活动，这样可以减少对资源的压力。通常，这些资源（如能源、水、土地）的定价都被严重扭曲，不能反映其真实成本。公共经济学的一项基本原则是制定政策来减少对低估值商品的需求，尽管这并不能取代更长期的措施——实施价格改革。

我们不应该把这些政策仅看作静态再分配或修正性措施。政策涉及变革和学习的动态过程。我们所面临的任务是激发并推进当前经济向低碳增长路径的转型和过渡，因此这些纠正市场失灵的干预措施也是为了让现有市场能够更好地发挥作用，更有效地分配投资并创造新的市场。正如我所强调的，不采取行动克服关键性市场失灵，本质上是“反市场”的。因此，那些一味强调创业和竞争、盲目反对环境和资源管理措施的人，其实并没有理解这种市场的基本逻辑。当然，有些政府和官僚机构确实会把一些政策行动弄得一团糟，这也是一种风险。但关于气候变化问题，其严重性如此之高，市场扭曲如此严重，不采取行动很可能带来更严重的扭曲，甚至对后代产生毁灭性的破坏。

本书并未详细论述与以上6种市场失灵相关的应对政策的细节，除了最后一段关于碳税和市场的简单探讨。关于这些市场失灵和相应政策的研究文献非常丰富，在此不再赘述。我们将重点关注4个往往被经济学家轻描淡写甚至完全忽略的问题：价值观、标准、机构、社区。经济发展史表明，这几个问题对于转型过程是至关重要的。

3.1.3 价值观的作用

制定合理的政策不仅仅是分析市场失灵、实施相关激励和提供相关信息，尽管这些很重要，但并不是全部。如何理解社会责任和个人责任等相应价值观也是至关重要的。全面思考气候变化的后果，有助于我们理解这些证据及其相应的价值观。对于“负责任行为”展开公开讨论，也有助于我们深入理解，甚至改变我们的观念。[16]这可能涉及树立我们自己的责任观，而不是在系统中博弈以获取最大的个人收益。人类并不是本科一年级经济学专业所假设的那样——兴趣狭隘、拥有充分的信息、时刻在算计、拥有明确的目标、无情地追逐着个人利益的最大化。

就政策展开公众推理和公开讨论，本身就是政策制定过程的一个环节，也是获取政策信息的一个途径。举例来说，设想一下这样的情景，如果我们认识到我们的行动会导致伤害甚至死亡，我们可能就会改变这些行为。如果我们对那些存在杀死一个孩子的风险的行为进行比较，如当下疯狂驾驶与当下拖延行动导致气候恶化相比较，这两者的效果是相同的，在道德上是同样不负责任的，而这种思维方式也许会改变我们的行为。酒驾行为的减少，不仅仅是因为实施了激励措施（惩罚和制裁）以处理外部性（危险），还因为当事人明白这种行为会给他人及自己带来风险，属于不负责任的行为。同样，如果意识到吸烟可能危及他人的健康，那么越来越多的人也会愿意改变吸烟习惯。涉及公众推理和行为标准的政策领域还包括酒类、药品、公共卫生、噪音、回收利用等。应对这些问题的公共政策不再局限于“胡萝卜和大棒”以及价格和成本机制，通过信息交流和公开讨论，还可以形成更多解决问题的政策。而关于温室气体和气候变化，信息交流和公开讨论对个人的责任观将产生深远的影响。经济学家往往过于忽略价值观和责任观的公共讨论，以及其在政策制定中所能发挥的作用。

3.1.4　标准的作用

无论是强制性的能效标准和排放标准，还是一系列的建筑标准，都可能在纠正几个相关市场失灵（如温室气体、学习与探索、金融风险、信息、协同效益）中发挥作用。精心设计的标准能够提供清晰、明确的信号，减少不确定性，增加投资信心，促进创新，推动规模化应用并逐渐降低成本。

制定严格的标准可以大规模发挥能效的节能潜力，尤其是新家电、照明设施、建筑装修改造的相关标准。例如，据估计，印度通过强有力的能效标准，可以在5年内杜绝停电，并增加50%左右的国内产值总值。[17]新车的排放标准（尤其在美国，如图3-1所示）可以通过较低的成本实现显著的改善。中国未来10年预期国内生产总值增长可能会翻一番，提高增量经济的效率非常重要，而标准往往可以发挥重要的作用。[18]制定标准必须考虑合理的时间尺度，尽管行业中通常过于强调或高估这些标准将带来如何昂贵的成本，以及需要如何漫长的时间才能实现。[19]

3.1.5 动态变革中机构的作用

众所周知，风险和资本市场具有重要的缺陷，虽然这一点很难被深入理解。在这种情况下，为什么公共机构的参与非常必要？为什么需要“绿色投资银行”或类似的机构？

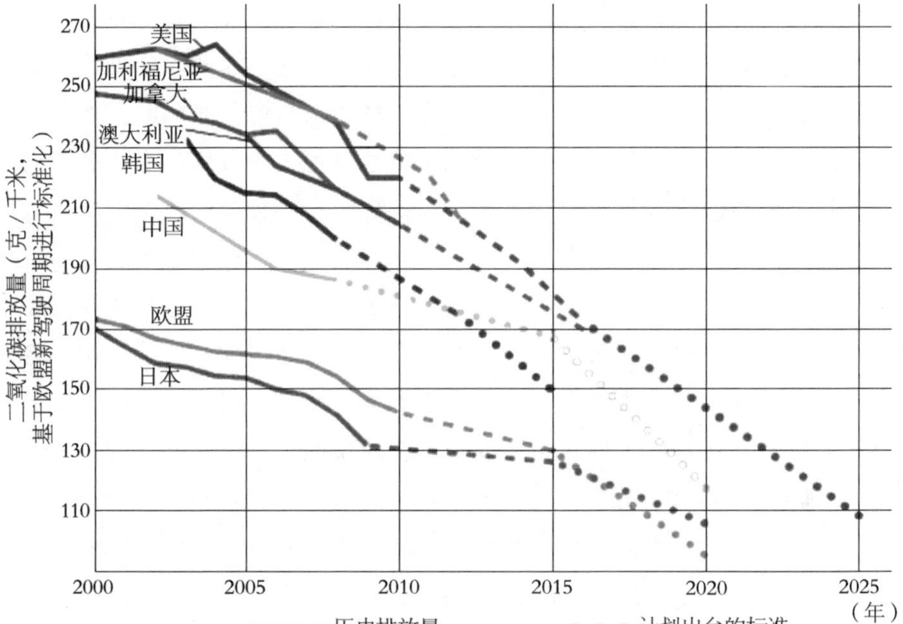

图3-1 部分国家或地区历史碳排放量、现有标准及计划出台的新标准

数据来源：Climate Works（2011B）。

绿色投资银行与现有的私营金融机构在以下5个方面具有关键性差异。总体而言，这些差异也是国家或国际开发银行与私营金融机构的不同。（1）绿色投资银行的参与降低了政策风险（涉及重大的低碳基础设施项目，如果有公有投资银行的长期参与，则政府不太可能朝令夕改）。（2）绿色投资银行可以重点参与重要的新型低碳基础设施项目。（3）绿色投资银行的资本来源和所有制结构决定它能够具有更广阔的投资视野。（4）绿色投资银行有能力提供更广泛的降低和分担风险的产品，包括贷款、政治风险担保、资本金等，并且获得更为优惠的条件。（5）绿色投资银行具有特殊的号召力和更强大的网络，可以聚集不同的联盟和资金来源。同与绿色投资银行竞争相比，私有金融机构可能更愿意和它们合作。

这些机构不应该被视为补贴——它们是经过特意设计并形成的有创意的新机构，可以克服市场失灵，特别是关于风险和信息的市场失灵。这样的机构可以提供透明度和信任感，从而带动4～5倍乃至更多的私营部门投资。[20]

英国绿色投资银行已确定了优先投资领域，包括海上风力发电、商业及工业垃圾处理/回收利用、焚烧发电、商业及工业能效，以及支持“绿色新政”（一个推进建筑节能的项目）。不过，优先投资不应导致僵化投资——毕竟这是一个创新与变革的时代。作为一个好的投资银行，它必须能够识别和把握好的投资机遇——发挥一个新型创新银行的重要作用，为行业树立典范，展示哪些行得通、哪些行不通，这对推动低碳经济转型是至关重要的。

动态变革时期的政策可以充分借鉴欧洲复兴开发银行的成功经验。该银行的使命是促进欧洲中东部国家和苏联成员国向开放的市场经济过渡转型（目前欧洲复兴开发银行地区业务已扩大到土耳其和北非的部分地区）。我有幸于1994—1999年出任欧洲复兴开发银行的首席经济学家，有机会密切参与了其主要战略和经营方针的设计和实施。在这一过程中，我直接应用了上述5大优势以促进投资和推动转型。

欧洲复兴开发银行的操作遵循3个原则：[21]（1）稳健的银行投资，即项目回报必须与风险相匹配；（2）额外性，即项目没有该银行参与就不能被商业化运作;(3)推动转型,即所投资的项目能够推动市场化,有助于形成市场化的经济体制及行为模式,为未来市场经济的发展和转型奠定基础。而对于低碳或绿色投资银行来说,最后一条原则可以变为"对低碳转型产生积极的影响"。

有人可能会产生疑问——在没有补贴的情况下,第1条和第2条原则能够落实吗?在完美市场中,对于现有融资机构不愿参与的项目,一个新的机构如何能确保投资能够盈利呢?我们都知道,资本市场是远远不够完美的,尤其是在长期投资和风险方面,而新机构具有特殊的特征,这意味着同时实现"稳健的银行投资"和"额外性"并不是空想。这点对于绿色投资银行特别重要。

总之,在温室气体的外部性、研发和推广、网络、资本和产权市场、信息、协同效益等方面制定良好的公共政策,确保其合理性和稳定性,同时结合得力的机构(特别是金融机构),可以促进和推动低碳转型。[22]多项研究发现,不同政策的组合(包括通用性政策和针对性政策)可以有效地促进创新、降低减排成本,比任何一项单独的政策都更有效果。[23]

总之,合理的政策+强有力的机构+负责任的治理+运营良好的基础设施=健康的投资环境。

3.1.6 社区、合作与网络的作用

在制定政策时,往往会低估社区的作用。只有社区的公众广泛参与,才能真正实现回收再利用。社区能够开展汽车共享计划,鼓励公众使用公共交通工具,并促进类似"绿色新政"等项目的实施。负责在社区安装节能措施和屋顶太阳能的管理者可以提供宝贵的经验教训,开展分享、交流和学习活动。社区的概念包括城镇、城市、州或者农村地区,社区合作可以自己设定节能减排目标,自己研究各项措施的可行性并开展实施工作。社区行动可以对国家级政策产生巨大的影响。

实施社区项目也是汇聚力量的好办法。例如,一个村庄通过合作,安装风电或太阳能光伏发电,实现本地电力的自给自足,并且共同分享收益。之后,其他村庄就会借鉴或复制它的模式。社区可再生能源项目可以

促进可再生能源的发展，克服发展中的障碍。如果没有社区的参与，设计再精良的政策也不太可能实现其全部潜力。在伦敦，布里克斯顿能源公司带动当地3个太阳能光伏建筑应用项目，总装机容量达134千瓦。该项目包括来自社区的投资者，收入的一部分也将回馈到社区中。[24]

通过与社区合作，实施创新的利益共享或补偿机制，当地基础设施项目可以通过建设性的方式克服种种障碍。这一经验适用于不同规模的基础设施项目，包括发电设施和电网设施。这类项目往往面临巨大的地方压力。例如，在法国，核电和机场项目通过利益分享或补偿机制，[25]获得当地居民的支持——这些居民获得的利益远远高于英国依法补偿的额度。德国为了推进全国各地新建输电线路，允许社区合作社作为带头人，持有项目大部分股权并获得大部分利润。

3.2 政策的不确定性和可信度

如果政策和体制缺乏可信度，具有很大的不确定性，则投资和创新推广都会受到重大的影响。这对于所有的投资项目来说都是如此，而对于转型期的项目来说，更为明显——因为这些项目需要长远的眼光，避免锁定效应。不确定性可能源于政府的政策，也可能源于政府机构和体制结构，包括政治制度、政府及官僚机构的作风、法院的行为等。

很多研究人员都得出这一明智的结论："不会反复变更的稳定规则是确保投资回报风险可控、促进民营资本流向低碳投资的必要条件"，[26]而且"政府必须让企业相信，企业开始投资后，政府不会对所做的承诺失信。可靠的碳政策......可以解决时间不一致性的问题，并针对兑现承诺提供......一定程度上的安全保障"。[27]或从私人投资者的角度而言："投资者将越来越关注政策监管的风险，如果哪个国家能够实施透明、长期、全面、稳定一致（transparent, long-lived, comprehensive and consistent, TLC）的政策，这个国家将吸引全球资本流入。"[28]我在担任欧洲复兴开发银行（1994—1999年）和世界银行（2000—2003年）首席经济学家时，特别强调了投资环境对于投资数量及质量的重要意义，[29]而投资环境最重要的因素之一就是政策的可靠性和一致性。

最近欧洲各国太阳能上网电价补贴政策的波动导致很多行业的不稳定。游戏规则的意外改变可能对政府未来政策的公信力产生严重的影响，甚至导致投资者信心的永久性丧失。太阳能上网电价政策是鼓励行业大规模发展和成本降低的重要因素，尤其是德国。降低成本确实是调整上网电价的合理理由，但重要的是，调整的规则应该明确、可预测，这样才能把因政策骤变而导致的投资不确定性降到最低限度。[30]

政策骤变并不仅仅发生在可再生能源领域。2014年，英国政府预算将碳价固定在2016年的保底价并持续几年，[31]理由是“为了保护消费者利益，避免能源账单迅速上涨”。保底价原本是为了减少低碳项目投资的不确定性，而在欧盟排放交易体系的价格之上附加一部分额外价——每吨二氧化碳从16英镑（约合25美元）增加到2020年的30英镑（约合48美元），再到2030年的70英镑（约合110美元），而现在政策大转弯，至少到2019年或2020年碳价将固定在18英镑（约合29美元）。这将导致政府收入受损，其碳政策的严肃性也受到严重的质疑，未来的碳价也变成高度不确定的信号。

政策稳定并不意味着不能修改或变动价格，但修改的理由和规则应该明确、合理、可预期。目前，英国政府政策和宏观经济的不确定性，已经导致风险上升、融资成本升高，阻碍了整体的投资积极性，这在低碳电力等行业尤其明显。如果政策大转弯，很难实现低碳经济转型所需的大规模投资。反之，长期稳定可靠的政策信号则能够撬动金融资本大规模投资可再生能源、智能电网、智能社区、能源效率、低碳汽车等领域。

鉴于每届政府可能只有几年，我们应该思考多久的承诺可以称为“稳定”。答案之一是制度性稳定。[32]虽然肯定不可能达到百分之百的确定性，一些制度性和法律性的方法可以有效减少不确定性。例如，英国气候变化委员会以立法的形式设定了15年的脱碳目标，其效力可以持续40年。“澳洲基础设施”设定了一个联邦政府与州政府共同参与的长期性战略架构。现在，多数国家倾向于通过以规则和证据为准则的独立中央银行制定货币政策，而不是让财政部自由裁量，这种趋势的逻辑也是以规则和制度为基础。[33]

3.3　设置碳税

当前，控制温室气体排放主要实施的3种政策工具包括碳税、管制和可交易配额（总量控制与排放权交易制度）。这3种工具各有优势和不足，如何进行选择，需要具体问题具体分析，必要时还可以组合实施。最关键的出发点是，碳价应该与所需的减排力度相匹配，即能够实现温升不超过2℃的目标。关于制定低碳政策的研究非常丰富，本书仅讨论其中几个问题。在一个确定性的世界中，可以确定碳税或排放配额，由市场决定最终价格，达到"均衡状态的最佳配置"。但是，现实世界是不确定的，价格具有不确定性，排放量也具有不确定性。

碳税、碳交易及混合方案

碳税是通过对温室气体排放征收固定的价格，从而激励实施减排措施，直到减排的边际成本等于碳税的税收价格。它的优势是能够提供一定的价格确定性，这是经济主体很看重的。然而，现实世界中，很难以简单经济理论中的边际成本规则来设置能够保证实现减排目标的税收。原则上，我们必须估计温室气体排放的边际社会成本（marginal social cost，MSC）——即整个社会再排放1单位温室气体的边际成本，以及边际减排成本（marginal abatement cost，MAC）——即整个社会再减排1单位温室气体的边际成本。基本的经济理论认为，碳价应设在单位温室气体的边际社会成本等于边际减排成本的水平，这样单位排放成本正好抵销相应的单位减排成本。

然而，这样做面临着很多问题。估算边际减排成本需要预测未来技术及其发展程度，这是非常困难的。一方面，技术创新的步伐是无法预测的；另一方面，创新的步伐也将取决于政策的设计和可靠度，因为政策影响投资。此外，各国政府还得能够获得充分的经济信息，这样才能设定理想值。[34]

边际社会成本的估算更为困难。我们必须认识到，二氧化碳的排放会在未来很长的一段时间里增加温室气体的浓度。因此，社会边际成本将取决于以下几方面的因素：（1）对于未来经济增长和排放路径的假设。这两者都具有高度的内生性，在很大程度上会受当前和未来政策的影响，不能被视为当前政策的“外部”输入值；（2）代内和跨代分配值；（3）对于风险和不确定性的性质与规模的假设和应对态度。因此，如果建立各种具有一定合理性的假设，分别代表不同的可能的行为和场景，则最终得出的边际社会成本的数值范围也会非常大，不具有实质性的指导意义。最重要的是，关于气候变化问题，我们的选择并不是一个“边际”的问题。在非常不同的方向之间进行选择，其结果也会大为不同——导致增长或下降等截然不同的路径。

一种方法是，猜测要想达到温升控制在2℃的目标减排量，有哪些相关的边际技术。例如，如果20年后碳捕存（碳捕集与封存）比较可能成为常用技术，那么就应该设定足够高的碳税以支持这种技术的发展。

另一种办法是，设定基于数量的配额方案，这种方式的主要优点是能够严格控制排放总量。[35]既然问题确实是排放量和浓度引起的，提高排放总量的确定性对于控制结果而言，理论上是具有优势的。随后，价格就可以确定了——根据排放量分布规则，为参与计划的企业分配固定的配额（通常1个配额表示具有1吨二氧化碳当量的温室气体排放权）。这些配额或排放许可被拿到市场上交易，由供需决定其价格。[36]可交易配额与碳税一样，能够激励排放主体减少排放量，直至边际减排成本等于配额的价格。如果企业超额排放，就必须以市场价格购买相当于其额外排放量的配额。

欧盟排放交易系统在实施过程中发现了这种机制的一些潜在问题。最根本性的问题是配额滥发，企业夸大自己的现有排放量以便在首轮分配中获得更多的排放权，而当2000年出现严重的经济衰退后，企业不愿向下调整配额。可以想象，排放许可证供应量太大，与需求降低产生错位，导致价格大幅下降。应对这种情况并控制不确定性的一个办法是设置保底碳价，使碳价既能反应需求与供给的情况，也不会跌破提前设定的最低值。[37]这样，政策可以在总量控制与交易机制的灵活性框架内，发挥类似碳税的作用，同时交易者的收入也可能会更多、更可预测。[38]

塔斯奇尼（Taschini）等人的研究探讨了另一种办法——通过几种不同的设计和配额管理方式减少价格的波动性。[39]他们认为，经济形势和技术进步都会引起供需的变化，要想使欧盟排放交易系统能够应对未来非预期的极端波动，价格杠杆是最简单、透明的机制。这种机制的最终目标是应对严重的供过于求和供不应求，减轻其影响，而不是试图找出供求最佳水平进行微观市场调控。简而言之，清晰、简洁、透明是设计排放权交易系统的必要原则。[40]

澳大利亚的碳价试验具有指导意义。虽然其结构设计也是排放权交易，不过这个项目通过立法提供为期3年（2012年7月1日到2015年6月30日）的初期“固定价格”——每吨二氧化碳当量第1年23澳元，第2年24.15澳元，第3年25.40澳元，2015年7月1日项目将自动转换为完全浮动的价格（相当于排放权交易计划）。根据奥戈尔曼和卓左（O′Gorman and Jotzo）对电力部门的经济分析，这一机制在前2年的实施过程中，通过固定的碳价有效地实现了减排：[41]相比2年前，在全国电力市场中，电力需求下降3.8%，电力供应碳强度下降4.6%，电力综合排放量下降8.2%，预计2年中累积减排1 100万～1 700万吨二氧化碳当量。遗憾的是，2014年7月，该项目被随后上任的阿博特（Abbott）政府废除，因为新一届政府反对碳定价的理念，对气候变化问题表现得漠不关心。

管制

管制政策包括对某些类别的产品或基础设施设定排放标准或能效标准，或要求使用一定的污染控制技术。这是能够直接或间接减少温室气体排放的手段之一。通过设定标准，相关产品或基础设施为确保达到标准，需要发生额外的成本，因此标准相当于隐含的碳价。根据高度简化模型的分析结果，要实现所期望的环境结果，管制比市场手段成本更高，因为管制标准涉及的企业边际成本各不相同，在具有确定性的前提下，原则上如果减排边际成本较低的企业替边际成本较高的企业减排，通过这样的再分配机制可以降低整体减排量的总成本。然而，在一个不确定的现实世界中，标准管制具有一个重要的优势——它非常清晰、可预测，可以增加投资者的信心，从而快速实现减排或技术升级。对监管相关市场工具而言，其有效性和成本效益取决于一系列条件，包括未来成本和创新的不确定性、政府实施监管及操作复杂价格方案的能力、既得利益者及意识形态等政治因素，以及未来政策的可预测性。[42]当然，要比较监管调控和基于价格的市场化政策，仅仅使用基于确定性的高度简化模型是不够的，还需要进行更深层次的经济学分析。

当政治上很难实施市场化政策时，管制也是一个很有效的选择。例如，美国在支持总量控制与排放权交易的跨党派联盟失败，以及2009年众议院通过瓦克斯曼-马基法案（Waxman-Markey Bill）之后，奥巴马政府坚持实施的措施之一就是通过联邦环境保护署（EPA）（以下简称“环保署”）实施监管政策。借助监管污染物的《清洁空气法案》，在最高法院的支持下，政府利用其现有权力制定了一系列控制二氧化碳和其他温室气体排放的政策，包括环保署出台的轿车和轻型卡车的燃油经济性标准，并制定了现有和新建电厂的二氧化碳强度标准（更多内容参见第7章）。[43]

碳价、“泄漏”和边境调节措施

通过提高能效等措施，工业领域可以开发出较大的减排潜力。然而，有些人非常抵制变革，尤其是在那些强烈反对设置碳价的国家。有人担心，这种情况可能会导致碳污染工业转移到气候和环境政策比较宽松的国家，形成“碳泄漏”，导致“搭便车”，并影响钢铁和化工等碳密集型产业的竞争力。这一问题常常被夸大，但实际上几乎没有证据能证明工业企业因为碳排放政策的出台而离开现有地盘，转移到更“脏”的地方。事实上，一个工厂选择厂址有很多考虑因素，气候和环境政策只是其中之一。[44]

很多研究分析了政策对行业竞争力的影响，证据显示大多数工业没有受到影响。[45]虽然各国及地区设定价格的进程一直很缓慢，但全球大部分排放量已经受到某种机制的约束。投资者在决策中不仅会考虑一个国家现有的政策，还会分析未来一二十年的趋势。

随着减排政策的完善，如免费发放排放配额的政策随着时间的推移而发生变化，能源密集型行业和涉及贸易的行业将开始实施减排，即使之前这些行业认为减排成本太高、转型太难。很多有力的证据证明，创新的行业会快速实现技术革新和成本下降，而在创新大潮中落后的行业和国家可能最终发现高污染的产品已经被市场拒之门外。因此，转型需要调配资源支持那些因工艺变化而错位的企业，帮助它们向新业务领域过渡。

不过，这些关于碳泄漏的担忧仍然使一些人认为，应该对保持“高污染”并故意拖延行动的国家实施“边境调节措施”，要求能源密集型高碳产品或者生产过程中使用了高碳能源的产品在入境时支付额外的税收或购买排放配额，还可能涉及限制使用其他交易机制的补偿和津贴。[46]实施边境调节措施的威胁可能会促使拥有大型碳密集型产业的国家采取更有力的减排行动。这种观点在理论上具有充分的依据，即拒绝实施碳税或类似碳价的国家其实是在为高碳行业提供隐蔽的补贴。虽然边境调节措施也可能被用作贸易保护主义的借口和掩护，但其理论上的正确性是毋庸置疑的。在我看来，这两者都不应该成为低碳转型的障碍。

3.4　化石能源的技术进步及其对气候政策的影响

我们在第2章分析了一些低碳技术，有些技术发展很快，并且很有潜力。同时，化石能源领域也出现了技术进步。第二章还简单介绍了压裂技术进步导致美国天然气行业繁荣发展，并一定程度地降低了天然气趸售价格。不止天然气，其他化石能源也可能出现类似的技术升级和成本下降。例如，石油开采也可以采用水力压裂技术，使过去开采成本太高或技术太难的矿区能够经济开采；油砂提取石油技术也取得了进展。当然，中期价格是否真的会下跌将取决于需求情况和气候变化政策等因素。

在美国，水力压裂技术进步导致天然气价格下降，使行业出现从煤炭到天然气的转型，美国整体排放量也在下降。但是，至少在短期内，这种变化可能对全球总排放量的影响并不大。有证据表明，美国正在向欧洲低价出口其淘汰的煤炭，以取代欧洲的高价天然气。[47]此外，下文在讨论非常规天然气时会提到，页岩气在开采和使用的过程中泄漏率如果达到3%左右，其增加的排放就会抵销后期所产生的减排，而在一些实际案例中检测到的泄漏率则高于3%。

另一个隐患是，非常规能源（如非常规石油）开采过程本身能耗和水耗都高于传统的方法。“后碳时代计划（postcarbon initiative）”中一项关于非常规页岩和致密油的研究表明，常规石油开采通常耗费1单位的能源可以获得25单位的能源，而油砂只能获得3~5个单位的能源，具体视开采方法而定。[48]也有研究认为，后者的低能量回报率比起常规开采而言，其碳排放量更高。[49]致密油开采过程中，需要向油砂中注入蒸汽以降低油的黏度。加拿大油砂开采项目号称蒸汽是通过燃烧“泄漏的”天然气而产生的。[50]

探讨化石能源的技术进步必须谨记其开采和使用的局限，即所谓的“不可燃碳（unburnable carbon）”的问题。[51]技术进步导致化石能源的使用在一定程度上更高效、温室气体排放更少，但这种进步如果仅仅导致开采和使用量的增加，我们将有可能实现不了全球减排目标。人类需要在“减少开采”或“高效开采但大规模普及碳捕集与封存技术”之间作出抉择。按照目前的情况看，碳捕集与封存的推广速度并不是很快。

现有行业的革新是历次能源-工业革命的一个共同特点。例如，蒸汽机发明后，大型帆船技术也加快了其创新步伐，虽然最终帆船被历史所淘汰。在这场革命中，随着低碳技术的竞争加剧，传统能源工业也有可能出现创新，甚至会加快开采步伐，以应对未来更严格的减排政策。这种效应被称为“绿色悖论（Green Paradox）”，[52]并导致一些人主张以价格为基础的市场化政策不如以总量控制为基础的配额政策更有效。

结合大规模减排需求，化石能源行业的技术进步对政策有以下几方面的影响。

第一，如果化石能源价格降低，就意味着需要出台更高的碳价和更严格的监管政策才能确保实现足够的减排量。然而，如果碳税提高到足以使全球碳排放不超出预算的话，传统能源工业就有动机进一步加快目前的开采步伐，出现“绿色悖论”。因此，解决办法就是近期就迅速提高碳价。制定严格的配额和碳交易计划也会有益于实现减排。[53]化石能源如果要继续大量使用，配合大量碳捕集与封存技术在一定程度上可以成为其继续发展的理由。实施严格的碳交易制度对国家财政和公众收入也有好处，保底价和许可证拍卖可以带来收入的增加。

第二，化石能源技术进步还涉及不可燃碳的相关问题（如前所述，要想实现2℃的目标路径，从现在到2050年，化石能源（无碳捕捉和封存）只能使用其现有探明储量的30%左右，总计约2.8万亿吨二氧化碳，而更谨慎的建议则是只能使用20%）。[54]随着开采和探明储量的增加，未来这一比例还要进一步下降。这可能对储备估值具有严重的影响，特别是对煤炭和石油公司而言，目前有人正在研究具体会产生哪些影响，尤其对于拥有或控制这些资源的企业和政府而言。例如，汇丰银行根据“30%无碳捕集与封存的比例”，对欧洲主要上市能源公司做出“风险价值”评估，并发现挪威国家石油公司面临的“潜在不可燃油储量”风险最高。[55]

“碳追踪项目”也一直致力于提高公众对碳预算的认知，并评估其潜在投资影响和公司估值。这个机构2013年报告重点探讨碳预算将导致的资本浪费和资产搁浅风险。[56]正如我在本书前言中所提出的——“聪明的投资者可以看出，投资于完全或严重依赖化石能源开采的公司是一个非常冒险的决定。”[57]这类分析表明，投资界已经开始认识到2℃目标路径所隐含的排放限制和价值风险。化石能源开采成本的降低和开采量的增加，只能进一步减少剩余可用量的百分比。但目前，世界市场对化石能源的估值似乎假定气候政策将非常微弱、中期碳价接近于零。全球最大的上市石油天然气公司埃克森美孚显然就是这种态度。[58]该公司认为，虽然自己的资产估值确实与明智的气候政策相矛盾，但其寄希望于气候领域并不会出现明智的政策。如果事实证明这种判断是正确的，世界将陷入危险的气候变化之中。反之，如果事实证明这种判断是错误的（希望如此），那么公司资产估值将迅速改变。

第三，化石能源技术进步，同时减排约束不断提高，则涉及碳捕集与封存技术的发展和推广。在这种情况下，对碳捕集与封存的需求会显著增加，特别是在政府鼓励化石能源开采却并不实施充分的减排政策的情况下。[59]根据国际能源署对碳捕集与封存中期成本的假设，每吨二氧化碳减排成本为35～50美元（燃煤电厂）和53～66美元（燃气电厂）。[60]目前碳捕集与封存成本要高于这个水平，因此要想大规模推广碳捕集与封存技术，还需出台合适、可靠的碳价政策。另一个方法是强制要求行业（包括电力行业）实施碳捕集与封存，这样可能会导致碳捕集与封存成本迅速下降。国际能源署估计，2050年需要有3 000个大规模的碳捕集与封存运营项目，根据目前推广进度来看，实现的可能性很小。要想实现这个目标，需要出台更强大、更可靠的政策，无论是碳价、强制监管、增加研发资金投入，还是加强规划过程（很可能是多种政策的组合）。这样才能促进大规模的应用、创新、学习，促使碳捕集与封存成本降低。

第四，如果碳价偏低，或者鼓励低碳技术的政策缺乏可信度和清晰度，价格较低的化石能源有可能会取代目前成本较高的低碳能源。通过上网电价直接资助研发、纠正资本市场的失灵、鼓励低碳技术的推广，也面临一系列的难题。其中的一种解决方案是鼓励多种技术，利用多样性的优势，因为技术进步和成本降低的步伐是很难预测的。另一种方法是把重点放在设立高额碳价上，让市场决定低碳技术的发展。这当然也很重要，但我们已经看到，碳价可能是变化不定的，涉及市场失灵的也并不仅仅是排放问题。或者，也有必要加强监管，如设定可再生能源目标，这有利于市场向运行成本低、污染小、风险小的技术倾斜，相比碳捕集与封存技术，也会面临较少的反对意见。我认为这三种方法的组合是最佳解决方案，即结合多样化投资组合、提高碳价、加强监管三管齐下。不过实际实施中可能视政治和经济情况的不同，也会出现差异。

第五，鉴于化石能源行业的发展，更应该取消化石燃料补贴。这种补贴对经济产生严重的负面影响，包括鼓励过度消费、压抑民营资本、抢占财政资源导致更有价值的事项无法获得财政支持。[61]很多国家化石能源补贴是递减的，因此中产阶级和富裕阶层受益最多，而穷人很少受益。[62]减少化石能源补贴有很多好处，包括改善政府的财政状况。

全球化石燃料补贴总量很难测算，因为不同国家的补贴有着不同的复杂方式，包括税收优惠、退税方案、价格控制等。国际经济合作与发展组织（OECD）通过审查其成员国（主要是发达国家）关于化石燃料的预算转移和税务收支，估计2005—2011年间每年化石能源补贴总额可能在550亿~900亿美元。[63]国际能源署和国际货币基金组织通过价格差计算法，即计算单个国家国内成品油价和国际参考价的差异，研究化石能源的补贴额。[64]国际能源署估计，2010年全球化石燃料补贴约为4 120亿美元，2011年增长至5 230亿美元。[65]国际货币基金组织估计，2011年全球化石燃料补贴约为4 800亿美元。[66]国际货币基金组织的研究还进一步扩展了补贴的范围，纳入了能源消费的负外部性。例如，排放价格设定为每吨二氧化碳25美元（一个非常低的假定值），[67]并加入了道路拥堵、交通事故等成本，这导致发达国家的“补贴”更多。按照这种计算方法，化石燃料补贴估计为1.9万亿美元（相当于全球GDP的2.5%，政府总收入的8%）。这种计算方法理论上是站得住脚的——将免费供给对他人造成昂贵代价的东西称之为“补贴”也很合理。如果开始征收拥堵费，那么补贴值还要相应地增加。

就区域层面而言，欧盟最近估计，在1970—2007年间，其28个成员国每年化石燃料补贴约为100亿欧元（约125亿美元），2008—2012年间平均每年140亿欧元（约175亿美元）。[68]其在研究中也同样纳入了发电的外部成本，如自然资源消耗及气候变化的影响。2012年，这些外部成本达到200亿欧元（约250亿美元）。报告还指出，燃煤发电的间接/外部成本几乎相当于其直接发电成本。[69]

与此同时，支持低碳技术、推动创新和学习、撬动规模化投资可以发挥重要的作用，纠正公益性研发的市场失灵，解决资本市场的问题。例如，太阳能光伏的学习率（及成本降低速度）出现了大幅改进，主要就是因为太阳能光伏发电在德国、意大利和西班牙得到大规模发展，随后中国也出现更大程度的应用（详见第2章）。这种支持可以作为过渡性措施，同时也要实施碳价、拓展网络、建设供应链、开展技能培训。

全球对可再生能源技术的补贴远远低于对化石能源的补贴。根据国际能源署估计，可再生能源技术补贴2007年约为450亿美元，2011年约880亿美元，和2010年相比，同比增长24%。[70]在2011年的补贴总额中，有640亿美元被用于太阳能光伏、生物质能、风能（包括陆上和海上）、集中太阳能发电及其他发电技术，其余补贴被用于生物柴油和乙醇生产。[71]对于可再生能源的支持性质和力度，需要进行更深入的研究、更明智的决策。就目前研究结果来看，有足够的理由认为应该增加对可再生能源的支持。

如前所述，化石能源技术进步导致成本下降，有可能延长我们对化石燃料的依赖，因此更需要加紧政策调整以促进减排行动，制定有效的碳价或出台类似的政策组合。化石能源的发展，再次强烈地警示我们可燃碳资源限制和资源定价过高的问题，凸显了发展碳捕集与封存并推进其降低成本的需求，强调了应该支持可再生能源发展，还进一步证明了去除化石燃料补贴的必要性。

与此同时，我们应该认识到，技术进步推动了从煤炭向天然气的转换，这在短期内可以降低排放量，而美国在过去的10年里已经实现了减排。有些人把天然气称为从煤向低碳未来过渡的桥梁。天然气发展涉及许多重要的问题，下文将对其中一些问题进行分析和探讨。

3.5 非常规天然气

非常规天然气最近几年成为公众讨论的焦点。关于非常规化石能源(特别是涉及用“水力压裂法”开采的页岩气)，各方有着不同的观点，而这些观点也在不断变化。其中有两种截然不同的看法。

一方面，很多人认为非常规天然气对电力行业减排具有巨大的潜力作用，这种观点主要基于美国最近几年天然气的发展。在美国，天然气发电在总发电量中的比例从2005年的19%上升到2013年的27%，同期煤电的比例从约50%降到39%。[72]这对美国能源相关排放产生了重大影响——2005—2013年之间虽然与天然气相关的二氧化碳排放量增加了18%，但化石燃料排放总量却下降了约10%。[73]

但是，我们应该仔细分析这些变化的原因和影响。非常规天然气只是美国排放量下降的原因之一。在美国能源结构中，煤炭和天然气的比例有所变化，一是由于国内非常规天然气发展迅速，导致天然气价格下降；二是由于环境保护署制定了更为严格的燃煤排放标准，而电网中也有富裕的天然气发电容量。[74]同样，在此期间，美国排放量的下降很难说是由某个单一的因素引起的，很可能还包括经济衰退造成能源需求减少，煤炭价格较高，政府制定了更严格的交通及建筑排放标准等。此外，电力行业煤炭比例减少的原因可能不仅是天然气的增加，还包括可再生能源发电的增加。[75]美国在这段时间内可再生能源投资和发电一直保持高速增长，部分原因是29个州制定了可再生能源配额标准和可再生能源税收抵免。整体而言，美国的案例表明，在天然气和煤炭的相对价格产生变动时（在这种情况下，主要受非常规天然气技术进步的影响），辅以严格的监管政策，就可以引导行业实现快速转型，尽管基础设施具有很长的寿命和资金锁定效应。不过，天然气发展只是减排的诸多原因之一。

另一方面，许多人认为非常规天然气是一种很麻烦的能源。特别是，地方上人们越来越重视非常规天然气钻井对本地所产生的环境影响，包括施工失误引发的水污染、压裂液处理、气体迁移、甲烷泄漏、臭氧前体物排放、柴油烟雾，开采中其他有害污染物的排放，大量钻井引发的土地扰动和噪音污染，以及当地交通堵塞等问题。[76]此外，压裂用水量非常大，会加重某些地区的水资源短缺度，并引起水价错位。水要通过卡车运输，也可能增加交通堵塞和噪音污染。

有些政府官员、企业界人士及公共评论家认为，这些风险是可控的，因而支持非常规天然气的快速发展。也有人认为这些问题是不可逾越的障碍，同任何技术一样，对涉及的关键问题一定要慎重考虑。我们总结支持非常规天然气发展的理由主要有3个（侧重分析对低碳转型的潜在作用）：（1）非常规天然气发展能够降低天然气价格和能源成本；（2）煤转气是实现减排的重要因素；（3）非常规天然气能够迅速发展，作为向低碳能源过渡的桥梁。

1）“降低天然气价格和能源成本”

某种商品出现新的低成本生产，就会导致价格下降，但这并不意味着任何地方价格都会迅速下跌。天然气市场的结构及未来的供求关系具有很大的不确定性。有一种合理的假设——如果市场更加全球化，价格下降幅度就会改变。这导致未来价格预测面临较大的不确定性。[77]

例如，目前美国由于页岩气发展迅速，天然气价格很低，但随着国内需求的增加和天然气贸易的扩展，预计未来价格将上升（如图3-2所示），上升幅度不确定，其一定程度上取决于美国是否迅速重新进入全球市场。国际能源署认为，美国在2015年就可以实现液化天然气向亚洲出口。[78]每百万英制热量单位（mmbtu）价格约为14～16美元，远远高于目前美国国内的价格（2014年约3.50～4.50美元）。

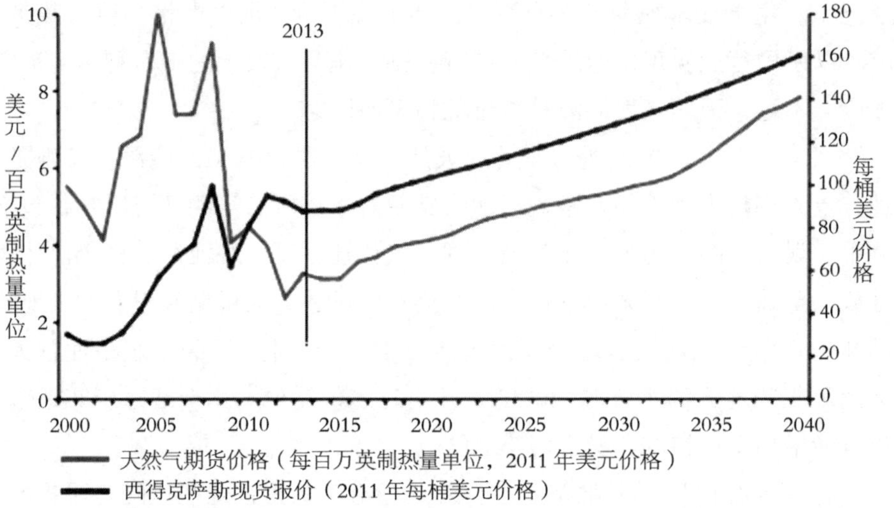

图3-2 美国石油和天然气历史价格及未来预测

数据来源：EIA（2013）。

在美国之外，天然气在国际市场上交易，价格也由国际市场形成。[79]除非生产商发现大量新资源并能进行大量的经济开采，单个国家（如英国）不太可能对国内价格产生巨大的影响，更不必说大幅压低国际市场价格了（全球煤炭和石油市场的价格也是如此）。急于新建天然气发电厂（像英国这样的国家）可能会导致基础设施锁定，未来几十年将面临高度不确定的国际天然气价格。

不同国家非常规天然气的开采成本也并不明晰。与石油开采一样，每个地区的边际开采成本都可能不尽相同，有的地区很高（如西欧），有的地区很低（如美国）。除边际开采成本外，还要考虑其他相关因素。不同区域具有不同的政治环境，因为对环境保护的重视程度不同，监管政策更严格的地方有可能开采成本和价格也会更高。

2）“煤转气是实现减排的重要因素”

我们通过一个示意性计算来分析全部煤转气（天然气取代全球所有的煤炭）每年可以减少多少二氧化碳排放量。2011年，与化石燃料燃烧有关的二氧化碳排放总量大约是310亿吨。[80]发电和供热每年的相关排放量是130亿吨，其中煤炭占95亿吨。每单位发电量天然气排放约为煤炭排放的50%（暂时忽略全生命周期排放，下文再对其具体讨论）。如果所有的煤换成天然气，我们每年可以实现约40亿~50亿吨的二氧化碳减排。对于2℃（50%的概率）目标路径，与全球能源有关的二氧化碳排放量需要从目前的每年约500亿吨降到2030年的350亿吨。[81]全部煤转气对2030年所需减排量的贡献约为1/3。[82]

而且上述计算不包括来自气体全生命周期的排放量——它取决于开采和管道运输过程中甲烷的泄漏量（即“无组织排放”），而泄漏量有可能会很高。[83]因为缺乏可靠的数据，关于泄漏率的估计各不相同。[84]根据常规天然气生命周期的经验，泄漏率一般占总产量的1.7%~6%，[85]比煤炭生产的甲烷泄漏率高出3.2~11.3倍。[86]估计非常规天然气的泄漏率比常规天然气高30%~50%（占生产总量的3.6%~7.9%）。关于这些泄漏率有很多讨论和研究。[87]如果甲烷泄漏率超过总产量的3%，其温室气体减排效益并不比煤炭更有优势。[88]因此，就温室气体排放量而言，煤转气的减排效益在很大程度上取决于控制泄漏的能力，以及是否能快速并网。

3）“向低碳能源过渡的桥梁”

分析天然气发电上网后形成的减排效益，以及天然气在低碳转型中的作用，我们还必须考虑时机和顺序的问题。在美国以外的地区，页岩气不太可能迅速并网。美国页岩气的繁荣是30年发展的结果，并且相对于欧洲而言，其发展障碍较少，包括地理、法律、经济、政治等方面。有些欧洲国家（如法国和德国）已禁止水力压裂，而且欧洲人口密度很高，很难在一个矿区耗尽后迅速移动到另一个矿区。而这种迅速转移恰恰是美国天然气开发的特征。[89]此外，鉴于大规模减排的迫切性，20年后并网的页岩气也很难发挥低碳转型的桥梁作用。要实现所需要的减排量，20年后我们应该使用比天然气更低碳的技术，或者应用碳捕集与封存技术。正如第1章和第2章所述，为避免气候变化陷入危险的境界，未来20年是采取大规模行动的关键时期。

因此，有许多理由质疑天然气是否能够在所需要的时间内产生所需要规模的减排效果，并且可以保证在低碳转型中其价格是最优的选择。

我们可以肯定的是，如果决定利用非常规天然气实现实质性的减排，则必须严格监管其对气候的影响（如上游泄漏）和对当地环境和社会的影响。考虑到这一点，国际能源署发布了一套“黄金法则”，以确保非常规天然气开发方式是“可接受的”。[90]“黄金法则”强调，必须有强有力的监管政策、对当地环境及社区的影响作出透明的报告、测量和监控、谨慎选址以避免甲烷泄漏。

最后，应该指出的是，在未来的二三十年里，常规天然气在能源结构中将发挥重要的作用，特别是作为可再生能源的调节电源。但过度依赖无碳捕集与封存的天然气很危险。无碳捕集与封存的天然气基础设施如果锁定几十年的话，未来将面临天然气价格和气候政策的不确定性。锁定天然气也可能会危及能源安全，尤其是对于依赖进口天然气的国家来说，进口源可能是政治不稳定或不友好的地区。面对各种不确定性，只有从不同地区、通过不同技术来获取能源，才能确保其多样性。多样性还包括风能和太阳能，就地缘政治而言，这些能源非常安全，燃料成本为零，而且很低碳。当然，多样性首先应该考虑需求侧管理和提高能效。如果管控良好，煤转常规天然气可能也是一个有价值的途径，但不可能是减排的主要渠道。如果它成为主要渠道，我们就面临着锁定效应及超出碳预算的风险。

3.6 能源之源：风险评价与公众支持

低碳转型需要多种技术的互相配合。我们很难预测未来的技术成本。不同的技术在能源系统中发挥着不同的作用，例如，核能主要提供基荷。

彻底淘汰某种技术，从长远来看，可能会提高转型成本，降低系统的稳定性。多种技术互相配合似乎是最明智的办法。不过，由于对风险理解的不同，公众对一些低碳技术的支持可能会改变。2011年福岛核电站事故转变了世界各地对核电的看法，随即导致部分国际能源政策出现重大调整。在意大利和德国，反对核能的声音更加强烈。德国决定立即关闭几个较老的核电厂，并承诺2022年彻底淘汰核电。“福岛事件”后仅仅几个月，意大利举行全民公投，94%以上的选民（投票率高达55%）支持出台禁令，不再新建核电厂。[91]

有证据表明，“福岛事件”等类似事件后公众态度的变化可能是暂时性的。[92]然而，无论是暂时的还是持久的，这种事件发生后如果政策立即调整，可能会产生意外的影响。德国禁核政策出台后，煤炭消费量正在增加。未来几年，随着关闭越来越多的核电厂，很可能煤炭将自动填补很大一部分缺口。按计划，2020年前德国将新建12个煤电厂。快速淘汰低碳发电厂（这里指核电）会产生重要的影响，例如，德国的二氧化碳排放量将会增加，并可能出现中长期锁定效应。[93]

我们必须谨慎评估各种技术的相关风险。能源领域的事故和伤亡数据是风险评估的指标之一。据统计，1969—2000年期间，煤炭行业事故导致20 300人死亡，石油行业事故导致20 200人死亡。[94]每年燃煤产生的空气污染导致的死亡人数可能高达数百万人。[95]至于水力发电，1975年中国板桥水库崩坝导致约3万人死于洪灾。相比之下，同期唯一严重的核泄漏——切尔诺贝利事故导致的直接死亡人数仅有35人。[96]

公众对低碳技术的态度也在发生变化。有迹象表明，表面上支持可再生能源的人越来越多。例如，2013年3月，英国能源与气候变化部的调查显示，英国支持利用可再生能源发电、供热及作为燃料的公众的比例一直有小幅的稳定增长，在之前的4次季度调查中，其比例高达79%～82%。[97]然而，我们不能把公众对可再生能源的支持视为理所当然。有些人依然反对可再生能源技术，特别是陆上风电。他们认为，风电项目对风景、野生动物、栖息地产生负面影响。[98]

与此同时，对于碳捕集与封存等认知较少的低碳技术，支持率仍比较低。虽然目前碳价水平决定碳捕集与封存的成本还不能商业化，但未来它可能是很重要的技术。根据2013年3月的能源和气候变化季度调研，英国知道碳捕集与封存的人从之前的36%上升到当时的41%，而知道的人中只有57%支持这项技术。[99]

总体而言，世界各地的公众似乎并不太了解不同技术的作用、风险、优势及不足。公众对技术以及相应的脱碳速度的选择是至关重要的。政府官员、高校学者、宗教领袖、民间组织和媒体都肩负着一个重要的责任——努力推动严肃的、基于科学的辩论，尤其是关于不同技术的风险以及气候变化的风险的辩论。

3.7 释放能效的潜力

能效是减排的最佳阵地——正如我们在第2章中所探讨的，国际能源署认为，要实现2050年温升不超过2℃的目标路径，能效有可能实现近40%的所需减排量。

不同国家在不同领域都可以实施能效项目，有些已经取得了明显的成绩。[100]关于能效的第一个问题是：如果能够通过相对容易、成本较低的措施实现节约，那为什么这种好事没有自行发生呢？现实中能效项目一直进展较慢，实施过程中面临很多困难，包括市场失灵等。[101]

有些评论家[102]基于文献综述和广泛的调查，梳理了能效项目所面临的壁垒，并将它们组合成三大类：经济壁垒、行为壁垒、组织壁垒。

经济壁垒包括能效项目成果的不均衡性（不能保证每个项目都具有成本效益，有时候很难估测未来节约量和投资回报率）、隐性成本（如管理时间投入和信息收集成本）、厌恶高风险的态度、过高的私有贴现率，以及一系列的市场失灵（不完善的市场信息、不对等的激励、逆向选择、委托代理关系）。

行为壁垒包括有限理性（即认知局限）、偏好眼前利益的短视本能、狭隘价值观、惰性、缺乏信任、处理信息能力较弱。这些因素综合起来，构成一个普遍现象——不愿意改变，不愿意作出决定，以避免

“麻烦”。

企业组织壁垒包括权责不对等（负责能效的人可能缺乏权力、资金和管理层支持），或者公司文化本来就是互相不合作的氛围。尽管如此，也出现了一些成功案例，如很多全球领先企业将环境与可持续理念成功地落实到其核心业务战略中。[103]地方政府在实施能效项目时也可能遇到组织壁垒，包括很难与周边业主协调以实现规模经济（如发动诸多建筑一起开展能效改造），或者很难获得必要的整体配合服务（如围护结构改造可能需要协调物业、金融机构、当地政府、技术咨询方、能源供应商等）。

这些壁垒产生的问题，大多可以通过监管调控、提供信息、经济激励等政策措施解决。[104]通常，多种政策配合才能有效。2011年，国际能源署推荐了25项能效政策，包括强制性建筑标准、照明标准、电器能效标准、燃油经济性标准、家电能效标识等。[105]2013年，在考虑了最容易解决的障碍、最有潜力迅速采取的行动和实践中已经取得一定成功的领域之后，国际能源署将之前的政策清单进一步浓缩成4大策略，包括：针对建筑新供热制冷系统出台最低能效标准，针对公路运输中新轻型车辆和货运卡车出台燃油经济性标准和标识，针对住宅和商业建筑出台电器和照明最低能效标准，针对工业电机系统出台更高能效标准。

私营企业可以通过创新途径来解决协调和规模的问题，节能企业提供专业服务，地方政府可以协助扩大规模经济，民营或绿色银行可以提供信息、协调和金融服务。绿色银行等金融机构还可以协助扩大融资规模。

鉴于能源效率的巨大潜力与目前缓慢的进展，我们应该高度重视推广能效措施的相关研究，给予其最高优先权。成功的示范项目将会起到关键作用，此外，深入理解各种壁垒也很重要。

3.8　非能源相关排放

土地利用变化、林业、农业和垃圾沼气等非能源相关排放大约占全球总排放量的30%（如图2-2所示）。因此，仅关注能源领域的减排是不够的，还需要针对这些排放源迅速采取减排行动。

如第2章所述，非能源相关排放领域有很多减排机会，如农业操作方式的改变。减少森林砍伐和恢复退化的森林是成本最低的减排途径之一。全球每年森林砍伐导致的二氧化碳排放量约为50亿~100亿吨，避免森林砍伐的减排量平均每吨成本不到20美元，这意味着每年市场潜在价值超过1 000亿美元。其中约1/4的减排量能以每吨5美元甚至更低的成本实现，堪称最经济的减排方案之一。

垃圾管理过程中也有减排机会。例如，将填埋厂和农场化粪池（通常用于存储动物粪便）的沼气进行收集，用于供热、发电或作为车辆燃料。减少天然气泄漏也有很重要的减排意义。据估计，美国天然气行业每年泄漏和通风损失气量价值超过20亿美元。[106]工业过程中也可以实现减排。英国在这方面做得格外好，特别是通过技术进步大幅降低已二酸（大多用于尼龙等生产）生产中产生的氧化亚氮的排放量。

相关政策和行动的案例本书在第2章第2.5节已经介绍过，这里不再重复。关键性政策包括推广新的农业耕作方法以提高生产力，建设控制水土侵蚀的公共设施，与当地社区合作共建参与式森林管理等。国际金融援助可以发挥重要的作用，如对森林保护和扩展支付碳补偿。纵观这些政策，我们必须认识到减缓、适应、发展和扶贫行动通常是互相交织在一起的，如本书第2章第2.8节所述。上述几个领域，无论对于发展还是对于应对气候变化，都具有极为重要的意义，我们此处仅作简单描述，但并不意味着这几个领域不重要；恰恰相反，它们可以说是最为重要的领域。

3.9 本章小结

如果以透明和稳定的方式制定合理的气候政策，增加投资者和企业家长期的信心，很可能会引发全球性的投资和创新热潮。这种低碳经济转型在许多方面构成新一轮的工业革命。应该制定怎样的经济政策以促进转型、引导未来几十年关键时期的发展，已经论述得很清楚了。不过，正如技术、组织和设计一样，政策也需要一个学习的过程。自2006年《斯特恩报告》发表以来，全球在政策科学性和合理性方面，已经积累了很多经验。

本章主要观点可以总结如下：

● 要理解在应对气候变化中政策的作用，熊彼特关于经济变革史的视角很有借鉴意义。从这个角度看，为确保全球有效应对气候变化从而加快能源-工业革命，并确保这场革命的成本和效益能够被公平共享，政策将发挥至关重要的作用。

● 政策的一个重要作用是使市场能更好地运作。就气候变化问题而言，政策需要识别与气候变化及其减缓相关的市场失灵。6个关键性市场失灵分别为：（1）温室气体的外部性；（2）研发推广等创意的公共性；（3）网络；（4）资本市场，尤其就长期而言；（5）技术不断变化的相关信息；（6）协同效益，如健康和生态系统。

● 具体的减排政策和机制应包括制定碳价组合（碳税和/或排放权交易）、出台法规标准、支持低碳技术研发推广的全过程创新、监管网络基础设施（公共交通系统、智能电网、电动汽车充电基础设施等）、利用能克服资本市场失灵并促进低碳投资的金融机构（如绿色投资银行）、实施电器能效标识等信息手段、监管地方环境卫生及健康，以及促进森林保护项目和农业、土地和水资源管理等。

● 驱动转型所需要的大部分资金将来自民营资本，但投资会受到政府风险的限制。投资者和参与者决定是否采取行动，取决于当地的政策、管理和机构形成的风险收益情况。政府引起的不确定性常常会导致投资和创新的停滞及失败，对于转型中的经济体尤其如此——因为投资者面临的各种新情况更为关键，包括新技术、新政策环境、新回报状况。风险和不确定性不可能完全被避免，但政府可以通过政策的制定和实施来减少不确定性，而且也应该这样做。政策和机制的合理设计确实能够降低风险、推动低碳转型。

● 化石能源行业出现技术进步也是必然的，这使得低碳经济转型面临更多的挑战。例如，促进油气储量的增加和消费会超出可以（无碳捕集与封存）使用的限制量。相对于燃煤发电，非常规天然气的发展可能有一定的减排作用，但对此态度不宜过于乐观，尚需谨慎研究。尤其是非常规天然气的减排作用有些先决条件——在很大程度上取决于对泄漏率的控制、对当地环境和社会的影响、当地社区的接受度，以及未来的天然气价格趋势。

政策需要实现的目标和需要解决的市场失灵具有多样性，因此，任何单项的政策都不可能实现所需的减排量。我们已经明白如何制定推动转型所需要的合理政策组合。尽管未来还有很多东西要学，但就目前的知识和经验而言，足以开始行动了。

注释

1 见Freeman(1974)。

2 见Allen(2009,2012),Mokyr(2009)。

3 见Fouquet和Pearson(2012)。

4 见Pearson和Foxon(2012)。

5 见Bliss和Stern(1982),Lanjouw和Stern(1998)。

6 见Henderson和Newell(2011)。

7 见Pearson和Foxon(2012)。

8 公共经济学包括最优增长政策理论(我的博士论文研究方向)。这些理论在20世纪六七十年代很流行,对于研究节省收益和投资也有一定益处,但是它们通常涉及技术变革与经济体制的固定结构。

9 外部性包括“正外部性”和“负外部性”。举个正外部性的例子——针对研发而言,研发者自身很难获得全部收益,研发的效益往往最后归于别人。这降低了投资研发的积极性,导致市场失灵。

10 见Stern(2007),第1章。

11 上网电价是向可再生能源发电商按固定价格(通常高于市场价格)支付电费的一种财务机制。价格水平通常取决于技术类型(不太成熟的技术一般价格较高),并且在某些情况下提供长达20年的固定合同(以提供长期投资保障)。可以享受优惠上网电价的发电量通常随着时间的推移而减少(以鼓励早期开发的项目)。上网电价政策的本质是通过提供优惠价格与稳定的收入来源,降低资本成本,鼓励新理念开发。

12 见GCEC(2014)。

13 最近,上网电价在德国、西班牙、意大利成为一个政治问题。由于光伏系统成本下降速度快于预期,德国最终重新设计了上网电价,根据系统成本降低了补贴额度。西班牙撤销了一些原有的政策激励,取消了原应支付给发电商的部分补贴。意大利则设置了补贴项目容量总量上限。详见REN21(2013)。

14 见Hobbs等(2013),该研究分析了近年来加州太阳能光伏租赁的迅速增长。

15 在我担任欧洲复兴开发银行首席经济学家期间(1994—1999年),很多次目睹了这种效应。

16 见John Stuart Mill的《协商民主》。在Stern、Dethier和Rogers(2005)研究的260~261页中也有简单的探讨。

17 见Climate Works(2011a)。

18 见Green和Stern(2014)。

19 见King(2008)。

20 例如,2013年澳大利亚的清洁能源融资公司带动了3倍的投资,即自己每投资1美元带动3美元的相应投资(见www.cleanenergyfinancecorp.com.au)。德国的政策性银行(德国复兴信贷银行)2010年投资建筑节能与改造,也带来投资额4~5倍的收入(见www. kfw.de)。

21 见欧洲复兴开发银行(2014)。

22 这里至关重要的是设计合理的一揽子政策,使各项政策之间相辅相成。设计不当、互不协调的政策组合可能会适得其反,例如Fankhauser、Hepburn和Park(2010)。

23 见Otto和Reilly(2008),Fischer(2008),Fischer和Newell(2008),Acemoglu、Akcigit和Kerr(2012),Acemoglu等(2012)。

24 包括投资节能措施。详见Brixton Energy网页:brixtonenergy.co.uk。

25 见伦敦政治经济学院增长委员会(2013)对这些想法的进一步探讨。

26 见Hepburn(2010)。

27 见Helm、Hepburn和Mash(2003)。

28 见德意志银行,《华尔街日报》(2009)。

29 见《欧洲复兴开发银行转型报告》(EBRD,1999),以及Stern、Dethier和Rogers(2005)。

30 上网电价相关介绍见上文注释第13条。

31 见皇家税务与海关(2014)。

32 另一种可能性选择是宪法。国家宪法通常是一个国家最权威、明确、长期的法律文书,立法和修订都需要经过繁重的流程。有些国家可能会考虑将长期气候变化目标列入宪法。2008年厄瓜多尔成为第一个将"自然权利"列入宪法的国家,之后多米尼加共和国与突尼斯也采取了相似行动。

33 2013年伦敦政治经济学院增长委员会对此阐述了一些观点。我是委员会成员之一。

34 麦肯锡公司(2009)研究推出了全球多个行业的边际平均成本曲线估计。但关于这些曲线也存在一些争论,包括关于气候政策对整个经济体反馈的假设是否合理,以及针对现实中能效提高潜力的工程分析的可靠性。公平地说,鉴于长期技术变化及创新的核心作用等因素,这一课题很难获得高度精确的结果。

35 如果"一切照常情景"的边际平均成本曲线长期来看斜率很大(事实证据表明如此),制定不合理的税率并长期实施会带来超额排放与大规模损失的风险(见Weitzman,1974)。因此,鉴于不确定性的性质,设定长期的定量目标无疑是更好的选择。但短期内设置配额,如果政府对配额规模判断有误的话,则会给企业带来过高的强加成本的风险,因为短期的边际平均成本曲线可能会比长期的曲线斜率更高(长期而言,企业可以通过资本存量与技术变化作出适应)。

36 这个可以参照边际社会成本估计范围,以检查价格是否在"合理"的范围内,假设我们对该范围有一定的信心(当然这个假设不易实现)。

37 见Gruell与Taschini(2011),该研究探讨了碳定价的混合方法。

38 有关政策选择的研究参见Vogt-Schilb和Hallegatte(2011)。他们表示,政策选择取决于目标是最终目标(如2050年)还是仅为中期目标(如2020年),尽管如此,从现在来看,两种情况下成本较高的选择可能都是最有效率的。

39 见Taschini、Kollenberg和Duffy(2013)。

40 在补贴供应中引入反馈机制将对欧盟排放交易体系产生影响。但其有效性取决于机制设计(如自动激活机制、目标尺度机制、激活触发机制等)。此外,该机制应在现有机制中运行,使用现有的或容易获得的数据。

41 见O´Gorman和Jotzo(2014)。

42 见IPCC(2013)。

43 关于2013年年底美国监管措施的讨论,见Bassi和Bowen(2014)的研究。关于美国环保署出台的关于电厂二氧化碳排放的详细信息,参见环保署网站http://www2.epa.gov/carbon-pollution-standards。

44 见Stern(2007)第11章,以及Bassi和Zenghelis(2014)。

45 例如Aldy和Pizer(2009)。

46 见联合国环境署(2009)。

47 美国锅炉用煤月出口量从2010年1月的约50万吨增加到2012年7月的近300万吨。同一时期，美国天然气趸售价（Henry Hub）从$6/million Btu左右下降到$3/million Btu。数据引自Chazan和Wiesmann（2013）。

48 见Hughes（2013）。

49 见Clevel和O'Connor（2011）的研究，包括Brandt（2009）提出非常规油生产液体燃料的温室气体排放量比常规石油高50%～75%。Brandt、Boak和Burnham（2010）就油页岩相关排放量也做了一个更详细的调查研究。

50 在某些情况下，企业可能会试图减少这种排放。例如，壳牌2012年9月宣布，在其加拿大Athabasca油砂项目中，每年将捕获超过100万吨二氧化碳并存储在深部咸水层中。

51 我们在第1章中谈到了将油气储量留在地下以满足碳预算的话题。

52 见Sinn（2008），Pearson和Foxon（2012）。

53 见Knopf等（2009）。

54 见碳追踪计划（2013）。

55 见汇丰/HSBC（2013）。

56 见碳追踪计划（2013）与www.carbontracker.org。油气巨头英国石油公司在其《2013年可持续发展报告》（BP，2014）中提出，虽然公司认同"烧尽所有已知化石燃料储量将导致全球温升超过2℃"，但是"可燃碳方法……过于简化了问题的复杂性，夸大了潜在财务影响"。

57 见碳追踪计划（2013）。

58 埃克森美孚公司在2014年3月的股东通信（ExxonMobil，2014）中表示："我们有信心使我们的全部油气储量在现在或者在将来都不会被'搁浅'。"此外，它认为2050年减排80%的方案是"高度不可能的"。

59 在许多排放情景中，CCS都被当作一项关键技术，例如国际能源署的情景（如第2章图2-3所示），如果CCS应用落后于预期，将需要在其他领域采取更大的减排行动。

60 见国际能源署（2009）。

61 见国际货币基金组织（2013）。

62 政治压力可以非常有效地确保化石燃料补贴的经济收益落入高收入群体的口袋。该补贴是一种低效利用公共资金的案例，这些资金原可能被用在更集中有效的领域中，比如教育和健康。

63 见OECD（2013）。

64 国际货币基金组织（2013）讨论了这种方法的局限性。

65 国际能源署（2012e）的样本量为37个国家。国际能源署指出，其样本代表全球补贴化石燃料消费的95%。在37个国家中，除了2个国家以外，其他的都不是OECD国家。

66 见国际货币基金组织（2013）。

67 例如Stern（2013）。

68 以2012年欧元价计算。详见欧盟委员会（2014b）。

69 见欧盟委员会（2014b）。

70 见国际能源署（2012）。

71 见国际能源署（2012）。

72 见美国能源信息署（2014c）。

73 见美国能源信息署（2014a）。

74 对全球温室气体排放的影响尚难判断，因为美国现在正将替换的煤炭出口到欧洲，取代了当地原有的价格较高但更清洁的天然气。而且对于美国天然气价格是否会如预期一样上涨,以及是否因而导致美国切换回煤电,也不清楚。在一定程度上,美国的排放量变化还取决于美国环保署规定淘汰老旧燃煤发电厂政策的实施效果。

75 根据美国能源信息署的数据,美国能源方面的二氧化碳排放量2005年为60亿吨,到2013年下降了600万吨。Broderick和Anderson(2012)研究了有多少减排量是受煤改气的影响,结论是虽然很难精确计算,但其他研究表明煤改气减排贡献率可能在30%~50%。这一话题一直存在很多争论。绿色和平组织能源小组(Greenpeace Energydesk)与碳排放要闻(Carbon Brief)的数据分析师也在积极开展研究,试图确定具体有哪些原因导致了美国二氧化碳排放量出现下降,详见http://www.greenpeace.org.uk/newsdesk/energy/data/data- what- accounts- huge- cut- us- coal- use-2007与http://www.carbonbrief.org/blog/2014/10/what-is-the-impact-on-the-us-emissions-of-switching-from-coal-to-gas/。

76 见Bassi等(2013),23~24页。

77 见Bassi等(2013)。

78 见国际能源署(2011a),57~68页。

79 在2014年5月,中国与俄罗斯达成30年天然气供应协议,价格为$10/mmBtu,据说协议价值超过4 000亿美元。

80 见国际能源署(2013)。

81 见国际能源署(201)。

82 仅为说明性计算,未考虑其他相关因素(如随着时间的推移电力需求发生变化)。世界能源需求不断增加,尤其是大型新兴经济体(如中国与印度)。

83 甲烷(CH4)是一种强烈的温室气体,甲烷100年周期的温室效应相当于二氧化碳的25倍。

84 见Bassi等(2013),Hirst、Khor和Buckle(2013)的研究中关于页岩气对气候变化产生的影响的进一步讨论,以及Clark等(2011)对于页岩气生命周期的分析。

85 见Howarth、Santoro和Ingraffea(2011)。

86 见Jenner和Lamadrid(2012)。

87 见Clark等(2011)。

88 见Howarth、Santoro和Ingraffea(2011)。

89 见联合研究中心(2012)。

90 见国际能源署(2012b)。

91 见意大利内政部(2011)。

92 例如益普索社会研究所/Ipsos Social Research Institute(2012)。

93 2011—2012年德国的温室气体排放量(初步估计)增加了1.6%(德国联邦环境部,2013),但仍低于1990年水平的25%。

94 见OECD(2010年)。该报告对事故的定义是导致5人以上直接死亡的事件。

95 见Hamilton(2014)。该研究发现,在2010年15个二氧化碳排放量最大的国家中,空气污染导致的健康损害及死亡率平均占GDP的4%以上。

96 事故延迟影响(包括间接死亡及持续伤害)也很重要,但很难衡量。OECD(2010)认为,我们应该尽可能地估算延迟影响人数,以便与化石燃料影响作出对比。它们得出的结论(尽管承认统计数据存在很大不确定性)是,化石燃料使用(如空气污染)导致的间接死亡人数远远超过核辐射事故间接导致的死亡人数。

97 见英国能源与气候变化部(2013a)。

98 见Bassi、Bowen和Fankhauser(2012)，以及Parkhill等(2013)。

99 见英国能源与气候变化部(2013a)。

100 见国际能源署(2013a，2013b)。

101 在欧盟实施2020—2030年能源与气候政策时，制定能效目标被推迟，将在完成现有《能源效率指令》彻底审查工作之后再进行。见欧盟委员会(2014a)。

102 见Sorrell等(2000)。

103 例如，2006年《从绿色到金色》一文提出，污染控制与自然资源管理的目的一直是提升商业优势(Esty和Winston，2006)。

104 见国际能源署(2013a)。

105 见国际能源署(2011e)。

106 见世界资源研究所(2013)。

[第4章]

某些经济分析是如何扭曲事实真相的

本书已经从科学和经济角度分别分析了气候变化的风险，论证了合理的政策能够兼顾经济增长、消除贫困和应对气候变化。这种组合可以带动新一轮经济发展和可持续繁荣。本书也分析了可以促进这种转型的政策。然而，大部分气候变化的经济研究却走向了错误的方向。因此，很有必要重新审视这些研究。我认为，在这些研究中，很大一部分都是基于错误的思路，得出误导读者的结论。本章的主要目的是分析这些研究通常采用的综合评估模型（Integrated Assessment Models），这种模型尝试将气候科学与气候变化的经济影响相结合。如果能明确地介绍其结合方式，这种结合是一种有意义的尝试，也在综合评估方面发挥了积极的作用。

然而，在我看来，这些模型关于政策的讨论却得出了误导读者的结论，其主要原因是它们假设的情景出现的可能性超出正常的范围，与事实偏离太远。遗憾的是，由于综合评估模型的广泛应用，其错误声音却成为主流，令人误以为即将成为事实或达成整体共识。这些模型应用中最根本的问题是假设了强劲的经济增长率，认为温度升高的影响并不严重，并且严重低估了风险的规模。这些都是基于主观的判断，而不是客观的证据。[1]因此，这些模型得出错误的结论——认为气候变化导致的损失相对较小，而未来的收入则会很高，使应对气候变化的紧迫性大大降低，似乎没有必要迅速采取大规模的应对措施。

这些模型中的有些问题是由于建模方式本身固有的缺陷，有些则是由于所作假设不合理。鉴于这类模型在气候变化经济学研究中占据主导地位，所以有必要更深入地分析模型的细节，以研究问题是如何产生的。在分析过程中，我们特别关注了气候变化经济学领域如何应用理论和构建模型。首先，4.1节讨论了与风险相关的基础科学。这部分内容是第1章研究的细化，尤其强调模型忽略了一些非常重要的风险，导致固有的保守主义。4.2节作为本章的重点，分析了多数经济模型是如何大大低估气候变化潜在损失和风险规模的。

本章在讨论模型时，不可避免地会涉及一些数学和公式。希望不喜欢数学的读者不会因此望而生畏。关于经济模型的偏差，重要的是其核心观点，而不是数学本身。因此，无须钻研数学，也能理解本章的主旨。

4.1　科学和科学建模：固有的保守主义

按照科学家的描述，人类活动引起的气候变化风险规模、人类行为的潜在后果，与官方科学模型告诉我们的可能性和风险规模之间，存在着重要的错位。本书中多次提到温升4℃或更高的情景，因为这种情景发生的概率并不低，在某些情况下达到50%以上。在地球的历史上，数千万年都没有出现过温升4℃的情况，这种情景一旦发生，其破坏性影响是非常巨大的。然而，有些综合评估模型把温升4℃仅作为“有少量的危害”，如果用到温升4℃的情景，读者不应该认为低于4℃的温升就是安全的；相反，在地球过去的300多万年里，还没有出现过温升3℃的情况，其后果可能极具破坏力。事实上，气候科学家们将温升2℃作为气候变化达到危险程度的临界值，不是没有道理的。

4.1.1　气候模型：“得到幸运之神眷顾的气候”[2]

气候模型通常对温度升高和海平面上升作泛泛描述，这样就忽略了很多的气候影响。尽管这些影响被公认为可能性非常大，但是很难作出精准的预测或被正式纳入数学建模。

当然，气候科学家们一直清楚他们的模型省略了很多可能具有深远意义的后果，许多人还专门讨论了这些遗漏的影响及其可能的后果。有时候，他们在讨论中提到“临界点”。[3]过去30多年来，随着气候模型的发展，有些已经全部或部分地被纳入气候建模中，但仍有很多被遗漏。

可以理解，在建模过程中，有些无法很好模拟的因素会被省略掉，这也是合理的现象。实际上，使用模型本身就是为了省略一些因素，以便重点研究留下的因素。问题是，应该留下哪些因素——应该是与最重要问题有关的核心因素。我们探讨省略的因素不是为了批评建模的人，但是省略的因素不应该被自动忽略。

气候模型通常省略的关键因素或影响包括：

◆永久冻土融化后会持续释放甲烷；

◆陆上极地冰盖的崩塌；

◆海底甲烷的释放；

◆生态系统和生物多样性的复杂交互作用。

有些气候模型中已经纳入，但风险规模可能被低估的关键因素包括：

◆海洋酸化和相关的连锁反应；

◆海洋温盐环流的崩溃；

◆亚马孙等热带森林的消失；

◆复杂动态系统可能会出现的混乱和不稳定性。

我们无法对这些气候模型所省略或淡化的风险规模作出确切的预测，但如果把这些因素结合起来，风险会远远超过现有气候模型的评估。如果说与这些因素有关的风险可以被忽略不计，则无异于掩耳盗铃。

此外，现有模型很少反映气候历史上的重要案例。例如，约5 000～9 000年前“绿色的”撒哈拉迅速荒漠化；10 000～12 000年前的冰河期，大西洋经向翻转环流（Atlantic meridional overturning circulation）发生崩溃。[4]

为了改善现有模型，目前也实施了各种各样的研究计划。例如，欧盟资助的项目EMBRACE，英国气象局哈德利中心关于甲烷排放和陆地冰原的建模工作，以及一系列关于极端事件的研究。专栏4-1介绍了一部分模型改进研究。

专栏4-1 旨在推动模型发展的研究项目案例[5]

欧盟资助的EMBRACE项目（工作包5）旨在“识别和评估可能会导致突然或不可逆转的气候变化的进程”。该工作包采用耦合模型比较项目第五期(CMIP5)的地球系统模型，包括英国气象办公室的HadGEM2-ES模型，以更好地模拟一些潜在的突变/不可逆转系统。这个模型并不模拟所有可能的阈值/临界点，不过纳入了海冰、大西洋经向翻转环流和热带森林系统，目前正在开展一系列的测试。该项目还在开发提前预警工具箱，通过分析突然变化前容易出现的变量变化来预测突然变化。

英国气象局哈德利中心的项目旨在开发单独的冻土层排放估算模块，然后将其添加回HadGEM2-ES模型中，用以分析连锁反应（关于冻土排放参见以下几项研究：Burke、Hartley和Jones，2012；Schneider von Deimling等，2012)。该项目与探讨其他连锁反应的COMBINE项目也有合作。关于海洋水合物突然释放甲烷的模拟，研究者已经利用HadGEM2-ES模型开展了一些初步的研究工作。HadGEM2-ES模型现在还可以分析湿地的甲烷排放量。

HadGEM2-ES模型不包括动态冰盖模块，因此，目前不能进行陆地冰盖阈值分析。目前，正在开发中的新地球系统模型UKESM1将包含这项分析。此外，UKESM1模型还将研究海洋环流（参见以下几项研究：Hawkins等，2011；Weaver等，2012）、热带森林（参见以下几项研究：Good等，2013； Murphy和Bowman，2012)，以及水文循环变化（参见以下几项研究：Good等，2012；Levine等，2013)。

极端事件研究也在取得进展，包括热带气旋跟踪、森林火险指数、非洲干旱新模型、ISI-MIP模型比较项目、(降尺度）区域建模，以及人为气溶胶排放对大西洋飓风频率的影响（关于极端事件的研究，参见Hansen、Sato和Ruedy，2012b；Rahmstorf和Coumou，2011；Dole等，2011)。

4.1.2 影响模型：更多的疏漏、过于强调历史证据、忽略了对生计和生命的影响

关于气候变化的影响的模型及其政策建议，出现了许多不同的问题。气候变化的影响模型以气候模式为基础，试图量化气候变化对生计和生命的影响。具体方法是，拓展影响的外延，从气温升高和海平面上升这样泛泛的内容，扩展到气候变化对地区的具体影响，如沙漠化、降雨模式、潜在农业产量等。多数主要模型的问题是，仅关注有跟踪数据的历史情况，而不关注未来气候变化对人类生计和生命可能产生的影响，而这恰恰是最重要的。影响生计和生命的最主要因素是水资源的变化，具体见下文中的清单。我们重点讨论温升4℃的情景，不过这些灾难性后果很可能在温升不到4℃的情况下就会出现。[6]专栏4-2列出了更为详细的说明和参考。

专栏4-2　影响生计和生命的因素

我们通过关注科学家的观点，来获得关于气候风险性质的一些线索。基于主流的科学文献，当全球平均温升达到或超过4℃时，我们可能要考虑以下几点：

◆欧洲大部分南部地区可能会出现干旱和沙漠化（Solomon et al.，2009）。撒哈拉沙漠可能会向南推进，严重影响到尼日利亚北部的居民，迫使他们南迁。墨西哥荒漠化可能性增加，迫使人群向北移动（IPCC，2012）。

◆喜马拉雅山的大部分冰雪会消失，改变周边河流径流的时间和规律，影响一二十亿人的生活。可能会出现水量迅速流失，引发大型洪水和大规模水土流失（Kaltenborn，Nellemann and Vistnes，2010；World Bank，2013a）。[7]

◆同样，安第斯山脉和落基山脉冰雪融化可能极大地改变南美和北美西部的供水情况（Kaser，Großhauser，and Marzeion，2010；Kaltenborn，Nellemann and Vistnes，2010），同时改变亚马孙河的径流。降水量更多以降雨而非下雪的形式发生，降低蓄水能力，增加洪水灾害。许多模型显示，这将严重影响全球数十亿人的供

水，并对农业和生态系统产生显著影响（Solomon et al., 2009）。

◆北印度季风可能发生彻底改变，严重影响到数亿人的农业生产。虽然有些模型可以模拟目前印度夏季季风的情况（Annamalai, Hamiltonand Sperber, 2007），但其模拟可能严重低估了未来潜在的变化（Valdes, 2011），这种变化可能会非常突然、非常剧烈。

◆气候剧烈变化可能会导致亚马孙森林消亡，释放大量二氧化碳，人口密集的圣保罗州可能会荒漠化（Kriegler et al., 2009; Cook and Vizy, 2008; Jones et al., 2009; Malhi et al., 2009; Huntingford et al., 2013; World Bank, 2012b）。

◆暴风雨和飓风等极端天气事件可能会更加强烈。热带气旋的能量来自海洋，温度升高使风力更强，风力可能会增加三级，引起大规模破坏（Emanuel, 1987; Knutson and Tuleya, 2004; IPCC, 2012; World Bank, 2012b and 2013a）。

◆海洋风暴可能导致大面积土地盐碱化，农业大量减产（Agrawala et al., 2003），低洼地区受灾将尤其严重。

◆热膨胀导致全球海平面缓慢上升，其后果非常严重。在约300万年前的上新世，气温比工业化前的水平上升了3℃左右，海平面升高约20米（Miller et al., 2012）。目前研究显示，21世纪末海平面上升可能会达到2米。如果这种情况发生，200多万人可能被迫迁徙（Nicholls et al., 2010），世界各地地势低洼的国家和沿海城市将深受影响。如果陆地冰滑入海洋，可能会加速海平面的上升速度，这种现象出现的概率越来越高，但尚未被列入正式的科学模型中（van der Veen, 2010）。

◆高温灾害可能大幅增加。湿球温度[8]超过35℃通常会引发死亡，因为这时人类的新陈代谢已经无法散热。湿球温度是指用湿细布包裹的温度计测得的温度（学名为“绝热饱和温度”，是指空气中水蒸气达到饱和时的空气温度）。它始终高于干球温度（除非在湿度100%的情况下），干球温度即为正常空气温度（某些地区经常高于35℃）。这两种温度差可以用于测量相对湿度。湿球温度高于35℃时，容易出现局部区域温升7℃的情况。如果升高11℃～12℃，这些区域将扩大到今天大部分人口居住的区域（Sherwood and Huber，2010）。这时，地球大多数地方几乎将无法居住，如果我们朝这个方向发展，很多地方将彻底无法居住。

➢ 荒漠化、干旱、缺水：欧洲南部大部分地区可能会变成现在撒哈拉沙漠的样子。喜马拉雅山、安第斯山脉和落基山脉的冰雪可能会消失，可能会深刻影响数十亿人的供水问题。

➢ 降水和气温规律改变：北印度季风可能发生彻底改变，严重影响数亿人的农业生产。强降雨和河道改变可能会引发严重的洪灾、土壤侵蚀、树木覆盖层受损。随着气温的上升，局部高温灾害发生频率可能会增加。

➢ 森林和生物多样性彻底崩溃：气候剧烈变化可能会导致亚马孙等热带雨林消失，同时释放大量的二氧化碳，产生连锁反应，重点区域面临着荒漠化。

➢ 极端天气事件：风暴、龙卷风等灾害更加激烈，风速更高，破坏性更大。

➢ 海洋风暴：可能会导致大量建筑和基础设施损毁，大面积土地盐碱化，对农业生产造成大规模破坏。

➢ 全球海平面上升：热膨胀导致海平面缓慢上升，其后果是极为可怕的，如土地永久性淹没。如果陆地冰滑入海洋，会加速海平面的上升速度。

影响模型纳入了其中一些因素（尽管可信度不尽相同），而剩余因素则被完全忽略。[9]就整体而言，我认为这些模型未能有效反映温升4℃（或者较低温升）情景可能会带来的风险规模。温升达到或超过4℃，可能意味着产生剧烈而广泛的危害，在许多情况下，大量居民被迫迁徙。很多建模问题的关键在于——灾害影响是局部的，但许多气候因素都需要从全球范围衡量，很难与局域性影响有效结合。许多区域模型（切记，它们是与全球结构密切相关的）面临种种限制，包括数据、建模能力、计算能力等。气候模型比较适合模拟大的空间规模和长期平均值，而不太擅长模拟局部或短期的极端情况。

科学模型严重低估风险规模，这意味着我们不仅需要新一代的模型，也需要更广阔更明智的视角，以便更好地使用我们现有的模型。

4.2　综合评估模型——严重低估风险

经济学家通过建模研究气候变化以提出政策建议的历史，可以追溯到20世纪90年代初。1991年，比尔·诺德豪斯（Bill Nordhaus）发表文章分析了温室效应的经济学，拉开了这一领域的序幕。[10]1992年，比尔·克莱因（Bill Cline）随即出版了《全球变暖的经济学》。综合评估模型逐渐成为学术界众所周知的工具，研究人员利用综合评估模型来突破成本效益分析和程序方法的局限，将气候变化科学与经济模型结合起来，并且获得了具有洞察力的研究结果。[11]

然而，由于构建的方式和蕴含的假设，模型的科学性也受到越来越多的质疑，这也是必然的。[12]经济学家罗伯特·平狄克（Robert Pindyck）认为，这些模型的研究成果没有什么用，并且“创造了一整套虚幻的和误导性的知识视角”。[13]蒂姆·林顿（Tim Lenden）和胡安·卡洛斯·西斯卡（Juan-Carlos Ciscar）系统地总结了模型的局限性，认为“自然科学家所理解的气候阈值和临界点，与经济学家综合评估模型所表示的气候灾害之间，存在着巨大的差异”。[14]弗兰克·阿克曼（Frank Ackerman）和伊丽莎白·斯坦顿（Elizabeth Stanton）也检验了主要模型的局限性，发现“通过对PAGE模型、DICE模型、FUND模型等的分析，可以看出，目前气候变化的相关经济模型跟最新气候变化影响的科学研究相差过于悬殊”。[15]他们指出，2010年美国跨部门工作组采用这些模型来估算碳的社会成本（SCC），还使用模型分析美国法律法规的成本效益，得出的结论为每吨二氧化碳21美元。[16]最近这一数据上调至35美元左右。[17]这些数值当然比“零”好很多，不过问题是，基于这些模型估算的数据对假设条件非常敏感，可能会导致过于低估。

很多研究发现，这些气候和影响模型之所以严重低估了气候变化的风险，不是简单源于模型本身的局限，更重要的是因为在模型使用中，关于经济增长、破坏损失、风险规模的假设不切实际，很多假设直接假定气候变化的影响不大、成本不高，并且完全排除了出现灾难性后果的可能性。

4.2.1 导致低估的假设条件

尽管经济模型一直在演化，不同模型的假设条件也有所不同，但整体而言，经济模型从早期阶段到现在，有4个基本特点一直没有改变：(1)（在总和模型中）经济增长基于外生驱动；(2) 损失计算（通常是乘法，也有例外）涉及一段特定的温升期，并且仅局限在这一期间；(3) 损失计算公式不够科学；(4) 纳入的风险非常有限。

如本书及诸多文献所述，关于经济增长、破坏损失、风险规模的内置假设条件导致严重低估气候变化的影响、损失和整体风险规模。[18]经济模型中出现的问题直接源于对增长和气候影响的基本假设。为了展示这一点，我需要引用一些模型的公式。对数学不感兴趣的读者可以忽略这些细节。

这些模型通常所使用的公式是，在时间t的输出结果（H）是生产投入的函数（F），如公式（4-1）所示：

$$\text{输出结果}=H=F(K, N, L, t, T) \tag{4-1}$$

其中：K是资本，N是劳动力，L是土地，T是温度，其都发生在时间t（K、N、L都可能是矢量）。

这个公式的缺陷是，存在一个关键性跨周期的断层与错位，即结果仅仅取决于时间t期间的变量，包括温度变量。前一周期气候变化损失导致本周期资本K降低，这一因素可以通过“对前期储蓄的影响（这种情况下是对前期成果的损失）”，被间接地纳入模型中。然而，在现有模型中，对这种储蓄效果的考虑通常很弱，[19]而且在预期未来输出结果会受到损失的情况下，现期储蓄可以增加。在现实中，本期资本、劳动力、土地等因素可能会受到上一期直接损失（如飓风或洪水带来的损失）的影响，而这一因素也很少被纳入模型中，即使被纳入，也会被弱化。对于气候变化损失的计算，通常都是计算未来收益的减少，而没有考虑到连现有收益都可能受到损失。

如果在输出结果的计算中加入一个乘数因子b（取决于时间t和温度T），以及反应资本、劳动力和土地的“生产函数”（如公式（4-2）所示），则会进一步增加断层与错位：

H=b（t，T）·F（K，N，L）　（4–2）

有时，指定技术进步作为外生增长驱动，[20]将其作为乘数因子，用f（t）来表示并将其纳入模型，会再次增加断层与错位。有时，还会增加一个损失函数D（T），用来表示与温度T成比例的损失，通过（1–D）对输出产生影响。[21]这种模型如公式（4–3）所示：

H=f（t）·（1–D（T））·F（K，N，L）　（4–3）

其中：f（t）通常都是指数性增长，增长速度为g，增长函数为Ae^{gt}。这里，g经常被假设为恒定不变，虽然也有少数例外。[22]损失函数D（T）通常是一个简单的幂函数或者二次方程式，[23]一般还会进行校正，迫使它们适合当前温度和另一点温度（至多两个参数估算）。

4.2.2　损失与经济增长

诺德豪斯使用DICE模型的许多研究结果表示，[24]在D（T）为5℃的情况下，损失约占GDP的5%～10%（如图4–1所示）。[25]

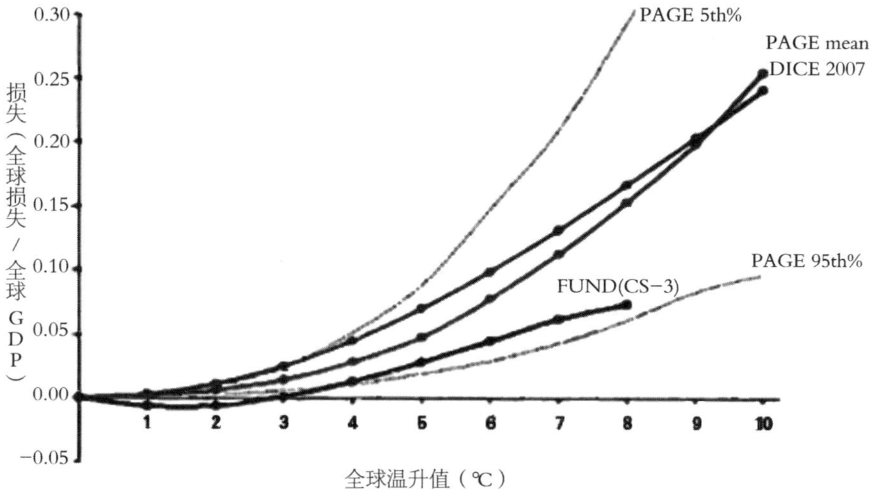

图4–1　利用PAGE、DICE、FUND等模型所估算的2 100年前全球每年温升损失占GDP的比例

注：横轴显示全球平均地表温升值（相对于19世纪下半叶），纵轴显示气候变化灾害带来的损失占GDP的比例。

数据来源：跨部门工作组，碳社会成本的估算（2010）。

大部分理性建模人员会认同，对于温升较高的情况来说，模型已经超越了其自身的使用极限。诺德豪斯认为，我们没有足够的证据就温升超过3℃的情况作出可靠推测。[26]这些模型的能力不足以评估科学家们所担心的可能发生的温度变化和可能造成的影响。可是，既然科学告诉我们，一些可能的排放路径面临温升远高于3℃的风险，我们还是需要研究更高温升的后果，以便对政策作出评估。鉴于在地球过去的300万年里还没有出现过温升超过3℃的情况，我们需要仔细考虑这些综合评估模型是否足以作出与3℃有关的风险研究。为了显示这种困难程度，同时验证诺德豪斯明智谨慎的推断，我们通过一个例子来说明。[27]在一个标准模型中，当温升高达19℃时，可能只会引起50%的GDP损失，而模型中2100年的世界比现在富裕很多倍（见表4-1），届时这种损失似乎是微不足道的。可见，这些模型是如何在假设中严重地低估了风险，导致结论如此荒谬。事实上，当温升达到19℃时，人类可能会完全灭亡，而更加真实的是，温升不到19℃也可能会如此（见专栏4-2关于湿球温度的介绍）。在这种情况下，文献中损失模型所估算的结果（如图4-1所示），简直低得离谱。[28]

表4-1　未来100年的GDP水平，通过设定增长率和产出损失率计算得出（基准值=100，括号中为产出损失）

增长率	损失率按不同值计算				
	0%	5%	10%	20%	50%
1%	270	256（14）	243（27）	216（54）	135（135）
2%	724	688（36）	652（72）	579（145）	362（362）
3%	1 922	1 826（96）	1 730（192）	1 538（384）	961（961）

注：上表中第一列数据表示GDP的增长率，第一行表示在1个世纪中损失占GDP的百分比。因此，对于0%的损失率和1%的增长速度，GDP将达到270（目前基准线设为100）；对于10%的损失率和1%的增长速度，GDP将达到243，损失达到27。

为了纠正这种模型导致明显荒谬结论的问题，有些人在温升损失函数中加入了一些高阶项。[29]这种做法符合理性的方向，[30]但改进后的模型仍然面临着无法充分估算大规模风险的问题，还会遗漏气候灾害、大规模移民及严重冲突可能产生的破坏，大部分模型还保留着外生驱动增长函数，还有固有的风险低估缺陷（参见下文中关于韦茨曼的研究内容）。[31]多数模型将人口作为外生决定因素（即不论气候变化的影响如何，模型不允许对人口规模作出调整），这使得这些模型无法评估高温的最重要影响——包括移民、冲突和人口大量死亡。因此，在这个关键方面，模型忽略了气候变化最本质、最紧迫的问题。在很大程度上，气候变化主要是考虑温升接近4℃或5℃时的灾难性影响，但这些模型直接在假设条件中屏蔽了这些灾难性后果，错过了关键点，未能分析眼前最重要的问题。即便如此，这些模型还常常被视为权威，被认为正确分析了气候变化的代价，得出了最可靠的结论。

需要注意的是，并非所有模型都一样。我们所说的断裂性假设表示为增长效应×损失效应×经济总产值。这种分析只是示意性的。

模型问题的关键不是它们的恒常性或断裂性，而是赋予增长一个外生性的主要驱动力，以及对灾害损失的严重低估。假设外生增长率很高（比如说每年大于等于1%，持续1个世纪以上），而损失很小，结论必然是子孙后代将会过得非常好（见表4-1）。[32]例如，假设2%的增长速度，20%的损失率，这远远高于DICE（诺德豪斯）的“标准”模型，即使温升达到8℃，100年以后GDP输出将是579，比现在高近6倍。因此，我们就会觉得那些生活在100年以后的人远远比我们富有，自然会认为20%的损失（GDP从724减少到579）也不算什么，相对于现在发生的成本还是很低的。然而，如果全球平均温升8℃，真实的情况很可能是世界上大部分的居住环境已经无法再居住，大部分人口也都已死亡。

鉴于可能出现的较高温升及其破坏性影响，任何长期的外生性增长假设都是不可信的。未来可能出现资本和基础设施的破坏、大规模的移民、群体性冲突等潜在问题，在这种情况下，很难想象经济会有一个稳定、持续、不间断的增长。下文中将进一步探讨这些模型所包含和忽略的风险。

4.2.3　总灾害损失建模的发展方向[33]

我认为，尽管我们需要更合理的模型和更开阔的视角，但同时也应思考该如何更好地利用现有的总产出模型。目前，这类模型也取得了一些进展，开始关注气候变化对经济增长及生产要素的影响（即灾害损失导致生产力永久性“下滑”）。[34]

基于对经典的生产和增长理论的深入见解，有4种方法可以将损失规模和长期影响纳入模型中。

1.对社会、机构及环境资本的破坏：我们可以把社会、机构及环境资本作为生产函数H（）的参数。这些资本，以及与它们相关的知识、结构、网络和关系，可能在气候灾害和极端事件（如移民、破坏和冲突）中遭受长期甚至永久的损害。

2.资本或土地的损失：风暴或洪水等气候灾害可能会给资本和土地带来永久或长期的损害。如果需要放弃某些地区，当地的资本、基础设施和土地利用价值将瞬间归零，基本上等于失去了其价值。有两种方式可以将这一因素纳入模型中——通过永久损坏或在t时期因温度和气候事件而减少资本。t时期的资本存量与t+1时期的资本存量K（T+1）可以用公式（1−δ（T））K（t）表示。其中，函数δ（T）表示在t时期的资本损失。社会、机构及环境资本的损失评估都可以用类似的方式建模。

3.整体生产要素的损失：即使有些存量资本可以幸运地保存下来，但也可能因为环境的恶化而很难再加以有效利用。例如，水利基础设施即使在气候灾害中幸存，甚至毫发无损，如果水资源数量或水流规律发生变化，它的设计效率也将无法完全实现。如果收益是按比例长期获得的，那么所有存量资本和生产力要素的损失也应该是长期等比例减少的，可以通过总产出乘以一个总乘数因子而获得。就公式（4−2）而言，可以设想在B（t，T）中T参数是一个包含过去和当前温度的矢量。

4.学习和内生增长的损失：内生增长理论通常与生产力和经验相关，如投资经验或生产经验。本质上，我们要模拟的是各种学习过程。如果我们的经验是在以前相当稳定的情况下获得的，一旦稳定条件发生根本性改变，那么之前经验中的学习和认知就越来越不适用（如农业或渔业中的案例）。如果投资主要用于维修和更换，相比用于创新和新理念的投资，其学习率要低很多。因此，气候变化可能会削弱外生性增长的关键驱动因素，从而降低增长速度。

这4方面内容都会直接导致经济模型需要设定不同的生产和损失标准。建模中应该考虑的基本要点是气候变化的影响可能对存量资本、生产力和增长速度造成持久性的损害。现有模型忽略了这种可能出现的持久性损害，因此产生了完全误导性的结论。现有模型中纳入了气候灾害损失评估，但针对温升较高的情景，我们需要考虑纳入更为严重的损失，这种损失的规模将远远高于现有文献中多数模型的分析（如图4-1所示）。

建模工作确实存在改进的空间，需要进一步加以完善。不过，还需强调的是，这些模型的维度过于狭窄，只关注单一形式的产出，因此不可避免地会缩小模型的整体视角，遗漏了很多重要的风险。

4.2.4　风险

在大多数综合评估模型中，风险的作用都是非常有限的。比较而言，PAGE模型对于概率分布的关注比其他模型要多些，但其概率分布基本上只是跨越现有模型，设定了一个范围很窄的区间。模型本身都不太重视所分析的问题可能会涉及多大规模的风险。要使这些模型能够反映气候科学家们所描述的灾害规模和影响，必须让模型基于概率运行，概率分布范围要足够宽，并且含有那些影响增长、温度和损失的重要参数。[35]

有些研究人员通过“肥尾的不确定性”（Fat-tailed uncertainty）正确地强调了这一点，反映了较大的高温概率和破坏性的后果。[36]不过，关注尾部分布可能会使人误以为巨大风险发生的可能性比较渺茫，因此产生误导性。我认为中间分布区也潜藏着严重的问题（比如对于温升4℃左右的排放量的推断）。[37]这些问题不是尾部分布区才有的问题。尾部只能更糟糕——在温升8℃～10℃的情况下，未来200年保持高排放，届时我们可能不得不面临大部分人类已经灭绝的事实。而图4-1中的预测仅仅是GDP损失15%～20%而已，这种推测简直不可理喻。

种种原因累加，导致大部分综合评估模型过于低估碳社会成本，甚至建议二氧化碳当量浓度可以升高到650 ppm。[38]科学研究表明，这个浓度将带来巨大的风险，而有些经济模型居然告诉我们，这些浓度是最优化的选择。得出这样的结论的不是“经济学”，而是一些包含奇特假设的狭隘模型。

4.3 维度

鉴于气候变化影响的规模和性质，仅仅关注国内生产总值或总消费肯定是不够的，这种过于狭隘的视角很难全面涉及我们所关心的各方面的后果。历史上曾发生多个因未能理解并采取行动以应对风险的案例，玛雅文明的消失就是其中之一——其首要特点就是人口数量大幅下降，而不仅是生产总值的下降。欧洲在第二次世界大战期间，国内生产总值的变化不是悲剧的重点，重点是5 000多万人（包括士兵和平民）死亡。[39]

有些经济模型试图赋予生命一个货币价值，然后将其纳入总收入或消费中，这种做法在哲学上面临着很多问题。[40]在气候模型中增加更多的影响评估的维度，通过更加透明和严谨的分析方法，肯定会使模型的分析更具有说服力。而简单地将其归纳为GDP或消费总量的做法，则会遗漏一些很有争议的问题。环境生态系统也是一个需要重点关注和研究的维度。多维度方式可能会使头脑简单的“优化派”人士感到过于复杂，然而气候变化问题本身就是一个复杂的问题。

4.4 本章小结

诺德豪斯于1991年发表的《减缓，还是不减缓》[41]，以及其后续开发的DICE动态模型似乎为我们评估减缓气候变化的成本和效益提供了一个条理清晰且强大的框架。[42]但我们不能也不应该指望某个单一的模型能够涉及气候变化的各个方面，因为气候变化是一个如此极端和多维度的问题。我们也不应该期望某个单一框架能够解决所有困难。

通过分析经济模型的核心细节，我们得到一些重要的经验教训，可以帮助我们理解模型的针对性和实用性，判断其结论是否合理。特别是基于第1～3章的科学和经济学分析，我们应该审视这些模型是否能够处理与气候变化相关的巨大潜在风险的关键政策问题。

综上所述，本章得出以下结论：

• 将气候科学与气候变化经济影响模型相结合是一项有意义的工作，但大多数综合评估模型对政策研究产生误导性的作用，因为这些模型过于低估温升将产生的影响。例如，有些模型假设温升5℃仅引起占GDP 5%～10%甚至更低的损失（如图4-1所示）。实际上，这种幅度的温升在过去的几千万年里都没有发生过，而其可能会给地球带来灾难性的后果，包括大量人口迁徙和严重的冲突。此外，在这些模型中，气候变化对某一年的影响仅仅是当年的GDP出现一部分损失，而没有纳入资本破坏等因素。大多数模型的分析结果只代表一个局外人的立场，其结论距离实际情况可谓谬之千里。

• 这些模型低估了拖延应对气候变化的危险性，因为它们未能正确分析风险的整体规模。换言之，模型假设了比较狭窄的风险分布范围。正如我们在第1章中所提到的，风险分布应该包括一些大幅温升给全球带来灾难性后果的可能性。

• 这些模型是一维的，即仅仅关注总消费或总产出，假设人口为外生。然而，问题的关键是气候变化可能会给环境带来极度破坏并使人口大量消亡。然而，这些根本性问题却被简单的假设排除在外。

• 这些模型普遍假定了外源驱动的经济增长。鉴于气候变化的潜在破坏力，外源性正增长的假设毫无道理。

• 许多模型假定了较高的纯时间贴现率，从而埋下了代际不公平性，进一步导向荒唐的错误结论，捏造了不必采取大规模应对措施的论据。贴现问题将在下一章中具体讨论。

• 基于对模型结构的分析和批判，我们提出了一些改进办法以增加模型的合理性，减少偏差和缺陷。有些最新研究论文也探讨了这个问题。但是，模型基本结构的某些因素就注定了它们不具备将巨大风险和生命损失纳入评估的能力。

• 我们需要从一个更广泛、更深入的视角去思考如何应对气候变化，这是这些综合评估模型尚不具备的，也是迄今为止很多公开讨论尚未涉及的。我们需要更深入地探讨降低风险同时促进新式增长的战略。这不仅是更深入的视角，也是更切合实际的视角，这样才能接近问题的关键点。与气候变化有关的重大问题不可能被硬塞入狭隘的综合评估模型中。

未来应该何去何从？本质上，我们需要新一代的关于气候、影响和经济的模型。我们必须综合各种模型，因为每个模型都有自己的独到见解。理想的模型应该能够分析我们所面临的巨大风险。具体而言，构建经济模型时应该摒弃单一用GDP损失衡量影响的做法，纳入评估持久损害的模块，纳入一个真实存在的可能性——环境将对自然、社会和机构资本产生严峻的破坏力，生产环节被彻底打乱，子孙后代更加贫穷，数亿人口不得不迁徙乃至灭亡。

尽管我们试图建立更好的模型，以了解诸多潜在的不确定性，但政策制定是一个实时的过程。这也是政策咨询、政策模拟和政策制定的一个特点。在涉及应对气候变化问题时，重要性如此之高，建模如此困难，我们所面临的实时决策和模型改进工作也是非常艰难。

好消息是，有些经济学家正在改进他们的方法，尤其是比尔·诺德豪斯和马蒂·威兹曼（Marty Weitzman），他们着重研究气候变化产生的影响究竟会有多大。[43]例如，诺德豪斯在2011年出版的《气候赌场》中，已经修订了他的DICE模式，对于碳社会成本和减缓的“最优”步伐，也计算出更高的估值。此外，他还详细描述了模型未能涉及、不能被货币化的气候风险关键领域。威兹曼也在他模拟的一些可能结果中纳入了大规模灾害的风险。

最重要的是，我们在使用经济模型时还需有更好的判断力。正如已故的弗兰克·哈恩（Frank Hahn）经常说的——“模型不过是我们论证中的一个句子。”我们需要更多、更好的句子以充分体现问题的关键性风险，包括增加能够更有效反映后果的维度（如生命的消亡）。为了在遣词造句中更好地运用判断力，还应记住约翰·梅纳德·凯恩斯的这句话：“与其一定错，宁可大致对。”经济学界人士尤其需要仔细考虑损失和破坏的过程。我们探讨了增长理论，并得出有价值的深刻见解，应该将这些见解与建模工作结合起来，使破坏性后果和经济下滑的可能性能够被纳入模型中。

我们应该将政策分析看作一个巨大的风险管理问题，以更现实的方式探讨这个风险。必须仔细评估这些模型如何会产生误导性的结论。我们理解模型会省去很多重要的因素，这也是模型为什么称之为“模型”。探讨模型所忽略的因素不是为了批评建模者，但模型中省略不意味着思考和探讨中也要省略。我们必须仔细评估这些模型可能存在的误导。

许多科学家都表示，我们的经济模型严重低估了风险。在这种情况下，如果盲目地认为在当前的政策分析中起主导作用的经济模型一定能得出合理的结论，则是不负责任的态度。事实上，这些模型并没有得出合理的结论——它们普遍严重低估了风险、碳社会成本、应对气候变化行动的紧迫性，以及低碳途径潜在的优势。

注释

本章基于Stern(2013)的研究,该研究成果发表在2013年9月《经济学文献》中。

1 关于这一话题,要了解更多信息,参见Pindyck(2013)等研究。

2 本句的引用要感谢Brian Hoskins FRS爵士,他是伦敦帝国理工学院的教授、该学院格兰瑟姆气候变化研究中心主任,还是雷丁大学气象学的教授。

3 见Lenton等(2008)。

4 见Valdes(2011)。像大多数建模一样,可以尝试设置特定的假设以适应类似"自然干扰"等问题,但规模必须是非常大的。

5 根据主流科学文献,其是指相对于工业化前水平温升4℃。

6 感谢英国气象局哈德利中心Jason Lowe就此问题给予我的指导。

7 主要河流包括黄河、萨尔温江、长江、湄公河、雅鲁藏布江、亚穆纳河、恒河与印度河。

8 目前全球几乎没有任何地方湿球温度超过30℃。

9 见世界银行(2012b)、Rosenzweig等(2013)。

10 见Nordhaus(1991a,1991b)。

11 例如在《斯特恩报告》第6章中,我们使用了Chris Hope所开发的PAGE模型。

12 近期探讨综合评估模型的文献包括:Kopp、Hsiang和Oppenheimer(2013),Marten等(2013),Anthoff和Tol(2013),Ackerman和Munitz(2012),Ackerman和Stanton(2012),Tol(2012),Nordhaus(2011),Van Vuuren等(2011),Warren等(2010),Ackerman等(2009),Mastrandrea(2009),Parry等(2009),Weitzman(2009,Hof、den Elzen和van Vuuren(2008),Mastrandrea和Schneider(2001),Schneider(1997);同时参见Moyer等(2013)。

Tol(2012)调查了关于气候变化对总体经济影响的估算值,计算出2015年碳社会成本(SCC)的期望值为每吨碳29美元(折合每吨二氧化碳8美元),年均增长约为2%。Anthoff和Tol(2013)利用FUND模型分解分析了碳社会成本,确定了影响碳社会成本估算值的主要指标,包括气候敏感性、农业、能源需求、迁移,指出后两个因素普遍被学术界所忽视。研究认识到影响模型的不确定性,在很大程度上是因为很多结果是基于外推法与不完整研究得出的,而忽略了一些潜在的重要因素(如冲突、海洋酸化等)。我很感谢Richard Tol提供的这些参考资料。鉴于本章中所述的各种原因,我认为碳社会成本估算值偏低。

13 见Pindyck(2013)。

14 见Lenton和Ciscar(2013)。

15 见Ackerman和Stanton(2012)。

16 见Greenstone、Kopits和Wolverton(2011),碳社会成本跨部门工作组(Interagency Working Group on Social Cost of Carbon)(2010)。

17 见碳社会成本跨部门工作组(2013)。修订原因是基本模型的变化,主要变化是纳入了更大规模的损失,而非计算方法的改变(见Moyer等,2013)。这些模型仍然产生类似图4-1所示的结果,即使在温升5℃情景下损失也仅为几个百分点。

18 见Stern(2013),以及Dietz和Stern(即将发表)。

19 见Fankhauser和Tol(2005)。

20 通过将t作为f()的自变量,可以纳入一些其他形式的技术进步。

21 在FUND模型中,赔偿也可能会取决于输出结果。

22 有些模型(如WITCH)在某种形式上纳入的一些内生技术进步。详见Bosetti等(2006)

及 http://www.witchmodel.org/index.html。

23 Dietz和Asheim(2012)使用7的线性二次幂函数，与威兹曼(2012)的研究结果相一致。《斯特恩报告》(Stern，2007)中用(T/2.5)$^{\gamma}$表示损失。损失指数被作为一个蒙特卡罗参数，呈三角形概率分布，最小值为1(形成线性函数)，最大值为3(强凸面)。具体参见Stern(2008)的研究，表2，γ=(2，2.5，3)。有些人试图改善损失模型的具体参数，如Ackerman、Stanton和Bueno(2010)，以及Kopp、Hsiang和Oppenheimer(2013)。在Nordhaus开创的DICE模型中，通常有D(T)=1−T的二次逆。

24 见Nordhaus(2008)，以及Stern(2007)第6章。同时参见Dietz和Stern(即将发表)，该研究分析了DICE模型的发展演化，以及模型固有的假设如何导致对气候变化风险的低估。Dietz和Stern使用DICE模型来初步说明，如果分析进一步将气候问题的3个基本要素(增长的内生性、损失的凸性、气候风险)纳入考虑，那么采取强力减排才是有效的政策。

25 在许多Tol关于FUND模型的研究(见Stern，2007；Dietz等，2007)中，温升5℃引发的损失仍然较低，约占GDP的1%～2%(如图4-1所示)。对FUND模型的最新分析评论见Ackerman和Munitz(2012)，该研究引起了很大反响，包括Bill Nordhaus等都予以回应，提出对经济模型的若干疑问。该内容发表在http://frankackerman.com/tol-controversy/。关于温升较高的影响的相关讨论，见Tol(2012)。

26 在一次私人交流中(已获授权转载)，Bill Nordhaus表示："我认为我们没有足够的证据来可靠地推断温升3℃以上的影响……虽然出于建模的考虑(像许多其他变量一样，如GDP或能源技术)，有必要将温升较高的影响纳入估算，但其更多的是占个位置，还有待进一步研究，使用时应该配合敏感度分析，以表明其对结果的重要影响，如对当前政策或碳社会成本的估算。"我非常感谢他分享这些观点。

27 见Ackerman、Stanton和Bueno(2010)。

28 见Nordhaus(2008)。

29 见Weitzman(2012)。

30 见Nordhaus(2008)。

31 在Stern(2008)的研究中，表2提出了福利/政策分析对于损失模型假设条件的敏感性。例如，损失模型指数从2增加到3，模型中气候变化总成本将增加3~10倍。提高指数的副作用之一是导致在温升较低的情景中损失较低，因为曲线是根据无温度变化与另一个数据点而被拟合校准的。Moyer等(2013)研究显示碳社会成本对于一个假设条件非常敏感——假设损失只影响现有生产总值，而不考虑未来对总要素生产率的持续影响。

32 见Moyer等(2013)研究中的图1，它指出这些模型的核心假设意味着后代的情况会比我们好得多。

33 在此特别感谢Peter Diamond就这些问题与我进行探讨。

34 见Pindyck(2013)与Moyer等(2013)。

35 《斯特恩报告》第6章采用了PAGE模型(见Stern，2007)。最近PAGE模型更新版本逐渐开始考虑纳入灾难性事件。还有其他类似的尝试，但总体而言都相当有限。见Kopits、Marten和Wolverton(2013)。

36 见Weitzman(2011)及其对强调"肥尾"的宝贵贡献。

37 例如国际能源署(2012e，2013b)，Rogelj、Meinshausen和Knutti(2012)。

38 见Nordhaus(2008)。

39 见 Bolt 和 van Zanden(2013),Dikötter(2010),Zhu(2012)。

40 可参见 Broome(2004)和 Stern(2014),以及本书第6章。

41 见 Nordhaus(1991b)。

42 见 Dietz 和 Stern(即将发表)。

43 见 Nordhaus(2011)及 Weitzman(2011)。

[第5章]

跨期价值及其评估的伦理学

关于气候变化，我们能看到风险的规模、拖延行动的危险，知道如何应对及采取哪些措施才能获得初步保障。我们也有分析问题的经济学工具——尤其在动态变化、学习曲线、市场失灵方面，可以开展有创意的分析。不过，我们应该采取何种程度的措施？以怎样的速度推进？谁在什么时候承担哪些责任？这些都是棘手却又无法回避的问题。要分析这些问题，鉴于所应采取措施的性质、规模、长期性，我们既需要从经济学的标准角度展开分析，又需要考虑经济学之外的基本价值观和道德观。这是第二部分最后两章的重点。

继前两章分析公共政策和经济模型之后，本章重点探讨了超出公共经济学领域的关于气候变化的伦理问题，即代际价值和估值方法，或被归纳为“贴现”问题。本书重点分析目前气候变化经济分析领域常用的概念性方法和假设的缺陷及其误导性。这些跨期和代际问题的错误分析，特别是采用标准贴现方法所导致的错误分析，严重影响了分析结果。出现分析错误的原因源于严重低估潜在损失的规模，或者对贴现基本理论的认识不足。因此，本章是与上一章气候变化相关科学和经济建模问题实证分析相对应的规范分析。在建模和分析中，实证和规范两个方面的偏见和误解削弱了应对气候变化的力度和紧迫感。本书的宗旨正是驳斥这些错谬，证明尽快采取强有力行动的必要性。

同时，本章与下一章相呼应——第6章突破经济学分析中标准伦理方法的局限，拓展到更广泛的道德哲学领域，分析更大范围的伦理基础，以提升对气候变化的政策分析。

本章包含大量的技术细节和数学计算。为了能精确分析相关贴现研究的关键问题，驳斥某些文献的重大错谬，这些细节都是必要的（更多数学计算参见本章正文之后的技术附录）。希望非技术背景的读者即使粗略浏览甚至跳过这些技术性分析，也能获得较好的理解。

在本章的内容中，5.1节首先阐述对贴现基本概念的定义，展示对这些概念的理解是如何影响我们的分析和认知的，尤其是涉及我们的决策将如何对子孙后代产生重要影响。5.2节探讨从市场行为出发的道德立场如何产生重大错谬。5.3节围绕公益项目长期贴现参数展开讨论。5.4节和5.5节重点分析“纯时间贴现”，即对人类生命的贴现或歧视，这种贴现方法纯粹以出生先后为基础，完全无视未来人类的状况是很好还是很差。

5.1 贴现概貌

多数与气候变化有关的决策都是基于分析现在所采取的措施未来可能会产生哪些影响。其中，有些影响是长期的，而且具有不确定性。我们应该如何评价这样的后果？尤其是鉴于其中许多影响很难被评估，以及可能出现的情况多种多样，我们应该如何对照现在的成本和利益展开评估？这听起来像经济学家在作项目经济性分析时经常遇到的问题，即相对于现在1单位商品的效益，如何对未来1单位商品的边际效益进行贴现。

如果是针对小规模的投资项目，并且所涉及商品的假设也是靠得住的，就不必探讨定义和用词了。然而，涉及气候变化这样的大课题，我认为使用“贴现”是不妥的，应该用“跨期价值与估值”。因为用“贴现”的概念，会导致分析者运用非常狭窄的经济和伦理风险分析工具去硬套气候变化这样的大课题。事实上，有些人甚至异想天开地认为，气候变化政策分析仅仅是某个单一数字的讨论，即“贴现率”应该是多少，这比贴现的概念更加狭隘。

我们首先界定下相关概念，再结合气候变化的风险规模、行动规模、行动必要性进行对照。关于贴现，首要的概念涉及贴现因子，然而很多分析直接就跳到了贴现率。逻辑上，也应该是前一概念在先——（特定商品在特定时间的）贴现率是指（该商品在该段时间）贴现因子的降低速度。因此，贴现因子及贴现率都取决于所涉及的商品及时间。通常，评估额外1单位商品的价值，要通过函数计算增加1单位该商品供应所产生的社会福利影响。这实质上就是影子价格的定义。[1]社会福利影响需要计算增加1单位该商品供应的全部影响。[2]该经济公式包括增加额外供应时有哪些人受益、哪些人受损，以及这些收益和损失的社会权重。对于不同商品、不同时间、不同模型结构、不同权重分布，影子价格计算结果也会存在非常显著的差异。

计算某个行动或项目的社会成本和收益净额，就涉及计算的单位，我们称之为“记账单位”，它通常是一种特定的商品（或某一类型的收入）。贴现因子和贴现率是就某种特定商品不同时间的价值而言的，商品不同，贴现因子和贴现率也不一样。两种不同记账单位商品的贴现率之差，等于它们相对影子价格的变化率（参见技术附录）。

贴现、贴现因子和贴现率的概念非常有用，真正理解后就不会出现本章后面所述的常见错误。但是，在使用这些概念分析气候变化问题时，却有太多经济学家在研究中不知不觉落入陷阱。这是忽视所研究问题的规模，仅利用狭隘的标准公式研究气候变化伦理与经济性的另一个潜在误区。在一个不完美和不确定的经济中，情况复杂多变，我们现在作出的决策会极大地影响未来的福利水平和分配，所以我们必须非常谨慎和认真地运用我们所掌握的经济学工具来分析跨期价值问题。仅运用基础的经济学理论，假设完美的市场、小幅的变化，分析单个商品在每个时间点的情况，利用这样的方法来研究气候变化问题是不合时宜的，只能得出重大的错误结论。

我认为，气候变化的主要政策选择，本质上是在几个差异巨大的排放路径中间作出一个战略性抉择。我们应该研究不同排放路径的后果和风险，这样就能认识到为什么迫切需要采取大规模减排措施，从根本上降低更高升温的可能性，从而避免其巨大危害。因为就目前情况来看，大幅升温的可能性是存在的。我们通过研究现有排放趋势的影子价格和贴现因子等概念，就能促使全球作出正确的战略抉择、撬动所需规模的投资吗？我认为，这样的过程在很大程度上甚至完全取决于边际信号，很难促进产生所需的变革。

严格来讲，当在最大化模型中运用“靠谱”的函数公式时，[3]存在价格和数量之间的二元性。在最优化或最大化时，其相关影子价格意味着以该价格衡量，任何偏离最优点的情况都会产生损失。在这个意义上，影子价格引导我们走到一个最优点，并且每个最优点也存在着一组相应的影子价格。如果函数形式和模型结构在最优点之外表现良好，如果以该点的相应影子价格作为指导，那么增量决策将推动我们朝最优点靠近。

然而，气候变化的背景比这复杂得多，而且其复杂性不仅仅源于技术层面（模型中可能存在许多“不靠谱”的关系）。[4]风险所涉及的规模、存在的不确定性、所需变革的规模和性质、延迟的危险性，使利用当地影子价格通过诸多边际过程引导投资很难在实际情况中实现，并且可能产生重大的误导性。气候变化的规模和时间敏感性很难简单地表示为静态模型中边际变化的序列总和或积分，或者假设时间停止而情况自动朝最优点慢慢移动。气候变化是一个复杂的动态过程，它能带来大型乃至破坏性的变化，同时也是学习和发现的过程，而且它所涉及的风险是至关重要的。

在我看来，明智的办法是根据上文及之前章节所探讨的特点，开展一个关于可能行动及其影响的战略性分析。尽管在实施中，这些措施在很大程度上取决于市场、创业者、私人投资，但首先应该在更宏观的层面上制定一个战略。无论在数学上还是在实际中，都需要这样做。就数学而言，价格与边际估值都取决于整体路径。就实际而言，如果投资者看不清总体方向和相关政策趋势，很难做出投资决定。

从这个角度来看，过于关注贴现因子和贴现率，甚至视之为核心问题，就会转移注意力，导致忽视更核心的战略问题。贴现因子和贴现率对于投资（包括公共投资和私人投资）项目很重要，是项目实施中计算社会成本（包括碳社会成本）的重要工具。但是，我们必须小心“一叶障目，不见泰山”的问题，谨防由于过度关注边际增量而忽视了更为广阔的问题。我们应该首先审视整体战略，再以整体战略为框架背景进一步分析边际估值和影子价格。跨期和代内价值都会对整体战略产生影响，然而就整体战略而言，它们也都是内生性的。[5]

不幸的是，气候变化领域中关于经济学伦理的讨论，不仅过多地关注贴现问题，而且大部分讨论都失于偏颇。误导性函数公式和错误结论，不仅影响了人们对整体战略的关注，而且降低了贴现在战略实施中本应发挥的重要作用。导致错误的原因，很大程度上是分析者硬性套用边际调整的标准框架，以此分析气候变化相关经济伦理的非标准问题。从更广泛的意义上来说，这些误导性函数公式和错误结论不仅影响了对气候变化问题的分析，还扭曲了与基础设施和环境有关的长期决策。本章及技术附录旨在详细考察在气候变化背景下跨期价值及贴现的一系列关键性问题。有些问题是技术性的，不过厘清基本概念、正确开展技术分析是非常重要的。缺乏对基本概念和技术的明确认识、错误地应用贴现等基础工具，已经导致气候变化研究的极大混乱，形成了具有深刻误导性的结论。

5.2　以市场为基础确定贴现率

为了说明气候变化研究中使用标准贴现方法（即以市场信息为基础确定主要伦理价值）的局限性，我们先审查两个命题（这两个命题在气候变化研究中都是错误和具有误导性的）：第一个是“气候变化跨期价值和贴现与所有投资项目评估时确定贴现率或最低收益回报率在本质上是一样的”；第二个是“我们可以从资本市场中获得大部分乃至全部关于跨期价值和贴现率选择的信息”。

关于第一个命题，从贴现因子和贴现率的定义（取决于所涉及的商品以及时间）就可以清楚地看出其条件。如果有人在提到气候变化的“折现率”时，就好像这个折现率是固定不变的，任何时间都是一样的，适用于所有投资项目包括减排项目，那他真是一错到底了。这种思维方式本身就是作茧自缚，必然会产生各种错谬。我们有必要详细分析一下常见错误的本质和影响。在本章技术附录中会提供更多的技术细节，这里仅就频繁出现的讨论提出3个具体的问题：试图根据市场利率确定贴现率（在本节进行分析)、关于“资金使用机会成本”的一些论点（在5.3节中进行分析)、纯时间贴现（在5.4节中进行分析)。

我们已经解释了为什么在气候变化政策研究中利用市场观察的利率或收益率计算相关社会价值是毫无意义的。这种做法通常会导致一系列的错误。本书专门提出这一点，是因为在气候变化政策研究中，很多人都会这么做。[6]（除了第4章所述的比尔·诺德豪斯和马蒂·威兹曼等研究者正在改变其方法，开始重点关注气候变化影响的规模。）[7]

有趣的是，很多研究人员选择6%的贴现率，[8]其理由有时是基于富裕国家（主要是美国）股票等中长期风险金融资产的回报率。对于这种错误，本书已经作出了反驳。假设采取这一贴现率，那么这将意味着50年后的单位收益估价将是现在的1/18，100年后的单位收益估价将是现在的1/339，真这样的话，就得出一个严重违背道德伦理的结论——“何必管100年以后的问题”。可见这种贴现方法有多荒谬。

有人认为，在长期气候问题的研究中，可以通过观察市场利率和收益率来直接获得恰当的折现率，这种观点可能会导致以下各种错误。其中，有些错误源于对各种商品和生命的简单模型假设，有些源于市场条件及运作中的基本问题。

模型假设引起的问题

- 基于历史回报率外推的方法意味着假设过去回报率所发生的经济背景和条件（包括经济增长率）在未来中长期还会基本保持不变。这种假设是非常不切实际的，如第1章和第4章中所述，在某些情况下，气候变化产生的影响可能是非常严重的，极大地破坏了生计，导致大规模移民，引发大型冲突，产生大量的生命损失。如果后代的情况同现在比显著恶化，则很可能（见下文）相关消费品的贴现因子低于1，即额外单位商品在未来某个时间可能比现在更有价值。有些时期，贴现率甚至会降为负数。

- 气候变化对自然环境的破坏可能意味着与环境服务有关的商品[9]的贴现率降为负数。假定我们有一个较高的贴现率，这一数字可能是基于市场利率得出的，无论这一数字有多不合理，且按照总消费计价，那么我们必须保留环境商品相对价格迅速增加的可能性，这一增速可能要高于贴现率。在实践中，研究者们经常忽略这一相对价格的增加。

• 气候变化还可能引起收入分配情况的急剧恶化，导致最贫穷的人最早承受最严重的后果。因此，按照总消费计价而忽略不同人群收入分配的变化，很可能会产生误导性结论。

市场运行的相关问题

• 资本市场（特别就长期而言）不可避免地具有不完美性，如各方的（道德风险和逆向选择引起的）信息不对称、市场操纵、不同当事人风险承受的能力有限等。在这种情况下，很难确信市场能自动体现边际利率。

• 目前并没有真正能适用于就一二百年重大事项进行集体决策的金融市场或其他市场。市场主要关注相对短期的个人决定，最长也不过是二三十年的按揭或四五十年的养老金。因此，即使忽略种种不完美性，事实上也并不存在能够引导我们作出百年决策的市场。

5.3 公共决策的长期利率

尽管存在这些严重的错误或问题，但假设我们在社会价值研究中还是需要一个折现率，如果我们尽可能合理地估算，那么这个折现率会是多少呢？虽然前文中已经解释了为什么这种计算估值的研究指导意义并不太大，但如果非要定一个折现率的话，市场上可能最接近的参照值就是“无风险”长期政府债券的实际利率。这些债券往往是能提供给个人的最长期限融资工具。请注意，它是无风险利率（当然没有任何事情能够被确保完全无风险），而大多数函数模型在评估整体社会目标时，通常都是按照概率取不同情景社会福利的数学期望值来单独计算风险。

英国和美国50年长期政府债券的利率一般都在1.5%左右，远远低于6%。[10]有趣的是，威兹曼指出，[11]它远远低于长期股票6%的原因是股票风险更大，特别是在“尾区权重”的情况下。这一观点很有趣，也有其道理，似乎隐含了接受无风险利率约为1.5%的意思。

有趣的是，最近吉廖（Giglio）及其同事的一项研究也表明个人长期贴现率约为1.5%左右。[12]他们在研究中比较了英国永久物业权（永久所有权）和新加坡物业所有权长期租约，通过这种比较来分析隐含贴现率。

在项目评估中关于折现率的一个长期、普遍的参照是“资金的机会成本”。其可以基于政府借贷的长期利率，这样基本也趋于上文所讨论的1.5%。

另一种说法是，机会成本可以按投资的社会回报率计算。理由是，在生产过程中，1单位的投资在下一期可增加至（1+r），假设r是回报率。在这种情况下，贴现因子为1/（1+r），折现率为r。

这显然是以“自由投资资金”计价来定义折现因子的。[13]远期可能存在大规模的移民，而且气候影响可能给个人带来重大的损失，在这种情况下，这种计价标准显然并不合适。如果一定要采用这种计价方法，一种修正办法是设定“标准投资”，使其按照市场利率获得回报，如果拖延应对气候变化造成损失，则通过“买断”或“补偿”的方式将损失纳入计算中。

然而，这种计算还是会面临许多上述问题。当资本商品遭到破坏，或投资过程本身具有很强的负外部性，都可能导致投资回报的长期利率降为负值。仅参照短期市场利率，很难确定合理的长期（还可能是负）利率。此外，未来“买断”环境破坏的价格可能会远高于我们现在的预期。换句话说，如果气候变化导致严重破坏，未来环境服务相对于标准消费物的价格可能会非常高。

最近一篇权威论文[14]建议，美国使用不断下降的贴现率，英国和法国在与气候变化和环境相关的长期项目实践中已经采取了这一做法。该项研究也是以消费和投资计价来对比贴现率的。其认为，在很大程度上贴现率是存在不确定性的。使用不断下降的贴现率的研究思维朝合理的方向迈出了新的一步。在探讨贴现率的不确定性时，作者将1%的利率（如长期债券市场中可能出现的利率）和7%的高风险私人投资回报市场利率进行了对比，认为对公共决策而言，如果这两个利率的可能性相同，则相当于实现相同预期净现值的年度贴现率会出现逐渐下降的趋势。

虽然这项研究理论上很有意思，但我认为，它并没有很恰当地反映不确定性的作用。在与气候变化有关的研究中，不确定性存在于结果中。贴现率的任何不确定性都应该源于结果的不确定性。对于气候变化问题而言，不确定性则是源于子孙后代的处境可能会更差。

此外，这项研究认为，不同的利率（这里是1%和7%）可能同样适合作为长期贴现率，而这从根本上具有误导性。根据这里对贴现率及其衍生值的定义，考虑特定商品不同时期相对价格的贴现因子以及“无风险”概念（风险由模型的其他部分进行考量），7%的风险资金回报率是说不通的。这就是为什么该问题出现错误的第二个原因，也是更主要的原因，而现实中这种错误是非常常见的。

这种方法还忽略了关键性问题——多种商品在不同情况下的影子价格。同时，它未能很好地反映上文所述的是选择消费还是选择投资作为计价基础这个问题。在这种情况下，我建议以消费计价更有参照意义，因为气候变化的大规模影响体现在消费和生计上，这两点应该被重点关注。如果所探讨的问题是公共预算如何决定重点投资领域，以投资计价则更为合适。总体而言，该项研究的方法尽管理论上有意思，但对于现实问题并没有多少参照价值。

有些有趣的研究分析了长期利率跨期波动性的影响，[15]表明这种波动将导致长期利率大大低于短期利率的平均值。法莫及其同事通过分析相对稳定（增长率小于等于2%）经济体的历史数据，说明了这一点。[16]总之，如果非要依靠市场信息来获得一个道德贴现率（尽管我并不赞同这样做），从当前和历史数据来看，1.5%左右的数值是相对合理的。顺便提一句，《斯特恩报告》（见第2章及技术附录）由于不同的原因，在消费路径中所采取的贴现率基本也在这个水平。

5.4　纯时间贴现

跨期价值的一个重要问题是纯时间贴现，它涉及不同生命的伦理地位。我们应该如何评价自己的行为对后代人的生活产生的影响呢？我们必须认识到，50～100年后，那些将承受我们当前决策影响的人，不是抽象的未来人，有很多已经和我们生活在一起了。代际之间是重叠的。我们应该怎样探讨这些极为重要的道德问题呢？特别是，在道德哲学中，是否存在可以区别对待处在不同生命阶段但消费完全相同的两个人（每个人在不同时间点上消费多种商品）的伦理基础？其社会估值的不同，仅仅是由于其中一个比另一个晚出生？给晚出生的人以较低的社会估值，就是“纯时间贴现”。

有人可能会为后代的福利贴现提供一系列清晰易懂的理由，如世界存在一定的外生性灭绝的概率（或至少对气候变化决策而言是外生性的）。如果生存成为一个问题，我们可以通过在t时期内世界不灭绝的概率给社会效用贡献赋予权重。如果灭绝（把它想象成一颗流星）[17]在t时期到$t+\Delta t$期间发生（其中$t+\Delta t$为t后面Δt的时间，Δt非常小）的概率为$\delta\Delta t$，那么生存至t时期的概率是$e^{-\delta t}$，这个概率$e^{-\delta t}$作为贴现因子称为t时间效用的权重，相应的“纯时间贴现率”为δ。这个公式看起来类似“纯时间贴现”，而且清晰易懂，可能会产生广泛的共识。

除此原因之外，对子孙后代的福祉进行贴现则更像是纯粹基于出生先后的歧视。如刚才所论述的，我们不会因为怀疑后代人不存在而进行贴现，也不会因为消费及财富水平不同进行边际估值——为了分析“纯时间”问题，我们已假设水平是相同的。在分析中，为了使问题更清晰，我们假设两个人除了出生日期有所不同外，其他各方面都是一模一样的。这里，我们重点研究福利贴现，即生命的贴现。

在这种情况下，除了后代生存的概率，一般有3种说法支持纯时间贴现：（1）就道德行为而言，应该优先考虑离我们更近的后代；（2）人们实际上似乎只关心自己，并不关心后代，这体现了他们的道德立场；（3）就技术而言，如果经济学不允许纯时间贴现或贴现过低，其标准函数表达目标会出现不完备排序或非收敛性积分。我认为这些论点都是站不住脚的，不能证明纯时间贴现的合理性。

持第一个论点的人经常会提到18世纪苏格兰启蒙运动中的大卫·休谟。（当然，仅仅因为一个伟大的哲学家认可这一观点，并不代表这个观点就是正确的。）他们辩论说，很多道德行为是或者说应该是基于家庭生活及那些离我们最近的人，对任何良好行为的理解必须从这个基础开始。

从功能性或进化论的角度讲，个人更忠实于家庭的社会也更容易生存和运转，这似乎是一个有力的论据。但是关于一个社会更好运转或一群人获得更高生存概率的论据，比起整个地球的毁灭而言，似乎还是不够有力，毕竟后者是万劫不复的。

而且如果仔细研究休谟的著作，[18]可以发现他深知个体的急躁和缺乏耐心，并认为需要“统治者和秩序维护者”来克服这一点（参见《论政府的起源》）。[19]谈到一个人决心12个月中做正确的事（“选择大善”），他指出当接近12月时：

追求现在的“善”的新倾向又出现了，使我难以不变地坚持自己最初的目的和决心。对于这种自然的虚弱，我也许会很遗憾，也许会尽一切可能去摆脱它。我也许会求助于研究和自我反省，求助于朋友的指教，求助于反复冥想和不断重复的决心。但是当我体会到这些都是无效的时候，我也许乐意接受任何其他办法，以便约束自己，谨防输于这个弱点……这就是政府和社会的起源。人们无法迅速地救治自己或他人，由于灵魂的狭隘，比起未来，他们更在乎眼前的东西，无法改变自己的天性。他们所能做到的就是改变他们的境况，使遵守正义成为某些特定人的直接利益，使违反正义成为他们的远期利益。因此，这些人不但在自己的行为方面乐于遵守那些规则，并且还要强制他人同样地遵守法度，并在全社会中执行平等的命令。

可见，休谟并没有声援纯时间贴现的道德意义和伦理优势，他的观点似乎恰恰相反。而且同罗尔斯和阿马蒂亚·森一样，他强调通过一个促进“大善”的远期决策来确立更高的目标和道德标准，减少我们对未来的轻视与不耐心，认为“民事法官、国王及其部下、我们的管理者和统治者”可能会执行该功能（或许他有些乐观了）。很显然，在他看来，为集体利益进行决策与狭隘的个人决策有很大不同。从他所使用的语言来看，如“虚弱”、“灵魂的狭隘”和“弱点”，休谟似乎强烈反对（基于短期偏好）进行高度贴现，支持从更长远的角度出发，在估值和过程中使用尽量低的贴现，从而鼓励“更好”的个人行为。[20]

第二种论点认为“人性本来就这样”，以此说明气候变化纯时间贴现的必然性，我认为这种较简单化的方式也存在很大的缺陷。要想理解道德问题、确定道德标准和响应，我们常常要分析关键性问题和原则。这样做是为了使讨论有更加详细的信息，并促进公众推理和思辨（引用阿马蒂亚·森的话）。[21]无论明示还是暗示，期望在信息不充分、参与者不知情的情况下，一起讨论乃至必须通过投票或以勒令的方式作出集体决策，都是很怪异的事情。如果确实要展开讨论（我认为应该讨论），我们首先应该确定尝试哪些原则是有益的、哪些论据是值得考虑的。约翰·斯图亚特·穆勒特别提醒我们讨论对于形成观点的重要性——公共理性不仅涉及事实和机制，而且有助于塑造我们对价值观的理解。阿马蒂亚·森多次表示支持这一传统，包括在其著作《正义的理念》中提倡公共讨论。

在这样的公开讨论中，我怀疑在投票或法院判决中按出生先后进行区别和歧视能不能被接受。为什么一个55岁的人的投票权的重要性高于一个20岁的人呢？这显然是不合理的。然而，纯时间贴现就会产生这样的结果，以每年2%的贴现率为例，就会导致35年之后的生命价值仅仅相当于目前生命价值的一半。

也许还有更糟的说法，认为我们这一代人拥有不受限制的权利，可以把自己的观点强加给后代，随意破坏他们的环境，无视他们福祉的估值。如果认为目前由选民投票进行决策，无论决策结果如何都是正确的，那么这种观点就相当于上述的逻辑。我们为追求眼前的快感而故意损害孩子们的利益，这样做能称得上合理吗？如果不能，又为何认为故意损坏他们未来的权益就是合理的呢？

5.5 一些正规的经济建模及“过度储蓄”的相关问题

有些经济学家被纯时间贴现的第三种论点所迷惑。因为它出现在某类数学公式和模型中，通常涉及这些模型可能会产生“过度储蓄”问题，即储蓄率非常高，或者建议消费（可能无限期）推迟。下面的分析技术性很强，非技术背景的读者可以跳过此处。

具体来说，我们发现，在这些模型中，除非假设一个较高的纯时间贴现率，否则模型就会有某个无穷积分（或每个时间点的效益之和）会随着时间的推移而产生偏离。

要理解这一问题，需要探讨一些技术细节。本章技术附录还收录了其他技术问题。设想一个简单的新古典增长模型，人口N的增长率为n，外生性劳动扩张技术进步速度为α，这相当于长期稳态人均为α的消费增长率。“福利”是指每个时间点社会效益 $Nu\left(\frac{C}{N}\right)e^{-\delta t}$ 的总和或积分，其中C为总消费，N为人口。为简单起见，我们假定u（x）采用特殊形式 $X^{1-\eta}/(1-\eta)$。技术附录中会进一步探讨关于η的分析。可以视之为消费分配中厌恶不平等的指标。这里 $e^{-\delta t}$ 是纯时间贴现因子，不管消费水平如何，时间t的效益都通过它进行贴现。δ是纯时间贴现率。

很明显，无穷积分收敛需要满足公式（5-1）：[22]

$$\eta\alpha+\delta>\alpha+N, \tag{5-1}$$

为方便起见，我们称之为“收敛不等式”。

这一不等式确保 $\lambda_t K_t$ 趋向于0。其中，λ_t 为时间t的贴现因子，K_t 为资本存量。这是最优增长的“横截条件”，也就是说，存量资金的影子价值应趋向于0。[23]直观感觉是，如果资本存量的影子价值变得越来越大（技术上称之为发散），人们就会低效率地积累资本或无限期推迟：资本在T时刻的社会价值是未来能实现的收益流，这样，在“靠谱”（即积分呈收敛状态）的函数中，当前社会价值应该会下降。这种情况类似于使用有限视距模型——结论就是我们应该尽可能地涸泽而渔。[24]

拉姆齐（Ramsey）优化法则（具体参见技术附录的5.7和5.8）告诉我们，资本的长期边际产品和长期社会贴现率ηα+δ会趋于相同。请注意，能使均衡状态下人均消费最大化的资本边际产品等于增长率[25]（α+N）。如果不能满足收敛不等式的条件，根据拉姆齐法则，长远来看，边际产品将低于人均消费最大化的水平，而资本存量则会高于人均消费最大化的水平。换句话说，我们将低效地累积过剩资本。在这个意义上，长期资本越低，人均消费就越高。这样，唯一能满足拉姆齐法则的路径（也是实现最优化的必要条件）将是低效的，并且无法满足横截条件。也就是说，如果路径满足拉姆齐最优化的必要条件，就无法满足最优化的横截条件。可见，收敛不等式无法被满足，这意味着不存在最优化状态。如果$\eta>1$，较高的α值会使存在和收敛的可能性增加，因为这样，收敛不等式左侧的贴现效果就会大于右侧资本边际产品“人均消费最大化”的相关影响。

在积分不收敛的情况下，拉姆齐法则所蕴含的跨期优化总会导向推迟发生。当参数值逐渐接近发散边界，更高的储蓄率就会作为“最优化状态”出现。有人以此为理由，认为伦理上应该采用较高的纯时间贴现。换句话说，他们通过“逆最优”的逻辑，声称我们看不到或者不愿意看到这样的高储蓄率，因此，人类社会就必须采用较高的纯时间贴现率——这已经“体现了他们的价值”。也许还有人认为，这种较高的储蓄率是对这一代人的惩罚，因此采用较低或零纯时间贴现率从伦理上讲是不应该的。可见，“过度储蓄”“积分发散”“秩序不完整”（见下文）与不存在最优状态是密切相关的。

但是，这些问题可能源于对模型结构的认知。例如，认为技术进步的长期利率应该很高，收敛不等式左边的$\eta\alpha$因为增长α和不等式厌恶参数η的组合而贴现。或者这些问题可能意味着我们应该选择更高的η值，抑或表明整个模型结构（包括无限积分框架）具有误导性。从我们使用的数学来看，虽然考量的时间可能很长，但是否真意味着其是无限的呢？此外，收敛不等式的向心性——它比较长期社会贴现率与长期增长率，对此我们应该意识到这种做法对于纯时间贴现是不太可能具有真正参考价值的。在气候变化议题中，我们真的非常不确定长期人口增长速度会是多少；在可能会彻底发生改变的物理环境中，我们也很难推断长期外生性技术进步率。这两个值都可能是负数。事实上，在整个议题中，外生性增长都是不太可能的。[26]在这种几乎无法预知增长率，无法对长期模型产生信心的情况下，通过技术层面假设一个非常长的时期的增长率来探讨“纯时间贴现”这样残酷的话题，似乎只能产生误导。

还有人提出，为什么不无限期地推迟消费并纳入技术进步和灭绝的可能性（α可能是内生技术进步的结果）？积分可能分散并不能解决这一疑问。

鉴于“无穷大”会使模型中出现一些问题，我们应该说明一下，我们并非为了减少大量死亡的概率而要求支付无穷大的代价。似乎道德推理原则也并没有要求这样做。确实，涉及死亡风险评估和管理的许多决策都是非常困难的。总体而言，我们知道关于“无穷”有很多相关的数学悖论和其他悖论，这使得跨期估值问题更加复杂。[27]

跨期福利评估的另一个论据基于公理方法。[28]彼得·戴尔蒙德研究过无限期的效益流，[29]研究表明，两个假设——“平等对待”（有限数量效益的时间重新排序是中性的）和“敏感性”（在任何时间点更高的效益会增加福利）都与完整连续的优先次序出现不一致。他还研究了个人评估即时效用的不同无限流，不过结果自然涉及了社会福利函数以及后代人效益流的社会评估。[30]关于社会评估，平等对待（亦称“有限匿名”）的假设排除了纯时间贴现，而敏感性的相关假设是帕累托改进能够提高社会福利。[31]

关于效益流的无限尾巴排序，当“平等对待”和“敏感性”同时存在时，其状况同该模型中的发散积分一样，会缺乏一个有序的完整性。从本质上讲，比较发散积分就像给相同层面的无穷值排序一样，可能导致不完整性（除非我们比较的是不同层面的无穷值，如α_0，α_1，α_2等，但本案例不属于这种情况）。[32]

也许有人会建议我们必须放弃平等待遇的假设，使用纯时间贴现（基于出生先后的歧视），从而获得收敛积分。如果贴现率足够高的话，就能获得一个完整的排序。要反驳这一论据，首先应该明确——它并没有证明使用高纯时间贴现率的必要性，因为即使很低的纯时间贴现率也足以使模型中的积分达到收敛。更重要的是，这一论据显得很武断。如果一些假设条件不一致，而你寻求的是一致的结果，哪个更重要呢？阿马蒂亚·森多年来在探讨社会选择理论中一直提出这一点，[33]这也是他的新书《正义的理念》中的一个鲜明主题。[34]如戴尔蒙德所指出的，“我们的目标是解决政策问题。如果有很好的标准回答了这个问题（能够比较相关的政策选项），那就完事了。如果标准不能回答这个问题，则需要进一步思考”。[35]

某个选项某些部分不完整，不妨碍标准的有效性。

盖尔·阿施艾姆在这方面提出了一个有趣的说法，他认为，如果考虑“即时生产力条件”（投资正回报），（强）帕累托和有限匿名（纯时间贴现）公理意味着每代人的效益是不应该下降的。换句话说，就是常说的“可持续”（见下一章）。[36]而在涉及气候变化和环境可能面临被破坏的情况下，我们不能假设任何投资在任何情况下都能成功。资本及其他存量可能遭到破坏，投资收益也可能为负数。

基于社会选择公理及一致性审查的论据很有意思，也很有价值。但仅因为有些假设条件会导致积分分散和不完全排序，并不能证明我们就应该按照出生先后予以区别对待。

有趣的是，许多仔细研究过这个问题的经济学家都反对纯时间贴现。弗兰克·拉姆齐（哲学家、数学家、经济学家）称纯时间贴现为“有缺陷的想象”。罗伊·哈罗德和约翰·梅纳德·凯恩斯也认同这一观点。[37]近代伟大的经济学家鲍勃·索洛和詹姆斯·莫里斯，以及哲学家和经济学家阿马蒂亚·森也都认同这一观点。他们认为，没看到任何强有力的理由证明我们应该支持代际歧视，因此也没有任何理由进行纯时间贴现。根据“允许存在的可能性”原理，会产生一个类似程序，但那是另一个伦理问题。当然，列举支持者（即使他们是很杰出的经济学家）来证明一个论点的正确性，也不见得是一个好办法。不过至少这可以表明，低值或零值纯时间贴现是值得探讨的一个话题，而不是某种武断言论、帝王诏书或未经任何解释的断言。

不过最重要的还是论据。上文列举了证明纯时间贴现可以作为伦理立场的几种论据，并通过仔细分析证明这些论据的不真实。至少这些人支持高值纯时间贴现还有点“务实”的态度，通过理性分析来说明其观点，而不是简单、无理由地断定如此。除了错误理解和提及休谟的人之外，这些人普遍提出的两种理由是：（1）人类本来就这样（表现出不耐烦）；（2）如果我们假定纯时间贴现为0或很低，再加上其他道德假设和模型的某些结构性假设，有的模型就会“不好用”，会产生奇怪的结果。前者无疑是伦理基础太弱，因为这不是探讨伦理问题的方法。后者我们也详细论述过，其结论应该是模型本身存在问题或缺陷，而不一定形成关于纯时间贴现问题的有力证据。我们还进一步分析了增长及衰退的假设，认为对于我们抉择具有内生性的假设来说，这两点也是很值得仔细探讨的，而过于关注无限数学公式的做法，也是很值得商榷的。而且，如果“出现不完全的问题”，也许这是我们可以或应该接受的事实。

另外，低值或零值纯时间贴现的结论是经过透明且被广泛使用的伦理原则合理推理出来的，这些伦理原则也曾应用于比气候变化更广泛的议题中。在许多宪法或法律体系中，平等和非歧视都是根本性规定，也是基本的人权。约翰·海萨尼在其“客观”原则中体现了这一理念，罗尔斯在“无知之幕”中也有提及。[38]低值或零值纯时间贴现仅仅是基于出生先后的简单想法。[39]

综合考量单项商品模型以及戴尔蒙德、巴苏、米特拉、森和阿施艾姆的论证，我们会发现结论是比较一致的。收敛不等式及其衍生函数体现了大多数无限期增长模型的问题。它们（不等式及其衍生函数）让我们对无限积分的不收敛性产生直观的概念；提醒我们收敛依赖于长期参数，如人口和生产力的外生增长速度，而在气候变化课题中，增长不太可能是外生性的，甚至还有可能出现负增长；警告我们，这些参数会使模型中不存在最优化增长；显示如何因为推迟消费而产生非收敛性和无最优化；说明α值为0的设定过于简单，会误导我们的直觉——因为α为0，收敛不等式变为$\delta>n$，δ成为关注焦点，尤其是在假设n为0时，唯一的要素就变成纯时间折现率δ，只有α非0时，η和α才都能作为相关变量。注意，人均消费长期增长率可能来自内生的技术进步，不一定都是外生的，也不一定为正数。

因此，收敛不等式及其条件和推导涉及若干问题的核心，其中也说明如果单项商品增长模型产生难以理解或不一致的结果，我们应该审查模型的整体结构，而不能只看其中一个参数（这种情况下指δ）。而且在气候变化分析中，我们应该仔细审查增长模型中一些参数的合理性——包括外生性技术进步、外生性人口增长，以及不确定性的缺失。而且，无限期增长模型经常带来数学上的困境，这些问题是不是咎由自取、小题大做呢？

我们所应关注的是未来几十年应该怎么做，这是非常切实的政策难题。未来几百年的后果当然很重要，不过这不意味着我们的模型参数和伦理考量就要局限在无限积分收敛上。

5.6 本章小结

鉴于气候变化的广度、规模、长期性——其潜在规模巨大，所涉及的时间很长，影响将涉及各个经济领域和社会生活的各个方面，因此，我们在定义和分析与气候变化相关的跨期和代际问题时需格外谨慎，应基于相应的广度、规模和时间期限来展开研究。这个问题在本质上是如何管理巨型风险的问题，必须在明确的伦理基础上进行讨论，必须仔细探讨这种大型风险的影响，包括后代人赖以生存的环境遭到大规模破坏、产生冲突、导致大面积贫困、出现生命的重大损失，而且不同时间、不同区域、不同人群会面临不同的后果。

为避免误解，首先声明，我认为狭隘聚集模式是有价值的，无论是增长理论模型还是第4章中所分析的常用标准综合评估模型（IAM）。但对于气候变化这种涉及巨型风险和潜在经济结构性破坏的课题来说，在政策评估中，其作用很有限。此外，正如我前面章节所论述的，[40]综合评估模型通常都严重低估了气候变化的风险，其情景大多数为极端情况或侥幸的情况。

有一些很有趣、很重要的经济学文献没有犯本书所反驳的错误，并且研究了一些重要课题。[41]不过本章的重点不是介绍这些研究，而是集中讨论跨期问题，把复杂且重要的伦理视角引入经济学的探讨中。当然，在代际研究中，也有一些很有价值的方法超越了标准社会福利方法的局限，这些将在下一章中具体讨论。

经济学家如果将自己的分析经验和研究方法应用到关键性跨期问题研究中，可以为这一课题作出贡献。不过，我们必须重申阿马蒂亚·森的警告：

对于任何这种社会评价而言，如果公众在充分知情的情况下进行审查是很重要的话（我相信事实如此），隐含的价值必须予以明确，而不是通过虚假理由在审查中隐藏起来，假称之为已建好可用的指标体系，无须采取任何其他措施。[42]

综上所述，本章的分析结论如下：

- 贴现、贴现因子和贴现率等概念对于评估当前决策的未来影响有很大的用处，但许多经济学家在分析应对气候变化的政策时，错误地应用了这些概念，如将贴现看作外生性的（认为“必须有一个贴现率”）。然而，在实际中，气候变化可能从根本上改变未来几代人的处境，在某些情景下，后代人会更加贫穷。这肯定会从根本上改变现在与未来的贴现因子。
- 还有人错误地参照市场利率来确定贴现率。大多数市场利率并不是基于超长期公共决策形成的。多数相关资本市场也并非完美市场，存在严重的信息不对称等问题。
- 在本章附录，我论述了为什么从公共政策角度推断“政府价值”在这个课题中并没多大意义。主要原因是，这种推论需要模型结构符合特定的规范，而“决策者”的局限和结果对规范非常敏感。这种探讨的技术性比较强。
- 关于纯时间贴现，有人认为现在人的福利高于未来人的福利，原因仅仅是后者是未来人。这是对出生先后的歧视，如果被应用在生活中的其他领域，可能会遭到抵制（也理应予以抵制）。[43]我们分析了几个支持歧视的论据，发现它们都缺乏可信度。鉴于这些论据都站不住脚，在经济模型中运用高值纯时间贴现可以说是武断的做法。而在道德哲学中，平等待遇是一个具有很深的基础的理念。
- 如果在利用模型测算气候政策的经济利益时确实需要进行纯时间贴现，那么应该以消费计价，并且采用几乎为0的贴现率（采取微小的正值仅仅是为了反映全球灭绝的风险）。
- 但是，我们应谨防“一叶障目，不见泰山”的问题出现，不能因为贴现问题而忽视气候变化的挑战——气候变化政策中最关键的是战略抉择，是选择哪种排放路径的问题。正如我们在之前章节中所探讨的，在研究了不同排放路径的后果之后，我们有足够的理由来选择大规模迅速减排的路径。

技术附录

附录5.1　贴现因子和贴现率的正式定义

我们首先讨论贴现因子和贴现率的正式定义。如果商品i在时间t的贴现因子是λ_{it}，则时间t的贴现率ρ_{it}等于λ_{it}的降低速度，即它测量的是贴现因子正在下降的速度有多快。换句话说，$\rho_{it}\Delta t$反映的是单位商品i在时间t+Δt时比现在的价值降低了多少（比例）（见公式（5−2））。在离散时间内，如果ρ_{it}每周期为0.1，单位商品i在t+1时将比在t时价值降低10%：

$$\rho_{it} \equiv -\dot{\lambda}_{it}/\lambda_{it} \tag{5-2}$$

如我们所强调的，“折现率”取决于i和t。公式（5−2）有时含有商品i“自有”贴现率。[44]当引入不确定性时，则需要一个新参数来进一步反映“情况的本质”，或者我们可以将商品i在不同情况下看作本质不同的商品，这样参数i就包含了情况的信息（如雨伞在下雨时和不下雨时，显然是两种商品）。

商品i和j的贴现率是怎样的关系呢？公式（5−3）表述得很清楚，记住，λ和ν取决于t：

$$\rho_{jt} - \rho_{it} = \dot{\nu}_{ij}/\nu_{ij} \qquad \text{这里 } \nu_{ij} \equiv \lambda_{it}/\lambda_{jt} \tag{5-3}$$

因此，商品i和j在时刻t的贴现率之间的差值，等于相对估值或相对折扣因子或相对阴影价格（本文会交替使用这几个术语）[45]的变化速度。

在过去至少60年中，这种说法已经很常见了。[46]在20世纪60年代—80年代的成本效益分析文献中，其也得到了普遍认可，被描述为“贴现率取决于计价单位的选择”。[47]换言之，选择商品i为计价单位，或者选择商品j为计价单位，所获得的相应贴现率组合也是不同的。计价单位的选择不影响决策，但会影响社会价值评估的表达。

可以想象，商品i当时的稀缺程度也会影响λ_{it}值。例如，如果商品i是环境服务，很可能随着时间的推移i会变得更稀缺，使λ_{it}值不断推高，从而相应的贴现率成为负值。[48]λ_{it}还会受到整体生活水平的影响。如果生活水平普遍提高，λ总体而言可能会逐渐下降；但如果情况变差，它就可能会上升。

此外，消费增量可能对不同人群具有不同的社会价值。确实，这也是比较合理的说法，不同人群的消费增量确实具有不同的社会边际价值，除非直接假设它们都具有相同的值（这似乎过于武断，缺乏伦理基础支撑），或者除非为了优化，假设存在优化的一次性转移可以使社会边际估值都一样。实践中，鉴于现代公共经济学中常见的信息和激励标准，很难想象能存在这种优化的一次性转移。[49]很多人认为，富裕阶层的消费增量应该被赋予较低的社会边际价值（如根据功利主义者理论或伯格森-萨缪尔森目标）。[50]商品i对于家庭h在时间t的社会价值表示为$\lambda_{it}\mu^{ht}$，其中μ^{ht}是家庭h在时间t的收入的社会边际估值，通常因家庭不同而不同。

使用标准的边际方法进行狭义的成本效益分析，对于既定增长路径只有微小偏差的小型投资项目来说还是很有用的，可以在不同的机会之间作出实际和理智的选择。然而，气候变化有所不同，前文已分析过某些（高碳）投资或增长战略很有可能会导致世界经济和社会环境发生巨大变化——包括经济迅速下跌、环境被整体性破坏、收入分配结构发生根本性改变，以及大规模移民可能导致长期广泛的大型冲突和生命损失。

在这样的背景下，如果将贴现率视为恒定的，就难以令人信服，原因至少有4点。首先，它肯定对未来收入水平敏感，尤其是对收入下降很敏感，会导致更高的贴现因素和负贴现率。其次，某些领域内的环境服务可能会彻底崩溃，这样很难使该服务和其他消费品的相对影子价格保持恒定，贴现率会根据商品不同而不同（见公式（5-3））。再次，如果世界收入分配受到根本性影响，例如，如果最穷的阶层最早受到气候变化的最大影响，就不能再假设收益或成本以广泛而稳定的方式分配。对于成本如此，对于收益如此，对于资源使用也如此。这些论据都需要考虑收入分配问题。最后，如果出现大规模生命损失，有些标准函数也将不再适用，需要进行相应调整才能反映这些生命损失及其累积的财物损失。

可见，如果把气候变化问题的研究等同于常规的项目，如在贫穷国家建立水利基础设施或防治疟疾的项目，[51]就会在评估中出现严重的偏颇，因为其成本效益分析忽略了气候变化可能给全球带来的巨大影响及对跨期估值的含义。

这种简单思维的成本效益比较通常还把所评估的项目作为单独的项目，没有考虑到多个项目之间的相互影响。水资源问题、疾病和健康、气候变化，都是紧密相连的。将相互关联的项目作为独立项目评估是成本效益分析中最基本的错误，它企图将一系列深刻、非边际、全系统的问题硬塞到一个狭隘的边际框架中，忽略项目之间的相互联系，其根本原因是未能深入理解成本效益分析理论和实践的基础知识。战略决策的核心确实在于对后果的仔细分析，但研究人员有时采用狭隘的成本效益分析，忽略了问题的规模和联系，在评估经济学基础和伦理哲学方面都有失偏颇。

有意思的是，达斯古普塔在他的一篇论文中基于简单的社会福利函数和边际效应探讨贴现问题，然后在论文末尾提出一段有趣和明智的项目评估原则，并得出结论：损失潜在规模非常大，这种狭隘的成本效益分析几乎没有参考价值。[52]我同意这种观点，而且狭隘的分析还可能导致我们在这一课题中转移对跨期价值和估值重点的关注，进而引起蕴含巨大分配问题和不公平性的错误决策。

附录5.2　拉姆齐函数

我们现在的分析从基本原则和一般性函数转向单项商品增长模型的特殊结构。它在伦理和不确定性研究中采用非常狭窄的方法，而且在消费者和商品分析中采用高度聚集的方式。应该说，在气候变化贴现研究中，它并不占主要位置，但是由于其在跨伦理讨论中频繁出现，还是有必要专门讨论一下，以便其本身所具有的问题可以得以明确。值得注意的是，尽管其方法很狭窄，但在跨期参数函数分析中也有一定的用处，也披露了有关纯时间贴现和无限期模型的一些问题。这里重点探讨拉姆齐分析及消费和投资之间进行最优分配的规则。

在国家层面的跨期决策中，很多关于总体目标的函数（包括标准的宏观经济学、一般均衡、增长理论），都使用了一个简化的目标，通常表述为总消费函数积分的最高数学期望（见公式（5-4））：

$$E\int\sum_{h}u(C_{ht},N_{ht},t)dt \quad (5-4)$$

其中：运算符E的期望值涵盖了各种可能的结果，积分随时间推移，基于个人加总求和（或像文献中常用的对各类人口子集求和）；u为社会效用函数，C_{ht}是h组在t时的总消费量（通常是一种商品，也可能是一个矢量），N_{ht}是t时的人口数。人们常常认为C_{ht}会在h组平均分布，C_{ht}代表该组的人均消费之和（但组内分配规则可能有很多种）。

虽然这个函数对于涵盖的问题而言比较灵活，但它确实还存在2个重要的狭义假设：它对风险的处理是通过社会效用u（）的预期的，并把不同时间点的消费进行单独处理。[53]矢量C_{ht}可视为在一定程度上纳入了环境服务的作用，但通常只有一个维度——总消费量。虽然公式5-4本身并没有这样的要求，但在实际应用中通常将不同时间的收入分配概率单独进行处理。这一点很不切实际——如果气候变化比预期还要剧烈，[54]同样结论可能在中后期更贴近现实。而且，有些损失可能是持久乃至不可逆的，具体参见《斯特恩报告》（2013年）及本书第4章内容。

为了更简单地表达这种贴现方式的常见讨论，我们进一步简化社会目标函数（公式（5-4））如下（见公式（5-5））：

$$E\int N_{t}u(c_{t})e^{-\delta t}dt \quad (5-5)$$

现在只有一种商品，在时间t有N_t个家庭，其消费都为[55]c_t，“纯时间贴现”率恒定为δ。这里，纯时间贴现涉及一个未来效用的贴现因子$e^{-\delta t}$，赋予后代的效用及未来的消费以较低的权重，就因为他们生活在未来。如本章所讨论的，这可以被视为对未来生命及其福祉的打折，无论其消费情况如何，就因为他们出生得晚些就这样歧视对待。

在这样的框架内，时间t的贴现因子为（见公式（5-6））：

$$\lambda_{t}=u'(c_{t})e^{-\delta t} \quad (5-6)$$

其中：λ_t为总消费整体增加1单位的边际估值（平均分配，因此每个人都在t时获得额外的$1/N_t$），这是公式（5-5）相对于c_t的偏导数。我们假设λ_0等于1，λ_t可看作t时单位消费的影子价格。在一个简单的优化增长模型中，消费和投资分配的优化条件是λ_t应等于增加1单位投资或资本的价值。

t时社会折现率ρ_t则等于λ_t的下降速度，即（见公式（5–7））：

$$\rho_t = -\frac{1}{u'}\frac{d}{dt}u' + \delta. \tag{5-7}$$

正如贴现率等于贴现因子的下降速度，社会贴现率等于单位消费阴影价值的下降速度。在最优情况下或根据拉姆齐法则，社会贴现率应等于投资的社会回报率或单位增量投资阴影价值的下降速度；在简化情况下，社会贴现率等于资本的社会边际产出。直觉会认为在边际时，对消费或投资增加单位投入，其回报率应该是一样的。[56]

如果u（c）具有特殊的弹性，根据$u(c) = c^{1-\eta}/(1-\eta)$和$u' = c^{-\eta}$，$u' = C^{-\eta}$，公式（5–7）会变为：

$$\rho_t = \eta g_t + \delta \tag{5-8}$$

其中：g_t在t时恒等于$\dot{c}/c$。

因此，社会贴现率等于收入（η）的边际效益弹性乘以增长速度再加上纯时间贴现率。

拉姆齐函数一直被广泛使用，虽然使用者往往注意不到用于构建这个函数的狭义假设。我们必须认识到，在某些情况下，g_t有很大的概率为负值。因此，正如我们已经看到的，即便是在这个狭窄且常具有误导性的模型中，都可能会存在负贴现率。

《斯特恩报告》附录2A讨论了拉姆齐函数，而且提醒要注意其中许多过于简化的假设可能并不可靠。这些简化的假设包括使用单项商品衡量重要环境服务、未来消费的不确定性、对于某些人而言可能的消费下降、内生性人口等。可惜，这种提醒并没有引起太多关注。[57]另外，这个函数对于研究分布判断和无限课题还是有一定用处的，下文中会进一步讨论。

附录5.3　关于分配值的研究和推理

我们回过头来继续探讨狭隘单商品模型及其表达社会贴现率的公式（5–7）和公式（5–8），尤其重点讨论公式（5–8）中“参数”η和δ具体设置中的伦理方法。该函数比较清晰、明确地纳入了一定的分配判断和纯时间偏好，重点关注后代人的相对消费水平、（η）反映的分配判断、对于不同时期出生者歧视的立场，这些都是狭隘模型之外的问题。

该函数被使用广泛，因此很有必要分析下关于η和δ的设置都有哪些不同的观点，以及哪些更有道理。本章正文部分已经很详细地讨论了纯时间贴现参数δ的选择，这里我们侧重讨论参数η的设置。第一种情况是，如果把η值设定为2，假设甲的消费量是乙的1/5，那么对于甲而言，单位增量价值就是乙的25倍；第二种情况是，如果把η值设定为1，则甲就是乙的5倍（等弹性公式具体情况见公式（5-7））。[58]这种思想实验有时用术语“漏桶”表示，这是一个经济学和哲学都经常使用的比喻。[59]当甲是乙的5倍时，我们可以思考是否应该从甲边际转移4/5给乙，即使转移会导致整桶水失去4/5。如果答案是“是”，那么η大于1。这种分析可以为参数η的选择提供参考。

研究者一直在研究各种涉及分配判断的公共决策和集体抉择案例，试图弄清楚η值如何设定才能更好地体现这些决策背后的价值。在正式研究中，推理决策的价值通常不得不考虑“逆最优”的问题——对于所研究的决策，需要考虑在目标函数中怎样设置参数值（在这里是η值）才能与该决策保持一致。这种方法的一大挑战是，要想使这个值对相应的道德立场有实际参考意义，必须明白决策者想的是什么。如果是集体决策的情况，我们还要考虑一个集体、社区或国家的决定是否能够像单一优化模型那样简单建模。

在建模模拟决策时，如果涉及某种目标的最优化，我们需要明确决策者所观察或假设的约束条件和激励机制。例如，在研究制定税收政策时，人们对于税收增加或降低会有怎样的反应？对此，我们必须作出假设。所有正式研究过公共经济学的人，想必都知道这项工作有多不容易，因为很难推测个人对税收及转移（也就是正反激励）变动的反应。有趣的是，我们在这里企图用“逆最优”问题猜测决策者是怎么想的，而不是开展实证分析来研究人们对税收和奖励的反应如何。

在过去的30年里，斯特恩、阿特金森和布兰德里尼都曾经比较系统地研究过税务和转移（即η）课题。[60]他们的结论都说明，在不同的案例中，由于感知技术、约束条件和激励机制不同，结果可能也会存在非常大的差异。很多研究设定η的社会价值接近0——好像很多人认为，1美元收入或购买力无论在哪都具有相同的价值。20世纪60年代末，我在牛津参加了一个成本效益分析研讨会，在研讨会中，哈伯格提出了那句著名的论调——“1美元就是1美元，就是1美元”，理由是它可以移动。[61]阿特金森和布兰德里尼指出，在一些本质上是从穷人向富人转移的案例中，使用逆优化方法来“解释”收入转移政策会造成η值都是负数的印象。[62]

有些研究基于个人或集体储蓄推理η值。例如，达斯古普塔使用某种不含技术进步的简单聚集储蓄模型，并得出结论——η应该不小于2。[63]不过，同样存在对假设非常敏感的情况。例如，在储蓄模型中，如果假设含有外生性技术进步，那么对于一个给定的η值，其最优储蓄率就比没有给定的情况低得多。[64]因此，要“解释”30%～40%的储蓄率，我们可以推断，当含有外生性技术进步时，η等于1或1.5；不包括时，η值在3~4之间。[65]

也有人通过不确定性下的标准选择模型推断η值，在预期效益框架中，η是相对风险厌恶指数（此处是常数）。[66]在这种情况下，η值仍具有很大区间，从负数到非常大的正数都有可能——有人愿意接受不公平赌博(因而在一定范围内为凸效益函数，η值为负数)，也有人似乎非常厌恶某些决策的风险（因而产生高η值）。需要注意的是，在任何情况下，用预期效益模型分析许多个体的决策都不会太好用。[67]因此，基于风险和不确定性的分析方法对于使用逆最优方法来确定η值并没有太大帮助，虽然有些人一直偏好使用这种方法。巴罗最近表示，他通过投资组合“股权溢价”分析推出η值约为3。[68]总之，巴罗主张η值约为3，达斯古普塔认为η值不小于2。

威兹曼比较有信心地认为，2是一个合理的η值。[69]莱亚德似乎确信η值接近1。[70]我在1977年提出，这种η值的推导并没有多大意义，[71]阿特金森和布兰德里尼也认同这一点。

有趣的是，韦茨曼表明，可以通过股权尾端较高权重来理解股权溢价，[72]也就是说，随机变量分布的假设会强烈地影响结果。这种讨论表明，由于不确定性，推理值对决策者的想法非常敏感，尽管我们认为期望效益模型及其他类似模型都是很好的模型。在不确定性的情况下，如果从个人不确定性决策延展到社会决策，还涉及很重要的伦理问题。因为前者与后者的相关性并不清楚，还需要仔细探讨。如果用政府决策模型推断，这个问题则不太严重。

在气候变化研究所经常使用的模型中，η通常具有3种功能：（1）在不确定条件下模拟选择；（2）模拟同期分配问题；（3）模拟跨期分配问题。对于一个参数而言，这无疑是期望过高，尤其是鉴于它本身位于特定的效用结构之中。如何将不同问题单独区分对待同时又保持一致性，是一个很重要的研究课题，其不仅对气候变化研究很重要，对其他研究也很有用。参数η在关于增长、不平等、风险规避的研究中发挥着多种功能，在《斯特恩报告》及后续研究中的计算通过分析高η值对增长和不确定性的影响展示了这一点。《斯特恩报告》讨论了这些增长和不确定后果的相互作用。[73]以增长和未来风险程度的一些既定假设为前提，η值高意味着气候变化的潜在成本也更高（按比例提高），因为它涉及更大的风险规避。但是，如果假设未来风险较低，η值高意味着应对气候变化的相应成本更低，因为它更厌恶不平等性，假设后代人更富有，因而对后代人的利益赋予较低权重，也就是采用较高贴现。[74]

《斯特恩报告》将η等于1作为“官方定位”（见《绿皮书》，即财政部项目评估手册）。[75]不过这个值是“官方的”，并不意味着就能大大增加它的可信度或伦理基础。《斯特恩报告》也做了一些η值的敏感性分析。[76]

还有一个问题就是，在伦理探讨中，η值扮演什么样的角色。尽管许多分配社会决策（无论是同期还是跨期）都能通过某些给定的η值来“解释”，但这些η值能否较好地涵盖与气候决策有关的价值呢？对此并不是很清楚。在此，仅提醒一下，逆优化η值估算方法的应用非常普遍，却没什么实质性的指导意义。[77]

有人可能会认为，最好省去一切关于η值的推导和讨论，不管它是否提供明确的结果，建议直接切入目前的气候问题。我觉得这种观点也过于一刀切。分配值的确很重要，也很难定性。要想更好地理解它，有时比较有效的办法是在简单严密的定义下有条理地思考这些值，然后再考虑这些思维过程是否可以帮助我们为更复杂的问题设值。

我已经阐明了这一观点——我认为，针对气候变化课题，其后果的可能性范围非常大，其中有些后果还会是极为严重乃至灾难性的，这使预期效益单商品模型并没有多大参考意义。它能提供一些有益的见解，但我们不应该过分关注和局限于这些模型。本书第1章和第2章对气候变化问题作出战略性分析。第1章分析了相关科学和伦理问题的严重性，从多方面分析了气候变化的后果，包括未来经济可能比现在差很多、可能会有人员伤亡、不同阶层所受的影响会有很大差异、生物多样性逐步丧失等。第2章通过分析，展示了如何能从根本上减少这种巨大的风险。

分配值涉及复杂的伦理问题，在气候变化背景下，伦理问题又非常重要，尤其是气候变化可能涉及灾难性的后果和大规模的人员伤亡。这些问题需要被公开讨论，而且关于伦理的讨论应该是明确的，应该在适当的问题分析框架下进行，而不应该局限于我们所熟悉的传统狭隘的经济模型，因为那些模型的设计是针对有限范围的问题。

注释

本章基于Stern(2014b)的研究,该研究成果发表在2014年11月《经济学与哲学》中。

1 见Drèze和Stern(1987,1990)进行的详细、正式的讨论。

2 换句话说,如果函数是可微的,赋予资源拉格朗日乘数可以对约束起到一定的平衡作用。

3 "靠谱"是指具有适当的连续性与凸性,能使优化时边际条件充分体现。

4 很可能出现各种不连续与非凸性,甚至很难检测到是哪个函数或空间可能存在问题。关于影子价格与改革理论之间的关系见Drèze与Stern(1987,1990)的研究,该研究继承了Meade(1951,1955)、Guesnerie(2004)等人的研究,详见这些论文及其参考文献。

5 关于为何针对重要风险问题的政策应偏重数量或价格的探讨,参见Weitzman(1974)对这一话题的深入分析,这篇论文产生了很大的影响。

6 见Nordhaus(2008)、Weitzman(2007a)、IMF(2012)的研究第4章。

7 见Nordhaus(2008)、Weitzman(2007a)。

8 例如,Weitzman(2007a)认为6%符合"3个2原则":增长率为2%,纯时间贴现率在2%左右,$\eta=2$。公式(5-8)见技术附录。

9 即计价标准。

10 见Barclays(2011)的数据与分析。

11 见Weitzman(2007b)。

12 见Giglio、Maggiori和Stroebel(2014)。

13 见Little和Mirrlees(1974)。这方面的最新讨论见Gollier(2012)及Posner和Weisbach(2010)。

14 见Arrow等(2013)。

15 见Weitzman(1998),Giglio、Maggiori和Stroebel(2008),以及Farmer等(2014)的最新一篇研究,其结果基于与一些类逐期利率指数因子乘积期望值的分析。

16 见Farmer等(2014),以及Giglio、Maggiori和Stroebel(2014)。这两篇研究都认为长期市场利率大约涵盖了一些风险,因此推测名义"无风险"利率将会更低。

17 这实质上是该模型中泊松过程的第一个结果。

18 我很感谢Cameron Hepburn提醒我关注这一因素。

19 见Hume(1888),第3册第2部分第7节。

20 正如与Christopher Bliss的一次私人交流中所说的,推测休谟能给世界其他地区赋予多少"权重",是很有意思的事情。在启蒙时代,有些人可能乐观地认为其他国家除非"好好学习进步",变成"一个像我们这样的国家",否则其重要性就比我们低。从共同人本的角度看,这种观点可能不会获得我们广泛的支持,虽然这类思维模式在二三百年前被视为是有意义的。

21 见Sen(2006,2009)。

22 从长远看,N的增长率为n,人均消费效用为$(1-\eta)\alpha$,这两个值之和必须小于δ,以便无穷积分收敛。见Stern(2007),第2A章。

23 见公式(5-8),渐近时λ值的下降率为$\eta\alpha+\delta$,因为α为长期人均消费增长率,K的增长率为$\alpha+N$。要使λK收敛,前者的值必须高于后者。

24 关于这种模型优化的必要与充分条件,参见Stern(1972b)的分析。

25 生产函数为$F(K,Ne^{at})$,$\hat{c}=C/Ne^{at}$,$\hat{k}=KNe^{at}$,在均衡状态下,c与k为常数,$\hat{c}=f(\hat{k})-$

(a+n) $\hat{k}$,相对k使c最大化,得到f′($\hat{k}$)=(a+n),其中f(x)恒等于F(x,1)。

26 见Stern(2013),以及本书第4章。进一步的讨论见Stern(2007)第2章附录。

27 建立在无限周期基础上的模型允许有帕累托改进的可能性,通过消费可以实现。在重叠跨代模型中,第一代可通过获得第二代的赠予使自己情况更好,第二代可通过获得第三代的赠予使情况更好,以此类推。在这种模型中,可能难以获得最优化情景,因为任何一个潜在的最优可能都可以通过礼物机制进一步提高,因此不可能是最优的。这个例子也提醒我们必须警惕特定的模型逻辑限制。

28 近期Asheim(2010)的研究作出了有用的分析。另见Blackorby、Bossert和Donaldson(2005)出版的书。这一文献在很大程度上是基于Diamond(1965)的研究。

29 这点基于Koopmans(1960)的研究,Diamond将这种见解归功于Menahem Yaari。

30 这些基本是Basu和Mitra一系列社会评估研究论文(例如2003年与2007年)的结论,与Diamond研究结论的逻辑是一致的(理论上有所改进)。

31 帕累托改进是指一种不损害任何人收益同时增加至少一人收益的变化。

32 可以尝试使用"主要标准"将发散积分进行排名,如Asheim(2010)。但这种方法仅适用于处理积分临近发散边缘的情况——在简单的单商品增长体系中,且收敛不等式涵盖平等性,如Mirrlees和Stern(1972),以及Stern(1972b)。

33 见Sen(1970a,1970b)。

34 见Sen(2009)。

35 2013年7月与Peter Diamond的私人交流。

36 见Asheim(2010)。

37 见Ramsey(1928),Harrod(1948)。

38 见Harsanyi(1953,1955),Rawls(1971)。

39 同时见Quiggin(2012),该研究正式证明在含有社会福利函数的跨代标准模型中,任何时间点要平等对待当前活着的生命,都需要零纯时间贴现。

40 同时见Stern(2013),以及本书第4章。

41 见最近比较创新的论文,如Guesnerie(2004)重点探讨"多商品模型"的一些特定事宜,Sterner和Persson(2008)纳入了相对价格变动。此外,Dasgupta(2011)、Cline(1992)、Ackerman和Stanton(2012)、Sagoff(2004)、Jamieson(1992)也作出了有益的讨论。Neumayer(2007)分析了不可替代的自然资本的损失,作为支持气候行动的理由。还有一些有趣的文献探讨了双曲线贴现(其中假设远期贴现率低于近期贴现率),尽管这些文献通常集中在对行为心理学和额外性等的探讨上,并未重点讨论伦理问题。Arrow等(2013)探讨了使用贴现率递减的方法,因为其存在很大的不确定性。

42 见Sen(1999)。

43 关于这个说法,可以分析25岁的成年人与45岁的成年人。

44 见Bliss(1975)。

45 商品i在时间t的影子价格的正式定义是,"在时间t增加额外1单位商品i的供应所产生的社会福利"。对于决策而言,重要的是相对影子价格。这一概念的定义需要有社会福利总和或目标函数。见Drèze和Stern(1987,1990),影子价格取决于多个因素,包括模型函数、分布式、社会福利概念所蕴含的其他值。

46 关于异构资本商品,例如Malinvaud(1953)。

47 见Little和Mirrlees(1974)及Stern(1972a)。

48 见Gollier(2010)。

49　见Mirrlees(1971,1997)。

50　Bergson-Samuelson社会福利函数为w(u^1,u^2,…,u^H),这里的社会福利简化为个人效用函数。在任何情况下,使用收入的社会边际价值都必须很谨慎,因为如果系统中任何地方的市场价格与影子价格不同,从收入支付影子税收的边际消费倾向(这里影子税收为市场价格与影子价格之间的差额)都应会影响到总税最优化的边际条件,或者事实上成为次优税。在Drèze和Stern(1987,1990)的研究中有较多关于这些问题的正式探讨。

51　见Lomborg(2009)。

52　见Dasgupta(2008)。

53　而且它假设人口具有外生性结构与时间曲线。

54　例如,由于气候敏感性在实际中高出预期。

55　解释固定收入分配也不是不可能的,但我们暂时简单略过。

56　根据Pontryagin或Lagrangean的方法,在对最优化增长的必要条件进行正式分析时,拉姆齐规则对影子价格起到了微分方程的作用。资本积累的条件(消费加投资等于产值)赋予微分方程量化结果。下文会探讨资本长期价值的横截条件。关于最优化增长的充分条件见Stern(1972b)。

57　例如Nordhaus(2008)、Weitzman(2007a)、IMF(2012)及本书第4章。

58　等弹性式(且只有这种公式)有一个特点——相对边缘估值仅取决于相对收益。有些人(如Serge Kolm)对此提出质疑,担心收入分配向富裕阶层倾斜(实际上,富人阶层内部差别也可能非常大)。例如见Kolm(1969)等的研究。

59　见Okun(1975)、Stern(1977)、Atkinson和Brandolini(2010)的经济学分析,以及Broome(2009)、Page(2007)的哲学探讨。

60　见Stern(1977)、Atkinson和Brandolini(2010)。

61　当然这抽象乃至忽略了所有信息不对称的问题(很多纳税人知道的,政府并不知道),这也是米尔利斯(à la Mirrlees)研究所得税理论的原因。

62　见Atkinson和Brandolini(2010)。

63　见Dasgupta(2008)。

64　见Mirrlees和Stern(1972),Stern(2008),DeLong(2006),Dasgupta(2007)。

65　实际上,技术进步并非必须是外生的。长期的内生技术进步也会产生类似的结果。

66　这意味着,如果模型涉及预期效用最大化,个人愿意支付财富β的相同比例,从而对一定比例损失的α提供保险,无论其收入水平如何。换句话说,β取决于α而不是收入。

67　见Ariely(2008)、Slovic(2010)、Kahneman和Tversky(2000)。如果沿着奈特线区分各种不确定性,会存在许多困难,因为不确定性难以定位风险会存在于哪些地方,以及具体的概率也难以确定。见Stern(2007),38~39页。

68　见Barro(2013)。

69　见Weitzman(2007a)。

70　见Layard(2005)。

71　见Stern(1977),Atkinson和Brandolini(2010)。

72　见Weitzman(2009)。

73　见Stern(2007),书后技术附录。

74　见Stern(2008)。

75　见https://www.gov.uk/government/publications/the-green-book-appraisal-andevaluation-in-central-government。

76 见Stern(2007),技术附录后记。

77 关于Negishi权重的应用,同时参见Stanton(2011),它从本质上而言是阻止综合评估模型在任何时间重新分配收入给较贫穷的人。

[第6章]

统一道德哲学和政治哲学的广泛探讨

由人类活动而导致的气候变化，其特点（规模大、风险复杂、影响时滞性，以及温室气体排放的公共性）决定我们在经济政策评估中不能局限于常规经济模型的标准函数及价值伦理分析方法。因为这些函数通常只是基于一些给定路径的边际变化来分析政策影响问题，而人口规模和结构被视为外生性因素。用这种函数来分析应对行动的结果，常常导致评估行动的伦理基础过于狭隘，仅仅基于帕累托改进和伯格森–萨缪尔森社会福利函数的一些简单推导进行估值，只研究轻微变动的情况。[1]而且如第5章所探讨的，这些模型经常认为社会决策所需参考的“社会价值”可以直接从市场或政府行动中获得，却没有明确这一条件应用中所涉及的假设条件、行为模式及伦理道德。

如果恰当地使用这些福利经济学的标准研究方法，并注意上述相关问题，对于很多课题而言还是很有用的。然而，对于气候变化议题，考虑到其巨大风险，这些模型的狭隘假设却存在很大隐患。仅仅依赖这些模型进行分析，可能会忽略很多重要的伦理问题，这很令人担忧。因此，本章就一系列道德伦理视角展开分析。

我们分析强调个人行为的道德哲学。该研究目的不是为了推销某种特定的视角。事实上，我比较认同以赛亚·伯林所述的多元观点的重要性——任何单一的角度都无法独自涵盖全面的理解或道德指导。本章首先研究与气候变化问题最相关的几个道德哲学视角，核心论点及结论是，它们基本都指向了同一个方向——我们应该采取强有力的行动应对气候变化。

首先，必须明确本章探讨的道德观点和方法大部分都是从传统的欧洲视角出发。不过，世界其他伟大哲学体系中的道义、美德、权利、义务、责任等概念，也是非常关键的。[2]

我们从康德、契约论和亚里士多德等几个主要视角开始研究。6.2节探讨基于自由、权利和正义的方法。6.3节探讨应用经济学比较熟悉的契约论。在前两节的基础上，6.4节和6.5节分析关于可持续发展和人口的一些基本问题。6.6节讲述温室气体基本外部性中的帕累托无效率。6.7节审查很多人（特别是经济学家）是怎样在与气候变化相关的政策分析中回避进行明确伦理分析的。

6.1 道德哲学的视角

多数道德哲学视角通过某种方式进行政策或行动评估。在经济分析中，占主导地位的方法是评估政策或行动的必要性或影响。这种“结果主义”导向的方法包括经济学家们所熟知的伯格森-萨缪尔森模型和帕累托福利分析特例。但是也有许多其他成熟的道德理论并不判断行动或政策的影响，至少不局限于影响评价。这些理论数量众多、形式各异，但这些重要且多样化的思想往往被经济分析所忽视，本书统一提及是为了提请经济学家们关注。

我们首先简要考察4个重要的非结果主义理论，大致可以称为康德主义、契约论（如卢梭和罗尔斯）、亚里士多德主义[3]和“常识多元主义”。

6.1.1 道德行为准则的方法

康德主义

康德理论体系的核心是“绝对命令”，它给出了一个对自己或他人道德行为的判断标准。从本质上讲，它探讨的是“责任”的概念及其基础。绝对命令其中一条是“只依照那些能够成为世界普遍行为准则的格言去行动”。这是一种指导个体行为模式的方法，它强调行动的本源——意志，以此作为道德评价的对象，而不是以可能产生的后果为准绳。康德以此来反对当时盛行的功利主义及其最高代表——结果主义。

思考气候变化问题的“普遍准则”具有挑战性，因为这里的“他人”包括现在尚未出生的人，除了我们需要思考下如何对待他们的福利外，其行动不太可能对我们有任何直接影响。此外，更重要的是，我们不清楚他们是谁，乃至他们是否会存在。尽管如此，如果“普遍准则”是允许每个人随便按照自己的意愿排放，如按美国水平排放（约人均20吨二氧化碳当量），那么毫无疑问，对于气候而言，这将引起灾难性后果。因为在这种情况下，目前每年的总排放量将达到约1 500亿吨，而不是现在的500亿吨，更不用说为避免危险性气候变化（即有50%的概率将温升控制在2℃以下），到2050年需要实现排放量小于200亿吨了。因此，根据康德理论，结论可能是个人应该迅速减少排放。

康德绝对命令的第二条是，任何时候绝不能把“人”只看作手段或工具。为了自己的偏好，明知损害他人的前景和生计却还要继续污染环境，这似乎就是只把他人作为实现我们目的的工具。[4]

契约论

基于契约主义（如卢梭和罗尔斯）的方法具有类似的问题。我们与谁形成社会契约？尤其是对于那些还未出生、不能谈判或签订合同、只能由我们代为决策的人而言，他们在其中扮演什么样的角色？我们的决策可能会导致灾难性后果，未来有谁、有多少人乃至有没有人生存，都将取决于我们的决定。有趣的是，罗尔斯在基于“原始位置”的社会契约分析中基本回避了后代的问题。[5]即使他有所保留，但如果推导下去，契约论可能会导致产生重视后代权利的结论。例如，有些罗尔斯“原始位置”的人并不知道自己会“加入”哪代人，并且会希望避免介入对自己不公平的合同。

亚里士多德主义

亚里士多德主义（或者普遍而言，叫作美德伦理学）不同于其他的方法，它探讨的不是“我们应该怎么办”，而是“我们应该做什么样的人”。它强调品德的角色，倡导过品德高尚的生活。这种理论认为，我们可以识别并讨论“良好行为”，就像我们能鉴别小提琴演奏好不好一样。亚里士多德在其《尼各马科伦理学》中指出，品德高尚的生活需要具有勇敢、节制、宽容等品质。[6]如果我们用这个理论来分析酒后驾车，我们可能会认同这是不负责任、缺乏品德的行为。而破坏环境并危及许多人的生命和生计也是一样不负责任、缺乏品德的。近年来，品德伦理学家们已经开始关注气候变化等环境问题，伦理学出现“环境伦理品德”的分支学科，且这一学科正在不断壮大。[7]

常识多元主义

“常识多元主义”认为，“道德哲学的作用主要是解释和证明我们的日常道德信念和态度，而不是认真地去挑战它们”。[8]不幸的是，如果日常或标准行为是源于对某件事的深层次后果的无知，这样的作用就没有多大意义。温室气体排放就是一个典型案例。我们所研究的伦理问题是，应该如何在个人层面和集体层面应对气候变化的巨大潜在风险。关于日常事件及日常行为，我们通常能直观地看见自己行为的后果，这样，通过共同的经验，我们可以思考行动及其蕴含的道德信念。然而，在气候变化事件上，这种模式显然不适用。

日常行为可能是通过进化方式形成的，相应的规则和态度能使社会更好地运作。但气候变化问题是史无前例的，人类没有经历过这种规模的问题及相关的集体行为后果。鉴于排放及影响的全球性、滞后性、不确定性，未来很难预测。人类进化史上缺乏预测这种规模问题的经验和能力，但万幸的是，在进化中我们形成了推理的能力，具备通过科学和超前思维等进行思考的理性。

6.1.2 结果主义

利用西方主流道德哲学来评估政策措施的第二种常见方法是结果主义，它认为整体社会福利可以基于（通常借助某些函数）计算个体效益或福利而得出。典型的案例是功利主义及伯格森-萨缪尔森函数。概括而言，结果主义的理念是，我们应该采取那些根据某些标准衡量能够产生最优整体效益的行动。[9]

在气候变化案例中，大规模集体行动对于解决问题至关重要。因此，戴尔·贾米森认为，功利主义必须探讨如何才能最好地促使他人朝着好的方向努力（这一说法同样适用于刚才所述的广义结果主义）。[10]他认为，功利主义与其开展各种详细的计算，倒不如提高自身的品行，这样才更具说服力。就像拒绝买童工生产的地毯一样，用实际行动保护环境、应对气候变化。按照亚里士多德主义这一理念，自身展现高品行的人可能比精通功利主义计算的人更有效。因此，基于"美德伦理"的行为和政策与功利主义方法可以是一致的。实际上，只有一致时，这种理念才可能被更有效地推广。

6.2　自由、权利、责任、正义

6.1节集中讨论了道德哲学关于判断个人道德行为的几种主要方法。[11]在政治哲学中也有一系列理念——自由、权利、责任、正义，它不再局限于评估个体行为，而且与我们探讨的代际问题（以及第9章探讨的代内问题）密切相关。其观点认为，个人应该具有根据自己的愿望和价值观，以及其决定可能对他人产生的影响而作出决定的自由。这一理念与气候变化的相关性很明显——国家及其政治体系应如何定义和提供这种自由。其中，有不少问题涉及道德哲学和政治哲学之间原本就很模糊的边界。本书并不关注两者的界限到底如何划分，我们关注的是这些理念如何能够指导我们科学地制定政策。

在政治哲学中，经常讨论的一个观点是以赛亚·伯林（Isaiah Berlin）的消极和积极自由理论。主张消极自由的重要性意味着国家、其他个体或团体不得限制、妨碍个人的选择。但伯林也提出，消极自由只是诸多价值观中的一种，可能与其他价值相冲突，并且在特定的案例中，应该以其他价值为准。[12]他的名言——"狼的自由就是羊的末日"，就体现了这种观点。[13]消极自由与其他价值的冲突（如免遭伤害的权利）尤其体现在气候变化问题中——我们现在的排放量可能会严重限制未来人的生活和自由（如能在哪里生活的自由），甚至说，我们的行为会决定哪些人能生存、哪些人要灭亡。

积极自由是指实现个人潜力的可能性，属于“更高层次”的需求，因而涉及约束的存在或不存在。消极自由与积极自由有所重叠，却不尽相同。例如，前者经常被解读为严格限制国家行为和作用，被视为强调保护个人自由免受国家干涉。后者有时被解读为需要强有力的国家干预，如确保提供良好的教育和医疗，使个人能够更好地生活并提升自己。积极自由在发展经济学中发挥了很大的作用。[14]

同理，积极自由和消极自由之间的差别也体现在环境和气候变化领域，在相关政治讨论及伦理假设中尤其明显。有些人误导性地强调消极自由，认为个人有权利做任何自己想做的事情，除非能明确证明其行为对他人造成严重伤害，否则国家不能加以限制。为证明其合理性，他们还可能会掩盖其行为实际上损伤他人的证据。[15]另外，根据消极自由理论，也可以说我们这代人正在侵犯现在年轻人未来拥有财产及享受生活的权利。[16]持自由主义政治观并认为应该限制国家作用的论据，并不能证明某个团体拥有绝对权力去随意损伤他人的机会和自由。

同样，还有人认为，如果当前一代选民赋予子孙后代较低权重，根据民主原则就应以当代人决策为准。这种立场自然违反子孙后代的权利，等于声称某群人只要有能力就可以按照自己的意愿随便损害他人利益。

主张积极自由的人可能会强调发展的权利，或者把发展目标视为潜力的开发。[17]因此他们主张必须管理好气候变化，否则将限制子孙后代发展的机会和权利。消极自由和积极自由观点之间的冲突尽管不是必然的，但有时也确实会产生。在气候变化案例中，我认为这两者的结论是一致的，我认为它们也应该成为气候变化政策和伦理讨论的主要原则。

“碳排放空间分配”涉及“权利”的概念，第9章对此有所涉及（本章下文还会探讨相关的“正义”理念）。有时风电项目也会涉及“权利”，例如，风电场周边居民认为项目“损害”了当地环境。政策改革也有可能涉及这一话题，例如，要求企业购买碳排放许可证，而这些企业在之前的投资计划中并没有预料到这一点，有些人可能会认为基于之前政策信息所约定的投资和项目，有权利继续享有相同的政策。我们经常听到反对“追溯征税”的强烈呼吁，因此，有些免费配给的排放权成为历史遗留问题。

伯林认为，多元化角度极大地拓展了经济学家分析经济政策及其伦理道德的常规方法。其并不是要取消或模糊实证与规范的界限，这对于经济学家们进行政策分析而言往往很关键。但是，将规范研究局限于狭窄的帕累托或伯格森-萨缪尔森函数，假设个人充分认知自己的偏好且这些偏好有特定的结构，就会落入过于狭隘的视角，乃至被讥笑为“经济学家的方法”甚至“缺乏严谨性”。事实上，阿马蒂亚·森继承伯林理念所撰写的《正义的理念》认为，多元化是向“客观性迈出了一步”。[18]如果某些政策措施根据多种伦理观点都是正确的，相对于“适合”一种理念却与许多其他理念冲突的情况，我们可以更加信任前者的正确性。

政策经济分析通常包括评估政策受益者和受损者的基本计算，而这些计算对于很多政治或伦理方法而言一般是很有价值的，对于既得利益的政治经济分析也是非常重要的。不过，如果我们能够纳入多种相关的政治和伦理视角，分析将更有效率，其结论也更具说服力。如果我们能展示这些不同观点如何相互支持、对比或冲突，这样对于公众讨论也更有价值。

有些从事气候变化的人强调“气候公正”理念。[19]对于道德哲学而言，“正义”的概念通常是指实现某些目标、获得某种机会、拥有某项权利的合法性及合理性，“不公正”则是指不能实现这些。因此，正义和权利是密切相关的两个理念。

那么，这就涉及衡量合法或合理主张的标准是什么。阿马蒂亚·森在《正义的理念》中提到了三个女孩中该给谁笛子的例子：女孩甲是唯一一个会吹笛子的，女孩乙是唯一一个没有娱乐玩具的贫困儿童，女孩丙制造了笛子。谁最应该拥有笛子？在圣经中，所罗门在判决哪个女人是孩子真正的母亲时，采用的判断标准是她们爱孩子的程度，为了保全孩子宁可放弃抚养权利的女人被认定为真正的母亲。在《威尼斯商人》中，“法官”裁定夏洛克可以按照合同从欠债人身上割取一磅肉，但不能流一滴血，因为合同中并没有规定获得血的权利。这些都是涉及判断合法性及合理性的伦理案例。探讨正义的理念就不得不讨论这类问题。

在气候变化问题中，公正理念常常与排放权、碳空间、能源、发展及

“健康的环境”相联系。第9章将具体探讨排放和碳空间的“权利”，展示这些观点并没有坚实的伦理基础。获得生存所必需的能源的权利是另一个议题，而且获得能源并不意味着一定要产生温室气体排放。不过，关于发展的权利，即改变生活的机会，特别是找到摆脱贫困的途径，很多人认为这是根本性的问题。[20]

本书主要采用阿马蒂亚·森的方法，探讨公共行为的正义概念，寻找非公正及非正义的地方并逐一予以解决（不公正的定义参见上文）。他认为，对于不公正可以作出某种改进，即寻找替代方法减少现有的不公平性，而不必苛求一个“理想”的系统或理论。他把这种方式与罗尔斯在《正义论》中提出的理念做了一个比较——罗尔斯认为，应该由潜在参与者从“原始位置”（当参与者不知道自己的角色或身份时）根据其提出的或可接受的条件，或者根据社会规则来评判正义的理念。

本书简要分析了结果主义、功利主义（即很多经济学的起点）、美德伦理学、权利自由理念、正义理念，无论是理解道德行为还是探讨决策原则，这些伦理框架都是非常重要的。这些理论都证明，损伤后代生命与前景的做法可被视为不道德，都意味着我们必须采取强有力的行动来应对气候变化。

根据康德主义和契约论的方法，因我们的行为所造成的后果而影响后人生命的情况也是不合理的。如果我们的行动决定着未来谁能生存、有多少人能生存，就违反了其“普遍性”和“社会”的核心理念。这两种理论都表明，把未来几代人的生活不当回事的态度，以及讨论对他们可以赋予较低权重的说法，都是不道德的。

6.3 应用结果主义

在分析完标准经济学之外的道德伦理的重要性之后，我们再次强调结果主义对于应对气候变化政策及行动的核心作用。本节主要探讨在气候变化课题中应用结果主义所出现的分析性问题，尤其侧重在与温室气体排放相关的外部性分析中的伦理问题。本节首先界定我所说的标准或狭隘的成本效益分析方法，然后探讨它在其他课题中的应用，包括可持续发展、人口、帕累托效率、意识形态，以及对伦理问题的回避。讨论中还会涉及结果主义以外的其他观点，以及科学和伦理如何一起构成了经济分析的框架。

作为这些分析的基础，我们首先回顾下标准理论是如何处理政策市场失灵和常规成本效益分析的。这些标准理论所采用的标准是评估直接或间接相关个体的福利或效用由于决策或项目将出现多少上升或下降，其中增加的个人福利往往通过社会权重进行加总，形成总体增量效益。

如果我的行为损害他人的前景，而我只基于自己的利益做决策，那么我将把这个决策一直推行到“最大程度”，这个边际程度上的净效益为0（即在这个边际点，我的收益刚好等于我付出的价格或成本）。当该行为稍微减少时，对我来说，福利的净边际成本为0，但增加了受损人的福利。这种“稍微减少”就构成一个帕累托改进，在这个意义上，一个人获得最佳效益，而没有人受损。如果没有这种“稍微减少”，就被称为“帕累托无效率”，因为此时还有可能增加某人的效益同时不减少任何人的效益。该行为中对别人的损害具有外部性——配置不当或无效反映了市场失灵，却未能反映出这种损害。我在《斯特恩报告》中提出，温室气体排放及相关气候变化体现了人类历史上最大的市场失灵，因为会有那么多人受到损害，而且几乎每个人都参与了这种外部性的制造。

气候变化政策还涉及其他市场失灵（见本书第3章），包括思想和技术创新的公益性、公共交通和电网等网络、资本市场应对风险的能力、信息不对称，以及未能体现生物多样性和能源安全的价值。如果认为单单校正温室气体的外部性就足以确保制定出良好的气候政策，从理论上到实践中，这都是非常错谬的。当然，外部性确实是问题的核心，校正外部性绝对是制定良好政策的关键所在。

有趣的是，在某些案例（如犯罪）中，会涉及在社会评估中应该纳入哪些利益的计算。[21]举个例子，在评估暴力犯罪政策时，虐待狂的快感应该被纳入效益计算吗？此外，关于某些特定商品是否应该在市场上进行交易也存在着争议。例如，购买污染许可证意味着只要支付补偿就可以污染。有人认为，严格控制污染才是更符合道德的做法。也有人提出，无论是否购买了排放权，向河里倾倒化学品都是不道德的行为。[22]还有人认为，交易某些商品（如血液）会改变参与者的动机和行为。[23]“净收益”计算应该涵盖哪些收益，涉及一些很难决策的问题。

投资/政策的项目评估、成本效益分析、边际净收益评价通常是将有该项目/政策的世界和没有该项目/政策的世界进行对比。如果该项目/政策对特定的未来情景只产生微小的变化，且市场运作良好，使增加1单位商品或服务的价值等于其市场价格，我们就可以通过标准程序进行计算。通常会以市场利率或收益率为基础变量对未来收益进行贴现。非市场商品常常被忽视，或者仅仅是顺便一提。偶尔会兼顾到收入分配，通过赋予较贫穷者的福利或损失一个较高的权重（即“福利权重”）予以体现。在两种情况下福利权重会被设置为相等——直接假设相等从而忽略收入分配的伦理，或者认为会有转移支付政策进行合理的再分配。[24]第二种情况通常假设有最优化的一次性转移，鉴于信息不对称，这几乎是不可能的（因此，詹姆斯·莫里斯以个人和征税者信息不对称为基础创建了最优所得税理论）。综上所述，本段描述了“狭隘的标准成本效益分析”体系的特征。

然而，气候变化的影响不是边际性的，市场也有很多不完善性，未来情景在很大程度上取决于我们的行动，市场利率并没有实际指导意义（见第5章），而且还有许多无法估价的重要影响。鉴于这些因素，标准研究方法就会出现误导性。在应用结果主义审查标准经济分析方法及其问题之后，本书将进一步分析那些通常被标准方法排除在外、但对于气候变化又非常重要的一系列问题。

6.4 可持续性

评估结果的方式不一定非要按照上述方式进行，换句话说，我们不一定要计算相关个人或家庭福利上升或下降多少，然后通过某种方式加总。很多人认为，我们这一代有义务确保“可持续性”，官方将其定义为确保我们的后代不会比我们差，而且他们的后代也不会比他们差。[25]尽管他们可能会由于他们自己的行为导致结果很糟糕，但我们应该给他们创造一个不比我们差的机会。

检测这一代是否创造了可持续性的一种方式是评估我们将留给后人的各种资本商品（包括建造、创造、环境、自然、人文、社会等资本），看这些资本是否能让后代的福祉不低于我们的福祉。这并不一定意味着我们要在各个方面都创造更多的资本，只是要求我们遗留的综合资本可以让后人有机会达到至少与我们一样的水平。

有些正式模型将可持续性定义为从一代人到下一代人“效益”不会降低。[26]文献[27]中还有人将可持续性与两个公理——帕累托主义和匿名性，以及投资效率假设相联系。有些（与非可持续性相关的）理论探讨并证明，在无限模式中采用这两个公理意味着相应的社会排序可能出现不完整性——这种结果往往与贴现问题相关，涉及生命和出生先后歧视（违反匿名假设），正如我们在5.4节中所讨论过的。

可持续发展的广义定义有时更为严格，它还包涵了领导力的概念。例如，我们留给后人的自然环境和生物多样性，应该与之前一样，即我们应该努力将它们恢复到我们继承它们时的样子。国家公园就是基于这种理念建立的。

这种可持续性的概念也可以通过上文所述的伦理观点推导出来，可以被看作规则功利主义。[28]它基于这样的理念——个体有可能无法看到我们的行为对后代的系统性影响，因此通过某种规则协调所有人的行为，可以使后人的收益远远高于我们可能遭受的任何损失。如下文所示，帕累托理念也能推导出类似的论据和结论，虽然不完全相同。[29]

环境美德伦理学文献认为，可持续的行为可被视为美德，即认同可持续性理念并采取相关行动是作为高品德公民的一部分，就像个人或社会可能会认同教育孩子是正确的、高品德的行为，因为它能创造人力资本，培养下一代使其比我们自己更好。或者，可持续性可被视为与后代人社会契约的一部分（虽然如我们上面所说的，应用这种方法涉及尚不存在乃至未来不会存在的“公民”，比较难以想象）。

尽管可持续性是大家广泛接受的有趣理念，但我认为它只是普遍伦理的一种结论，在逻辑上它是前述观点（如规则功利主义或者道德伦理）的应用案例，而不是一个单独的普遍理念。

6.5 人　口

气候变化伦理的一个重要因素是人口——气候变化确实可以导致生命的损失，无论是直接导致死亡还是通过引发冲突间接导致死亡。它还能减少人类出生，[30]例如那些被称为“失去的孩子”，包括流产或夭折的婴幼儿。由于冲突、饥饿、脱水、洪灾淹没而导致的夭折，可能会非常悲惨。这是政策制定者（包括经济学家）无法回避的问题。我们不得不面对的第一个问题是避免（非常悲惨的）夭折。第二个问题是，人口越多意味着排放量越多，人口是气候变化的决定因素之一，因此也要研究控制人口的相关论点。对这两个问题，我们逐一来进行分析。

约翰·布鲁姆（John Broome）是气候变化课题中研究生命估值问题的首要专家。[31]他重点研究极端灾难特别是灭绝的可能性问题（他把这一问题与马丁·威兹曼强调的“灾难性分布尾巴”相联系）。如果放任气候变化发展，有较小概率会导致8～10℃乃至更高的温升。[32]极度高温很可能会导致人类彻底灭绝，这也就意味着90亿～100亿人口的死亡。布鲁米认为，如果概率介于0.1%和1%之间，就相当于一二百年后，会有900万～9 000万人口死亡。每个人都会死，我们所指的是夭折和悲惨的死亡。

如果因为采取应对措施，温升达到2℃、3℃或者4℃，结果会怎样呢？早在2000年，世界卫生组织就指出，当时每年约有15万人死于气候变化的影响，而这仅仅是在温升小于1℃的情况下。[33]可以推想，温升达到2℃、3℃或者4℃可能造成每年约50万人口死亡，而且这种情况可能会持续几十年。如果不采取行动，温升超过2℃的概率会非常高，大约为80%～90%。即使采取强有力的政策，仍有50%左右的概率。因此，有人提出，如果累计这些死亡人数，随着时间的推移，由温升所引起的死亡人数可能会达到上千万（还不算“布鲁姆-威兹曼极端事件”的死亡人数）。这里关注的重点不是死亡人数可以精确到多少，不过似乎有理由认为：（1）在结果主义的计算中，死亡人数是不可避免的核心问题；（2）它并不是只取决于尾端分布图。

生命的损伤和夭折是面对气候变化问题不采取恰当行动的后果。不同年龄段的死亡率是人口研究中重要的核心决定因素，影响着人口规模、人口结构、各年龄段生育率和出生率，而这些因素又会相互影响。因此，关于导致死亡的讨论必须探讨人口规模和相关伦理，特别是涉及我们如何给不同规模的人口进行估值时。

探讨人口规模涉及很多伦理困境。如果没有一个“中性水平”的理念，就很难找到参照。中性水平是指超过该水平的人数占据多数。[34]但采用这种理念又会遇到德里克·帕菲特的“不受欢迎的悖论”。他的思想实验是在某个星球上，其中“至少有100亿人口，每个人的生活质量都非常高，那么可以想象在这个星球上一定可以有更多人口的存在，第二种情况下每个人的生活质量仅仅比第一种情况差一点点，其他方面都一样，那么第二种是更好的选择”。[35]他认为这种结论是“令人厌恶”且不可接受的。但很难找到一种理论可以绕过这个结论。很多人探讨过各种逃出困境的办法，然而这些办法总是存在严重的问题。例如，我们可以在排序时要求去掉“传递性”，但布鲁米认为，传递性是理性思辨的基础。[36]因此，人口伦理学理论并不能直接指导我们的研究。[37]

我认为，这些理性思辨的总体结论是，我们应该思考与气候变化政策问题相关的风险管理战略，尽可能地通过其性质、规模及发生的概率来认识风险和不确定性。在探讨具有巨大潜在影响的政策问题及宏观应对战略时，我们可能并不需要对到底该如何准确估值问题所危及的生命进行具体量化。这种研究的意义在于，让我们尽力理解问题所涉及的死伤规模和物质伤害。我们会发现，通过研究如何能从根本上减少灾难性后果的可能性，就可以得到很有意义的结论，而不必苛求对该后果进行明确计算及估值。如果我们发现创新、投资及改变我们的行为模式本身具有很高的效益，同时又能大幅降低灾难的风险，就能得出结论，即这种行为是完全值得做的。对于灾难性后果的评估只要有一个总体合理的范围就可以了。实际上，我们只要基于潜在后果的影响，包括大规模生命死伤，就可以作出很好的判断，无须苛求对生命赋予具体的估值。

我要强调的是，这并不意味着要抛弃经济学分析风险问题的主力——预期效益方法，只是提醒如果仅局限于或者过度关注这种方法，有可能会严重影响我们的分析和伦理思辨。强行套用这种方法来分析问题可能导致过度简化，失去可靠性，或者忘记了问题的关键所在。尝试更精确反而可能导致不够严谨。

到目前为止，关于人口问题，我们一直在讨论气候变化导致的死伤率。在应对气候变化的政策组合中，应该制定怎样的人口政策呢？1900年世界人口约为16亿，1950年约为26亿，2000年大约为60亿，现在（2014年）约为70亿，而到了2050年，其很可能达到90亿左右。毫无疑问，如果人口更少，就更容易减少排放总量——在既定的生产和消费模式下，排放量大致与人口数量成正比。

有哪些途径可以控制人口数量呢？从累积的人口学研究文献看，[38]影响人口数量的关键变量主要有6个：女性教育、总体收入水平、女性就业机会、婴儿死亡率、妇女关于家庭收入和资产的权利、妇女获得生殖和其他健康服务的便利性。在这些方面都有很多可行的措施，大多基于妇女权利，与气候变化无关。而且，在很大程度上因为这些方面取得了进展，在过去的40年里，发展中国家的生育率（每位妇女生育的儿童数）大幅下降。[39]在未来的10年里，印度的生育率很可能降至稳态更替水平。从现在到2050年，全球人口增加主要源于育龄女性人口比例的提高，以及非洲生育率下降速度低于其他洲的下降速度。

我认为在这6个方面继续努力以取得进展是非常有益的。除此之外，人口控制政策的效果可能有限，而且这样的政策（虽然这不是本书研究的重点）也会涉及自身的伦理问题。此外，这种政策在实施中还可能出现反弹效应。例如，1975—1977年英迪拉·甘地的强迫绝育等紧急措施引起了强烈的反对。[40]我本人在帕兰普村（印度西北方邦）就亲耳听过这种反对的声音，而在过去的40年里，我（与同事）也一直在研究这一课题。

因此，从伦理道德、普遍发展和妇女权利等角度看，应该从上述6个方面采取行动。这种必要性本身就已经很明显了，加之应对气候变化的考虑，更需要认真对待。

6.6　帕累托效率和“气候变化中最重要的事情”

在谈到气候变化伦理时，很多人（尤其是在较富裕国家的人）感觉这仅是关于代际的价值观。发展中国家则经常强调代内公正和发达国家的义务。不过在讨论代际或代内分配问题之前，我们应该强调下前文（包括6.3节）所讨论过的标准福利经济学的一个基本教训：未经校正的市场失灵通常与帕累托无效率结果有关。经济学中温室气体的排放具有外部性（即个人或群体的生产或消费直接影响其他个人或群体的生产或消费的可能性），[41]如果外部性不被赋予价值或不受监管，就会出现市场失灵。在未经校正（或未完全校正）的外部性情况中，应该存在帕累托改进的空间，在气候变化课题中，即能够提高后人的福利同时不损害当代人的福利。

这一点可以通过一个简单的例子来说明。设想有两个不同时代的相应消费者，时期为N和L——我们称之为“当代”和“后代”，效用函数为u_N（）和u_L（），函数只取决于其自身的消费。假设有两种商品A和B，以及两个相对应的生产行业。假设这一代生产A会污染下一时期的环境并损害下一代享受消费的能力，但生产B没有污染（或污染较少）。假设没有任何政策来纠正外部性，存在一个均衡状态使A与B的相对价格之和在第一个时期等于1。在这种均衡状态中，在效用函数N中的边际替代率与A、B两个生产行业间的边际转换率都等于1。

下面的变化可以产生帕累托改进：本期在边际点少生产1单位A并多生产1单位B（这样做可以保持整体投入不变，因为边际转换率为1)，并相应地调整本期的消费量。这样当代人没有损失，因为u_N（）给出的偏好的边际替代率为1；同时后代效用增加，因为继承的污染减少。当然我们可以调整这个例子，使当代生产发生同样变化，但在给后代遗产和赠予中减少小额ε。我们可以设计ε的金额使两代人的效用都能增加。

第二个例子可以通过降低劳动力投入来减少当代边际生产污染商品。

如果劳动力投入已经达到边际点使生产负效用等于其产品的边际效用，那么当代人没有损失同时后代人增加了收益。不过这两个例子都需要在第一时期内有两种商品（在第二个例子中是劳动）。当代降低生产、减少遗留、保持消费不变，并不一定意味着就是帕累托改进。后期增加的环境收益足以抵销当期减少的遗留吗？要保证可以，还得进一步阐释当代消费和生产的选择。这就是两个例子成立的关键。

笼统而言，这些例子表明，在气候外部性未加校正的情况下，当代人可以通过调整其消费和生产，改变遗留，让自身和后代都过得更好。本质上就是减少一些污染性活动同时增加一些无污染活动（在第一个例子中是多生产一些B，在第二个例子中是多一点休闲时间），减少的数量从生产角度而言是可行的，同时并不降低当代人的消费。这种变化还不用涉及麻烦的跨期价值争论。我们在第5章倒是讨论过这一话题，因为它超出这种类型的帕累托改进范畴，由于通常的原因，我们不能假设任何决策过程和政治经济学都必须实现所有的帕累托改进。即使全部实现，还是会涉及代际问题。

约翰·布鲁米把这种关于帕累托改进的研究结果称为“气候变化中最重要的事情”。[42]令人吃惊的是，它在气候变化经济分析中从未得到过多少关注，尽管外部性是气候分析的关键所在。这种论据基本上得到了广泛的认同，因为提到市场失灵通常都会涉及帕累托无效率。[43]

强调市场失灵的重要性并不是说，如果我们关注它就能解决所有问题。代际分配对于气候变化政策也很关键，代内问题也不容忽视——本书第9章会详细讨论这一议题。

6.7 意识形态与回避伦理问题

温室气体排放可能会严重影响他人的福利，然而，为什么多数经济学家都极力回避探讨伦理问题呢？他们回避的方法和理由是什么？

其中的一个原因可能是担心外部性和伦理的结合会导致政府要对市场进行干预的结论，有人会把这一结论视为转向社会主义或共产主义时代的计划经济，担心干预中会出现官僚、强令、腐败等问题。这些问题确实是政策研究中应该仔细考虑的一部分内容，但逻辑上，这不能被视为经济分析回避伦理探讨的理由，尤其是鉴于排放量具有强烈的外部性并可能严重损害别人的福祉。

在20世纪八九十年代，厌恶政府干预的思潮非常激烈，这种厌恶有时被称为市场原教旨主义（也确实应该这么形容它）。[44]但经济学家肯定应该理解并认同——承认市场的不完美并通过政策加以校正，这是亲市场而不是反市场的态度。不采取行动来治理总体市场失灵相当于总体上扭曲市场。寻找市场失灵之处并通过政策校正，并不等于质疑或轻视市场的能力。在这个过程中，也不可避免地遇到伦理话题，尤其是气候变化影响如此之大、分配效应如此之强、相关不完美性如此普遍。

当然，否认存在外部性可以回避伦理话题，其本质原因是不了解科学、担心政府干预，或认为影响太小及不确定性太大所以不必理会。那些认为小题大做的人在一定程度上低估了问题的严重性，这种违背科学证据的错误看法在第1章中已经详细讨论过。

回避伦理问题的另一个深层次原因是，认为任何我们所需的伦理参数都可以按照市场情况设定，认为仅仅基于显示性偏好就可以表达所有相关伦理立场。我们在第5章有关跨期贴现研究中分析过这种说法，驳斥了其所蕴含的基本经济分析错误。这不是否定显示性偏好的总体理念（这一理念包含很多宝贵的见解），只是指出它在气候变化代际政策伦理分析中的应用失误。

还有一种观点认为，道德话题最好留给阿訇、梵学家、牧师、犹太祭司、道德哲学家和政治家们。作为多年来从事经济政策制定工作的人，我认为这种观点是对政策制定逻辑与实践的不了解或误解。按照社会分工，有义务进行决策的人不一定掌握收集或评估实证依据的经验；同样，处于一定宗教位置的人也不一定要提供道德视角。此外，他们通常也不掌握与其伦理观点相关的理论体系以及如何组织证据为相关决策提供咨询的方法。另外，经济学家具有解释和应用原则、目标、社会福利方程的经验和技能，能够寻找和组织相关证据并加工呈现。但这不代表经济学家应该接替政治家和道德领袖开展伦理道德讨论，但在我看来，它的缺失意味着经济学家们有责任以积极和建设性的方式参与这些讨论。

约翰·斯图亚特·穆勒[45]清楚地认识到伦理道德视角本身如何在逻辑证据以及政策和价值观的讨论过程中发生改变。这种认识也是他推崇通过公共讨论形成民主的一个关键因素。

因此，经济学家乃至科学家如果只是做自己的实证分析，而不去认真思考相关的问题、标准、原则、政治程序，那么相对其潜力而言，他们还远远没有作出其应有的贡献，而且他们也有社会义务这样做。如果不以这种全面的方式开展研究，研究结果很可能得不到重视——因为研究问题和结论的表达方式可能会让决策者感觉没有实际作用，或者因为缺乏明确表述的道德立场，研究结论和分析论据还可能被扭曲或误用。为了提高有效性，有些经济学家和科学家可能需要直接参与实际决策和咨询的过程。当然这样做的一个挑战是很难保持客观性，但不这样做可能导致研究工作毫无用处，乃至被误用。

6.8 本章小结

综上所述，本章的主要观点总结如下：

• 通常，经济学家研究规范性问题（包括气候变化问题）的方法是采用结果主义框架，通过分析行动的后果作出评估。经济学家最熟悉的结果主义框架是帕累托方法和伯格森-萨缪尔森社会福利函数，认真应用这两个工具，其结论是一致的——需要采取强有力的措施应对气候变化。然而，如果在应用中不够仔细，这两个工具对于既定路径边际变化的关注可能会产生误导。我们应该基于能够体现风险（包括生命）潜在规模的视角或模型，选择合适的伦理道德研究方法。气候变化问题本质上是面对巨大风险如何作出战略抉择的问题，无法基于小幅调整方法进行研究。认识到气候变化问题的严重性及其战略抉择的重要性，研究应该更深、更广、更严格，这不是狭隘的成本效益分析能够覆盖的。只有更深入地理解这一问题的后果，才是更彻底的结果主义。

- 研究气候变化的广泛后果，必须关注气候变化对生命和人口的潜在影响。相对于大多数假设人口外生性的标准模型研究而言，这样的研究更能证明采取大规模行动的必要性。

- 研究更广泛的道德哲学和政治哲学，包括非结果主义的道德理论和政治理想——如正义、权利、自由，结论同样证明了采取强有力行动应对气候变化的重要性。

- 气候变化提出了一系列无法回避的规范伦理及政治问题。不幸的是，许多研究人员（特别是经济学家）都非常倾向于回避伦理问题。对于经济学家而言，这通常是因为他们认为可以从行为（特别是市场行为）中获取相关价值参数。我们在第5章中分析了这一谬误观点。参与气候政策讨论的人应该做好充分准备，以建设性、透明、符合逻辑的方式讨论和反思有关道德伦理立场。

注释

本章基于Stern(2014a)的研究，该研究成果发表在2014年11月《经济学与哲学》中。

1 帕累托改进或帕累托式进步是指一种不损害任何人收益同时增加至少一人收益的变化。Bergson-Samuelson社会福利函数为 $w(u^1, u^2, \cdots, u^H)$，这里社会福利被定义为个人效用的函数。

2 见Sen(1997,1998)对亚洲哲学传统的分析，Wong(2011)对中国哲学的介绍，以及Taber(1998)关于印度哲学的探讨。

3 见Jamieson(2010)关于康德契约论和亚里士多德伦理观等理念的简短论述。我从与几位专家的讨论中获益良多，包括John Broome(牛津大学道德哲学专业教授)、Nancy Cartwright(达勒姆大学哲学教授)、Amartya Sen(哈佛大学哲学与经济学教授)、Cameron Hepburn与Dimitri Zenghelis(我在伦敦经济学院格兰瑟姆研究所的同事)。此外，在Samuel Scheffler组织的"政治哲学新动向"研讨会(2012年10月13日在纽约大学召开)中，Stephen Gardiner与Dale Jamieson等人就此话题发表的意见也给我带来了启示。

4 Greaker等(2013)是为数不多的基于康德伦理学的经济研究者之一。

5 关于代际公平性研究方法的全面分析，见Rawls(1971)。关于Rawls与合同理论中的基本困难，包括应用到气候变化课题时的局限性，参见Gosseries和Meyer(2009)编辑的专刊。同时可参考Gardiner(2011a,2011b)。

6 他还强调避免极端，例如避免勇气概念的极端，就可以避免鲁莽或胆怯的行为。

7 见Cafaro和Sandler(2010)。

8 见Jamieson(2010)。

9 虽然有些人认为功利主义观点过于关注个人，但更常见的是把它作为评估状况的一种方式，这时个人行动就成为比较重要的问题。

10 见Jamieson(2010)。

11 我们提到过，关于功利主义可以(并且能够)处理规则与结构，如果合理利用，可能会导致在效益方面出现更好的结果。可以把它们看作能够引导个人行为的"规则"，也可以看作有效组织社会的规则或结构。

12 见Berlin(1958)。

13 见Berlin(1990)。

14 关于能力，参见Sen(1999)，或关于能力提升，参见Stern、Dethier和Rogers(2005)。关于国际正义，参见Shue(1996)、Singer(2010a)，包括有关适用于权利与义务正/负区别的探讨。

15 有关攻击气候变化科学证据的方式、主体和资助者的研究，见Michaels(2008)、McCright和Dunlap(2011b)、Oreskes和Conway(2010)、Stern(2009)。

16 呼吁气候正义的人通常是在强调发达国家之前的行为现在对发展中国家的影响，具体见本书第6章。

17 参考Sen的系列研究(例如1999年)。

18 见Sen(2009)。

19 这种语言引自环保运动者与诺贝尔和平奖得主Wangari Maathai(2011年去世)。尊敬的爱尔兰前总统Mary Robinson也建立了玛丽·鲁滨逊气候公平基金会。

20 如果我们现在的行动(此处指排放)剥夺了下一代的生存能力，那么就涉及不同的正义问题，包括人们是否有生存权。见Parfit(1984)。

21 见Becker(1968)、Carr-Hill和Stern(1977,1979)。

22 Sandel(2012)就此议题提供了最近的案例。

23 见Titmuss(1970),他重点研究了献血的案例。

24 有时有人认为收入分配应该在其他地方进行解决。确实,通常可以说更应该通过税收与转移支付等方式进行收入再分配,但从信息的角度而言,这样仍存在税收/转让政策难以均衡福利权重的问题。

25 见Arrow等(2012)、Asheim(2007,2010)、Pezzey和Toman(2002)、Toman(1994)。

26 见Asheim(2010)、Buchholz(1997)。

27 见Asheim(2010)及本书第5章。

28 有关规则与行为功利主义的探讨,见Sen和Williams(1982)等研究。

29 关于刚才提到的可持续发展与帕累托主义的正式结果,见Asheim(2010)。

30 虽然,像有关"非同一性问题"(见Parfit,1984)的哲学讨论所表明的那样,我们对气候变化采取的每一种路径,最终都会导致诞生一群不同的人。

31 见Broome(2004,2009,2012)。碰巧的是,John Broome跟我一样从60年代末开始在牛津大学师从James Mirrlees,学习公众政策数理经济学。他现在是牛津大学道德哲学教授。我很感激他的指导。

32 见IPCC(2007)。

33 见世界卫生组织(2002)。

34 这在经济学中一直长期存在。例如Meade(1951)。

35 见Parfit(1984),388页。

36 见Broome(2004),同时Broome(2012,2010)还探讨了"中立直觉"的一些相关困难。

37 见斯坦福哲学百科在线对所有困难的有用总结与分析:http://plato.stanford.edu/archives/fall2010/entries/repugnant-conclusion。

38 见Stern、Dethier和Jogers(2005)。

39 见世界银行(2012c)。

40 见Gwatkin(1979)对杀菌程序及其后续影响的探讨。

41 标准定义,可参见Meade(1955)。

42 见Broome(2010)。

43 Stern(2009)与Stern(2010)明确讨论了使当代人和子孙后代的状况同时更好的可能性。《斯特恩报告》(Stern,2007)中提到的"气候变化是人类历史上最大的市场失灵"被普遍报道。据我所知,Foley(2007)是最早明确使用帕累托效率分析当代与未来几代人的学者,他高度强调了这一点。Sinn(2007)也认为,推迟化石燃料的采掘是一种帕累托改进。

44 见Stern(2010)中的探讨。

45 见Stern、Dethier和Rogers(2005)第261页的讨论。

第三部分

全球行动：进展、合作与公平

[第 7 章]

全球气候行动进展

在国家层面上实施合理的气候政策，不仅可以减少气候风险，还能促进经济增长和转型，带来多方面的益处。要想制定合理的气候政策，则需基于对与其相关的科学、经济、伦理问题，以及气候行动的协同效益有深入的理解（包括学习与探索、能源效率、能源安全、大气、水等各方面的协调）。这些论点是本书第二部分的核心思想，也是全球气候与经济委员会于2014年9月发布的研究报告的主旨。

国家之间的合作有助于深化内部结构改革，增加减排所需的投资，而这两者又能进一步促进经济增长。气候行动合作不应局限于国家之间。次国家级别，如州、市和地方政府，乃至企业、金融机构、多边组织、研究机构、非政府组织和普通公民对于低碳经济转型也都可以发挥重要作用。本书的第三部分也是最后部分重点分析这些国际及全球的互动与合作。

本书研究的核心结论认为，气候行动国际框架处于发展变革的过程中，尽管大部分发展是在进步，但发展速度需大幅加快。能否加速发展不仅取决于认识的不断深化，还取决于政治进程。正如我一直强调的，应对气候变化涉及动态学习、创新、探索、增长等因素，在现阶段，这些因素尚无法准确预测。此外，未来几十年低碳转型将与全球应对其他挑战（尤其是贫困问题）同时发生，因而必须进行整体考量。气候变化和全球贫困是21世纪面临的两个最大的挑战。如果其中一个应对失败，另一个也无法成功。气候失控很可能会对自然环境产生破坏性，从而阻碍发展甚至不进反退。反之，在未来的20年里，应对气候变化的措施者妨害脱贫，那么这种措施必然以失败告终。对于这两个挑战，我们能够同时应对，也必须同时应对。如果能强有力地把握好目前全球的重大结构变革，就更易于应对这个双重挑战。

结构变革的规模和速度往往令人惊叹。世界经济活动的格局持续快速变化，许多新兴市场和发展中国家正在高速发展。与此同时，城市、能源系统及土地利用也持续发生着巨大变革。如果气候行动框架不能应对双重挑战、不涵盖这些结构性变革，就很难获得本质性的成功。反之，如果气候行动框架可以与大规模变革相协调，世界将重构一个充满活力的全新经济体系。

本章分析了全球气候行动的近期进展，着重阐述国际气候谈判、全球国家决策的趋势、部分发展中国家和发达国家的范例，以及一些重要的非政府性国际合作。本章有两个主旨——一是介绍目前全球行动的性质和规模，指出认为“全球行动很少”是一种普遍存在的误解，强调理解各国家行动对促进国家和国际行动的重要性；二是分析在尚无正式国际协议的情况下，气候行动能够取得哪些进展。我认为，国际协议对加速气候行动固然重要，不过全球趋势显示，应对气候变化的行动正在从集中式、法规式的“京都模式”向国际气候行动与治理转变。

本章前两部分讨论联合国气候变化框架公约（UNFCCC）机制，以及从巴厘岛会议（2007年COP13）、哥本哈根会议（2009年COP15）到巴黎会议（2015年COP21）这8年的进程。7.3节阐述新兴市场、发展中国家、发达国家、次国家级机构（如省、市等地方政府）、企业、国际组织和民间社会的进展。7.4节为全章总结。

第8章和第9章侧重于实施性建议。基于第7章中的分析，第8章阐述了在短期内应如何进行国际气候制度谈判才能更有效地促进所需规模的低碳经济转型，以及国家间应如何加强气候变化领域的合作。对于应如何确保第8章所描述的气候治理框架能够被顺利实施，第9章描述了如何实现国际公平，尤其侧重于分析“公平取得可持续发展”的理念。如果所有国家都能认同公平的重要性，同时也能意识到我们可以通过多种不同的方式来促进国际公平，那么不仅整个进程将会加速，合作和行动的质量也将大大提升。

鉴于本书将在巴黎气候变化会议（2015 年 12 月）前几个月出版，研究以会议为时间分界点，探讨会前、会中、会后的机遇，以期为加强气候变化国际治理提供参考。不过，如果气候治理框架按照本书所述的方向发展，将意味着会议重点的转变——改变通过讨价还价最终达成具有法律约束性协议的思路，不再强求一个固定且一次到位的“解决方法”。这种做法的风险是，陷入“谈判是一个零和游戏”的思维模式，降低减排速度，缩小减排规模，从而错失经济增长和减贫的机会。

我们应该换种思路来设计国际气候治理框架体系——更注重增长、探索和减贫，并以动态的国际交流促进这一进程。我想这个框架存在一些关键要素。这个框架也包括合作和协议，深入认识气候行动所能带来的机遇，自然能促进合作和协议。推广国家、城市、企业及农村各层面的低碳增长案例和新方法，能够大力加强国际合作，从而有助于构建能够促进自下而上行动的政治、投资和金融环境。

自上而下的协定与自下而上的单方行动是相辅相成的，这一点很关键。前者可以指出发展方向，从而引导国家政策和企业投资。国家、城市和企业层面的案例可以大大加强国际协议所需的合作与承诺。将自上而下与自下而上视为对立，会产生极大的错误。

7.1　联合国气候变化框架公约（UNFCCC）及“京都模式”的国际气候治理

20 多年前，全球开始探索建立应对气候变化的国际行动体系，标志性事件是 1988 年政府间气候变化专门委员会（IPCC）的成立。IPCC 成立旨在为现有气候变化的相关信息提供明确的科学认知。成立后，IPCC 先后发布了 5 份评估报告（1990 年、1995 年、2001 年、2007 年、2013/2014 年）。[1]

联合国气候变化框架公约（UNFCCC）成立于 1992 年里约地球峰

会，旨在协调气候变化行动。自1995年，UNFCCC缔约方每年举行一次缔约方会议（COPs）。第三次缔约方会议于1997年在京都召开，并通过了2005年开始生效的《京都议定书》。我参加了自内罗毕会议（COP12，2006年）以来的历届缔约方会议。第20次缔约方会议于2014年在利马召开，第21次缔约方会议将于今年（2015年）在巴黎召开。

在《京都议定书》（以下简称“议定书”）第一承诺期（2008—2012年）里，发达国家和苏联集团的“经济转型国家”（合称“附件一国家”）需要达到议定书所规定的量化温室气体减排目标，减排目标以1990年的排放量为基准。根据国际法，这些目标具有“法律约束力”。违约方需要根据议定书中的相关机制接受一定的惩罚。[2]议定书还建立了排放交易机制和补偿机制，包括国际排放交易机制、清洁发展机制和联合履行机制。国际排放交易机制允许附件一国家相互交易多余的排放配额。清洁发展机制允许附件一国家购买在非附件一国家（发展中国家）注册的项目配额。与一切照旧的基准相比，这些项目应该能够实现“额外的”温室气体减排。联合履行机制允许附件一国家购买其他附件一国家项目中的配额。

从这些议定书的特性中不难看出，议定书中的气候治理框架试图在国际层面达成一个集中化的硬性“约束”，为数量有限的国家设定远期排放限额（1997年谈判达成的协议应于2012年年底实现）。未来全球气候治理谈判应基于对“京都模式”优缺点的客观合理评估，并吸取议定书在设计和实施中的经验教训，这一点很重要。

一方面，议定书取得了一些宝贵的成绩：改善了UNFCCC测量、报告、核查国家级和项目级温室气体排放量的程序和标准，积累了开发市场机制的实践经验。在发展中国家，清洁发展机制也在提高应对气候变化意识、分享气候行动经验及增强企业层面减排能力等方面发挥了重要作用。

另一方面，议定书产生的直接减排结果并不理想。根据官方文件，在议定书中承诺了量化减排目标的国家总体而言并没有达到预期减排目标（以1990年为基准，2012年前减排5%）。[3]大部分减排是由于基准年设为1990年（当时苏联处于计划经济时期，具有挥霍能源的突出特点，而

1990 年苏联解体之后，由于相应产业结构调整，苏联和东欧经济体的排放量出现大幅降低），部分减排是来自偶然因素（经济衰退，包括 2008 年金融危机），还有一部分减排源于操纵计量标准（以澳大利亚为例，虽然澳大利亚化石燃料相关排放量较 1990 年实际增长了 40%以上，但通过协议改变土地利用和林业计量标准，仍实现了较 1990 年增长 8%的目标）。同时，尽管清洁发展机制加强了发展中国家的减排意识与能力，但在补偿项目中，很难界定“额外性”，尤其难以表明相对于没有项目情形下“排放基准线”的合理减排量。[4]整个过程也非常烦琐复杂。2011 年，加拿大退出了《京都议定书》（加拿大的排放量较 1990 年基准增长了 18%以上，远远超过了下降 6%的目标），这表明在国际气候体制中，国际法强制执行机制缺乏可信度。因此，附件一国家减排目标的基准、强制执行机制及交易机制的运作均不完善。[5]

我们可以从京都模式中吸取一些关于全球气候治理的经验。京都模式及更宽泛的 UNFCCC 进程提高了国际社会的关注度，并促进了国家之间的定期交流，包括技术信息的收集和传播，对与测量、报告、核查有关的过程和技术标准的开发，以及对发展中国家提供的咨询及能力建设。然而，通过集中化国际管理体制，将减排目标纳入“具有法律约束力”的条约的做法，事实证明远未成功。而当时的最大排放国（美国）并没有核准该条约。在《京都议定书》中，非附件一国家不需要设定具体且量化的减排义务，无论这种做法有何利弊，必须承认，在有些附件一国家，京都模式并没有实现其所规定的量化减排成果。但是，我们仍应该达成对气候变化问题的共识，并继续保持各种形式的协商、相互监督机制探讨及知识共享。[6]

7.2　从巴厘岛到哥本哈根到巴黎：京都模式及“其他选项”

《京都议定书》第一承诺期开始前，在 2007 年巴厘岛缔约方会议中存在一种普遍的看法，在发达国家中尤甚，即自 1997 年《京都议定书》达成以后，世界经济形势发生了巨大变化，以至于在 2012 年后的任何协议都应该与《京都议定书》大不相同。10年间，显著的变化就是主要新兴经济体经济及排放量的快速增长。

发达国家认为，要想应对气候变化，必须建立具有可信度的对策，而在2012年后的任何协议中，主要新兴经济体也应承担具有约束力的减排义务。实际上，2℃减排路径计算表明，即使在发达国家实现零排放，也需要发展中国家采取有力的气候行动才能达成目标（见第1章）。按照现行的计划（被列示在2010年第16次缔约方会议达成的坎昆协议中），发展中国家的排放量将从现在300亿吨左右的二氧化碳当量，增长到2020年的约350亿吨，而在2030年将达到400亿吨（反映了世界经济的结构性变化）。[7]这意味着将超出2℃路径中2030年的全球碳预算。[8]如果发展中国家没有采取强有力的行动，那么2℃路径根本不可能实现。

虽然很多人预计发展中国家的义务与发达国家的义务在本质和程度上将有所“区别”，但许多发展中国家，特别是主要新兴经济体，仍然抵制“具有法律约束力”的新国际排放控制体系，尽管这些国家在本国采取了非常有力的减排措施（详见本章7.3节）。许多发展中国家认为，它们在发展的过程中应该有继续排放温室气体的权利。它们认为，气候问题既然主要是由发达国家造成的，就应该由发达国家率先减排。尽管如此，《巴厘岛行动计划》（2007）设定了为期2年的路线图，即在2009年哥本哈根第15次缔约方会议（COP15）上达成全球协议，并期待发展中国家开始承担一些国际减排义务。许多发展中国家的立场在后续谈判中有所缓和。有些话没有明说，但至少在实际行动上有所体现。

哥本哈根会议之前的缔约方会议大多是环境部长或气候特使进行谈判，各国最高决策者并未参与。在哥本哈根召开的第15次缔约方会议第一次聚集了国家领导人直接参与气候变化问题讨论，许多领导人还宣布了新的减排承诺。但这次大会却远未能取得众所期望的进展。哥本哈根会议是“冷淡的、杂乱的、争吵不休的”。[9]这次会议没有取得更大的进展，是由于一系列阻碍因素，包括缺乏对2°C路径所需减排总量的认知，国家之间的猜疑、误解和恶语相向，以及谈判复杂低效的准备、程序和组织工作。

尽管有些不足之处，但这次会议仍达成了具有一定作用的《哥本哈根协议》。该协议明确了全球温升需要控制在2℃以内、适应的重要性、发达国家和发展中国家的不同责任、需要采取行动来减少因毁林和森林退化而产生的排放量（REDD+），以及发达国家到2020年前每年向发展中国家提供1 000亿美元（包括公共部门和私人部门资金）用于减缓和适应措施的承诺。我同埃塞俄比亚前总理梅莱斯·泽纳维先生一同积极地参与了每年1 000亿美元的谈判。

为了研究这1 000亿美元的来源，会议组建了一个高级顾问团，并在2010年发布了其研究成果。[10]从短期来看，《哥本哈根协议》提到2010—2012年间发达国家为发展中国家提供额外的300亿美元作为“快速启动资金”。

哥本哈根会议还促使排放大国提交了2020年排放计划，这是向前迈出的重要一步。还有一些国家，如美国和中国，首次提出了减排目标。《哥本哈根协议》的长期效应超出了预期，为之后的缔约方会议奠定了坚实的基础。发展中国家提出自愿减排目标也始于哥本哈根会议。事实上，在2009年12月的协议中，各国承诺在2010年1月底前提交减排目标。总体上看，绝大多数排放大国都作出了承诺。

2010年10月，在坎昆召开的第16次缔约方会议作出了一系列正式决定，确定了对《哥本哈根协议》原则的广泛认可，同时在一些领域取得了有限却很重要的进步。《坎昆协议》确认了《哥本哈根协议》中的减排承诺、目标和计划，肯定了2℃的目标，并通过了2013年开始审查长期目标适当性的决定。坎昆会议之后，绿色气候基金成立，REDD+框架有所进展，新技术机制也有所发展。新技术机制包括技术执行委员会和气候技术中心网络两个机构。技术执行委员会致力于寻求在发展中国家使用和传播技术的更佳途径，气候技术中心网络则专注于在发展中国家开展能力建设、发展清洁技术和实施适应项目。会议还建立了“坎昆适应框架”，旨在使发展中国家更好地计划和实施适应项目。发展中国家也同意每两年提供一次排放报告。

2011年11月，在德班举行的第17次缔约方会议（COP17）上，《京都议定书》被延长到第二承诺期（2013—2017年），主要参与者为欧洲各国，但许多重要的发达国家决定不再参与。德班会议的另一个重要成果是《德班加强行动平台》——所有缔约方同意“2015年达成一个适用于所有缔约方的法律文书或公认具有法律效力的文件”，并于2020年开始实施。[11]另外，德班平台承认了哥本哈根/坎昆承诺和2°C减排路径的“缺口”，却并没有进一步修改现有哥本哈根/坎昆承诺的协定。[12]德班平台中绿色气候基金设计谈判也取得了进展，但就有关资金来源仍未达成协议。公共部门和私人部门的资金份额仍然存在分歧。关于公共部门资金是否算作现有援助承诺的“额外”资金，也没有达成共识。为了加强发达国家和发展中国家减排行动的问责性，德班平台还就透明度问题作出了新的安排。

多哈缔约方会议（COP18，2012）和华沙缔约方会议（COP19，2013）在很大程度上是通往2015年巴黎气候大会的基石，只在某些问题上取得了少量的进展。其中，值得一提的是关于“损失和损害”机制的讨论、《京都议定书》至2020年第二承诺期的正式协议（尽管我们并没有期待此协议能发挥实质性作用），以及华沙会议中开始筹备2015年巴黎新协议的决议。华沙缔约方会议决议号召缔约方准备“国家自主贡献意向”（INDC），并于巴黎第21次缔约方会议前公布。[13]这个新术语明确各国将自行决定巴黎协议中的最终承诺内容。有些人认为，在严格意义上，这属于国家内部事务；也有人认为，这是国际谈判过程中的开局底价。然而，呼吁各国提前公布国家自主贡献意向体现出大家共同的愿望——为巴黎会议做好更加精心、高效的筹备工作，相对于哥本哈根会议而言更是如此。

华沙会议及近年来的谈判留下了一个尚未解决的重要问题——联合国气候进程如何日益加强各国作出的承诺（或“贡献”），从而缩小现有减排目标（即哥本哈根／坎昆会议上承诺的目标，和即将在巴黎会议公布的承诺）和2°C路径所需减排总量间的差距。[14]许多专家及缔约方已经认识到了这个问题，并给予了关注。

一个逐渐形成的共识是为了消除排放差距，今后所有协议都应该是动态且具有合作性的。动态是指可以随着时间的推移逐渐修改并提高减排承诺的过程；合作性是指促进各国构建一个共同的承诺，努力实现一个对各方都有利、基于优质增长及减贫的低碳经济转型。第8章探讨了如何促进达成这种协议。这与通过集中化法律框架“解决”气候变化问题有很大不同，它并不试图通过雄心勃勃且一劳永逸的减排目标来约束各个国家。许多人，但并非所有人，已经开始认识到，后者是不可行的，也是不明智的，特别是鉴于全球经济正在发生结构性变革，这些变革具有动态性，而且减缓行动也可以为国家带来降低气候风险以外的广泛益处。

要理解这种灵活协作模式的重要性，不仅要看到近年来联合国气候谈判的进展，也应该注意到近年来不同国家应对气候变化的行动。与此同时，UNFCCC／京都模式的经验和世界各地的进展共同指向了一种新的气候谈判、治理和行动的框架，本书第8章描述了这个框架，第9章讨论了这个框架的伦理基础。[15]

7.3　近期世界各地的气候行动

如果仅通过UNFCCC谈判来评估世界各地的气候行动，那么我们很可能忽略了一个重要的情况——近年来多数显著进展来自各个国家内部的行动及UNFCCC之外的国际交流。了解其他国家的想法、动向和行动对促进国家行动和国际合作至关重要。因此，本书接下来简要介绍世界各地的气候行动。

7.3.1　国家关于气候变化的立法和政策行动：全球趋势

最近，伦敦政治经济学院格兰瑟姆研究院和全球国际[16]对欧盟和65个国家关于气候变化的法规政策进行了梳理。调查结果表明，在绝大多数国家中，气候变化已成为中央政府十分重视的问题。这些国家已经通过一系列立法和政策措施来开展减排和适应行动。在很多国家，还有专门机构对这些行动进行监督。当然，立法不等于行动，实施非常关键，但立法至少是迈出了重要的一步。

该研究所覆盖的附件一中的19个国家和欧盟总共通过了194部关于气候的法律，46个非附件一国家通过了293部关于气候的法律。[17]此外，62

个国家已经通过了统一的气候变化立法，或确定应对气候变化战略地位的“旗舰法”。[18]至少27个国家已经有一定形式的碳价立法，[19]包括欧盟、中国、日本、印度和墨西哥。欧盟、经合组织和20国集团中明确或隐含的碳价范围从接近0到每吨二氧化碳超过100美元。[20]欧盟碳排放交易体系的碳价接近0——2013—2014年每吨二氧化碳3～6欧元或者5美金左右。德国、日本、挪威、韩国、瑞典和瑞士的碳价超过100美元。

在过去的15年中，气候变化监管行动呈现出稳步推进的趋势，其中最显著的时期是2008—2010年。在这段时间内，许多发达国家通过了最重要的气候变化立法。近期主要是非附件一国家在推动立法行动——研究发现，在2012—2013年间通过的18部重要法律中，非附件一国家占14部。[21]这凸显了一个重要的现象——尽管非附件一国家拒绝承担UNFCCC中具有国际法律约束力的减排义务，但许多国家已经在本国法律系统中采取了强有力的立法和执行措施，而多数发达国家并没有意识到这些。下面，我们简要地阐述一些发展中国家应对气候变化的进展。

7.3.2 发展中国家的气候行动：行动有力，潜力巨大

许多发展中国家引领着应对气候变化的行动，这些国家开展了针对本国经济情况的减缓和适应行动，并为其他情况相似的国家提供了具有说服力的案例，表明经济发展如何与低碳、效益及气候适应性结合起来。本书提供了一些中国、印度、巴西、韩国、埃塞俄比亚、哥伦比亚和孟加拉国的案例。

中国

2015—2025年间，中国国内生产总值很可能要翻一番（年均经济增长率7%左右），城市人口将增加3.5亿人。[22]2011年，中国已经是世界最大的排放国，排放总量为105亿吨二氧化碳当量（人均约8吨）。中国2014年排放总量很可能已经超过120亿吨二氧化碳当量（人均9吨左右）。[23]减排行动为中国未来经济增长带来的机遇和挑战在当今世界上是无可比拟的。

中国已经认识到了气候变化带来的巨大挑战，包括能源安全问题、资源压力和环境污染，特别是东部城市的空气污染。中国开展气候行动主要

有5个原因：气候变化的脆弱性、能源安全、碳氢化合物污染、对其他国家的影响力、新市场和经济活动中有价值的机会。正是由于中国认识到这5个因素的重要性，我们相信中国的减排意愿将会很坚定。

中国具有很高的气候变化脆弱性，因为喜马拉雅山脉积雪、冰川和周边降水对中国河流水系及沿海人口集中地区至关重要。经济增长和工业化使中国能源系统承受着很大的压力，全国对进口煤炭和天然气的依赖程度越来越高。新气候经济报告的技术分析发现，从经济角度衡量，中国2010年与空气污染（PM2.5）相关的过早死亡相当于损失了9.7%～13.2%的GDP。[24]此外，中国是世界上最大的温室气体排放国，中国的行动将对其他国家产生很大的影响。作为一个经济迅速增长的大国，中国不可避免地成为世界的领导者。大量投资带来的规模经济效应及不断增强的技术实力使中国在世界市场上占有重要地位。中国和德国是世界上最大的清洁产品进出口国，这两个国家占据了1/3全球关于气候的商品交易市场。[25]

在2013年11月发布的全面深化改革蓝图中，中共中央决定通过"加快转变经济发展方式"建设"创新型国家"，进而"推动经济更有效率、更加公平、更可持续发展"[26]。中国已经承诺（哥本哈根第15次会议和坎昆第16次会议）2020年单位GDP二氧化碳排放与2005年的水平相比下降40%～45%。中国非常重视减排目标和计划。"十二五"规划（2011—2015年）将碳排放强度降低17%作为约束性指标，并计划同时实现其他改革目标，包括经济增长模式向高消费水平（特别是私人部门和政府部门的商品和服务业）和较低投资储蓄水平驱动型转变；工业结构由能源密集型重工业向服务业和高科技制造业转变；通过市场、金融和企业改革提高整个经济中资本配置和资源使用效率；实施提高能源效率的措施，从而减少企业和家庭的能源使用量；减少能源结构中燃煤发电的份额，迅速扩大可再生能源和核能发电装机容量；以及采取一系列交通、工业、土地利用等行业的额外减排措施。[27]

中国的"十二五"规划提出了七大"战略性新兴产业"的发展方向。[28]这七大新兴产业将对中国今后的脱碳行动起到至关重要的作用，其中一些属于典型的低碳产业。2010年，这些新兴产业占中国GDP的比重只有3%，中国计划到2020年将这一比例提高到15%。同时，中国领衔全球可再生能源投资，2013年投资563亿美元左右，占世界总投资的26%，并且第一次超过了欧洲。[29]陆上风电是中国最大的可再生能源行业，2013年新增装机14GW，总装机超过89GW，2015年计划建成并网风电装机100GW。中国2013年全年新增12GW光伏装机总量，[30]比现有装机容量翻了将近一番，2015年计划太阳能发电装机35GW。[31]在习近平主席和奥巴马总统于2014年11月12日签署的联合声明中，中国计划二氧化碳排放在2030年左右达到峰值，并且将努力早日达到峰值；还计划2030年将非化石燃料占一次能源消费的比重提高到20%左右。从中国的规划来看，煤炭消费有可能在2020年甚至更早达到峰值。[32]

由于持续的发展和城镇化，中国经济将继续增长。这意味着在未来许多年，中国仍将是一个能源消费大国，煤炭、石油和天然气消费量将和可再生能源产量同时增加。2012—2013年间，中国大约每周新建2.5个煤电站。尽管速度有所减缓，但是2014—2015年间预计每周仍将新建2个煤电站。[33]中国的煤炭利用规划也表明，未来几年的煤炭使用将会迅速减少。[34]尽管制定了目标和规划，但在一定时间内，中国温室气体排放仍将持续上升。按照近期的发展趋势并考虑到中国碳排放强度的目标，中国的温室气体排放将在2020年达到130亿吨二氧化碳当量左右，2030年可能达到150亿吨。这显然与2030年250亿吨全球预算的2°C减排路径不符——2030年，中国将拥有世界人口的20%左右，却占用40%左右的碳排放空间。

中国决策层已经认识到这种排放轨迹的后果，正在考虑控制碳排放的措施，而且不仅是排放强度，还包括排放总量。2014年6月，中国气候变化专家委员会副主任何建坤公开表示：中国正在考虑将排放上限写入“十三五”规划，他预计中国温室气体排放将继续增长，在2030年左右达到峰值，但每年设定排放上限将意味着更严格的控制。[35]2014年9月，在纽约召开的联合国气候峰会上，中国表示近期将宣布应对气候变化的进一步行动，包括“尽早达到二氧化碳排放总量峰值”。[36]如他所言，2014年11月12日，习近平主席宣布了在2030年左右达到排放峰值。

许多西方观点认为，鉴于21世纪初开始中国煤炭消费迅速增长，发达国家的气候行动将是徒劳的。目前，中国每年煤炭消费占全球的一半左右。但近年来，中国已经采取了控制煤炭消费增长的有力措施。一些专家预计，中国煤炭消费可能在未来10年内达到峰值。现在看来，可能在2020年左右。[37]降低煤炭消费速度对于应对全球气候变化至关重要。减煤速度不仅对中国乃至世界的未来排放轨迹产生很大影响，而且密切关系到中国及全球的能源创新，包括低碳能源研究、发展、示范和应用。

我曾经提出，如果中国计划煤炭消费在2020年或之前达到峰值、2040年左右逐步淘汰煤炭使用，这将会为中国带来巨大的好处，包括提高能源安全、减少空气污染、减缓水资源短缺压力，以及大幅降低气候变化风险。[38]淘汰煤炭的措施包括设定国家规划目标、征收煤炭税、采取监管措施等。此外，提高能源效率、绿色城市规划、全面能源创新政策（以降低成本为目的，主要针对那些具有较大降本减排潜力的低碳技术）及财政和管理结构改革也可以加快淘汰煤炭的过程。这套宏观经济和分类措施可以为中国带来经济、社会和环境的主要中期效益，而不仅仅是降低气候风险。减少温室气体排放能够为中国和世界带来巨大的长期效益及减排连锁效应，除降低气候风险外，还能刺激其他国家制定低碳政策、带动企业投资、积累低碳技术和服务并以此开拓大规模新市场。[39]

中国的减排行动及其遇到的挑战为国际气候行动合作治理提供了重要的经验。第一，中国展示出即使没有国际法律约束力，国家气候行动也具有可信度。中国的低碳目标和减排措施已经写入国家规划和法律中。中国的五年规划是政府的重要目标，作为政绩考核标准在体制中逐层实施。虽然中央规划在各省、各地区的执行程度参差不齐，但总体而言，中国一直能比较成功地通过五年规划来制定和实施宏伟的经济目标和气候目标。

第二，中国的应对方式显示，许多国家并没有把通过低碳措施减少温室气体排放产生的效益视为孤立的。相反，它们认为气候变化与其他重要问题密切相关，包括能源安全、地方环境污染、地方自然资源压力、产业政策和竞争力、宏观经济改革、减贫、社会政策、公平、创新和增长。国际框架过分且狭隘地强求具有约束力的减排目标，这种思路可能会带来风险，刻意地割裂了减排和其他政策问题的联系，而许多国家认为这些问题是密切相关的。虽然减排目标本身很重要，但我们不能忽视碳排放和其他问题之间的联系，尤其是要从各方面将气候责任和减贫结合起来。良好的政策可以并且应该同时解决气候变化和其他问题，而不是让这两者形成对立。

第三，鉴于第二点所述的因素，虽然国内外环境都会影响中国气候变化决策，但必须承认国内的经济、政治、社会及环境因素对决策有着极为重要的影响，包括增长、减贫和环境污染等问题。影响中国决策的国际因素包括化石燃料价格（中国是能源进口大国，价格影响其能源战略）、全球市场和技术发展（影响中国与气候有关的经济产业政策）、领先国际市场（特别是清洁技术市场）的机遇、气候变化问题的国际压力，以及塑造负责任的大国形象的愿望（无论是否具有法律约束力，这种压力都是存在的）。

第四，中国所面临的能源挑战显示，中国及全球范围低碳能源技术创新对中国未来的排放轨迹至关重要。要实现煤炭消费达到峰值并逐步淘汰的目标，关键在于中国和全球加大能源创新步伐，即寻求煤炭替代能源，理性并有针对性地投资重点技术的基础研发和早期应用，特别是那些中长期能够降低成本的减排降本项目。尽管使各国重视长期减排目标也很重要，但过于专注长期目标将会转移对中短期关键问题的关注，包括其他国家如何与中国合作，协助中国尽快达到峰值并逐步淘汰燃煤。

第五，京都模式通过理论上的法律“保障”，促进各国达到减排目标，不能达标则将受到国际惩罚。中国的经验表明，更有意义的国际互动机制是，通过国际互动推动各国实现更远大的减排目标。换言之，我们应该在国际谈判和协议中找到日益提高减排承诺的方法，比如设定一个象征减排决心的范围，并共同努力实现这个减排范围的最大值。强调硬性目标和处罚会导致一个严重的问题——会使各国倾向于只制定容易达成的目标。尽管超量排放的正式处罚很轻微，也会有像中国这样非常认真对待减排目标的国家，但面对硬性的排放上限，减排决心反而受到阻碍。下一章将进一步讨论这个问题。

第六，中国的行动对其他新兴经济体和发展中国家具有极大的影响力，主要是在技术、资金、优先事项、发展机遇、与发达国家的关系等各方面发挥了表率作用。在UNFCCC及其他国际进程中，中国对G77也有很大的影响力。中国还是亚洲基础设施投资银行和金砖银行的主要推动者。中国也展示出，世界经济和政治秩序的新平衡不仅为打破发达国家主导国际议程的局面提供了机遇，同时也赋予了新兴经济体新的国际责任。

印度

印度在2011年的温室气体排放总量约为25亿吨二氧化碳当量，人均2吨左右，[40]其有许多自愿减排承诺，包括2007年6月曼莫汉·辛格总理承诺印度人均碳排放量将不会超过发达国家。印度宣布了2020年GDP排放强度较2005年水平下降20%～25%的自愿减排目标。[41]2008年6月，辛格总理公布了印度首部《国家气候变化行动计划》，勾勒出目前及未来印度气候减缓和适应的政策方案。[42]该计划提出8大核心“国家计划”，如截至2017年的国家太阳能计划。《包容性增长的低碳战略》报告所提出的目标和建议也体现在2012年5月公布的“十二五”规划中。[43]在辛格总理任期结束前，2014年5月，规划委员会发布的报告就低碳创新作出较乐观的假设，从而降低了印度对气候行动的预期成本。[44]不过，实际进展缓慢。

在本书写作之时，新当选的纳伦德拉·莫迪政府无论在国际上还是在国家平台上都对气候变化表现出积极的姿态。例如，莫迪政府将“环境与森林部”改名为“环境、森林与气候变化部”。新任部长普拉卡什·雅瓦德卡尔表示，印度将加强其国际气候谈判小组的实力，更积极地参与联合国气候谈判。[45]莫迪总理计划大规模发展太阳能发电，从而保障到2019年（莫迪任期结束前）每个家庭都能够使用至少1个灯泡的电力，包括目前仍缺乏电力供应的4亿人口。[46]莫迪总理还表示，计划改革状态不佳的电力行业。莫迪总理和太阳能有不解之缘。在作为古吉拉特邦首席部长时，他大力发展太阳能，古吉拉特邦太阳能装机容量相当于全国总量的40%。[47]2014年12月，在利马联合国气候变化框架公约会议上，雅瓦德卡尔部长宣布，2015年印度将推出“全面气候立法”，而且2020年太阳能计划的目标由200亿瓦提高到1 000亿瓦。

同中国一样，印度未来发展和经济增长所依靠的能源清洁程度对全球都会产生影响。其选择将取决于印度发展和减贫的决心，以及某些国内因素包括气候减缓行动的协同效益、技术发展情况、不同能源（化石燃料、核能和可再生能源）和技术的相对价格及获取途径等。这也说明新型全球气候框架体系的重要性——新体系应该更侧重于融资和技术创新的合作，鼓励各国日益提高国际承诺，注重政策可信度和体制发展，并支持各国开展结构性改革以实现中短期协同效益，如分布式供电与清洁空气的协同效益。印度已经出现了空气污染带来的健康问题——PM2.5污染产生的健康代价相当于GDP损失5.5%～7.5%，[48]因此空气污染治理的协同效益尤为重要。目前，中国正在努力尽早达到煤炭消费峰值，其经验可供印度参考和借鉴。

印度强调其人均排放量较低（约为中国的1/4、美国的1/10），认为发达国家使用高碳技术发展并达到了高收入水平，因此它们对现在的温室气体负有历史责任。印度不会接受任何限制印度国民创造美好生活的行动。因此，重要的是展示气候责任能够与发展和减贫相结合，同时发达国家应率先行动，并提供技术和资金支持。

巴西

巴西2011年温室气体排放总量约为11亿～14亿吨二氧化碳当量，人均6～7吨。[49]巴西是另一个主要的新兴经济体，其未来的发展轨迹也非常重要，特别是与亚马逊森林管理有关的碳排放。2009年，巴西颁布了《国家气候变化规划》，并且将其纳入国家立法。该法律包括了国家的排放目标——2020年温室气体排放在一切照旧的基础上减少36%～39%，减排量要可量化、可核实。巴西致力于到2020年将亚马逊森林的毁林率降低80%（基于1996—2005年期间的水平，即巴西平均每年毁林面积达19 600平方千米）。2004年，巴西毁林近28 000平方千米，达到历史最高点。之后的几年，毁林速度持续稳步下降。2012年达到新低，为4 571平方千米，相对于基准降低了76%。[50]2013年10月，巴西通过了新《森林法》，新法案获得农业企业的大力支持，却遭到环保人士的极力反对。新《森林法》延续了以下规定：亚马逊森林地带森林覆盖面积不低于80%；中央大草原塞拉多地区森林覆盖面积不低于35%；巴西其他地区森林覆盖面积不低于20%。然而，私人地主应保护的森林土地面积有所减少。新《森林法》还规定，不再追究任何于2008年7月前非法毁林行为的法律责任。在此日期之后，任何非法毁林（即超出合法比例的毁林）行为必须重新造林进行补偿。

巴西的情况表明，要减少因毁林和森林退化而产生的排放量，情况是复杂且敏感的：其中涉及多个团体和利益方；森林砍伐是环境、社会和经济系列问题中的一部分（识别国内外毁林原因很重要）；合理的政策在很大程度上取决于各地的具体情况。制定高效、公平的措施遏制毁林需要全民参与，特别是地方社区的参与。这些措施应该结合当地情况，并且同改善地方人民生活等措施相结合。这些措施很可能还需要各类机构及政策干预，[51]包括透明的土地利用系统如土地所有权制度、规划和区划系统、监管和通报系统、执法机构等，也包括保护区、生态系统服务交易、森林周围居民可持续生存的发展机会等方面。要帮助地方社区认识到保护和管理森林可以带来直接的益处，这一点很关键。

在许多现有倡议的基础上，全球行动对于减少毁林能够发挥重要作用。政府可以发展生态系统服务和REDD＋机制，并为其提供资金，也可以通过技术能力建设和绩效制度推广可持续林业管理。[52]政府还可以通过影响林产品的供需关系来降低毁林的动力，具体措施包括提高木材、纸制品等进口商品的监管标准和认证等。企业能做的也有很多，本章后半部分将举例说明。

韩国

有些国家已经开始向低碳转型并成功实现了协同效益。这些国家的做法可以为其他国家提供示范案例。韩国就属于成功转型的国家，其2011年温室气体排放总量约为6.9亿吨二氧化碳当量，人均14吨，和日本人均排放量接近。[53]韩国《绿色增长国家战略》和五年规划包括了2009年1月6日推出的“绿色新政”，它是经济刺激方案的一部分。其中，有307亿美元，约为整个方案的80%，被用于2009—2012年间的系列低碳措施，包括可再生能源、能效、交通、水资源和垃圾管理。《绿色增长五年计划》涵盖了许多“绿色新政”中的项目，并且制定了3大主要战略目标、10大政策方向和50项核心项目，推动韩国走上低碳增长的道路。[54]同时，韩国计划2015年启动碳排放交易体系。

埃塞俄比亚

低收入国家面临着低碳发展的巨大机遇。埃塞俄比亚2011年温室气体排放总量为1.2亿～1.5亿吨二氧化碳当量，人均1.4～1.7吨，[55]目前正在转向低碳发展之路。埃塞俄比亚制定了《气候适应与绿色经济策略》以促进经济转型，目标是在不增加碳排放的情况下，到2025年成为中等收入国家。该战略的重点是农业、林业、可再生能源和能源效率等关键领域，已经在各政府部门开始实施。约80%的减排潜在成本低于15美元／吨二氧化碳。预计未来20年（自2011年起）的投资需求为1 500亿美元左右。[56]重点措施包括森林管理、土地整理、增加收入、提高气候适应能力以及减少排放。例如，埃塞俄比亚东南部的汉波市，通过修筑梯田、水资源管理等系列措施，改善土壤条件、提高农作物产量、增加饲料和柴火供应并减少水土流失。这些农业投入显著提升了当地居民的生活水平。

哥伦比亚

哥伦比亚2011年温室气体排放总量约1.7亿～2.2亿吨二氧化碳当量，人均3.4～4.7吨，[57]该国也决心将气候变化纳入国家发展战略。2011年，哥伦比亚政府公布了《促进气候变化政策与行动的制度战略》，旨在建立一个新的制度框架——国家计划部门将有责任制定气候变化政策（通过气候变化减缓小组），并且有权力协调相关政府部门，包括环境部、财政部、水利部、煤炭部、能源部、交通部等。目前，哥伦比亚正在根据这一框架制定国家气候变化政策，以及跨部门区域性低碳发展战略。同时，哥伦比亚政府设立了一系列目标，包括到2020年总装机容量中可再生能源份额达到77%、到2020年生物燃料普及率达到20%以上、到2020年哥伦比亚的亚马逊森林实现零毁林。

孟加拉国

目前，全球已经意识到要想可持续发展，必须针对现有和未来排放的锁定效应采取措施提高适应能力。孟加拉国在2011年温室气体排放总量约为1.3亿～1.6亿吨二氧化碳当量，人均约1吨，[58]是遭受气候影响最大的国家之一。该国已经认识到国家在气候变化面前的脆弱性，并开始采取措施控制这些影响。2005年，孟加拉国颁发了《国家适应行动计划》，随后又出台了全国第一部气候行动计划——《孟加拉国气候变化战略与行动计划》。这个10年规划（2009—2018年）确定了6大核心领域：粮食保障、社会保障及卫生；灾害管理；基础设施建设；研究及知识管理；减缓及低碳技术开发；能力和体制建设。为了给适应和减缓气候变化提供资金，孟加拉国政府于2009年成立了国家气候变化基金，初始资本4 500万美元。随后为配合这一举措，在英国的支持下，其成立了一个多方捐助的信托基金，现有资金约1.7亿美元，由世界银行管理。

埃塞俄比亚、哥伦比亚和孟加拉国位于世界不同的地域，具有非常不同的特点，但是这些国家都展示了相当程度的低碳发展和气候适应性建设，这是减缓和适应气候变化的必经之路。对于地域相同并具有相似特点的国家，这些先驱国家的低碳发展战略及政策实施中的经验教训十分有用。同样，这些国家也展示出适应、减缓同发展/减贫密切相关，可以也应该同时实现。

埃塞俄比亚、孟加拉国，也包括毛里求斯等许多国家的历史排放量很微小，人均排放量也很低，但是它们仍然致力于在提高人民生活水平、与贫困作斗争的同时保持低排放。这种做法令人惊喜，意义重大。这些国家采取负责任的行动、不愿坐享他人之利，这种努力应该获得广泛的理解和尊重。秉持这样的思维方式才能加强国际行动的协作基础。

国际社会应该继续支持这种发展行动。这些行动中很多涉及气候智慧型农业，如埃塞俄比亚、哥伦比亚和孟加拉国，都将减贫、提高农业生产力与减缓及适应密切联系起来（详见2.5.1节案例讨论）。世界银行、国际货币基金组织、区域发展银行等多边机构可以发挥很大作用。在过去的几年中，这些机构逐渐把低碳及具有气候抗御力的战略行动融入各项业务中，并日益意识到这么做的重要性。这是个显著的进步，特别是鉴于一些经合组织国家的近期表现，这些行动更加有意义。下面，我们将讨论发达国家的气候行动。

7.3.3 发达国家的气候行动：进展参差不齐

研究显示，近期发达国家中央层面的气候行动进展参差不齐。发达国家本应率先引领世界制定并实施低碳经济改革的制度、政策、技术和服务，然而，许多发达国家却表现出政治上的迟疑、犹豫和拖延。在北美、澳大利亚、英国及其他欧洲地区，一些气候变化否认者、既得利益者及空想家质疑气候变化的科学依据，并且抨击政府实施排放控制、设置碳价等措施。全球金融危机以及紧随其后的欧元区等地区经济放缓转移了我们对长期问题的关注，导致错失良机。利率偏低且资源闲置时恰恰是投资低碳发展、打造未来主要增长驱动力的最佳时机。不过正如前文所述，尽管我们低碳发展的步伐本该迈得更快些，但目前机遇仍然存在。

有些国家经历了气候政策行动的倒退。澳大利亚保守党在托尼·阿博特总理的领导下，废除了前工党政府推出的碳定价计划，以所谓的“直接行动计划”作为替代。专家普遍认为，这个计划低效力、低效率且不公平。同时，保守党政府正在推进大规模增加澳大利亚煤炭出口。这样做意味着澳大利亚很难实现其相对较低的减排目标——到2020年实现在2000年的基础上减排5%。澳大利亚煤炭出口也将继续用于亚洲的燃煤电厂，从而减缓亚洲地区向低碳能源转型的进程。

加拿大联邦政府决定拒绝履行《京都议定书》中的承诺，并继续推动以非常规油气为主的高碳发展路径。加拿大的排放量大幅度地超出了《京都议定书》中的目标。[59]原则上讲，根据“具有法律约束力的”京都协议，加拿大应该受到制裁——增加其在第二承诺期的减排义务。但是，由于加拿大将不再续签第二承诺期，这种制裁实际上等于无效。

福岛核泄漏事故后，日本的能源政策有所倒退，逐渐增加对碳氢化合物能源的依赖。2013年日本公布，预计2020年的排放量比1990年的水平增加3%左右，远远超出其在《京都议定书》中2008—2012年间相应的减排目标。[60]然而，许多发达国家和地区正在积极开展应对气候变化的行动，包括美国、欧盟及欧盟各国。

奥巴马总统在第一任期内曾试图推动国会进行气候立法，却以失败告终。随后，他于2013年6月在乔治城大学的演讲中作出重要声明，表示在其第二任期中决心应对气候变化，并以无须国会批准的行政措施为主体。他将使用总统的行政权力绕开国会，管控主要排放源，同时刺激能源创新投资。奥巴马总统的能源计划提议，从联邦石油和天然气项目的收入中抽取一部分资金用于支持清洁能源的研发、鼓励各州提高能效、降低风能和太阳能成本、促进天然气行业放松管制、刺激生产清洁燃气等。此外，美国2014财年预算拨款6.15亿美元，用于支持太阳能、风能、地热能和水能等清洁能源的使用及成本降低。

在乔治城大学的演讲中，奥巴马总统再次强调了美国到2020年温室气体排放量较2005年减少17%的目标。他的计划包括：美国将在国际气候谈判中发挥主导作用；美国环保署（EPA）制定新建及现有电厂二氧化碳排放标准，从而减少电厂的排放（2013年9月出台了新建电厂排放标准）；增加可再生能源的使用并提高能源效率；减少氢氟碳化合物的使用及甲烷的排放；逐步适应气候变化的影响。

在2007年马萨诸塞州起诉美国环保署一案中，[61]美国联邦最高法院裁定温室气体属于《清洁空气法》所涵盖的空气污染物，美国环保署有权对其进行监管。这使美国环保署在奥巴马第一任期内提高了机动车尾气排放标准，其后还规范了电厂排放标准。同时，美国环保署公布了电厂汞和有毒空气污染物的排放标准。这将使煤电厂运营商采取更严格的污染治理方式，致使许多老旧和污染严重的燃煤发电厂无法盈利，不得不关厂停产。

奥巴马总统2014年6月公布了美国气候行动承诺，核心是电厂减排计划。[62]根据各州的不同目标，美国环保署将分别同各州合作降低电厂碳排放强度。这使各州能够相对灵活地使用一系列措施以达到减排目标。奥巴马政府预计这些措施能使2030年电力部门排放比2005年减少30%。2014年11月12日，奥巴马总统与习近平主席共同签署了《中美气候变化联合声明》，宣布了美国到2025年实现较2005年水平减少温室气体排放26%～28%的目标。世界两个最大排放国通过这项联合声明，发出了强劲的合作信号。

美国军方在节能减排方面也发挥着领导作用。美国海军已经开始进行第三代生物燃料试验，并计划组建“大绿舰队”。根据计划，该舰队的舰船将全部使用生物燃料。美国海军还有一个雄心勃勃的目标——到2020年，非化石燃料达到海陆能源消耗总量的50%。

美国许多州、城市、企业等也在积极开展应对气候变化的行动，我们将在7.3.4节展开更详细的讨论。

欧盟承诺，到2020年排放较1990年水平减少20%，可再生能源达到能源消耗总量的20%。为了实现这一承诺，欧盟达成了一个宏伟的气候变化政策框架。但是2008年后，经济增长停滞不前导致能源需求降低，使这些目标显得不那么宏伟。欧盟正在积极制订2030年方案。2014年年初，欧盟委员会建议，2030年在欧盟范围内实现较1990年水平减排40%的目标，同时还有不具约束力的可再生能源及能源效率目标。欧洲议会却呼吁制定更宏伟的目标。2014年10月，欧洲理事会一致通过了40%的减排目标。

然而，欧盟碳排放交易体系一直存在着碳排放配额供应过量的问题。如果不进行大规模结构改革，极低的配额价格可能会持续到第三承诺期（2013—2020年），这将使碳排放交易体系在低碳结构改革和创新中无法发挥重要作用。配额过量源于两个方面：一是初期排放配额过多，企业虚报配额，从而获得额外的排放权；二是经济停滞导致能源需求降低。最明显的解决方法是减少排放份额的分配，但这却未能实现（见第3章）。2014年10月，欧洲理事会认识到这一问题，正在讨论补救措施。

在回顾全球气候协议和框架如何能够更好地促进发达国家的气候行动时，这些国家近期的经验验证了我们之前在对发展中国家进行探讨时得出的结论。首先国际“具有法律约束力的”目标不能代替具有可信度的国家（或欧盟）气候政策。加拿大退出京都协议就是最有力的例子。加强各国减排动力有多个因素，包括国家内部压力及对气候责任的深入理解；发展新技术和市场；在瞬息万变的世界中寻求能源安全；实现协同效益，如清洁的空气、安静的城市、多样性的生物等更好的生活环境和生活方式。气候行动可以为国家带来诸多实际利益，因此收集这样的案例和经验非常重要。这也是全球气候与经济委员会的核心工作（详见2.10节）。

此外，就各国成功行动案例和低碳增长计划展开交流也是非常重要的。这有助于带动企业和民间团体支持低碳发展、鼓励决策者开展气候行动。国际协议和机制如果能增加减排动力、推动减排决心，则能促进各国加强行动，并使投资者和决策者更明确世界发展的方向。达成这样的全球协议也很重要。

我多次强调，我们的步伐较2℃路径（50%的概率）而言过于缓慢。然而，发展中国家、新兴经济体和发达国家正在向低碳经济转型的道路大步前进。中国、美国和欧盟的排放量约占全球排放总量的一半。我们应该注意到，最大排放国（或国家联合体）正在通往实现哥本哈根–坎昆承诺的道路上。国际目标也许能够得以广泛实现。

7.3.4　全球地区政府及非官方机构的行动

近几年，尽管在国家层面开展的气候行动参差不齐，但非国家行动及跨国合作却在迅速增加。

区域和地方政府

许多国家的区域和地方政府积极制定并实施低碳政策和措施，展示出领导力。例如，美国加利福尼亚州于2013年开始实施温室气体总量管制和交易计划，并且在2014年进一步与魁北克省总计划相联结。长期以来，在严格能效政策的引导下，加州人均用电量长期保持在相对稳定的水平上，而同期全美人均用电量在持续增长。[63]人们一直认为得克萨斯州是石油和天然气的中心区域，但得州大力推进风力发电——得州风电累计装机容量约12GW，位列全美第一（爱荷华州累计装机容量约4GW，排名第二）。在城市层面上，纽约市于2007年制订了绿色增长计划——《纽约城市规划：更绿色、更美好的纽约》，其中包括在2005—2030年间减排30%的目标。2013年，纽约市温室气体排放量较2005年基准减少了19%。

城市间的跨国合作，特别是C40网络中“特大城市”的合作，也发挥着重要的作用。这些合作加快了世界各地城市低碳发展知识和最佳方案的扩散与传播，同时也促进了合作行动的开展。例如，2014年，C40网络的一项研究比较了2011年与2013年城市行动数据，发现实施公共自行车计划的城市数量从6个增加到36个——2011年，快速公交系统仅在南美洲城市得到广泛应用，而现在全球35个C40城市已经启动或正在建设快速公交系统。[64]正如C40董事会主席迈克尔·布隆伯格先生所说：“城市有能力、有专业知识、有政治意愿及策略继续采取有意义的气候行动，并前所未有地成为了应对气候变化的领导者、创新者和实践者。”[65]

城市不仅可以互相分享好的案例，还能够影响整体发展方向，并共同制定竞标合同标准。例如，如果所有城市制定了相似且严格的公交车排放标准，那么这将增加清洁公交车的生产规模，从而降低生产成本。

2014年，联合国秘书长潘基文任命迈克尔·布隆伯格先生担任联合国气候行动特使。这标志着城市层面的参与者在全球气候治理中发挥着日益瞩目的作用。布隆伯格先生将致力于动员市长们积极采取气候行动，包括为2014年9月召开的气候峰会寻求切实可行的解决方案，并在气候峰会后继续推进联合国的长期气候战略。这次气候峰会聚集了国家元首及地方政府、商界、金融界、公民社会的领袖和代表，旨在加快气候行动步伐，并为2015年巴黎气候大会顺利达成全球协议奠定政治基础。

城市行动是全球气候与经济委员会研究的核心课题之一。城市容纳全球一半以上的人口，产生的排放量占全球总量的70%以上。相比国家层面，城市更具社区归属感，从而更容易开展强有力的公共行动。因此，城市对未来气候变化至关重要。

多边经济和金融机构

全球性和区域性的多边经济金融机构正在加大开展应对气候变化的最高级别行动。国际货币基金组织总裁克里斯蒂娜·拉加德女士认为，气候变化是“21世纪最大的经济挑战”。[66]国际货币基金组织已将气候变化风险和应对政策融入其分析和政策建议中，特别是通过减少化石燃料补贴、征收温室气体排放和其他环境外部性的相关费用（如碳税和空气污染税等），从而确定“合理的”能源和交通价格。[67]同样，世界银行也认识到了气候变化对发展和减贫带来的巨大挑战，[68]并支持设定更合理的能源价格及取消化石燃料补贴。除此之外，世界银行还致力于城市发展、气候智慧型农业、能源效率和可再生能源投资、减少短期气候污染物排放等业务。[69]世界银行也提倡实施碳定价，行长金勇先生在2014年9月的纽约联合国气候峰会上宣布现在已经有73个国家、22个地方政府和超过1 000家企业和投资者对实施碳价表示支持。[70]

跨国研究委员会

除了世界各地的大学和智库在开展气候相关研究之外，许多国际研究委员会也开始专注于气候变化研究。

全球气候与经济委员会由各国前政府首脑、财政部长、市长及经济学界、商界、金融界领袖组成，墨西哥前总统菲利普·卡尔德龙担任主席（我担任联合主席）。该委员会旨在研究应对气候变化行动的经济效益及成本，特别是如何将经济增长与气候责任相结合，并促进相关领域的沟通与交流。“新气候经济项目”是该委员会的旗舰项目，2014年9月发布了《更好的增长、更好的气候——最新气候经济报告》，该报告为促进经济增长行动与减缓气候风险行动之间的相关性提供了独立且权威的证据。该委员会的合作研究机构来自世界各地，包括北京、斯德哥尔摩等。同时，该委员会在不同研究方面也与其他机构展开合作，包括世界银行、区域发展银行、国际货币基金组织、国际能源署、经合组织及联合国主要机构。有关新气候经济报告详情，请参阅本书第2章第2.10节。

基于气候变化是一个全球公共卫生紧急事件的假设，2014年医学杂志《柳叶刀》、伦敦大学学院、清华大学和斯德哥尔摩社会生态系统应变及发展研究中心共同成立了气候卫生委员会，旨在寻求气候变化应对政策，提高公众健康并促进减缓和适应气候变化，从而减少与气候变化相关的健康风险。[71]例如，在城市中减少燃煤可以为骑行提供更好的环境，进而使城市人口能够更健康。

另一个跨国研究项目——深度脱碳路径项目（DDPP）汇集了15个国家的研究团队（包括发达国家和发展中国家，合计占全球排放总量的70%以上），分析并展示了不同国家如何在不同经济领域实现脱碳，从而在21世纪中叶实现零排放。该项目第一份主要报告于2014年9月发布。[72]

这些跨国研究项目通过细致的分析，强调了气候行动、经济、健康等方面的协同效益。它们同非政府环境组织等民间社会团体一起，能有效推动能源部、环境部及其他非传统气候相关部门的决策，发挥重要作用。

社会运动与投资者的各种压力：投资组合脱碳、撤资、搁浅资产风险

投资化石燃料产业链将要承受各方面的压力，包括金融界担忧的“搁浅资产”风险，也包括地方乃至全球机构投资者（如养老基金）和社会机构（如大学）投资低碳或撤资化石燃料的社会运动。例如，瑞典国家养老基金AP4分产业审查投资组合中各公司的环保和碳排放状况，并根据一定标准淘汰其中表现最差的。其发现，采取这一制度提升了回报率。

气候变化及全球能源行业的脱碳需求加大了投资化石燃料资产的风险。气候政策措施（如碳价）也意味着化石燃料产业收入减少的风险增加，投资这些产业日益失去了优势。事实上，实施碳价不仅增加了消费者支付化石燃料的费用，同时也降低了生产者得到的价格。这正是政策的核心目的所在——鼓励人们减少使用污染的化石燃料。

强势全球气候行动给这些产业带来极大的风险。在温升控制不超过2℃的情景（50%以上的概率）下，“碳预算”是有限的，这意味着世界上大部分剩余化石燃料储量不能在没有碳捕集、使用或存储等减排措施下燃烧。不使用碳捕集与封存技术而燃烧已知化石燃料储量将释放2.86万亿吨二氧化碳，[73]这几乎是2℃情景（50%以上的概率）中剩余二氧化碳预算（约1万亿～1.5万亿吨）的2～3倍。[74]

目前看来，强势气候变化行动的可能性还没有体现在现有能源价格水平中。在上市公司中，已探明储量中各项化石燃料的比例分别是（以二氧化碳为计量单位）：煤炭占36%、石油占51%、天然气占13%。上市公司的储量大约占总储量的1/4。[75]因此，石油和煤炭企业尤其引人注目。许多投资者已经开始关注这些风险，通常称之为“不可燃碳”或“搁浅资产”。[76]遗憾的是，在很多时候，监管机构对这一趋势反应迟缓，反而鼓励具有资产搁浅风险的投资、限制对新技术的投资——尽管新技术投资长期风险很可能非常小。[77]

与此同时，社会上要求各大机构处理化石燃料（特别是煤炭产业）资产的呼声越来越高。过去，机构投资者更偏好大型化石燃料基础设施建设项目及项目投资企业，原因是它们能够提供适合长期投资的风险回报——这些产业熟悉度较高、风险较低、可以长期提供稳定的投资回报。一般情况下，基金经理代表养老基金等机构投资者作出投资决策，许多机构或个人的积蓄、退休金等被用于这类投资，在无意间被动地成为了化石燃料资产的投资者，并因此承担了搁浅资产的相关风险，涉及投资化石燃料的伦理问题。地方及全球层面的民间社会团体正在提高人们对这些财务纠葛的认识，同时也发起了声势浩大的运动，说服大学捐赠基金、宗教团体、城市和其他组织团体支持淘汰化石燃料资产，成为道德领袖与先锋。关于如何激励表现最差的群体作出改善，鼓励投资低碳组合的激励政策比广泛撤资政策更为有效。

这些倡议的影响还有待观察，不过只要能够提高人们对投资化石燃料影响气候的认识，促进改变化石燃料固有的地位，它们就是有意义的，是政治进程中重要的一部分。不论怎样，投资者应该认识到世界已经开始转型，并且从道德或利益上来看，他们都应该站在改革的最前沿。就目前而言，这意味着处理掉大部分甚至全部无碳捕集与封存技术的煤炭投资，从抨击气候科学或资助反气候科学研究的公司中撤资等。

企业

许多企业也在气候变化及广义的环境可持续性领域中发挥了表率作用，并展示出当领导者和董事会优先考虑这些问题时，企业所能够取得的成就。它们这样做不仅因为这些是该做的事，也源于这些行动所带来的商业意义。

一段时间以来，领军企业（如 2.3.1 节中所述的那些公司）认识到，主动提高公司内部能源和资源效率能带来潜在的竞争优势。企业日益站在了可持续发展实践的最前沿。它们不仅通过提效措施降低运营成本，还寻求将可持续发展实践融入供应链中。沃尔玛就是一个很好的案例。沃尔玛引入了供应商可持续性评估（积分卡），要求供应商评估并披露相关的环境影响。玛莎百货的“A 计划”、英国电信的“共创美好未来计划”也体现了这一趋势。这些企业不仅降低了企业自身的环境影响及碳足迹，更广泛而言，它们在可持续发展中发挥了引领作用。

在气候变化方面，企业引导供应链的一个重要途径就是使用可再生能源电力。这在科技领域尤为突出，如谷歌的案例（详见第 2 章）。苹果公司首席执行官最近警告投资者，如果不希望苹果公司继续投资可持续能源，“那请尽早卖掉股票”。[78]

供应链脱碳的另一个重要领域是减少毁林。许多企业面临着来自消费者、股东和非政府组织的压力，被要求审查并减少供应链中可能导致毁林的产品。领军企业作出了具有创新性的回应，并协助发起了一个全球公私合作、支持"供应链零砍伐"的运动。消费品论坛的成员企业（如联合利华、雀巢等）承诺在2020年前实现商品供应链零砍伐的目标。同样，"热带森林联盟2020"的成员包括企业、政府和民间组织，致力于减少由棕榈油、大豆、牛肉、造纸和纸浆等全球四大大宗商品导致的毁林。[79]

许多企业为设置碳价发挥着引领作用。这些企业（包括全球范围内150家参与碳信息披露项目的企业）使用内部碳价作为业务规划的一部分，把投资引向低碳项目和产品，从而管理未来的政策风险。[80]这种内部碳价举措使企业能更好地适应低碳政策和监管环境，包括整体经济或某些产业的碳价。许多企业都公开倡导碳价，我们将在第10章继续讨论这个话题。

7.4 本章小结

综上所述，本章得出了以下结论：

• 在全球范围内，许多国家正在开展应对气候变化的行动。通过良好的政策，我们在减排的同时也可以实现经济增长、减贫等一系列地方性效益和机遇。我们看到能够实现"更强增长"的可能——更包容且有效的减贫、更洁净且污染少的环境、更安静且拥堵少的城市、更高效且安全的能源，以及与环境和生物多样性有关的诸多益处。

• 更深层次、更广泛地了解世界各地低碳经济的发展可以促进各国气候行动的进展。

• 但是，相对于将全球温升控制在2℃以内或者避免气候变化危险化所需的行动，国家气候行动的发展和联合国气候谈判的进展还是过于缓慢。为了成功实现2℃的目标，我们必须扩大行动的规模。

• 许多城市、企业、机构和地方政府在减排方面发挥着重要的领导作用，并展示出气候行动带来的切实利益和机遇，也分享了许多经验和教训。

- 国际金融机构与跨国研究合作梳理了相关知识库，这有助于我们了解全球经济中的结构改革及其动态性，也帮助我们认识到减缓气候变化不仅可以降低气候风险，还可以带来更广泛的益处。这是本书的主要议题。
- 为了提振决心，全球气候治理框架应该与“更好的增长，更好的气候”相关议题以及发展和减贫机遇更紧密地联系起来。

注释

1 第5次评估报告包括依次发布的4份工作组报告:2013年9月发布的第1份报告,介绍自然科学基础;2014年3月发布的第2份报告,探讨影响、适应和脆弱性;2014年4月发布的第3份报告,分析减缓气候变化;2014年11月发布的第4份报告(综合报告)。

2 这种机制的强制性必然很薄弱,因为其规定本质上仅仅是一个国家如果在承诺期内没有完成承诺的减排义务,需要在下一个承诺期增加减排义务。

3 就技术而言,京都减排承诺的总目标是在议定书第一承诺期(即2008—2012年,以5年平均值为准),将温室气体排放量较1990年水平降低4.2%(相对各国基准年减排承诺为5.2%)。见IPCC(2014b),第13章第59页。

4 见Garnaut(2008)、Wara和Victor(2008),以及IPCC(2014b)第13章。

5 见IPCC(2014b)第13.13.1节。

6 见IPCC(2014b)第13.13.1节。

7 如第1章图1-3所示。

8 假设按照50%的概率将温升控制在2℃的路径,则2030年碳预算在350亿吨以内。我们有可能现在少做一些,以后多做一些,最终仍实现预算。例如,假设我们坚信21世纪下半叶能够实现零排放或负排放,那么2030年的350亿吨也许可以提高至420亿吨。

9 见Stern与Rydge(2012)。

10 联合国(2010)。我是顾问团成员之一。

11 见UNFCCC(2012)。

12 见UNEP(2013),以及本书第1章中的讨论。

13 见UNFCCC(2013),条款2(b)。

14 见UNEP(2013)。

15 Ross Garnaut将近年来国际合作和国家行动形成的国际气候减缓体系称为"协调单边行动"(见Garnaut,2011)。

16 见Nachmany等(2014)。

17 同上。在全球国际(GLOBE)的研究中,(气候)法律的定义是:"特指气候变化相关的立法、规定、政策和法令,或旨在促进减少能源需求、促进低碳能源供应、应对森林砍伐、促进可持续土地利用、可持续交通和适应气候变化影响的法规政策"。该研究仅针对联邦层面的立法。在所研究的近500部法律中,60%是由议会通过的法律,40%是行政指令或政策。

18 同上。有些标志性的法律只是鼓励性而非约束性的,而且并不是所有相关法律都具有议会法案的法定效力。一些国家的主要气候政策只是行政命令或政府白皮书。

19 同上。一些碳定价机制只应用于某些国家/管辖区中的小部分地区,如一些欧盟成员国的国家碳税及加拿大境内部分地区的排放权交易。

20 见Bassi等(2014)。碳价(特别是隐含碳价)的高低受研究方法的影响,而不同的研究使用的方法有所不同,详见Bassi等(2014)的讨论。该研究采用的英镑兑美元的汇率为1:1.6。

21 见Nachmany等(2014)。

22 见Green与Stern(2014)。

23 在写本书时,可获取的最新排放数据(世界资源研究所,2014a)显示,2011年中国温室气体排放总量(不包括土地利用和林业)约为105亿吨,其中二氧化碳(不包括土地利用和林业)约为90亿吨,非二氧化碳温室气体约为15亿吨(约为二氧化碳排放量的

17%)。最新二氧化碳数据显示,2013年中国与化石燃料和水泥相关的二氧化碳排放量为100亿吨(全球碳计划,2014年)。假设非二氧化碳温室气体排放量仍是二氧化碳排放量的17%,则我们可以推算出2013年中国排放了约117亿吨二氧化碳当量,这意味着2014年中国(排放总量)很可能已经超过了120亿吨。

24 见Hamilton(2014)。

25 见Umwelt Bundesamt(2014)。

26 中国共产党中央委员会(2013)。

27 中国共产党中央委员会(2013)、国家发展和改革委员会(2013)、中华人民共和国环境保护部(2013)。

28 7大产业包括:节能环保、新能源、新能源汽车、新兴信息、生物科技、高端装备制造,以及新材料。

29 见FS-UNEP(2014)。

30 见Martin(2014)。

31 见Ma(2013),同时参见世界资源研究所(2014b)。

32 见Myllyvirta(2014)等研究。

33 我与全球经济与气候委员会(GCEC)及气候政策研究中心(CPI)的研究人员的私人交流。

34 见Green和Stern(2014)第3(c)节中的讨论。同时参见Garnaut(2014)及Myllyvirta(2014)。

35 见Chen与Reklev(2014)。

36 见Khan(2014)。

37 见Green与Stern(2014)的讨论,以及Garnaut(2014)。

38 见Green与Stern(2014)。

39 同上。

40 世界资源研究所(2014a)。数据不包括土地用途转换和林业。

41 见UNEP(2012)。

42 印度政府(2008)。

43 规划委员会设立专家组筹备该报告。该报告研究的主要行业包括电力、交通、工业、建筑及林业,并以能源效率和可再生能源为重点。

44 印度政府(2014),第86页。

45 见Mohan(2014)、Yeo(2014)。

46 见Katakey和Chakraborty(2014)。

47 见Pearson和Chakraborty(2014)。

48 见Hamilton(2014)。

49 世界资源研究所(2014a)。排放上限包括土地用途转换和林业产生的排放。

50 1988—2012年,巴西亚马逊森林砍伐面积累计为396 772平方千米(巴西科技,2013)。

51 见Bagnoli、Goeschl和Kovács(2008)。

52 见GCEC(2014)。

53 世界资源研究所(2014a)。数据不包括土地用途转换和林业。

54 见UNEP(2014)。

55 世界资源研究所(2014a)。排放上限包括土地用途转换和林业产生的排放。

56 埃塞俄比亚联邦民主共和国(2011)。成本估算不包括减排以外的协同效益。

57 世界资源研究所(2014a)。排放上限包括土地用途转换和林业产生的排放。

58 世界资源研究所(2014a)。排放上限包括土地用途转换和林业产生的排放。

59 加拿大国家温室气体清单报告显示,至2012年年底,加拿大年均排放量约为7亿吨,较1990年的排放量(5.91亿吨/年)增长了18%。加拿大的京都承诺目标为较1990年水平降低6%。见加拿大环境(Environment Canada,2014)。

60 见Lies与Reklev(2013)。

61 见549 U.S.497(2007)。

62 见http://www.whitehouse.gov/climate-change及http://www.epa.gov/。

63 感谢Frank Ackerman提醒我关注这一点。

64 见C40/Arup(2014b)

65 见C40/Arup(2014a)

66 见Lagarde(2013)。

67 见世界货币基金组织(2014)。

68 世界银行与波茨坦气候影响研究所编写的报告分析了温升4℃可能产生的影响,并详细描述了我们将面临的一系列挑战。

69 见世界银行(2014a)。

70 见世界银行(2014c)。

71 见https://climatehealthcommission.wordpress.com/。

72 见IDDRI/SDSN(2014)。关于DDPP,见2.2节。

73 见国际能源署(2012e)。在这28 600亿吨二氧化碳中,大约63%来自煤炭,22%来自石油,15%来自天然气。

74 见IPCC(2013)。

75 见碳追踪(CarbonTracker)。

76 见Glore和Blood(2014)。

77 见GECE(2014),第6章。

78 见Shankleman(2014)。

79 见GCEC(2014)。

80 见碳信息披露项目(2014)。

[第8章]

发起国家和国际行动

第7章通过梳理世界各地气候行动发展状况，说明尽管现在已开展了许多减缓和适应气候变化的行动，但现有的行动和承诺依然远达不到实现2℃目标的合理概率。国家层面的行动大多源于国家内部的原因和压力，但同时，国际发展趋势和全球经济状况也在很大程度上影响着各国内部的压力和机遇。全球发展决定着技术方案的选择（清洁能源技术）、不同能源和技术的相对价格、宏观经济状况和前景、各团体（政治家、公民和投资者）对他人行动的认知，以及它们对未来风险和机遇的预测（包括气候行动总量、气候风险及低碳商品服务的市场需求）、规范和行为标准的进展等。换句话说，全球发展影响（包括积极影响和消极影响）着各级政府和企业领导人在面对气候变化决策时的动机和看法。

国家、地方政府和企业的决策及它们所树立的典范，对国际协议的进程有很大的影响。国际合作与国家行动（包括国家、城市、企业等层面）之间存在着潜在的有助益的相互影响。换句话说，国际行动与国家行动相辅相成并且相互加强。

要发起国家和国际行动，我们必须了解如何才能促进和加强它们之间的相互支持。我们需要考虑特定的概念、机制和进程，通过动态和建设性地认识共同利益和机遇，而不是通过那些倾向于分裂和分化的方式，把国家和人民凝聚起来。

本章8.1节研究影响国家和国际行动相互作用的框架。建立共识、加强合作需要奠定基础并寻找合理方法。8.2节分析如何认可共同目标、增加减排决心和建立可信度。8.3节探讨增强信任和信心。8.4节的主题是金融、技术和创新等方面的合作。根据以上分析，8.5节简单地评论即将到来的巴黎缔约方会议。最后，8.6节讨论大国在气候行动中的领导力。

8.1 制定更好的国际气候行动框架

国际气候变化体制和谈判是影响国家及非国家机构作出与气候变化行动相关的决策的重要因素。有些人认为，国际合作是不可能实现的，认为仅靠各国国家层面的行动足以控制气候变化。2009年，在哥本哈根第15次缔约方会议（COP 15）结束之后，这个观点得到了一些认同，而事实上也是如此。全球经济与气候委员会的研究表明，我们可以通过投资城市规划、土地利用和能源改革来实现大部分的减排，且这些投资与各国自身利益是一致的（见2.10节）。[1]

然而，国家层面的行动足以应对气候变化的观点其实是对经济、科学和政治的一种错误理解。就经济而言，世界发展趋势的不确定将是投资的障碍；就科学而言，全球总体气候行动规模过小导致的应对延迟是非常危险的；就政治而论，国际气候议程的进展将加强各国气候行动。许多人不积极地应对气候变化，却想当然地把原因归结于其他人也没有积极地采取行动，尽管他们并不清楚其他人已经在采取怎样的行动。

与此同时，企业、城市和国家层面上的行动进展也可以促进国际合作。当国家、地方政府和企业的决策者了解到其他人采取了低碳战略和政策，并看到未来达成气候协议的前景，那么他们也会融入这一主流趋势。较早采取行动的人将发现这些概念或技术的潜在增长市场，而那些“坚持高碳、高污染”的人则可能逐渐遇到障碍。因此，早行动者可能会促使国家决策者和气候谈判代表去寻求达成国际协议。不管有没有外界压力，如果决策者能够看到气候行动承诺给本国带来的益处，他们就会更愿意开展国际合作。国际合作和国家行动不仅相互补充、相互促进，还能够把各国更紧密地联系起来，进而激发更多气候行动。

认识到国际合作的重要性还远远不够，因为这并不能明确应对气候变化需要什么样的国际合作，也没有告诉我们如何最有效地把国际合作和国家行动结合起来。因此，我们应该着眼于如何使国际合作和国家行动相互支持，从而在所需时间内达到所需规模的气候行动。[2]回答这些问题需要了解科学、经济学和与气候变化相关的伦理学，需要明确各层面（从地方到国际）气候行动的不同角色、责任和政治，需要了解各层面气候行动中的亮点和困难，还需要认识不同国际气候行动和治理框架的各自优势和劣势（尤其在扩大减缓行动方面）。

正如第7章中提到的，要达成国际气候行动的政治意愿是很困难的。我们必须认识到，从国际合作理论和国际关系原则的角度来讲，国际气候变化协议中有着固有的困难和局限性，[3]包括涉及众多缔约方、不同国家气候承诺等目标需要协调一致、在不确定温升等后果的情况下制定减排目标可能引起的问题、不同国家对公平的不同理解、在未来技术发展和相对价格不确定时国家间倡议或行动的策划设计（如减排和研发方面的倡议）、国际层面执行过程中的困难，以及与适应、海洋保护、生物多样性等其他重要方面的结合。

不同人对气候行动的成本、收益及协同效益的预测可能存在很大差异(因为主要参与者具有不同的政治经济状况与目标)，这种差异在很大程度上决定了其谈判立场。同时，人们也很难考虑到一些区域性和地方性（如世界各地的省份、城市等）的气候行动。人们往往对其他地方正在开展的气候行动一无所知，却先入为主地假定别人几乎没在行动，因此得出国际合作很薄弱的结论，这种现象阻碍了国际气候进程的发展。

传统博弈论对搭便车的态度极为消极：有些国家不愿开展应对气候变化的行动，却受益于其他国家的行动（搭便车）。然而，实际并非如此——很多气候行动并非在共同的国际协议下开展的。正如本书一直强调的，这在一定程度上源于许多国家为了应对城市规划、土地利用和能源系统中的重要结构改革和挑战，本身也需要采取更强势的应对措施。大力投资应对项目，不仅实现了减排，也将带来很多其他方面的益处，包括减少垃圾处理需求和污染量、缓解交通拥堵、加强能源安全、维护生态系统。

这些投资和政策可以协助实现未来约20年所需的减排量（见全球经济与气候委员会研究成果第2.10节）。当政府部门逐渐意识到这些投资能够促进实现自身利益（即使不考虑气候），认识到不联合采取气候行动的巨大风险时，许多国家便开始采取更负责任的行动，并展现出领导力（见第7章中的探讨和案例）。尽管传统的、相对消极的、简化的博弈论在应对全球气候变化的问题上存在一定的相关性，但却脱离现实，与政治现实及真实情况并不相符。因此，经济学家们也许应该开阔思路，不要拘泥于苛刻的行为假设中。

我们需要一个国际气候框架，并需要它帮助我们应对结果和影响的不确定性，同时促使我们对一些相关问题达成共识，如国家及国际联合气候行动缺失的风险、动态学习的潜力、新熊彼特派长波理论中的探索和创新潜力等。这些投资和创新不仅缓解气候风险，还可以实现一系列的协同效益，包括改善生活环境、提高能源安全和生物多样性等。换句话讲，这些投资和创新可以实现双赢，并且还能压低低碳技术的成本，从而开辟低碳增长和发展的新机遇。从近期发展来看，我们常常低估了成本降低的速度。(2005年的一项研究预测，太阳能的成本最快将在2023年降至1美元／瓦特。我们已经在第2章中提到过，太阳能的成本在2014年就已经低于1美元／瓦特。)

正如本书所讲，为了应对气候挑战，我们需要一种新的国际气候行动框架。本章剩余部分将简要描述这个框架的关键要素，侧重减缓行动（特别是能源方面的减排）。这并不意味着我们不重视适应问题、应对损害的机制及其他方面（如土地利用和林业）的减排。实际上，这样做的目的是通过更灵活的非正式方式促使达成国际气候协议。形成一个强大的国际协议当然非常重要，只是我们所探讨的是如何达成这种协议。我们需要突破“只能依靠正式和僵化机制达成协议”的局限性思维，尝试通过其他途径来促进协议的达成。例如，建立加强行动规模的共识，发展对共同利益的认知（特别是发展责任与气候责任相结合），基于经验、合作、透明原则建立信任，并设计良好的历史记录机制。

自2009年哥本哈根第15次缔约方会议（COP 15）之后，我相信许多人和我一样，改变了原来的思路。经验告诉我们，取得真正的进展并不一定需要正式国际协议；[4]同时也告诉我们，世界各地气候行动的总体进展仍过于缓慢。此外，京都模式也使我们开始质疑国际制裁的实施能力。最后，我们也认识到，强有力的气候行动可以带来经济效益等多方面的好处，有利于各国自身利益。这么多年的经验和教训促使我有了下面的想法。

8.2　认可共同目标、增加减排决心、建立可信度[5]

8.2.1　认可共同目标

问题的本质是控制排放总量从而大幅降低气候风险。因此，我们应该对应对气候变化的长期目标达成共识，并以此目标作为气候行动的努力方向。这一点非常重要。2010年坎昆第16次缔约方会议（COP 16）的一项重要成果就是各国政府对温升2℃的目标达成了共识。坎昆会议通过的决定包含以下内容：

要求大幅度削减全球温室气体排放量……，使相对工业化前水平的全球平均气温上升幅度控制在2℃以下。缔约方应当按照科学认识，在公平的基础上采取紧急行动，争取实现这一长期目标。[6]

坎昆决定及联合国气候变化框架公约（UNFCCC）的基本原则都承认了由于发达国家过高的历史排放而导致的不平等性，也肯定了采取与经济增长、发展和减贫行动相符的方式实现温升2℃目标的重要性。第9章将详细探讨公平问题，这是减缓气候变化的核心议题之一（当然也是适应气候变化及气候变化“损失和损害”的核心内容）。

正如本书第1章所强调的，精确而详细的规划并不一定能够保证实现温升2℃目标，因为不同减排路径实现2℃目标的概率并不一样。在本书中，我一般假设实现温升2℃目标的概率为50%。我认为，只有在2050年排放量降至200亿吨以下，并且持续下降的情况下，才可能达到这一目标。我们可以先将减缓目标设定为21世纪下半叶实现零排放。正如经合组织（OECD）秘书长安赫尔·古里亚（Angel Gurría）所说：“各国政府需要立刻采取行动，才能步入21世纪下半叶实现零排放的减排路径”。[7]这个号召得到了联合国气候变化框架公约（UNFCCC）执行秘书克里斯蒂安娜·菲格雷斯（Christiana Figueres）的响应。[8]鉴于有些产业很难实现零排放，这意味着其他一些产业需要在21世纪内尽快达到零排放甚至负排放。新气候经济报告也强调了这一点，[9]并指出我们未来20年中的努力决定了之后的气候行动和发展。只有坚定并有效地采取行动，我们才能尽早实现零排放。

这样，设定共同目标就涉及对全球经济中不同行业逐步减排的讨论。就电力、运输、建筑、土地利用等行业而言，我们已经对其减排方式（技术、工艺变化和社会影响）有了很好的了解，而且从技术上来看也都是可行的。但是在工业、农业等行业中，虽然已经出现了一些可观的进展，但是为了实现零排放，还需要更强劲的创新。

因此，各国应该战略性地考虑减排计划中各行业实现零排放的顺序。鉴于能源和地面运输行业是全球温室气体排放的主要排放源，且其减排技术相对成熟，这两个行业应该最先实现零排放。这也是安赫尔·古里亚的观点，他呼吁把在21世纪下半叶将“实现化石能源零排放”作为“温室气体净零排放减排路径”的核心目标。[10]英国气候变化委员会是产业脱碳技术的权威部门，其也采取了类似的方法。该委员会受英国政府的委托，为英国如何在2050年前实现80%的减排目标提供咨询建议。其提议设立为期5年的“碳预算”，其中包括详细的脱碳计划和英国各经济行业的减排目标。其建议强调了到2030年前实现电力、运输和建筑行业大幅减排的措施。[11]

英国气候变化委员会认为，在能源相关产业减排进程中，电力行业脱碳是最首要的，是“低碳转型的核心”。[12]其原因包括：第一，在大多数国家中，电力是温室气体排放的主要来源；第二，我们对低碳发电有了很好的了解，低碳发电不仅切实可行，而且非常多元化（正如本书第2章所述，有些可再生能源的成本正在快速下降，还有一些存在大幅降低成本的潜力）；第三，电力行业的脱碳对其他行业的减排发挥着重要作用，特别是运输（如电动汽车和电气化铁路）、住宅供暖（如地源和空气源热泵等）以及潜在的某些工业部门。[13]

英国的经验表明，我们也许可以期待一些发达国家在21世纪前叶（也许在2030—2040年期间）实现电力行业的脱碳。发展中国家应该在相对晚些的时候才能实现电力行业的脱碳。发达国家的投资和创新很可能会大幅度降低技术成本（例如，一些欧洲国家最先快速降低了风能和太阳能的发电成本，然后中国大规模的生产进一步加速了成本的降低）。发达国家应该高度重视促使资金、技术和知识流入发展中国家，同时，我们可能会看到新技术开始从发展中国家向发达国家转移，双方之间的合作也逐步增加。如果发达国家率先开展电力行业脱碳工作、投资能降低清洁能源价格的创新项目（价格降低将使所有国家都能受益），并在此过程中与发展中国家开展合作，那么将会为发展中国家的深度脱碳进程创造更加有利的条件。

如果许多国家制定了电力行业脱碳的目标，并在一些其他行业也提出明确的减排目标，那么对投资者来说，这将是一个明确的信号——国际社会都在大力减排并争取实现全球经济的零排放。具体明确每个行业的发展方向有助于达成国际共识和合作，进而能够加速各国彻底改革所需的创新和投资。

8.2.2　增强减排决心、建立可信度

各国政府、专家和非政府环保组织都认为，国际上“具有法律约束力的”减排义务（国际法律约束的强制性义务）与“自愿”减排承诺（不受国际法律约束，但是受国家法律约束）有很大的区别。人们通常认为受国际法律约束的承诺比自愿减排义务更重要。然而，就应对气候变化而言，国际合作的法律形式并不是一个最终目标，而是达到重要目标的一种方式。重要的目标是指提高各国减排的决心和可信度。强调减排义务的国际约束力可能会对各国的减排动力和可信度产生很重要的影响，其有可能是正面影响，也有可能是负面影响。为了建立有效的国际合作机制，进而促进各国所需的减排决心和可信度，我们需要对这些影响展开认真研究，并且努力构建真正可信的国际强制执行机制。别忘了，根据《京都议定书》，如果在一个承诺期中没有完成减排承诺，则须在下一个承诺期内弥

补相同的减排量。但当时，并没有任何机制阻止加拿大在第二承诺期退出《京都议定书》。

增强减排决心

此处的"减排决心"，一方面是指某个国家有意愿为全球减排所作出的贡献，也就是通常提到的一个国家计划控制或减少国内温室气体排放的规模。面对全球化，我们必须谨记，一个国家境内的行动可以在很大程度上影响其他地区的排放量。这尤为明显地体现在国际贸易商品（如进口商品引起的排放和出口的化石燃料）和跨国行业（如国际航运和航空）中。另一方面，"减排决心"也包含了一个国家创新链中的低碳创新（创新能够促进全球知识和技术转移，也有利于降低成本）及为海外减排提供的资金和技术。由于一些实际原因，我们主要侧重于各国国内的排放，不过完整的国家减排决心不仅要考虑本国经济、地理、历史等各方面的情况，更广泛来讲，还应包含这个国家的海外排放及影响减排行动的贡献。[14]这也适用于"事后"评估其行动影响（具体请参阅本节后面关于监测和报告的内容）。

为了一个确定的共同目标（如50%的概率将温升控制在2℃以内），对于减缓行动的有效性而言，各国减排决心的总和才是最重要的。正如本书前面所讲到的，各国目前承诺和贡献的总和远远不能达到50%的概率实现温升2℃目标所需的路径。因此，我们应该利用国际议程来鼓励各国大幅提高减排决心。

致力于赋予减排目标法律约束力和强制措施（尽管并不可靠）也许并不能鼓励各国制定雄心勃勃的减排目标，反而可能有相反的作用——各国可能会尽量压低其国际承诺，制定出一个能够轻而易举实现且不会受到处罚的承诺。[15]这就像计划经济：各生产单位都争取较低的目标，从而它们可以轻松实现目标并受到肯定，而不用因没有达到目标而受到惩罚。

如果减排决心长期低迷，并被正式写入具有法律约束力的条约里（正如《京都议定书》的案例），那么在这样的国际协议中，低决心的减排意愿将被长期锁定。有限的减排意愿将导致国际社会有限的气候行动，尽管也付出了一定成本，却无法实现大幅降低气候风险的效益，也无法获得低碳创新所带来的许多机遇。

过于强调具有法律约束力的承诺可能还会失去一些主要排放国的支持，进而减少总体减排决心。中国、印度及其他主要新兴经济体还在犹豫是否接受这样具体的并具有国际约束力的减排义务。尽管每个国家的原因不同，其中一部分是基于历史排放的不平等性，一部分是担心把权力交给无法完全信任的对象。尽管人们对减排的看法也在变化（新气候经济报告中有所分析），但对于减排与经济增长和减贫的关系仍有担心。此外，在美国，根据宪法签署国际条约需要参议院的正式批准。参议院（至少在短期内）不太可能允许相关行政部门正式签署一项新的国际气候条约（尤其这项条约里中国不用承担“具有约束力的义务”）。这种政治现状限制了美国在国际气候变化协议中的定位和能力范围。美国或许同意通过以下两种方式参与：（1）不具有法律约束力的国际协议（但仍可能包含重要的政治承诺），如《哥本哈根协议》；（2）“更新”联合国气候变化框架公约中已经作出的承诺（美国已正式批准），同时另作出一个不具有约束力并且包含新元素的承诺，包括美国（和其他国家）的国家自定贡献预案。[16]

因此，我们应该从实际出发，大力推动国际谈判的重心转移——从目前各国提交长期固定且具有国际约束力的减排目标的机制，转变为另一种机制，即允许各国实施不具有国际约束力（但从远期看，却能日益增加减排决心）的减排。有一种新的减排框架已经引起了国际热烈的讨论，新气候经济报告也支持这一框架。这一减排框架需要各国制定5~10年的滚动目标，每5年重新进行评估，从而逐步增加减排决心并提高减排目标。[17]在这种体系中，各国需要尽力完成5年目标，而10年目标只是指导性的（或建立在某些前提条件下的）。虽然这仍是国际法律框架下的一部分（即需要提交、报告和更新国家减排承诺等），但是实现目标并不是强制性的，也不具有法律约束力。我们一会儿要探讨可信度和国家法律框架。

还有一种选择是，允许和鼓励各国相互交流自主减排贡献，包括长期（或中期）目标以及短期的政策和措施。每项政策或措施可能会带来一定“范围”内的结果，最佳结果就是产生决心最大（并且可以实现）的减排目标。这个最大目标将促使其更加仔细地观察和研究减排行动的各种细节，从而了解如何逐步实现更大幅度的减排。中国和印度都在坎昆协议中提出了减排目标范围，尽管它不具有任何约束力。最佳结果的优势是，可以促使各国以此上限为目标而努力，而只设定最低目标却不具备这个优势。

建立可信度

这里的可信度是指对实现一个国家所作出的承诺的信心程度。国际约束力（强制执行）既不是可信度的必要条件，也不是充分条件。国际约束力并不能保证可信度。最明显的案例是加拿大逃避国际协议中的减排义务，并最终退出《京都议定书》。加拿大缺乏实现减排目标的政治决心、相关制度、政策措施；相反，它表现出了扩大高碳、非常规油气产业的政治倾向。这都削弱了加拿大所作出的承诺的可信度。

可信的减排承诺并不一定需要国际约束力。例如，欧盟、美国、中国在哥本哈根会议中提出并在坎昆缔约方会议上正式通过了2020年减排承诺。虽然这些承诺不具有国际法律约束力，但这些国家仍在依照其承诺努力实践。到底有哪些因素在影响着我们对可信度的判断呢？这需要进一步理解和完善。关于其他缔约方承诺的可信度，不同缔约方基于不同因素作出不同判断。可信度至少与以下3个方面有关：（1）一个国家减排承诺／贡献的本质、力度及可行性；（2）为了实现减排承诺／贡献而出台的国家制度、法律、政策和措施；（3）减缓气候变化行动的历史纪录。[18]

其中，国家总体部署（第2点）尤为重要。因为可信的国家部署能够影响这个国家的投资环境（正如社会形态能够影响企业对正常运转及投资收益的信心），进而影响低碳经济投资的水平、风险及成本。除此之外，在其他条件相同的情况下，具有国际法律约束力的协议也许能够使国家承诺更加可信。具有法律约束力的承诺通常会加大一个国家实现减排目标的外部压力：相较自愿承诺，它们所面临的是声誉受损或其他政治成本。如果减排承诺受到国际强制执行措施的制约，那么这些措施可能会激励各国努力实现减排承诺。在有些国家，国际条约在国家法律体系中具有同等的法律效力。有些国家的宪法或其他法律规定，特定国家机构（如司法机构、行政机构、议会等）需要对国际法律义务作出回应或进行实施。国际约束力会加强各国实现减排承诺的内部压力和动力。

总体而言，通过“法律约束力”只能有限地提高减排承诺的可信度，特别是当强制执行机制相对薄弱的时候。我认为，“法律约束力”对可信度的正面影响甚至不及对国家减排雄心的负面影响。从国际层面上来讲，注重国家减排制度、政策的本质和水准才是更有效地提高可信度的方式。例如，各国可以相互交流各自减排方面的制度、法律和政策部署的具体内容（作为减排贡献的一部分），以及如何通过这些部署实现减排及减排贡献。一些缔约方已经建议在筹备巴黎会议的过程中采取类似的做法。[19]国际协议可以更进一步要求缔约方将国家自主减排贡献写入国家法律，或在国内以其他方式、措施支持国家自主减排贡献。[20]侧重于国家部署，有利于促进国家之间更深层次的交流。国家之间可以分享现有的减排情况，也可以讨论各国即将实施的气候行动、减排中的机遇和脱碳过程中的障碍等。这样的对话既可以凸显国际合作互助中的机遇，也可以增进国家之间的信任和信心。下面我们将进一步讨论这些。

8.3　建立信任和信心

相互的信任和信心是实施更加雄心勃勃的国家、国际行动的关键因素，然而，目前却非常欠缺。因此，研究国际议程如何增进缔约方之间的相互信任和信心是非常重要的。

8.3.1　把减贫作为中心

正如第7章所述，由于担心减排承诺可能会阻碍发展和减贫，印度等许多发展中国家对作出减排承诺有一定的顾虑。我将使用全球气候与经济委员会报告中的一个例子来分析增长。对减贫的关注虽然不尽相同，但是与减排紧密相关。从道德和政治上讲，国际合作应该明确减贫是中心工作。正如我一直主张的（如在本书的第2章），[21]消除贫困和应对气候变化是21世纪的两个最大的挑战。而它们也应该是国际合作的核心。其中，国际机构可以发挥重要的作用，同时在国家间的互动中也应该融入这种国际合作的精神。我将在第9章中继续讨论公平问题，即“公平获取可持续发展”的构想。自20世纪60年代末，经济增长、发展和减贫一直是我经济学研究和写作的核心，也是我作为世界银行和欧洲复兴开发银行首席经济学家时，工作的重中之重。

8.3.2 认识应对气候变化和孕育经济增长中的机遇

人们认为，气候行动会阻碍发达国家和发展中国家的经济增长，这一直是气候行动的一个主要障碍。全球气候与经济委员会表示，我们在未来20年所需的减排主要来源于改变城市发展、土地利用和能源系统的投资，这些投资也会带来一系列的收益回报，如增长、创新、发明以及许多其他协同效益（见2.10节）。相较于犹豫不决或继续过去的污染方式，如果我们可以有效地管理这些投资和创新，那么在21世纪里，我们将能够处于更有利的位置来应对气候变化。

国际机构中的官员、专家和各国官员、气候变化（或其他问题）谈判代表必须明确认识到，减缓气候变化带来的机遇和益处是至关重要的。只有这样，才能设计出合理应对的方案，进而获取相应的回报和收益。已经有越来越多的商业领袖和城市市长开始对此作出响应。例如，商业领袖和市长不仅占全球气候与经济委员会将近一半的席位，他们也在达沃斯世界经济论坛、世界可持续发展工商理事会等国际论坛中强调了气候的重要性。

在国际层面上，技术创新、商业投资和社会形态的发展也促进了经济增长。与单方面采取行动相比较，各国通过国际合作、国家政策和投资的协调，能够传达出关于全球未来经济发展趋势更强劲且清晰的信号。全球合作行动、国家政治行动、商业投资、社会规范和政治趋势都可以通过创新、低碳市场、国家政策行动等相互影响和促进，从而增进国家之间的相互信任和信心，进而有助于进一步的国际合作。本书认为，让人们理解这些合作行动的动力机制和潜力有助于掀起一股新的创新、探索和高质量经济增长的浪潮，且这股浪潮显然是可以实现的。

8.3.3 频繁互动和早期收益

为了促进目前急缺的国际信任与合作，各国可以采取一种策略：先作出相对小范围且相对容易实现的承诺，或作出可以带来早期收益的承诺，并结合监测和验证机制，以此作为起点。[22]监测、查询、反馈和验证都能够证明各国正在努力实现承诺。实现承诺有益于加强相互间的信任，使各国作出风险更大、成本更高的承诺，下更大的决心。定期交流能够促进信息共享和检验，进而有助于加大承诺。

在国际气候谈判中，这种交流互动十分匮乏。在气候谈判的进程中，其主要强调各国设定中长期减排目标，其实短期承诺和贡献也同样重要，它能够增进彼此间的信任和信心。短期承诺包括实施减排政策和措施、加大低碳投资、实现行业减排的中期目标等。正如上一节提到的，可以实行的一种方式是共同设定一个周期（比如5年），并定期（比如每5年）重新评估并更新承诺。另一种方式是各国达成共识，实施一些政策措施，随后逐步提高相关目标。例如，有些国家可以根据协定好的计划，逐步提高某些经济部门的碳价（或隐含价格），[23]或按明确的时间段淘汰燃煤发电，或分阶段有序部署可再生能源发电等。

此外，有些领域可以获得早期收益，包括实施低成本（甚至负成本）的大规模减排措施。国际能源署2013年的一份报告提出了4项能够在2020年前开展的零净经济成本政策措施：加速提高能源效率、禁止新建燃煤电厂及限制低能效燃煤电厂、减少上游油气产业中甲烷的释放、加速削减对化石燃料补贴的政策。[24]根据国际能源署的计算，如果这4项政策得以实施，那么2020年温室气体排放量将比预期水平减少31亿吨二氧化碳当量。国际能源署的报告指出，这相当于完成了2℃减排路径中2020年所需减排量的80%。其中，能效政策可以减排15亿吨（能效政策包括第2章和第3章中提到的建筑、工业和交通政策），禁止新建燃煤电厂及限制低能效燃煤电厂可以减排6.4亿吨（同时减少空气污染），[25]减少油气排放及燃烧中甲烷的释放分别可以减排3亿吨和2.8亿吨，减少部分化石能源补贴可以减排3.6亿吨。[26]

一些其他相对低成本的措施也能带来很大的协同效益（如加强公共健康、减少贫困、保护生物多样性及提高自然资本等领域的效益）。治理短期气候污染物（如烟尘，甲烷和氢氟碳化物/HFCs等）也是如此。国际气候和清洁空气联盟是由一些发达国家和发展中国家共同发起的，旨在通过切实可行的措施减少短期气候污染物。它们为贫困家庭提供清洁炉灶，还采取其他措施推广清洁燃料使用。[27]这些举措不仅提高了公共健康、减少了贫困、带来了气候效益，还帮助发展中国家树立了信心。

退化林恢复也具有极大的潜力。粗略估计，全球大概有2 000万平方千米的退化森林，约占全球森林总面积的一半。全球气候与经济委员会计算，如果2030年前恢复35万平方千米退化林，则能促进流域保护和农作物、林产品产量增加，每年可实现净效益1.7千亿美元。同时，视退化林恢复的面积，每年还可以封存10亿～30亿吨二氧化碳当量。[28]

8.3.4 透明、测量、范例

国际机构善于有效地整理、收集并传播相关信息、证据和范例，也擅长制定新领域的技术标准和流程（如碳核算、测量、报告及核实排放清单等）。有效的国际气候治理框架更注重国家政策、措施和机构，以及能推动行业脱碳的结构性变革。在向这种国际气候治理框架转变的进程中，国际机构应该大力发展标准化的机制力，从而更好地监测和报告各国减缓气候变化的行动、相关政策机制及其有效性、效率和影响。联合国气候变化框架公约和其他国际机构已经开展这方面的工作，并开始制定这些领域的标准和流程。增加国际碳流动的透明度（如进出口商品的相关排放及这些商品的生产者和消费者等）将有助于我们了解哪些地域排放量高、哪些地域高碳商品的消费量大等信息。这也有助于我们掌握更详细的相关信息。例如，在全球化进程中，谁在影响排放，谁应该为排放负责等。我认为，以生产或最终消费为基础测算的国家碳排放都非常有意义。按生产测算的意义在于，生产决定了收入，继而决定了支出。按消费测算的意义在于，消费决策决定了生产需求。在经济学中，这是一个双向的过程。

C40城市网络开创的指标提供了非常有用的信息，堪称典范。C40城市网络开展了一项大型调查，旨在确定市长和市政府拥有的权力和控制程度（包括对公交车、公共住房等资产，以及经济发展等行政职责）、城市开展的行动（一系列的行动被统称为“干预”）、撬动这些行动的杠杆（如监管措施、采购、项目等），以及这些行动的地域规模和实施情况。[29]

在城市之间以这种方式开展分析和测量标准上的合作，可以直接策发行动。例如，如果许多城市对公交车竞标标准达成一致，那么对投标商来讲，竞标标准就更明确，从而能够在很大程度上实现规模经济效益。

这类信息有一系列的作用：有助于各国了解其他国家正在做什么，并为此提供证据基础，从而增进相互间的信任和信心，进而提高减排决心与意愿。汇总的规范信息使我们能够分析趋势、发觉范例、总结实践经验（各国可以在政策设计中借鉴）、制定未来的优先事项及给予各国启示和思路。其中，案例研究和范例特别有帮助。例如，对于政治家、商业领袖和民间社会代表，他们希望说服他们的同胞，让大家了解精心设计的气候行动的可行性及其能够带来的益处。

8.3.5　不局限于环境部长（扩大气候交流合作的范围）

本节和下面的章节中都表明了合作交流不应仅限于环境部长、外交部长等气候谈判的参与者。经济、财政部长及相关部门负责制定相关的国家决策，其也发挥着非常重要的作用，因此这些决策部门需要加强理解经济增长与气候责任相互支持的潜在联系。也正因如此，前经济部长、前总理、前总统及资深商业领袖占据了全球气候与经济委员会约2/3的席位。

8.4　资金、技术及创新上的合作

国际合作能够发挥重要的作用——促进金融资本对低碳能源、城市基础设施建设、农业和土地利用系统等方面的投资，并确保技术及其他方面的创新达到所需的规模和速度。

我们在第3章中讨论了国家开发银行、绿色投资银行等专门化公共金融机构在低碳发展融资中发挥的作用。国际金融机构也在低碳融资中发挥重要的作用。它既能促进与气候有关的资金从发达国家流向发展中国家以减缓和适应气候变化，也能为发展中国家提供所需的技术援助，建立吸引、管理和有效投资公共与私营部门气候资金的能力。同时，我们应该意识到，绝大部分储蓄来自发展中国家，而不是发达国家。例如，中国的储蓄超过了美国和欧盟储蓄的总和。许多技术进步也来自发展中国家。因此，资金将会是多向流动的。现在，一些以储蓄和生产性投资为主的新兴基金和发展银行正在筹备当中，如亚洲基础设施基金和金砖国家领导的开发银行（我也参与了发展规划）。

这类国际金融机构非常重要，它们不仅能够推动私营部门参与低碳发展，同私营部门开展相关合作，还可以为公共部门的基础设施建设提供一部分资金支持。这类机构能够带来5项主要优势（国家开发银行和绿色投资银行也具有类似优势，见本书第3章3.1.5节）：第一，它们有全套的融资工具，包括贷款、股权、政治风险担保等。而一个私人金融机构通常无法提供所有的融资工具。第二，它们的股权结构允许它们注重长远收益。第三，在它们参与的项目中，政府的政策风险可能相对较小。因此，它们的参与本身就能够降低交易风险。第四，它们能积累强大的专业知识。例如，欧洲复兴开发银行在能效方面已经建立了专业优势。第五，作为投资者召集机构，它们的可信度更高，因为人们认为这样的银行不像私人银行那样纯粹追求自身利益。因此，这类机构在加速向低碳经济转型的过程中发挥着重要的作用。当然，发挥这些优势还需要有合理的制度设计。

通过各国减排措施的协调及其他更深层次的合作，国际合作在创新中也能发挥重要作用，特别是在低碳及零碳能源技术方面。在没有补贴、碳价及化石燃料空气污染费的情况下，加速向低碳经济的转型有利于尽快实现清洁能源价格低于化石燃料。在许多地方，可再生能源的价格已经比化石燃料还低。[30]通过有利的创新，更多地区可以在短时间内降低可再生能源的价格。储能技术进步可以进一步加速这个过程。这需要协调一致的政策和资金来支持和保障创新链的各环节，如基础和应用型研究、开发、示范、应用等。

为了应对这个挑战，我们需要给予世界顶尖科学家和工程师巨大的投资和关注。然而，目前在公共和私营部门中，清洁能源技术的研发（示范）仍有很大缺口。国际能源署成员国2012年公共部门的能源研发投入资金约为120亿美元，[31]按实际价值计算，这还不到20世纪70年代末的一半。[32]如果算上国际能源署非成员国，那么每年世界能源研发投入资金约为200亿美元。全球公共部门投入到可再生能源研发和示范的资金每年只有约40亿美元。[33]也许这些数据并不精准，但结论非常明确：在面临气候变化、能源不安全、能源匮乏、空气污染等挑战的情况下，我们对能源研发（示范）的投资，特别是对可再生能源的投资，是远远不够的。

私营部门对能源领域的研发投资也很少，尤其相对于其他以创新为主的产业而言。这些投资也远不能达到有效管理气候变化所需的能源产业脱碳的规模。私营能源企业通常的研发投入约为销售额的2%，而在消费性电子产品企业中，研发投入约为销售额的5%，制药和生物科技企业研发投入占比更高，约为15%。[34]

正是由于这些投资缺口，扩大公共部门对能源领域研发项目的注资将有益于全世界。全球气候与经济委员会建议，相关投资应至少翻三倍，达到全球每年1 000亿美元以上。最近提出的"新阿波罗计划"就是针对如何扩大可再生能源研发的一个例子，我是发起人之一。[35]该计划将在国际层面上开展协调工作，但并不集中实施，而是各参与国自主运行。阿波罗计划的重点领域包括：风电、太阳能发电（太阳能光伏发电和聚光太阳能发电是重点）、电力储蓄、智能电网和可再生能源及其他能源并网、氢气储蓄和运输等。该计划并不局限于基础研发，还可能涉及更广泛的研究、开发和示范。阿波罗计划向各国政府开放，但需包含以下几点基本要求：

1.规模：各成员国政府需承诺，在2015—2025年间每年投入国内生产总值的0.02%作为阿波罗计划的公共开支。各国可以自行支配这笔资金。这可以看作一个全球升级版的国家规划。

2.路线图：阿波罗计划需要一个明确的路线图。根据摩尔定律的曲线，确定每个阶段实现成本抑减所需的科学突破。20世纪80年代，这种做法在半导体领域非常有效。国际半导体技术蓝图列出了竞争前期研发所需的进展。该路线图是由一些主要芯片制造商共同发起的，研发资金由政府和私营部门提供。阿波罗计划将采取类似的形式。

3.目标：目标应该是在阳光相对充足的地区，在2020年前实现新建可再生能源电厂的电价低于新建燃煤电厂，并在2025年普及全球。2025—2030年，阿波罗计划将另设可再生能源生产规模的目标。

我和其他发起人呼吁各国政府首脑在2015年巴黎缔约方会议上正式

加入阿波罗计划。该计划可以在巴黎气候大会后立即启动，从2016年开始，持续到2025年。这种规模且组织有序的国际计划可以迅速带来巨大的进展。阿波罗计划只是其中的一个例子，也是非常重要的一个例子。该计划并没有专注于细节，也并不会主导或抑制研发合作，但却可以作为一个典范来展示如何开展有意义的国际合作。

在加强研发和示范的同时，鼓励推广新技术的应用也是非常重要的，即制定相关政策，从而促进需求、扩大规模，进而降低成本。例如，电力部门的上网电价就是这样一项政策，其对降低太阳能光伏发电成本有很大的影响。机动车燃料消耗、排放标准等运输部门的监管标准也有很好的效果。家用电器、照明和建筑的相关标准也是非常有效的。通过激励效应和对公共投资的资金支持，适当并且可预测的碳价也能促进实现预期的应用。除了研发，规模效益和从实践中学习也能极大地降低成本。

国际协调也具有重要的作用。目前，技术推广政策完全以国家为主在推动。然而，这些政策的实施、所获得的经验、所引发的关键技术价格下降，将使所有国家都获得收益。[36]正如上述案例，与研发和示范的“技术路线图”方式一致，各国应该从战略角度考虑推广哪些技术、通过推广实现哪些成本抑减，然后在此基础上协调各国的推广计划。我们已经提到过协调招标标准的例子（如主要城市中公共汽车的招标标准）。这并不是一个死板的“选择赢家”的过程，而是让我们认识到一些可能性、新想法及提供支持的适当时机。

创新政策的协调带来技术成本的降低，这将非常有助于消除一些限制减排意愿的主要障碍，如技术选择、清洁能源和化石燃料的相对价格等。研发、示范和部署的相关政策，配合对创新链的广泛支持，可以带来更壮观的气候行动。这应该是促进设定更高目标的新框架的必要组成部分。

能源创新是尤为迫切和重要的挑战，加强所有与高碳行业创新有关的国际合作有助于应对气候变化。为了增强彼此之间的信任和信心，并实现国际公平（将在第9章中详细讨论），高收入国家应同发展中国家合作开展创新，侧重低碳技术的发展和适应，从而满足发展中国家的需求。从道德上讲，我们应该以消除贫困为中心。在未来的二三十年里，全球绝大部分投资将投入发展中国家及新兴经济体中。

公私间及国际间创新合作的一个典范是国际农业研究磋商组织(CGIAR)。[37]这是一个全球农业研究合作联合体，致力于热带粮食作物的农业创新。该组织每年经费10亿美元，为15个发展中国家的研究机构就农业和自然资源管理专业提供高水平的科研能力、大量经费，并协助相关机构的历史延续与继承，从而保障这些机构为农民提供必不可少的科学和技术支持。[38]我们可以发展类似的机构来促进技术创新，例如，发展中国家在不同的情况下使用相适应的可再生能源和建筑材料，包括离网发电、家用热能、微电网技术应用等。[39]

8.5　简评巴黎气候大会

2015年的巴黎缔约方会议将是加速全球应对气候变化进程的一次重要机遇。大型会议能够向政治家施加更大的公共压力，促使他们提高作出承诺和采取行动的决心，特别是在减排行动方面。这种压力源于政府首脑的参与。这次的巴黎大会与2009年哥本哈根缔约方会议不同，各国政府首脑更早地参与到议程的制定中。例如，许多政府首脑出席了2013年9月联合国秘书长在纽约召集的气候峰会。这种压力还来自激进组织(它们也参加了多数重要会议)。我将在本书最后一章对此进行进一步的讨论。这样的社会压力可能对政策产生有效且积极的影响，如“让贫困成为历史”运动和2005年在格伦伊格尔斯举行的8国集团峰会。[40]其也可能对达成协议产生负面影响，如1999年在西雅图抗议世界贸易组织的活动。

本书没有试图列出一些国际协议的细节，而是审视了所需行动的性质和规模，以及实现这些气候行动的政策、方针和方向。从这些角度来看，我认为巴黎大会的成功标准有以下几点：

- 认识到挑战的规模，制定在21世纪下半叶实现全球净零排放的共同目标，并确认2010年坎昆缔约方会议上达成的2℃目标。
- 认识到强减排行动能带来增长、减贫及结构改革的机遇，以及各国共同合作并同时应对全球各种挑战的优势。

- 各国提交宏伟且可信的减排目标。
- 制定相关机制确保各国定期交流并鼓励日益提高减排贡献。
- 产业内开展合作并作出减排承诺，如电力产业脱碳（特别是通过减少燃煤及扩大清洁能源创新）、减少毁林和森林退化所产生的放量（REDD＋）等。这些可以在巴黎大会前后推进，可以在联合国气候变化框架公约正式进程中开展，也可以在会议之外开展。
- 对长期减排努力中公平的重要性达成共识，这与第9章中“公平获取可持续发展”的概念是一致的。所有国家都在向低碳经济过渡，其中发达国家将率先进行大幅度减排，并为发展中国家提供资金、技术、创新等实践知识和经验的大力援助。

如果会议进行顺利，同时主要国家带头响应，那么巴黎气候会议的结果就可以促进各国政府、投资者和人民群众积极开展国家层面的行动，进而创造更有利于未来气候行动的技术、经济、社会及政治环境。这将促使各国逐步提高减排意愿，并强化未来国际协议。换句话说，巴黎缔约方会议对推动国际合作与国内行动之间建设性的相互影响、相互促进发挥了重要的作用。国内行动包括政府、城市、企业和公众等层面。

8.6 大国的领导力

美国、中国和欧洲是全球三大排放国（或国家联合体），其排放总和几乎占全球总排放量的一半，[41]因而它们也将发挥重要的作用。它们的行动领导力、相互间及同其他国家间的支持与合作在很大程度上决定了我们是否能够成功地管理气候变化。它们在未来20年中的行动对21世纪及未来的气候都是至关重要的。

如果它们能够发挥较强的领导力，特别以提交宏伟的减排承诺作为表率，那么在巴黎气候会议上达成一个国际协议的概率将在短期内显著提高。目前，在这方面已经有了鼓舞人心的迹象，但我们仍需要更大的目标和更强的领导力。奥巴马总统和习近平主席都了解这个问题，他们也将在任期内作出应对。在这3个重要的区域中，欧洲无疑是先头部队，最先把气候变化加入国际议程，并且在2014年10月确定了2030年实现比1990年水平减排40%的目标。2015年年底的巴黎气候会议无疑是展现领导力及合作的最佳时机。

近两年，中美在气候变化问题上及在巴黎气候大会筹备活动中密切合作，特别是通过国务卿克里于2013年4月第一次访华时建立的“双边气候变化工作组”。中美两国在很多高碳、高耗能行业开展了合作，并逐渐开始协调相关政策，如奥巴马总统和习近平主席在2013年签署协议时提到了逐步淘汰制冷设备中的氢氟碳化合物。而且，中美双方也在就巴黎协议中各国的减排贡献展开讨论。2014年11月12日，在北京签署的中美气候变化联合声明包含了两国的减排目标，这是一个重要的里程碑。中美两国提前几个月（预计为2015年第一季度左右）公布了减排贡献，表现出合作精神和共同承诺。美国承诺在2025年实现比2005年水平减排26%～28%。中国计划在2030年左右二氧化碳排放量达到峰值，并努力早日达峰。该声明还包括了技术合作细节、2℃目标、经济增长与气候责任相结合的机遇等内容。

欧洲历来是应对气候变化的强劲领导者，世界继续期待着欧洲在减排及技术、资金支持上发挥强大的领导力。欧洲一直非常积极地应对气候变化，其中部分归功于安格拉·默克尔总理在2007年作为8国集团会议主办国及欧盟轮值主席国首脑的领导力。德国2015年再次作为8国集团会议主办国，法国主办巴黎气候峰会，德法两国领导人将肩负着向欧盟及世界展现领导力的重要职责。欧洲理事会通过的减排40%的承诺也再次证明了欧洲的决心和领导力。

长远来看，世界将非常依赖这些国家的技术与经济实力。现在，在我们通往2015年巴黎气候会议的路上，这些国家应该为未来几十年规划出一条通往合作、繁荣及气候安全的道路。2014年的最后几月的前景将越来越好。

8.7 本章小结

综上所述，我们在这一章中得出了以下结论：

- 在应对气候变化的进程中，有效的国际合作可以促进各国国家层面的气候行动，反之亦然。国际合作和国家行动可以相互促进。
- 必须有意识地策划和建设能够促进并增强国际合作与国家行动之间的互动的国际气候治理框架。其需要对影响国际和各国应对气候变化相关决定的因素具有较强的敏感性。
- 强劲且高质量的增长、减贫及气候责任可以有效地结合起来，共同解决21世纪两个最大的挑战：应对气候变化和消除世界贫困。深刻理解这一点有助于达成国际协议、加强各国的承诺。
- 有效的气候治理框架包括：明确有力的共同目标，以2℃目标为基础，争取实现21世纪下半叶全球每年零排放；确定可信且宏伟的减排贡献量并实施鼓励措施，以实现2℃目标；通过国际机构逐步增强各国间的信任与信心，从而增强减排意愿和可信度；在资金、技术、创新等方面展开有效的国家协调与合作。
- 不管从伦理还是实际的角度出发，在应对气候变化的进程中，国际合作都必须是公平的。第9章将详细分析国际气候合作为何应该以公平原则为基础。
- 2015年巴黎气候会议将为建立一个长期、有效且公平的全球气候治理框架提供重要的契机。这个气候框架不仅比较灵活，鼓励各国在创新和学习中逐步提高减排目标，同时也能够促进投资和创新，进而推动向低碳经济的过渡。
- 美国、中国和欧盟的排放总和约占全球总排放量的一半。这3个国家（或国家联合体）的领导力对于巴黎（气候会议）及之后的（减排）道路都将是至关重要的。中美两国的双边合作已经展现出重要的政治势头，释放出两国严肃对待低碳经济转型的强劲信号。欧盟近期公布了雄心勃勃的2030年减排目标，并可能（也应该）恢复过去在应对气候变化中的领导力。

注释

1 见 GCEC(2014)。
2 见 Stern 和 Rydge(2012)。
3 见 Barrett(2007)。
4 例如,罗斯·加诺特(Ross Garnaut)使用了"协同单边行动"来描述近年来由国际合作和国家行动形成的国际气候减缓体系(见 Garnaut,2011)。
5 我与 Fergus Green 合作准备了这部分,借鉴了他 2014 年 10 月发表的格兰瑟姆研究所政策研究(Green,2014);同时参见 Stern(2014c)。
6 见 UNFCCC(2010),第[4]段。
7 见 Gurría(2013)。
8 见 Figueres(2013)。
9 见 GCEC(2014),第 8 章。
10 见 Gurría(2013)。
11 见气候变化委员会(2010)等研究。
12 见 Fankhauser(2012);同时参见 IDDRI/SDSN(2014)。
13 见 Fankhauser(2012)。
14 见 Green(2012)。
15 见 IPCC(2014b)第 13 章 27 页及其引用文献。关于决策者角度的类似观点,见 T. Stern (2014)。
16 美国谈判代表认为,总统有权无须国会同意即可接受这样具有法律约束力的协议,详见 Davenport(2014)。
17 见 GCEC(2014)。同时参见美国政府(2014)和 T. Stern(2014)。
18 见 Green 和 Stern(2014)。
19 例如美国提交的谈判进程(美国政府,2014)。
20 见 Bodansky 和 Diringer(2014)。
21 见 Stern(2008,2009)。
22 见 Bell 等(2013)。
23 具体运作细节见 Green、McKibbin 和 Picker(2010)。
24 见国际能源署(2013b)。
25 全球气候与经济委员会建议发达国家不再新增燃煤电厂,发展中国家也尽快作出同样承诺(见 2.10 节)。
26 见国际能源署(2013b)。
27 见 http://www.unep.org/ccac/。
28 见 GCEC(2014),第 3 章。
29 见 C40/Arup(2014b)。
30 见 GCEC(2014)。未来化石燃料价格波动和趋势很难确定,但可再生能源价格很可能持续下跌。
31 见国际能源署(2014a),图 1-22。
32 见 GCEC(2014),第 7 章。
33 见国际能源署(2013d),表 5-2 和图 5-3。中国和印度的数据,见 Kempener、Anadon 和 Condor(2010)。
34 见 Grubb、Hourcade 和 Neuhoff(2014)。

35 见King等（即将发表）。本段剩余部分借鉴了这篇文章。

36 关于集中式太阳能发电，日照资源较好的国家更有优势，也表示出更大兴趣。很多国家拥有丰富的可再生能源资源条件，能够有效利用我们没有提及的一些低碳技术。

37 我是国际食物政策研究所（IFPRI）的理事之一。IFPRI是国际农业研究磋商组织（CGIAR）的一个机构。我曾作为世界银行首席经济师（2000—2003年）积极参与了CGIAR的工作。

38 见GCEC（2014），第3章。

39 见GCEC（2014），第8章。

40 我作为非洲委员会报告的牵头撰写人，参与了2005年格伦伊格尔斯8国集团峰会筹备过程中的许多重要议程。

41 根据CAIT二氧化碳排放数据库（世界资源研究所，2014a），2011年世界总排放量为450亿吨，欧盟（28国）、中国和美国排放了其中的200亿吨（44%）。根据2013年来自化石燃料和水泥的二氧化碳排放数据，欧盟（28国）、中国和美国共占全球总排放量的52%（全球碳计划，2014）。

[第9章]

与人和国与国之间的公平

应对气候变化、消除贫困以及促进经济增长与发展，都需要世界各国及其人民的共同合作，并相应地采取短期、中期和长期的行动。维持合作与达成一致需要国家之间的相互理解，并确信每个国家或者至少大多数国家都在各尽其职，并且它们的战略、行动和成果的设计实施方式都秉承公平原则。我在第8章中已经提到过，公平不仅是建立雄心勃勃的全球行动和国家行动的关键因素，也是建立相互之间的信任和信心的关键因素，从而对国际交流与达成协议也是至关重要的。

质疑提议方案的公平性一直是达成国际协议的障碍，有时也会阻碍一些国家加强气候行动。因此，在对国际协商中存在的障碍进行理论或实践的分析过程中，认真研究与公平相关的问题是非常重要的。然而，我们研究公平问题最主要的原因是，公平是应该的、正确的。正如我一直强调的(在本书第一部分也提到过)，气候变化不管从其起源还是从其影响来看，都是不公平的——从起源来看，贫困人口排放了少量的温室气体；从影响来看，他们很可能最早受到气候变化的影响，而且受到的影响最严重。

首先，我们在9.1节中研究了气候变化带来的跨时代伦理问题，重新探讨了发达国家和发展中国家对这个问题的多种看法。这部分包括历史排放量的责任问题，以及未来排放量和哪些国家应该在什么时间怎样做等问题。9.2节概述了主要碳排放国家（及国家联盟）历史及目前的排放数据。9.3节探讨了根据不同的标准，哪些区域应该在什么时间减少排放，包括分配碳排放空间的概念。我认为，大部分相关概念经不起伦理、经济上的推敲，当然我不支持采用这些方法解决公平问题并不代表公平问题不重要。相反，公平是基础，是至关重要的。明确这些问题是把公平融入行动的重要步骤。9.4节展望了前进的道路，包括关于“公平获得可持续发展”概念的进一步讨论，以及关于对未来经济增长的探讨。

9.1 分配伦理及所需变革的性质和规模

提及应对气候变化中的伦理和公平，许多发达国家的学院派经济学家想到的首要问题是代际问题，特别是贴现。同时，发展中国家的经济学家主要关注公开讨论和国际谈判中的公平，最主要的问题是关于谁在什么时候减排多少，以及谁贡献出多少资金和技术支持。这些讨论的背景是，发达国家通过高碳增长的方式实现了富有，并排放了自18世纪中期以来将近一半的二氧化碳。[1]

许多发展中国家认为，艰难的起点主要是由发达国家造成的，它们有不可推卸的责任，现在发达国家很富裕，并拥有先进的专业知识和科学技术，反而要求发展中国家大幅削减排放，这是不公平的。它们反问：“难道发达国家不应该先大幅度削减排放，并承担发展中国家减排的大部分额外费用吗？”[2] 在联合国气候变化框架公约（UNFCCC）的框架中，这已经以“共同但有区别责任”的语言形式体现出来。发达国家对发展中国家实施减排措施所涉及的“全部增量成本”负有责任。[3]

20世纪90年代初期，在进行联合国气候变化框架公约（UNFCCC）政府间的谈判时，发达国家的经济量占全球总量的3/4，[4]年排放量占全球排放总量的一半。[5]当时全球共有50亿人口，发达国家的人口约为10亿。在过去的20年里，发展中国家强劲的经济增长改变了世界格局——现在，发展中国家的经济量约占世界总量的一半，[6]年排放量约占全球总排放量的2/3。[7]目前，发展中国家约有60亿人口，发展中国家为消除贫困，使经济增长更加迅速，很可能成为未来的主要排放源。然而，发展中国家的人均排放量仍然仅为发达国家的约1/3～1/2。[8]

为了实现所需的减排规模，所有国家都应该积极参与应对气候变化的行动。鉴于发达国家的历史排放责任，同时考虑到贫困人口将遭受气候变化带来的最早且最严重的影响，我们应该审视不同的伦理立场，研究这些伦理立场如何影响政策辩论和国际框架的结构。研究的挑战在于，其不只是对伦理做简单的观察。缔约方对公平或不公平的理解已经（并且将会）对谈判产生巨大影响，也决定了潜在的一致及分歧。因此，明确地讨论气候伦理问题、清晰地理解不同伦理立场的影响对于国际讨论、各国对正确行动的看法具有重要的实际意义。

在气候伦理讨论中，了解所需减排的规模及性质、整个经济可能涉及的变革、技术进步及如何实现、所需投资和成本的规模等假设是非常重要的。我们没有认识到应对气候变化所需的规模和性质，也没有意识到动态的学习过程是其中的核心，这导致了气候伦理讨论的扭曲。特别是根据基本生产过程的狭隘定义，人们把低碳经济转型简单地塑造成了向高输入输出系数、高成本技术的转变。这导致讨论框架被定义为：为了保护环境，我们需要永久牺牲生活水平。这就使伦理问题变为“谁承担增加的成本”，从而使整个问题局限在“责任分担”上。

“责任分担”是备受国际官僚们喜爱的语言和思维方式。然而，从经济学角度看，如果把公平的讨论局限于如何分配蛋糕（“碳预算”）上，就避开了最根本的问题。可悲的是，外交事务部门往往频繁使用这种语言，倾向于把谈判看作零和游戏，认为必须捍卫国家的利益。其实，可以有一种更好的理解和思路——寻找长期有益于全世界人民的应对气候变化的方式。鉴于问题的性质，以及低碳路径作为替代发展方式带来增长、发展及减贫的潜力，我们必须进行低碳经济转型。伦理问题必须是核心，但如果我们把这种对问题性质的理解带入分析之中，那么伦理问题就显得不同了，并且不那么繁杂了：一种思路侧重外部性、市场失灵及大规模的低效；另一种思路侧重探索更包容、更稳定、更安全、更干净、更有利于生物多样化的生产和消费方式及协同效益。今后将会开展新计划，进行新投资，也将会承担各种成本。谁在什么时候做什么当然很关键，但一直狭隘地关注责任分担会产生风险，有可能导致扭曲国际理解方式、阻碍达成协议。

我们在本书中已经看到（特别在第2章、第3章中），我们对低碳转型可以有一种与“责任分担”不同的思路，一种更准确、更积极的理解。这种理解首先注重低碳转型的动态性质，它与全球经济中一系列结构转型的一致性；然后侧重新技术及清洁技术所能带来的减排等协同效益。第一部分（低碳转型的动态性质）包括具有工业革命特征的学习和探索过程。在未来的20年里，活动重心持续快速地向发展中国家转移、城市化进程的加速、能源系统的大规模建设、土地和资源承受的巨大压力、世界经济的结构性变革，这些都是非常重要的因素。[9]协同效益包括更清洁的空气和水、更有保障的能源安全，以及更有活力的生态系统等。

这样理解低碳转型强烈地体现出所需的低碳在很大程度上有益于经济增长、发展和减贫。换句话说，如果能够很好地把握这次结构转型，那么我们将能实现低碳转型所需的大部分行动目标。同时，这也清晰地表明，这不是一个零和游戏。通过合作，转型过程将更加顺利。如果所有人都参与其中，那么所有人都会受益。

这种理解也能大幅减少“搭便车”的风险。“搭便车”是博弈论学家很喜欢的一个概念（相对简单的那种），也是许多国家消极行动的借口。正如第7章和第8章中提到的，相对于搭便车等令人沮丧的世界观，值得注意的是许多国家虽然没有签署详细的国际协议，却自愿采取了积极的行动。这不仅因为它们认识到了危险，看到了替代路径的优势，更因为它们相信为应对气候变化作贡献是一种负责任的行为。了解别人采取了什么措施将加强自身的行动意愿。更好地了解别人在做什么、讨论什么，也是促进个人和共同行动的关键因素。

我们在第1章中探讨了实现温升控制在2℃（50%的概率）所需的减排量。全球排放量需要从2010年约500亿吨二氧化碳当量，减少到2030年低于350亿吨，[10]再到2050年低于200亿吨。2010年的排放量约是2050年的2.5倍。也就是说，假设全球人口由目前的70亿增长到2030年的80亿，再到2050年的90亿，那么全球人均排放量应该由2010年的7吨二氧化碳当量左右，减少到2030年的4吨左右，再到2050年的2吨左右。2吨是指平均值，如果2050年排放量低于2吨的人数不多，那么高于2吨的人数也不能很多。

如果全球产量在未来40年中增长3倍（假设全球每年平均增长速度为2.8%），那么排放强度（也就是单位产出的排放量）则需要下降到之前水平的1/3×1/2.5（约1/8～1/7之间）。正如第2章中所讨论的，这无疑意味着需要开展类似能源–工业革命规模的变革，这种变革将涉及所有主要产业、主要国家和主要群体，成为一场彻底改变能源使用、生产和消费模式的革命。

能源相关的排放约占全球排放量的2/3，剩余排放主要来源于农业和森林砍伐 。在能源方面，提高能效可以实现所需减排量的一半。[11]所需技术不断地大量涌现，包括材料、建筑、交通运输、电力等行业技术都展现出快速发展的趋势。同时，生物技术、材料科学和信息技术的进步，以及行业间的互动，也为能源、资源效率及新能源发电带来新的发展潜力。随着投资研发扩大，还可能出现更多的进展。当然，实现我们所需采取的行动规模，并不靠突然冒出来的某项神秘技术（尽管从历次技术变革来看，新工业革命的动态创新性质意味着未来也可能出现许多不可预见的技术和机遇）。成本、投资方向和规模将取决于我们选择的发展路径，以及从中学到的内容。变革中的先行者可能获得巨大的优势。因此，很难准确地为在时间t、地点a时的“额外减排费用”设定一个具体数值。

技术和机制的不确定性给研究工作带来挑战，事实上，很难计算某种减排项目在不同国家、不同群体中实施的具体成本。因此，这些计算并不能作为政策制定的可靠依据，也无法解决政策分析和国际协议中相关经济和伦理问题——国际协议应该探讨发达国家在本国经济结构调整过程中如何向发展中国家的经济改革提供支持。不过，这些计算可以对谈判体系产生影响，提醒研究者应该主要关注如何以公平的方式促进消除贫困和开展必要的能源–工业革命。

这也再次佐证了伦理与公平问题非常依赖于基础性实证（相对于规

范）经济研究的结构与设计，即怎样建模来分析新低碳经济体系的发展。但最核心的是，我们需要动态的且彻底的转型，相关研究应该围绕这一点进行分析，毕竟已有诸多研究证明气候风险之严峻，以及所需应对行动规模之庞大。

把公平概念绑定在某个经济生产模型中，这种做法可能具有很大的误导性。过去联合国气候变化框架公约（UNFCCC）对于这一问题的探讨似乎自动导向了一种生产模型——假设替代生产技术（特别是低碳技术）一定会产生额外费用。然而，如果生硬地将气候变化问题套用在这种框架下，就意味着实际上选择了一种静态生产模型，无论在概念上还是实践中，这都与政策核心挑战中的变化类型、投资及学习过程相冲突。

9.2 各国基本数据

要研究各国及人们的公平问题，我们需要一些近期和历史的数据作为参考背景。图9-1、图9-2以及表9-1和表9-2展示了2010年主要国家（排放量最大的几个国家）的总排放量和人均排放量（单位为二氧化碳当量）。图9-3展示了1990—2010年二氧化碳排放量，图9-4为同期人均排放量。[12]

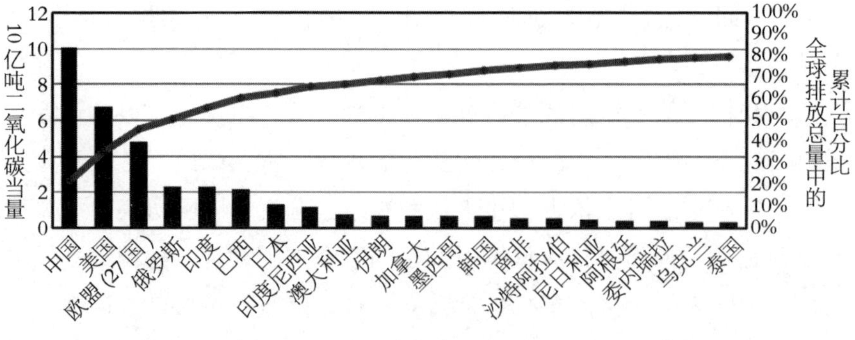

图9-1 2010年全球排放量前20的国家：温室气体排放总量和在全球总量中累计所占百分比

数据来源：Climate Analysis Indicators Tool （2013）。

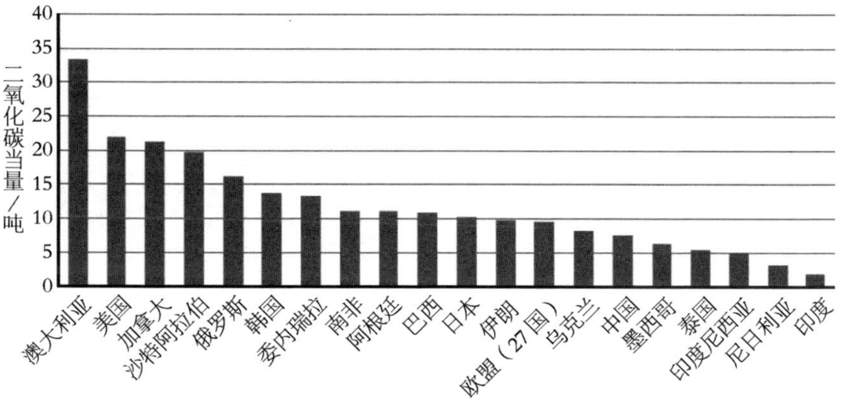

图9-2　2010年全球排放量前20的国家：人均温室气体排放量（包括土地用途转变和林业领域）

数据来源：排放量数据来自于Climate Analysis Indicators Tool （2013），人口数据来自于世界银行（2013b）。

表9-1　2010年温室气体总排放量前8的国家或地区

国家或地区	10亿吨二氧化碳当量[a]	所占全球总量百分比（%）
中国	10.08	21.37
美国	6.77	4.36
欧盟（27国）	4.82	10.22
俄罗斯	2.32	4.91
印度	2.30	4.88
巴西	2.14	4.53
日本	1.30	2.75
印度尼西亚	1.17	2.48

注：[a]包括土地用途转变和林业领域

数据来源：Climate Analysis Indicators Tool （2013）。

表9-2 2010年人均温室气体排放量前8的国家

国家	二氧化碳当量/吨[a]
澳大利亚	33.38
美国	21.90
加拿大	21.29
沙特阿拉伯	19.75
俄罗斯	16.27
韩国	13.75
委内瑞拉	13.43
南非	11.20

注：[a]包括土地用途转换和林业领域

数据来源：排放量数据来自于Climate Analysis Indicators Tool （2013），人口数据来自于世界银行（2013b）。

中国的排放总量已经明显超过美国，成为全球最大排放国（如图9-1所示并见表9-1）（值得一提的是，中国人口约是美国的4倍），并且排放量仍然持续增长。中国2014年排放总量很可能会超过120亿吨二氧化碳当量（表9-1显示，其2010年总排放量约为100亿吨）。[13]世界排放量前8位的国家或地区依次为中国、美国、欧盟（27国）、俄罗斯、印度、巴西、日本及印度尼西亚。这些国家和地区排放量总和约占全球总排放量的70%。这些国家和地区也都是人口及人均产值大国/地区，其中有些国家也是森林砍伐大国。

人均排放量数据反映的情况不尽相同（如图9-2、图9-4所示，并见表9-2）。2010年，美国、加拿大和澳大利亚每年人均排放量均在20吨二氧化碳当量以上，中国在8吨左右，印度约为2吨，多数非洲国家在1～2吨之间。[14]鉴于发达国家历史上的高排放（也就是过去占用的“碳空间”），并且考虑到剩余的有限碳空间，有关公平的辩论如此激烈也是可以理解的，这主要表现在剩余碳空间的分配，不管是实际排放还是排放权的分配。图9-3显示，发展中国家的总排放量在2005年超过了发达国家。图9-4显示，发展中国家的人均排放量自2000年开始加速增长，这主要伴随着经济增长及能源密集型发展阶段。在1990—2015年的25年中，发展中国家的人均排放量将近翻了一番，而发达国家的人均排放量却稍有所下降。然而在2010—2020年这10年中，发达国家人均排放量仍是发展中国家的3倍左右。当然，不同发达国家或发展中国家的人均排放量差别很大。正如表9-2显示，中国的人均排放量已经接近欧盟的水平（见第7章）。

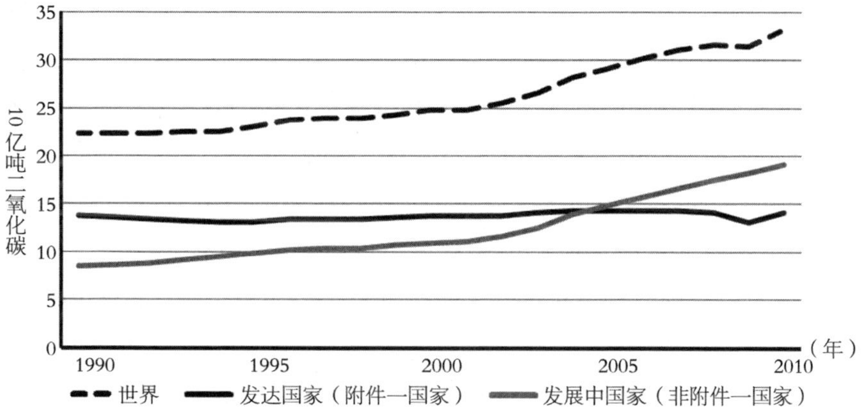

图9-3　1990—2010年发达国家和发展中国家二氧化碳排放总量

数据来源：Climate Analysis Indicators Tool （2013）。

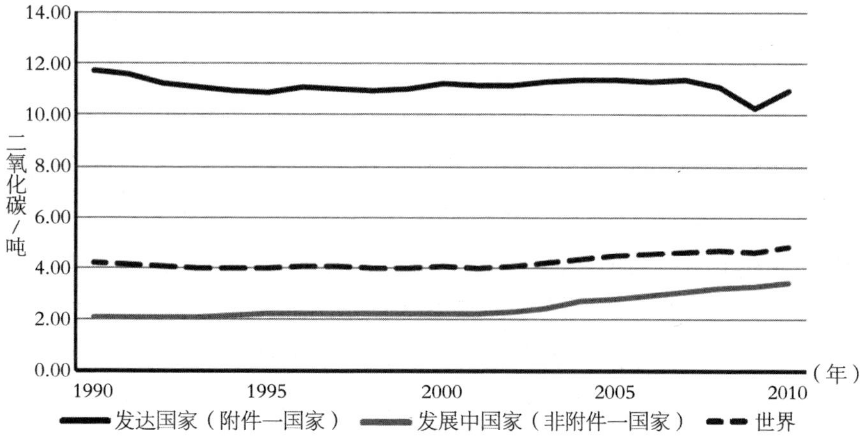

图9-4　1990—2010年人均二氧化碳排放量：发达国家和发展中国家

数据来源：排放数据来自于Climate Analysis Indicators Tool （2013），人口数据来自于世界银行（2013b）。

根据第1章中提到的分析基础，对于“剩余碳空间”的计算存在不同的方法。[15]如果希望实现将温升控制在2℃以内（50%的概率），这些计算方法的结论都在1万亿～1.5万亿吨二氧化碳范围内，约为目前每年全球总排放量的40倍。[16]我们已经讨论过，为了实现2℃目标（50%的概率），我们必须采取使2050年全球人均排放量降至2吨左右的路径。鉴于不太可能有很多人每年的排放量远低于2吨，所以也不能有很多人每年的排放量远高于2吨。2050年实际人均排放量必须在2吨左右，但我们不能误解这就是公平。这是根据温室气体排放和全球变暖科学、人口增长预测及基本平均数运算而得出的，计算本身并不涉及伦理标准。

必须明确的是，2050年之后我们还有很多事情要做。要实现2℃的目标，21世纪末要实现全球零排放甚至负排放。不过在未来30～40年里，强有力的行动可能会为之后的几十年奠定良好的基础，开辟出各种探索的领域和可能的机会。

很明显，要想确保以合理的概率实现2℃的目标，世界需要作出一些艰难的决定。2℃目标路径的一个核心是2030年全球排放总预算必须低于350亿吨二氧化碳当量。正如第7章中讨论的，在全球应对气候变化的努力中，一个关键点是中国的排放要尽早达到峰值并开始下降。即使我们保守地假设，从现在到2030年，中国的排放量每年只增加30亿吨（这需要中国的排放增长显著放缓），到2030年，中国的排放量约为150亿吨，人口可能在14亿左右（因此人均排放量约10～11吨）。如果2030年美国的排放量在60亿～70亿吨，欧盟的排放量在30亿～40亿吨，那么届时中、美、欧三地总排放量约为250亿吨（根据中国、美国和欧盟于2014年10—11月发布的声明估算）。在2030年前后，全球每年排放总预算是350亿吨左右，也就意味着剩下的60亿～80亿人口只有100亿吨左右的排放预算（假设2030年中国、美国和欧盟的人口总和略高于20亿）。这意味着15年后，其余60亿人口人均排放量只能略高于1.5吨——这种情况不太可能实现。

这些预测是否精确并不重要，但其中的信息很明确：要确保以合理的概率实现2℃的目标，2030年中国、美国和欧盟的总排放量必须要远低于

250亿吨二氧化碳当量（根据这三地现有目标作出的最佳猜测）。从这些数据可以看出，关于减排的辩论会有多么激烈，包括谁在哪通过什么方式减排，如何为投资和技术提供资金等问题。

我们清楚地看到：（1）无法达到以50%的概率实现2℃目标的风险很大；（2）如果我们希望还有实现2℃目标的机会，那么所有国家和所有人都应该积极参与减排；（3）即使发达国家在2030年、2050年实现零排放，发展中国家人均排放量也需控制在4～5吨（2030年）和2.5吨左右（2050年）。按照目前的趋势，中国2030年人均排放量可能达到10～11吨。我们可以改动数字，但这里的信息很明确：如果希望得到一个好的结果——既实现了所需的有效减排，又以公平的方式分配和行动，最关键的是所有发达国家和发展中国家都要对所需减排规模有一个量化的概念。2015年的巴黎气候大会也许无法达成350亿～400亿吨的共识与决心，但至少应该制订一个宏伟的计划，以鼓励日后不断增强减排决心。

9.3　何时何地减排？碳空间及方案

我们应基于哪些原则来探讨国家或个体的目标？很多人主张每人每年有同等的“配额”、“限额”或“排放许可”，认为这样才公平。例如，2030年人均约4.5吨二氧化碳当量（基于2030年全球350亿吨的预算及全球80亿人口的预测），2050年人均约2吨，并且建议从现在开始每段期间都这样操作。这种方式也可以累计计算，比如纳入历史排放，或以每几年或每几十年（而不是每年）为时间单位计算排放配额。本节将分析这种观点，而我得到的结论是，运用伦理学和经济学进行检验，这种“人均平等分配”的说法是站不住脚的，也不是解读公平问题的好方法。需要明确指出，根据关于“人均平等分配”的一些重要的伦理与概念的推演，相对于一些被大家认同的伦理标准来说，这种方式并不够公平。

过去的国际讨论主要锁定在3个方面：“全部增量成本”、“共同但有区别的责任”及发展中国家与发达国家阵营的分裂（参见第7章）。我认为，现在该摆脱这些狭隘的思路了，我们应该以伦理学和经济学为基础分析公平问题，从而找到解决平等问题的更好办法和结果，如促进充满活力的转型。为了避免误解，我想说明的是，这样做并不是试图逃避或淡化公平问题。相反，这是基于非常认真的态度对待这个问题，并把它融入应对方式中——这种应对方式以伦理学原则为基础，并考虑了气候挑战的规模和状态。

有时出现的迹象表明，相关的讨论正在朝这个方向发展。在2010年12月的坎昆会议中，根据印度提出的说法，公平问题被总结为“公平获取可持续发展”，而这种诠释提供了重要的前进方向。此外，坎昆会议上通过了2℃的目标，并认可了绿色气候基金的想法。在次年德班会议上，各国承认了当前的总体排放意向与以合理的概率实现2℃目标之间的差距，并就最终制定适用于所有国家、具有法律基础的共同减排目标达成共识（参见第7章）。然而，对于公平问题的认识和理解依然存在严重分歧。

对于公平性的讨论，此处重点探讨关于平均分配年度人均排放配额的普遍提议。尽管我并不是很认同这个提议的逻辑基础，但分析有助于阐明一些关键问题。如果这样分配排放许可或配额，并允许进行市场交易，低排放国家（多数也是贫困国家）将出售这些许可，发达国家将购买这些许可。假设2030年每吨二氧化碳当量的价格是30美元，那么届时全球350亿吨二氧化碳当量（全球碳预算）的总价值将超过1万亿美元。那时全球生产总值或许在100万亿~150万亿美元，这些配额资产相当于全球生产总值的1%左右。根据人口分布，非洲拥有20%~25%的配额，价值2 000亿~2 500亿美元，占非洲生产总值的20%左右，高出国际援助总额很多倍。而且，2030年每吨二氧化碳当量的价格可能（也应该）远远高于30美元。[17]

然而，我们必须仔细了解碳市场是如何有效运作的。为了建立可行并高效的碳市场，所有国家的边际交易价格应该保持一致，并高到足以控制碳预算的需求。但是，并非所有的交易都需要采用边际价格。

平等配额的主张似乎是基于“每个人都应该拥有平等的大气共有权”的逻辑，每年共有权的数量也就是每年的碳预算。很多人都明确地提出这个说法，尽管其缜密程度不尽相同。[18]显然，这种主张存在一些引人注意的内容。

然而，这种观点（至少这种简化形式）存在着严重的科学、伦理学和经济学方面的问题。就科学而言，以流量为基础来谈论公平，其意义并不大，因为决定气候变化和变暖的最重要因素是随着时间变化的浓度路径。但是，如果我们转而研究存量或一段时期内总流量的公平性，则会遇到另一个难题——我们应该从什么时间开始计算？是从现在开始，从而使每人在剩余碳预算总量中获得相同的份额（参见1.4节）？由于在近代历史中，人口发生了变化，而在未来，不同地方也会发生不同的变化，那么，应该将那些人口纳入计算中吗？此外，应不应该考虑历史排放？是不是自气候变化问题被科学研究发现并被政治所接受起，就应该开始承担责任？如果是，那又该从哪开始？是自19世纪20年代傅立叶（Fourier）发表的那篇论文起，还是自1988年成立政府间气候变化专门委员会（IPCC）起，抑或是自1992年创立联合国气候变化框架公约（UNFCCC）开始？基于平等人均分配的标准显然严重地脱离了理论基础和现实状况。然而，如果按照这个观点提出的思路走下去，我们将很难把1992年以后的日期作为起点。在那之后的20年，发达国家的排放消耗了大量的碳空间。[19]从伦理学的角度来讲，过去的排放行为应该承担一定的伦理责任。

从伦理学来讲，大气共有权的主张难以被解释或被证明。也许有人会说，我们有与人类基本需求相关的发展权、能源使用权、住房权等。这些权利有合理的基础，[20]有的还体现在国家宪法中（如南非）。但是这些权利，无论单独还是结合起来，都不意味着拥有排放权。发展、能源和住房，与排放之间并没有必然的联系因子。事实上，气候变化政策在很大程度上就是要改变这些因子。[21]继续排放将严重损害到我们子孙后代的利益，甚至会使很多人无法生存。难道我们有危害生命的权利吗？正如埃塞俄比亚已故总理梅莱斯·泽纳维所说（2011年12月德班会议的非洲日上）："因为其他人在过去造成了地球的污染，所以我们也可以这么做——这并不是公平！"[22]

如果我们换种说法，用交易配额替代权利，那么这些问题看上去就不同了。在经济方面，这些问题与新资产的分配相关，2030年一年涉及的总资产或许会达1万亿美元左右。在公共政策经济学中，从没指出世界上每个人都应享有平等份额的权利。假设2030年有80亿人口，那么就是每人125美元。无论在理论上还是在实践中，大部分的分配框架都倾向于给穷人分配更多。还有一些人认为，配额的分配应与生产相关（采用排放与生产的标准系数）。在我看来，这是不合理的。这会导致产生一种想法——每个人都可以自由地想生产多少就生产多少；同时，政策主要是促进降低单位产出的排放量并提高碳效率。这种观点中关于碳效率的思路确实没错，但不合理的是这意味着更富有的人，也就是能生产更多的人，享有了更多生产相关的配额，从而拥有了更大的损害他人的权利。这种关于效率的观点并没有解决公平问题。

如果寻求一个公式化的方法来分配，按福利或公共经济学标准，根据伯格森-萨缪尔森社会福利函数，应该是这样的：以T_0作为已知的起始日期，以X作为转移支付的可用资源总和（也可以作为一个选择变量），以Y作为剩余排放总量（尽管在一些模型中，这也是一个选择变量），y_{it}是i国家在t时间的排放，约束y_{it}对i和t求和。然后，我们就可以建立关于如何通过X、T_0和Y的函数来确定y_{it}和x_{it}（i国家在t时间的补偿或转移支付）的评估标准。在最简单的凹形社会福利函数（收入的社会边际效用递减）的模型中，我们不可避免地得到正式的结论——我们应该将大部分转移支付的可用资源分配给最贫穷的人（比如直到收入的社会边际效用达到相同水平）。在这种模型中，可交易的排放配额分配本质上也是一种转移。[23]

上两段的讨论强调了避免只单一地从排放角度去看待公平和权利的重要性，西蒙·凯尼（Simon Caney）把这种观点称为“孤立主义”。[24]当然，大部分公共政策经济学（见上文）的应用都认为，收入、财富与排放配额的分配有关。我们可以很快找出排放以外的其他与配额分配有关的因素，因此“孤立主义”的意义并不大。然而，当我们试图进一步分析时，就会遇到难题。例如，应不应该奖励发达国家技术上的进步？殖民时期建立的印度铁路应不应该归功于英国？如果应该的话，那英国在殖民时期欠下的债务和犯下的罪行呢?

9.4　僵局的隐患及前进的道路:公平获得可持续发展

基于上述讨论,目前已经有很多人尝试[25]创建一个与过去和目前排放相关的“公平公式”。[26]他们通常也使用上述框架的基本要素,因此也倾向于“权利或许可的分配”,即类似于人人享有平等地使用剩余碳空间的权利,或者强调给贫困国家分配更多。

有些人提出这样的论点:对于一些减排成本很低的地方,为了避免产生与其地理位置或历史排放相关的“过度回报”,应该适当降低配额。这种提法反映出对《京都议定书》中俄罗斯排放配额的保留意见。在一定程度上,配额是基于历史排放来分配的,而前苏联的能源消费量很高、能源效率非常低,因此在《京都议定书》中,俄罗斯得到了很多配额。这样一来,俄罗斯实现减排目标并不需要付出任何成本(甚至负成本),还能出售很多排放配额。这种问题被称为“热空气”。有趣的是,有些人并不倾向购买这样的排放配额,因为这些配额并不是“真正的减排”,他们不愿意购买“热空气”。这表明《京都议定书》着重寻找有效途径实现全球所需减排,在保留原有碳排放配额基础上达成国际协议。这种做法往往会存在一些问题,包括与成本变化或避免追加征税相关的既有权利。人们似乎并不倾向把排放许可的分配视为或用作大规模调整收入分配的一种方式,特别是发达国家,因为它们认为它们的利益可能会蒙受损失。

我曾经说过,如果我们希望建立并延续全球气候变化协议,那么不管在理论上还是实践中,这些协议应该是有效力、高效率且公平的。[27]《京都议定书》和“热空气”的相关讨论表明,至少有些国家明显希望配额分配和交易机制侧重于实际减排效果(实现预期的整体减排目标)和效率(保持低成本)。这些讨论明确或含蓄地表现出,人们已经达成一个共识——解决公平问题需要一些其他机制(或许发达国家认为这些机制的作用非常有限)。我们先不考虑这个共识的对与错,但从“共同但有区别的责任”概念中,以及对附件一国家(需要进行“具有约束力”的减排)与非附件一国家（不需要承担减排承诺）的区分中，可窥见这个共识的影子(或许可能很微弱)。

对于这个观点——应该将公平问题与排放权分配分开处理，我们应该如何评判和理解呢？根据标准福利经济学中的次优理论，如果收入分配机制受到约束（如依据具体情况进行收入转让或抑制收入所得税产生的影响)，那么在评估其他方面的政策（如效率政策）时，就应该将收入分配的影响包含在其中。[28]实践证明，这在能源定价、水定价等公开讨论中是非常重要的。根据公共经济学，在评估一项新措施（如配额分配）时，应该将具有能够促进收入分配的潜力作为一项优势。

这样的说法在技术上和本质上都是正确的。就跨国转移来讲，我们已经有了机制，但是在我看来，我们并没有充分地使用这些机制进行转移。这是由于发达国家仅通过这些机制进行了有限的转移，作为海外发展援助，有时还会出现腐败、低效、依赖援助等问题。然而，认为转移过少是由于发达国家的人和政治体系不愿意进行更多的转移，这似乎也是合理的。换句话说，他们有种潜在意识："我不觉得我有义务向贫困国家提供大量的援助"，以及"我对不平等的社会责任意识并没有延伸到世界其他地区"。如果是这样的话，我认为我们不能指望发达国家同意进行更多的转移，就算通过其他途径，也不会大幅超过目前或计划中的海外援助。我们或许也可以提议为过去的污染支付补偿，但是国际协商经验表明，这也不太可能得到强烈的认同。我之所以会这么说，是因为我在公开场合及私下讨论中都曾尝试提出分配和补偿，但并不是很成功。同时，我也见证了许多其他人的努力以失败告终。

我们似乎陷入了僵局。至少以我们之前提到的僵化且狭隘的方式，通过配额和权利阐述公平，难免会与现实政治产生冲突。公平问题及历史责任都表明，在排放权分配中，应对贫困国家进行大量转移。然而，不管发达国家是否认同这种观点的合理性，它们都很可能不愿签署协议，或拒绝进行转移。如果在贫困国家同意或实施行动前，我们坚持接受或实施这些权利和转移，那么结果将会是最不公平的——我们将无法控制气候变化。不管这听上去有多么令人沮丧和不合理，但如果坚持以一种狭隘且概念上有问题的方式（即排放配额）来阐述公平，并导致这样的结果，那么这种坚持并没有意义。提出公平问题确实很有影响力（不局限于人均排放量的公平性），也确实可以显示出发达国家的不合作是非常差劲的，但是一个严格且刻板的观点又会在实践中阻碍进展。尽管贫困国家在公平的问题上有着更有力的论点，但双方的僵持和不妥协（贫困国家坚持只有一种表现公平的方式，而发达国家无法接受这种方式）威胁着所有人的子孙后代，使我们面临着严重破坏和毁灭的风险。而且其中，穷人承担的风险是最大的。

不过我们还有一条出路——并不放弃公平准则，但把它们纳入以下两方面：发达国家对本国经济实施活跃且高效的低碳经济转型，同时为愿意实施低碳转型的发展中国家提供支持，协助其实现可持续增长和减少贫困。换句话说，这样才真正落实了由印度提出的、2010年12月《坎昆协定》采用的“公平获取可持续发展”的理念。

要做到这一点，我们必须先弄清楚6件事：（1）必要的减排规模。（2）低碳经济转型需要彻底的变革。（3）这将带来远不止气候风险降低的诸多益处。（4）在未来20年，要加大低碳转型的力度，并且要与各国经济、世界经济中的结构性变革保持高度一致，包括产值平衡变化和快速城镇化等。同时，有效地管理结构性变革中的投资（包括减少浪费、污染和拥堵）也将为减排作出很大贡献。（5）低碳转型意味着可持续增长，并在未来几十年有消除贫困的巨大潜力。（6）需要大量资源投资和新技术。追求高碳增长可能会导致自然环境极度恶化，相当于自寻毁灭。“公平获取毁灭”是毫无意义的。而且，在贫困国家没有强大的资源和技术支持时，我们也不应该期望它们投入大量资源来配合实现全球的低碳转型。

低碳经济转型中的必要内容是可持续发展的核心所在，所以“公平获取可持续发展”应该以这一点为出发点。正如第3章中提到的，政策分析应该侧重于动态变化公共经济学，可以从一些基本市场失灵问题的分析入手，尤其是以下相关方面：（1）温室气体排放；（2）研发、知识和探索的公共性；（3）网络（电网、宽带、公共交通、回收等）；（4）长期资本市场在风险管理方面的不足；（5）可获得且可选择的商品和服务的信息，如提高能效选择；（6）协同效益（减少空气污染、保障能源安全、保持生物多样性等）。我们也需要结合各国经济和世界经济强大的结构性变革的大背景进行相关分析。如果这些管理得当，那么低碳转型将容易得多。[29]

“公平获取可持续发展”中的“公平”主要集中于支持的性质和类型。对贴现、风险及不公平的态度会对其产生直接影响：纯时间贴现率越低，越厌恶风险；越反对不公平性，伦理论点越鲜明，越能证明发达国家应该为贫困国家提供转型所需的资源和技术。研究的重中之重应该是为“公平获取可持续发展”的理念提供证据、框架体系及实施活力。这不仅需要经济学家、经济史学家、政治学家、哲学家、科学家、工程师等人的专业知识和技能，商务人士、投资者和政治家的参与也是必不可少的。我们在研究和思考的同时，也必须行动起来。根据以上分析，现在我们可以描绘出国际新框架的潜在基本元素了（具体见下文）。

此处提醒大家，还有一种无法令人信服的观点偶尔会出现，即认为这个概念可能意味着要求（特别是发达国家）“零增长”。[30]我认为这种观点存在3方面的错误：数量、核心问题及政治。从数量上看，目前全球每年的排放量约为500亿吨二氧化碳当量，如果所有国家现在停止排放增长，现有的排放量仍然太大，不能规避气候变化所产生的危险。从核心问题上看，应对气候变化的核心问题应该是打破生产消费与排放之间的联系，而零增长的说法可能会转移我们的注意力。从政治上看，如果我们试图把减排变成关于经济增长的争斗，而不是经济增长的本质，或者表现为经济增长和气候责任之间人为的竞争，那么最有可能的结果是我们将摒弃气候责任。这也是最不公平的结果。

发展中国家和人民将审视自身情况、机遇、潜在的转型路径。发达国家可以提供很多援助，包括帮助研究可选措施、提供资源和资金、开发并分享技术等。在研究增长和减贫的机遇及伦理基础时，我们将逐步阐释“公平获取可持续发展”的含义。[31]

从以上的分析中，“公平获得可持续发展”的理念应该包括以下内容：

对所有国家而言：

- 就关键要素达成共识，包括气候变化带来的巨大风险，全球温升控制在2℃以内的目标，实现2℃目标所需的减排规模，到2050年前全球人均排放量需要降到2吨左右二氧化碳当量，在21世纪中期电力部门需要实现零排放，在21世纪下半叶能源行业需要脱碳至零排放。

● 加速淘汰化石燃料发电，尤其是污染严重的煤电。

● 取消化石燃料补贴。

● 停止砍伐天然森林，并大力投资恢复消失退化的森林和农业用地。

● 意识到未来的20年对决定我们能否实现2℃目标非常关键。

● 共同承诺统筹促进经济发展、消除贫困和负责任地管理气候变化，并认识到为实现这3个目标需要在未来20年中开展大量明智的投资，从而有效地把控世界经济的结构性改革（特别是城市规划、土地利用和能源系统的改革）。这在一定程度上也包括了促进减贫、提高效率、增强安全、减少拥堵和污染、营造更好的环境、提高生物多样性。如果把握好，这些目标可以被同时实现，并且让我们走上一条实现气候目标的路径。

● 基于这些目标，设计、培养和扩大国家层面和国际层面的金融机构和开发银行。

● 同其他国家合作进行技术、工作模式、生活方式的创新，从而促进可持续发展和全面减贫。

● 努力达成一个宏伟、可信且公平的国际气候协议。

对发达国家而言：

● 作出明确、可信、宏伟的减排承诺（包括必要的立法和制度）以实现到2050年减排至少80%（以1990年的排放量为基础），其中高排放国家需要加大减排力度。把这些承诺融入城市规划、能源系统、交通运输、土地利用中，并鼓励企业和地方政府采取相同措施。

● 大力投资能源及其他相关公共研发领域，在短期内至少达到目前水平的3倍。在能源和农业领域提倡创新。创建各经济部门中减排方法的典范（典范的作用至关重要）。分享技术和实践知识。把能源效率和低碳技术的创新作为政策、形象、公共讨论的重中之重。

● 立即承诺不再新建燃煤电厂，并加速淘汰现有燃煤电厂。

● 通过海外发展援助、多边机构和能够促进长期私人投资的制度改革，努力降低发展中国家长期投资的成本，特别是在基础设施建设投资方面。至少要采取措施来实现哥本哈根-坎昆会议中作出的到2020年前每年向发展中国家提供1 000亿美元的承诺。

- 为适应气候变化提供资金和技术上的支持，这是必须做到的。

对发展中国家而言：

- 限制新建燃煤电厂，从2025年起不再新建燃煤电厂。
- 将气候目标纳入城镇化、能源系统和土地利用的投资中，重点发展紧凑型城市、能源效率和公共交通项目。
- 寻找、探索及投资能够把发展、适应和减缓结合起来的技术和方法，发掘其中的巨大潜力。
- 确保实现新技术和新方法的包容性和减贫潜力。
- 分享理念、案例和技术，特别是同其他发展中国家。

上述理念和方法可以形成一种态度、途径和相关政策制度，从而明确方向、改善投资环境。清晰、明确、稳定、强劲的信号，可以激发世界各地人民的创业精神和创造力，带动源源不断的投资、创新和探索。当然，上述要素的表达比较笼统，但我认为这些是关键的基础和框架。如果我们在原则上接受了它们，并把其精髓融入每个国际协议中，那么“公平获取可持续发展”将会以不同的形式出现在各方各面，成为一个鼓舞人心且贯穿始终的理念。

9.5 本章小结

综上所述，我们在本章得出了以下结论：

- 不论道德上还是政治上，各国及其人民以公平为基础开展国际合作是非常重要的。在过去的国际公平讨论中，不同国家的不同看法导致国际合作进展缓慢。
- 由于未能认识到应对气候变化所需行动的规模和性质，未能理解其核心在于增长和动态学习，造成以往的国际讨论被扭曲。一直以来，普遍的假设是脱碳的基本过程必然涉及转换使用高成本的新技术，而且这些新技术的成本永远停留在很高的水平。这些思维模式导致了一些错误的理念，例如“零和”静态博弈、“责任分担”，产生具有误导性的国际气候合作框架。

• 如果我们能更深入地认识到低碳路径意味着有潜力实现更高质量且更持久的增长、发展及减贫，那么我们将重新调整应对这个共同挑战的重心，转而致力于如何通过更好的方式实现减排，并且随着时间的推移获得广泛的效益。在这种思路下，伦理问题就不那么棘手了，也会产生更有建设性的解决方案。

• 基于“公平获取可持续发展”的概念来开展合作行动是一个非常好的发展方向。我们可以把这个概念理解为：发达国家在本国经济中开展充满活力且高效的低碳转型，树立典范，带动减排与创新，同时通过资金、技术和能力建设等方面的合作，支持发展中国家进行相似的转型。

总之，本书第三部分重点研究了世界各地近期的发展，审视了国际谈判的情况和进展，描绘了国际气候合作未来可能的发展方向。第7章分析了现有的行动，说明目前已经开展了大量气候行动，也有许多正面的范例，我们可以从中吸取经验并受到启发。但是，我们需要做的还有很多，而且国际谈判尚未能推动我们迈向迫切需要的大规模结构性变革。吸取历史的经验和教训是至关重要的。

根据经验和教训，第8章和第9章阐述了广义的制度要素和伦理原则。这些有助于根据现有挑战的明显特征，构建应对气候变化的国际框架。我们需要彻底地向低碳经济转型，此过程将涉及学习、探索、创新和协同效益。但在大部分情况下（虽然不是所有情况下），除了降低相应的气候风险，低碳转型还可以为各国带来社会和经济方面的投资回报。与此同时，我们还可以明智地把握世界经济的巨大结构性变革，包括在劳动力的国际分工、城市化、能源系统、土地利用等领域的变革。开展有效、明确、协调的政策和投资，联合研发并普及技术、扩大并增加融资、分享经验等国际合作措施，能够落实“公平获取可持续发展”的理念。

注释

本章基于Stern(2014b)的研究，该研究成果于2014年11月发表在《经济学与哲学》中。

1 见IPCC(2014b)技术摘要，图TS.2(b)展示了1750—2010年间的历史排放。

2 联合国气候变化框架公约于1992年5月9日开始签署，1771 UNTS 107(1994年3月21日正式生效)，arts.3。

3 联合国气候变化框架公约《京都议定书》于1998年3月16日开始签署，2303 UNTS 148(2005年2月16日为正式生效年)，arts. 4(1)与(3)。

4 世界银行(2014b)。国内生产总值(GDP)以现价国际元按购买力平价(PPP)衡量。根据这项指标，1990—1992年"高收入"国家(根据世界银行每年的分类)约占世界总产值的72%。值得注意的是，"发达"国家更常见的定义是世界银行的"高收入经合组织"国家，它是"高收入"国家的一个子集。根据这个定义计算，20世纪90年代初期发达国家的GDP不到世界产量的2/3(2012年降至一半以下)。在讨论发达国家80年代中期到90年代初期的GDP时，我经常引用这个数字(如在本书中的其他部分，以及在我作为全球经济与气候委员会报告的经济顾问团主席时撰写的前言中)。IPCC的排放数据使用了"高收入"的分类，为了确保与其做到相对等的比较，在此我使用了"高收入"的宽泛定义。

5 见IPCC(2014b)，第1章，图1-4和图1-6。IPCC报告中的图1-6显示，1990年高收入国家(根据世界银行的定义)的排放量将近占全球温室气体排放总量的50%(372亿吨中的183亿吨)。

6 见世界银行(2014b)。国内生产总值(GDP)以现价国际元按购买力平价(PPP)衡量。根据这项指标，2012年低收入和中等收入国家的产量共占世界总产值的43%。如果把"高收入非经合组织"国家的数据与中低收入国家的数据合并起来，那么2012年发展中国家的份额达到了50%以上。

7 见IPCC(2014b)，第1章图1-4和图1-6显示了截至2010年的排放量。IPCC报告中的图1-6显示，2010年低收入至中高等收入国家(根据世界银行的定义)的排放量共占全球温室气体排放总量的61%(483亿吨中的296亿吨)。鉴于发达国家在2010—2014年间排放逐年减少，而发展中国家排放逐年增加，现在(2014年)发展中国家排放量所占比例可能在2/3左右。

8 见IPCC(2014b)，第1章图1-4显示了2010年低收入和中低等收入国家人均排放量约为高收入国家的1/3；中高等收入国家人均排放量约为高收入国家的一半。中国人均排放量可能已经与欧盟持平。

9 见新气候经济报告(GECE，2014)和本书第2章。

10 正如1.4节所述，我们可以现在少减排，以后多减排。例如，假设我们坚信在21世纪下半叶能够实现零排放或负排放，那么2030年的350亿吨也许可以提高至420亿吨。

11 见国际能源署(2010a，2013b)。

12 皆为最新且相对容易获取的温室气体和二氧化碳数据，并且该数据具有一致性。更新的数据并不会改变我们通过这些历史数据和国家数据对比得出的结论。很多国家的温室气体历年排放数据很难获取，所以我们使用了二氧化碳排放数据，但两者总体情况应该非常相似。

13 见7.3.2节(有关中国的部分)。

14 根据世界资源研究所(2014a)。见7.3.2(有关中国的部分)，这部分解释了2014年中国人均排放量为什么可能达到9吨二氧化碳当量。

15　见Allen等(2009)或IPCC(2013)。

16　IPCC(2014b)等新发布的重要报告估计,与2℃路径相符的剩余"空间"在1万亿～1.5万亿吨二氧化碳的范围内(由于数据有限,我们只能计算"二氧化碳预算",而非"温室气体/二氧化碳当量预算"。如第2章所述,这是由于二氧化碳辐射力最强,而且最容易测量)。粗略估计,如果世界保持现有水平的年排放量,这相当于40年的排放量。然而,全球排放还在逐年增加,如果我们不采取有力的行动,则不到40年就会耗尽剩余"空间"。

17　例如,可能需要50美元以上的市场价格来维持CCS。CCS很可能是控制温升2℃路径的重要组成部分。

18　见Agarwal和Narain(1991)、Jamieson(2001)、Baer(2002),Höhne、denElzen和Weiss(2006),以及Singer(2010b)。

19　大概0.5兆吨二氧化碳当量。

20　见Sen(1999,2009)。

21　有些人主张相等的人均排放是平等发展权的一种"切实可行"的表述,他们的理由是发展必定需要排放。但我认为,能源也许是必需的,然而能源与收入/产值,或能源与排放并没有严格的对应关系。事实上,我们的挑战是如何消除能源与排放之间的联系,以及如何提高能效。另外,如果这种方案导致的结果是陷入僵局(见下文),那么坚持这项方案才是"不切实际的"。

22　梅莱斯·泽纳维总理在一个专题研讨会上的讲话。我也参加了这个研讨会。

23　人们可以通过建立各种转移支付的激励和响应方式,使其复杂化,但收入的社会边际效用会一直深入影响着转移的方向和幅度,这点不会改变。

24　见Caney(2010)中的讨论。

25　见塔塔社会科学研究所(2010)。

26　也可以理解为凯尼(Caney)的"孤立主义"。

27　见Stern(2009)。

28　见Drèze和Stern(1990)或(例如)公共经济学杂志。这可以追溯到20世纪50年代James Meade和Paul Samuelson的观点。James Meade清晰地表述了这种观点及其相关的数学计算。

29　见GCEC(2014)。

30　见Jackson(2009)。

31　见Roman、Rydge和Stern(2012)。

[第10章]

结论：如何改变观念

在过去的30年里，世界经历了非同寻常的变化——收入在增长、健康在提升、寿命在延长、城市化在推进、人口分布在变化，科学技术和商业模式也发生了很多变革，新兴市场和发展中国家的经济状况出现扭转，信息和通信技术革命正在颠覆原有的社会互动模式。这些变化带来了巨大的效益，同时也引发了一些社会经济问题，甚至使自然资源和环境（包括我们所呼吸的空气、饮用的水、使用的土地）面临巨大的压力。碳氢化合物燃料所驱动的经济发展，也扰乱了人类历史上长期以来的气候条件。

许多在过去30年里发生的变革，在未来的30年中还会延续。我们将看到世界经济发生彻底的结构性转型。2050年全球人口预计将达到90亿左右，其中超过60亿人口可能会生活在城市地区，使城市变成全球经济增长的引擎。如果我们延续旧有的技术和模式，自然资源和气候压力将进一步加剧，日益威胁着未来的经济增长与繁荣，与此同时，新技术赋予全球经济非凡的可能性，有可能改变我们生产、消费和管理能源的方式。

很多气候变化的相关决策需要在这样变化的背景下进行。发展中国家和中等收入国家越来越认识到污染的工业增长模式是不可持续的，认识到清洁、高效、以智能技术为驱动、基于服务业的发展模式会带来更多效益。高收入国家通过这种结构性经济转型，也可以解决其面临的多种挑战，包括竞争力下降、生活水平下降、人口老龄化、基础设施老化、城市拥堵、赤字不断上升等。如果能够实现这种结构性转型，从根本上减少废弃物、交通拥堵、环境污染、土地森林破坏，那么实现温升控制在2℃以内（50%的概率）的路径所需的减排量大部分也将同步实现。要想进一步实现其余减排量，则要在能源系统、土地利用、城市基础设施等领域出台更严谨的政策、投入更大规模的资金，而这些政策和投资如果能科学设计并合理实施的话，也将带来可观的经济、社会和环境效益。

自2005—2006年我领导的团队形成《斯特恩报告》后，近年来最重要的进展之一就是全球对结构性转型效益及其规模的认识更加深入。事实上，不止过去30年，仅仅在过去几年中，全球就出现了重大变化。其他领域也出现了一些重要变化——有些变化比较正向积极，也有些不尽乐观。我们经历了严重的全球性金融危机和经济衰退，在危机中，许多国家领导人将对气候变化的关注转移到其他领域。然而在此期间，低碳技术（特别是可再生能源技术）的成本出现大幅下降，使世界许多地方低碳项目比现有高碳项目更具有竞争力。特别是，低成本分布式可再生能源和存储技术让世界上许多没有接入电网的贫困人口获得了改变生命的机会，“人人享有可持续能源”不再只是一个美好的梦想，而是成为了一个现实的目标。然而，碳氢化合物燃料技术也在进步，使开发更深更远的化石燃料存量成为可能，延缓了本该推进的化石燃料淘汰进程。

各级政府在气候政策制定方面开展了大量的工作，为将来的决策者留下了宝贵的经验和教训。在国际层面，气候变化相关合作尽管进展缓慢，但已经逐步向动态合作模式推进。在国家层面，人们日益认识到，在实现低碳结构转型的同时，政策机制还可以发挥诸多方面的作用（如促进经济增长和减少贫困）。有些城市通过创新减排方式展现了非凡的领导力。气候变化与其他问题之间的内在关联性更加明显——不仅气候变化影响与其他挑战之间存在关联，应对气候变化的政策与解决其他挑战的必要措施也存在紧密的联系。例如，最近几年关于气候和健康的研究日益深入，尤其是燃煤发电、空气污染和公众健康的相关研究备受关注，研究成果也传达给政策制定者供其参考。当然，气候和经济的内在联系也更加突出，这一点在全球经济与气候委员会的相关著作中已经强调过了。

上文总结了《斯特恩报告》发表以来8年间发生的主要变化。总之，

8年前的论点——“不作为的代价远远超过行动的成本”，现在更加有效。此外，我们加深了对经济变化和国际互动的认识。尽管许多国家都取得了实质性进展，但总体而言进展仍然过于缓慢。

我们迫切地需要作出抉择。一个选项是继续依赖以往的技术、模式和制度，它可以在短期内带来增长，但在21世纪中后期则会出现混乱、冲突和破坏，很多人认为这种模式是不可取的。另一个选项是接纳并利用好我们所面临的积极变革，通过大规模投资和创新实现更好的生活方式，确保可持续增长。机会不可多得，拖延十分危险。如果我们还沿用旧模式，就会错失这个宝贵的机会。正所谓“机不可失，失不再来”。

本书介绍了证明这一机会的4个主要理由。第一，我们目前的路径意味着温室气体排放大量增加，有可能导致这个星球上出现数百万年乃至数千万年来前所未有的平均地表温度上升，可能导致数亿人成为气候移民，可能会产生长期严重的冲突。第二，为了避免或降低这些风险，需要作出根本性的改变，包括在21世纪下半叶基本实现零排放、在21世纪中叶实现零碳电力，以及更好地管理我们的森林和土地。这些必需的根本性变革大部分可以在结构转型期间实现，这一期间充满各种提高效率和减少排放的机会。实现转型的方式有很多种，而我们决定着转型是否能够成功实现。第三，拖延很危险，因为排放流量形成的存量（特别是二氧化碳存量）将会持续很久、很难大规模去除，而且高碳资本和基础设施可以持续几十年，有可能锁定各种高碳行为。第四，替代路径（即低碳经济转型）很可能是一个充满发现、创新、投资和增长的过程，就像我们过去250年中所出现的历次技术变革一样。此外，新模式下的生产、消费和生活方式在中短期可能会更清洁、更安静、更安全、更节能、更有益于能源安全、更基于社区、更利于生物多样性，在中长期则意味着气候风险大幅降低。

本书旨在利用科学、经济学、经济史、伦理等学科的原则和证据，来证明上述几个论点。

推动我们所证明的大规模必要减排行动，首先要确保论述的正确性。但仅仅论述正确还不够——因为不作为的原因不仅仅是论述不正确或对于问题不了解。虽然我和许多人都认为已经提供了令人信服的理由、证实了采取大规模减排行动的必要性和紧迫性，但全世界的整体行动依然过于缓慢。要想加快行动步伐、大幅降低风险，我们必须研究目前行动为什么如此缓慢。本书最后一章以前面各章节的分析和论证为基础，分析观念是如何随着时间迁移而发生变化的。我们将分析一些不作为的关键原因，并提出相应的解决办法。本章首先列举了一些我认为关键的挑战，然后分析了几个历史上观念随时间变化的例子，从中得出可以有效用于气候变化问题的经验教训。本章最后就如何才能实现社会变革分享了一些个人想法。

10.1 为什么我们行动如此之慢?

10.1.1 分析研究的困难和失败

本书试图直接解决导致气候变化行动缓慢的一些分析性争论，包括故意与非故意的错误论点，以及未能认识到上述四个关键论点的原因。本书还涵盖了一些其他的重要议题——包括为什么很多人逃避对子孙后代的道德责任、当前世界问题的性质与规模、公平的重要性（注意，通常最贫穷的人排放量最小，却将要承受最早和最强烈的气候变化打击），以及良好国际合作在应对气候变化中所能（且应该）发挥的重要作用。

此外，本书分析了那些否认科学的论述是如何缺乏学术严肃性的。否认和怀疑科学的人通常的做法是在公众的心目中传播怀疑的种子，否定我们所面临的巨大风险，以表明气候行动是不必要或不明智的。然而，要想找到怀疑基础科学的理由，得出“我们不应该采取行动”的结论，也需要能使我们确信风险很小的假设条件。尤其在科学已显示拖延的危险性的情况下，要使我们确信风险很小，必须得充分证实这个假设。在科学证据面前，这个任务几乎是不可能的。然而，大多数持否认态度的人要么无视他们作出合理论证的必要性，要么干脆回避进行公开善意的讨论。

10.1.2 沟通的失败

上述逻辑论证要想获得支持，需要开展有效的沟通。阻碍应对气候变化行动的原因：一方面是由于针对科学论据缺乏有效沟通，另一方面是由于错误论据占据了舆论的主流。

就气候变化问题开展有效沟通至少需要具备3个因素。[1]首先，必须同时提出采取行动应对气候变化的关键要素——既要阐释清楚相关问题，又要展示行动的收益和有效性，还要提出完善的实施路径。然而，许多倡议者仅局限于描述气候变化的科学原理和相关风险，直到最近才有少量交流涉及应对行动的机遇、收益和实施方法。其次，沟通者很关键。不同的群体信任不同类型的发言人。要想获得广泛的支持，可以预见需要多种类型的传播者和舆论领袖同时参与。最后，要想实现气候变化方面的沟通的有效性，只有使用符合公众情感和价值观、能够引起广泛共鸣的语言和表述方式，才能策划地区和全球的集体行动。[2]

支持采取大规模行动应对气候变化的人在沟通中往往不能具备上述各种因素，而否认气候变化反对采取行动的人，却常常通过呼吁自利价值观、借助公信力较强的舆论领袖，实现了更为有效的沟通。

在宣传气候变化风险和采取行动的机遇和利益中，媒体不可避免地会起到至关重要的作用。一项关于2002—2010年间影响美国公众关注气候变化因素的研究指出，“媒体关于气候变化的报道直接影响公众的关注程度。关于气候变化的媒体报道数量越多，公众关注程度就越高”。[3]

对于涉及频率、风险和概率的问题，媒体报道可能尤为重要，因为人们评估某件事情的频率或概率往往是基于“这件事浮现在脑海中的容易度”。亲身经历、亲眼目睹、媒体频繁重点报道的事件更容易浮现在脑海中。[4]由于气候变化造成的很多改变大多以渐进的、不易察觉的方式发生，很多人多数时候不会亲自体验与气候变化有关的极端天气事件，因此，人们对这一问题的频率及概率的认知，在很大程度上取决于媒体的报道。极端天气事件确实是展示气候变化风险的良好机会，可是在大多数情况下，媒体却陷入“能否证明该特定事件是由气候变化所导致的”争论困境中。[5]不过，问题的核心是，气候变化是极端风险增加的一个关键决定性因素。当极端事件发生时，媒体更可以发挥重要作用，就科学问题展开准确的沟通，阐释天气规律变化及相关风险，从而帮助公众理解风险的起源。[6]

一旦事件发生，媒体还可以影响我们的响应。例如，在出现危机时，媒体的报道能影响公众为灾民提供援助的程度。[7]在2004年12月印度洋海啸和2013年超强台风海燕事件中，世界各地人民在电视中看到破坏性画面时似乎产生了很大的反响。一项研究发现，报纸使用“气候变化幻想”一词，影响了公众对这一问题重要性的认知，以及采取应对行动的能力。[8]

鉴于就气候变化事件开展频繁、准确、清晰、通俗易懂的公众讨论非常重要，媒体机构责任重大。然而，许多媒体机构被“怎样才能平衡”的理念所误导，如认为关于气候变化的科学证据需要糅合非科学的观点以进行“平衡”。[9]这显然是一个严重扭曲的做法，这样做几乎等于把普通百姓与专业物理学家视为同等重要。更糟糕的是，有些媒体甚至故意搜集并宣扬否认论、愚民言论。[10]此外，有些媒体仅局限于虚假和误导性的辩论，转移了公众视线，使应对行动的相关话题无法开展。

10.1.3　心理障碍

面对气候变化的挑战和紧迫性，为什么我们（从个人到集体）一直没有采取相应规模的行动？很多心理学理论值得参考。越来越多的心理学家开始就应对气候变化课题开展应用性研究。[11]我本人并非心理学专业，但我努力向心理学家们请教，包括丹尼·卡尼曼和鲍勃·西奥迪尼，为此我很感激他们。[12]我无法在此详细分析阻碍气候变化行动的一系列纷繁复杂的心理过程，仅就几点重要方面进行简单阐述。

在沟通中，有些认知启发法和偏见会导致我们对事件频率和概率的看法产生偏差。我们都知道，人的态度和行为可能会受到情境的强烈影响。例如，答卷人在填写气候变化调查问卷时，连当时当地的温度可能都会影响到其观点，[13]他感觉当前温度比正常情况更冷或更热，[14]甚至当时房间的温度都可能成为影响因素。[15]

还有证据表明，一个人的社会和文化特征也会系统地影响其对风险的普遍感知及对气候变化问题的观点。[16]耶鲁大学文化认知项目的丹·卡汉及其同事在研究中发现，人们对气候变化风险的认知与其个人基本价值观也有密切关系——个人主义/等级世界观持有者与低风险认知相关联，而社群/平等世界观的人具有高风险认知的概率更大些。此外，研究还发现，科学和计算能力也具有轻微的两极分化效果——在持个人主义/等级世界观的人群中，科学和计算能力较高的更有可能认为气候变化不是问题。对于这种现象，研究者认为，人们会调整自己对气候变化的态度以符合周围同类群体的观点，而科学和计算能力越强的人，就越善于作出这样的调整。[17]如果这种解释是正确的话，那就意味着气候变化方面的沟通，甚至说服人们采取行动可能会比预想得更具挑战性。不同的“宣传使者”对于不同的听众群体会产生不同的效果。[18]

另一个阻碍采取气候行动（实际上阻碍任何结构性变革）的因素是人们赋予避免损失与实现收益的价值是不相称的（人类是“厌恶损失者”），而且人们将现状作为心理参考点来衡量收益或损失（以下简称“禀赋效应”和“现状偏见”）。[19]这些现象就是社会、经济和政治保守主义倾向的心理学根源，它使得人们很难去追求我所描述的低碳路径，尽管这种路径相对于现状而言更有优势。

心理洞察还可以解释为什么有些微观尺度上符合经济理性的措施也很难实施（如具有成本效益的能效措施）。挑战之一就是这些简单家庭能效措施可以带来的节能和节约效益对于忙于日常家庭琐事的人们而言并不直观。有些产品的技术设计可以克服这种障碍，帮助人们简单直观地了解其用能情况和节约潜力。2014年谷歌斥资32亿美元收购了NEST智能家居研发公司，可见它很看好这一领域的市场潜力。

10.1.4 结构性障碍

除了个人层面的障碍，我们还能找到结构和体制方面的障碍。第一类结构性挑战来自那些最迫切需要采取行动的国家的政治组织和政治经济结构。有些组织会认为自己的利益受到威胁，会联合起来采取政治行动。工业革命涉及资源重新分配，例如，需要在能源领域快速脱碳、通过政策提高高碳商品和服务（如火电）的费用，从而使其成本涵盖强加于别人的损失。实施这样的变革——特别是在涉及资源重新分配时，一定具有很大挑战，尤其是成本是短期就要付出的，有些共同利益是中期才能获得的，而气候效益则需要长期才能显现。许多政治家在面临短期的选举时，很容易选择回避看得见的成本和变革，这意味着避免采取行动，尽管行动会带来中长期的收益。我们可能会希望领导人根据长期利益作出选择，即使那样意味着一定的政治风险。优秀的领导者能够做好这一点，汇集各种力量以追求更宏伟的愿景。但是我们也必须明白，看得见的政治激励结构可能指向错误的方向，因而必须认真思考如何设置这些激励措施。

许多国家的政治和政治经济存在深层次的结构性问题，导致政策制定中既得利益的影响远远超过公众的呼吁，对于气候变化这样与百姓生活密切相关的事情，却未能让市民参与决策。最近有些研究表明，世界许多地区代议制民主正面临着深刻的危机，[20]尤其是在这种需要制定长期决策、特别需要民主发挥作用的时刻。

商界、金融界、媒体、社会形态的整体结构也可能阻碍政府采取行动应对气候变化。商界和金融界过度关注短期激励的结构导致资本不关注长期价值的创造，[21]企业排放量、能源消耗量、化石燃料资产投资等关键领域缺乏信息披露和透明度，也妨碍了市场有效运作和民主进程。很多国家的媒体体制也并不鼓励公众探讨，不具备促进基于长期公共利益进行决策的关键性民主功能。这些媒体体制通常基于非常狭义的模式，使主要媒体将自己视为纯粹为观众、听众和读者提供私人物品的机构，一切以短期的“客户兴趣点”为准绳。这使得媒体不愿进行关于经济、社会、社区和长远利益的讨论，不愿提供这些方面的信息。

关于社会结构、人群划分、不平等性，也有很多难点。例如，人们发现“保守的白人男性明显比其他美国人更可能认可否认气候变化的言论”，而且“对那些自认为了解全球气候变暖的保守白人男性而言，这种可能性更大”。[22]此外，美国关于能源和碳价的辩论因为目前收入和财富的不平等性变得更具挑战性——那些顶层的富人更有能力通过其财富影响舆论和政策，尤其当他们的财富来源于化石能源时，他们更有动力这样做。

10.2　社会变革史中的案例

应对气候变化行动的障碍有很多，实现变革将是充满挑战的过程。人类社会曾经取得过艰难的、结构性的变化，当时是怎么做到的呢？虽然历史上没有哪次变革可以与气候变化这样需要进行政策主导的风险管理变革相提并论，但历次大型变革也有其经验可以参考。我在本节中将探讨吸烟、含铅汽油、酒后驾车和艾滋病毒的案例。本章后面还将分析一些关于社会正义运动的例子。

吸烟影响健康的证据最初是根据20世纪五六十年代理查德·多尔等人的流行病研究工作提出的，同时结合了生物学机制的理论。之后的数十年，证据不断完善，直到最后健康风险证据成为主流观念，促使政府制定了积极的公共政策，采取了监管、税收、信息披露、广告等多方面的措施，这些措施现在仍在实施。政策是基于证据制定的，但这个过程也花了很长的时间，经历了既得利益者主导的强烈反对。争议出现明确结论后，50多年来许多发达国家吸烟率显著下降，而许多中低收入国家吸烟率仍在上涨，目前全球80%的烟民来自中低收入国家。[23]禁烟政策的主导者似乎是医学界人士，他们在目睹越来越多的证据后，强烈要求政府采取行动。医学界与公众沟通吸烟的隐患，鼓励人们作出改变，同时不断收集证据向政府表明行动的重要性。医学界和政府呼吁我们追求“高层次的自我”，鼓励烟民戒烟并更客观地审视我们的健康利益，克服“低层次的自我”——也就是那个容易受到诱惑、追求暂时满足感和上瘾的自我。“二手烟”损害他人健康的证据也发挥了很重要的作用。

在很大程度上，禁烟政策和行动是通过专家主导、自上而下、专业路线的方式制定政策，养成降低风险所需的行为习惯。在这种情况下，强大证据和有效沟通是关键所在，此外，应对烟草行业强大既得利益集团的决心也非常重要。

多数国家已经部分或全部实现了用无铅汽油替换含铅汽油，这个变革由两个因素推动——越来越多的证据和对于铅元素影响健康的关注推动了监管措施的出台，许多国家逐步淘汰了含铅汽油，并开始采用与含铅燃料不相容的催化转换器。[24]这两个因素在不同国家发挥了不同的作用。[25]在更加关注健康的国家，这场变革跟禁烟运动相类似——流行病学和生物学研究结论推动了自上而下的行动，主要政策工具为监管。在禁烟运动和无铅汽油案例中，政策和行动一旦成为趋势，就会很快传播开来。无铅汽油的战斗更加迅速地赢得了胜利，目前全球含铅汽油已经非常罕见了。吸烟运动似乎还在进行中。

禁止酒后驾驶的政策变革好像更源于强大的自下而上的压力。美国出现的“反对酒驾的母亲”（简称MADD）这一组织似乎产生了强大的影响。[26]在禁烟案例中，被动吸烟的危害表明，吸烟不只是关乎自己命运的个人决定，酒驾带给他人风险的证据更为明显。因此，这两个案例中强调的对他人的危害很可能起到重要的作用，驳斥了基于“个人选择”的狭隘自由意志论的立场。

有趣的是，在酒驾案例中，行为的改变至少源于两方面的因素——认识到这种行为带给他人危险是不负责任的，以及罚款、驾驶禁令、监禁等相关惩罚措施。法律规定的严格处罚似乎强化了新兴的社会规范与道德耻辱感。展示总体证据、提供个人案例（无论是在生活中得知还是通过媒体听到）、开展相关公开讨论，这些做法逐渐改变了公众关于“不负责任”的观点。

关于艾滋病的行动似乎比酒驾更加源于自下而上的压力。倡导采取行动应对艾滋病的人认为，鉴于所需实现的规模和问题的紧迫性，必须积极开展高度政治化的基层运动。在一定程度上，道德上对于性传染病的反对及回避态度必须得到处理。ACT UP等机构在美国和其他地方所组织的活动非常高调，包括在华尔街、美国食品和药物管理局、美国国立卫生研究院门前开展针对性的抗议和宣传。这些措施在国家和国际层面都非常有效，促使政府采取必要的公共卫生措施、提供治疗并开展研究。当然，世界各地抗艾滋病运动依然任重而道远，不过这一案例无疑说明了基层群众可以有效制造压力。

促使人们采取强有力的行动应对气候变化的挑战，具有这些问题所不具备的特点。它不仅仅涉及减少使用某种产品或治理某个风险来源，而是启动一场能源-工业革命，将这一动态过程推上轨道，从根本上改变我们的经济和社会。工业革命和技术变革潮与那些以公众观念压力为驱动的变革有所不同，它的驱动力源于人们预期从投资和替代活动/职业中能获得的收益。对于新产品或服务（电力、机动车、火车、通信等）的需求取决于消费者对其效用或价值的认可。这给我的启示是，如果新技术和不同的做事方式想要快速被推进，它们必须被视为有利可图的、有吸引力的和有用的。就气候变化案例而言，有些时候需要实施相应政策才能实现这种效果。例如，通过反映排放成本的价格和税收影响生产者和消费者的行为，从而使市场更好地运作。这也是它与历次工业革命的一个关键区别。

与此同时，我们不应局限于价格和市场激励政策。从本节及本书前文中可以看出，监管政策也能发挥非常强大的作用，无铅汽油案例就是如此。社会规范与道德准则也很重要，它们可以影响个人、企业和政府的看法，判断哪些是负责任的行为。因此，应对气候变化的行动也可以从历次变革中的道德立场和社会态度的改变获得启发，包括废除奴隶制、中国废止缠足风俗、取消决斗等暴力形式、赋予历史上被压迫群体投票权和其他民事权利，以及近代反对南非种族隔离的全球性运动等案例。[27]

10.3 应对气候变化可以借鉴的经验

我尝试从上述及前文案例（例如第2章探讨的历次技术进步）中提炼一些经验。

科学分析至关重要。在涉及应对风险的政策制定中（如禁烟、淘汰含铅汽油、治理艾滋病的案例），可靠的科学分析起到了至关重要的作用。推动政策变革最首要的是以正确的方式提出政策问题。换句话说，提出问题的方式要能够真实反映我们所面临的问题并基于可靠的理论和证据。气候变化问题本质上是关于巨大规模风险的管理。其次，需要正确地组织和陈述相关风险的论点和证据，使人们能够理解风险是什么、怎样才能减少风险。换句话说，就是寻找能够解决问题的方法。就应对气候变化而言，它涉及减少排放和适应气候变化的相关措施——目前看应对气候变化已成为不可避免的任务。最后，我们必须分析替代路径的详细信息，并展示其收益、成本和所需的投资规模。

呼吁价值观和正义感能够产生强大的动力。在历史变革（如艾滋病案例）中，呼吁价值观和正义感有力地推动了行动的步伐。在本书的分析中，我提出了两个简单但非常重要的论点。第一，气候变化意味着给当代人和未来人（以及很多其他生物）带来大规模损害的风险。根据本书第6章中所探讨的道德理论视角，这种损害是不符合道义的。从潜在伤害的视角探讨碳排放量，可能比功利计算更能引发道德动力——亲身参与伤害的想法比机械的计算更能引起人们的情绪共鸣。[28]这种现象在一定程度上能够解释为什么历史上许多强大的道德运动都涉及停止造成伤害的诉求。[29]

第二，过渡的过程必须是公平的，而且被视为公平的。这意味着全球经济需要以能够促进贫穷国家发展壮大并减少贫困的方式进行脱碳。公平地开展全球经济低碳化绝对是有可能实现的，并且引用第16次气候大会的提法，是确保“公平获得可持续发展”的道德核心（如第9章中所述）。公平原则也同样适用于解决国家内部的贫困和不平等问题。

开展战略性沟通、充分利用案例。在前文所探讨的案例（特别是禁烟、酒驾、艾滋病案例）中，有效的沟通是非常重要的。以我个人进行气候变化宣传的经验而言，实际案例往往是非常强大的工具，特别是在陈述气候变化影响的风险和展示低碳路径的吸引力时。尤其是发展中国家，要想加快气候行动，必须能够证明环境可持续增长路径与扶贫工作并不冲突。我们在这本书中已经看到，有些社区和国家正在展示这一双赢路径的可行性，但这种信息还需要更大规模的分享和扩散。值得庆幸的是，《斯特恩报告》出版8年来，出现了更多类似的例子可以证明气候行动的效益。

极端天气事件可能是最有力的例子，能够提供[30]“瞬间力量”，证明气候行动的必要性，正如前纽约市长迈克尔·布隆伯格与2012年超级风暴桑迪案例中的人一样。如果澳大利亚有一位对艾伯特的气候科学理论没有偏见的总理，就会以2013—2014年的极端高温和火灾为契机，作出同样的宣传。我在此澄清一下，这不是在倡导虚假论据，声称某极端天气事件一定归因于气候变化，而是通过例子来说明气候规律改变的危险，并显示此类事件可能变得更加严重和频繁，尤其是解释我们现在所经历的相对19世纪温升大约0.8℃的情况，这比起我们未来可能面临的温升3℃、4℃乃至5℃，还只是小巫见大巫。

政府可以呼吁人们在购买商品时支付其行为的全部成本，说明这一合理性，强调碳定价和监管只是为了确保市场更好地运作的一种手段。这样人们可能就会认识到取消代表自由污染能力的相关补贴是一项合理的政策。政府还可以直接呼吁避免损害的责任感，就像不买使用童工制造的商品或者购买公平贸易的茶一样，尽管这可能意味着支付高一些的成本。还可以从理论上和实际中强调国际气候与发展政策之间的联系，使减缓气候变化成为（并被视为）发展中一个与减少贫困紧密相连的核心特征。事实上，气候责任能够确保未来减少贫困的可持续性，气候行动则能够促进内涵性增长和在当下减少贫困。

政策工具包。从前文所研究的社会变革案例中可以看到，政府通过各种创新的手段可以对实现变革产生直接和间接的重要影响。本书探讨了应对气候变化的主要政策工具。然而，鉴于各国政府在改革进程中面临诸多结构性和暂时性的制约因素，还需要通过战略性和创造性的方式，利用一切手段，结合当地的实际情况，寻找各种补充和支持政策。

在禁烟、艾滋病及酒驾的案例中，世界上许多地方政府在提供信息方面发挥了很重要的作用，通过其舆论影响力开展宣传，有效利用能产生情感共鸣的公共广告改变消费者的态度和喜好，促使公众转向更健康的行为。这些方法中的许多都可以应用于应对气候变化方面的沟通中，为本书中所讨论的经济政策提供有力的补充。

政府官员还可以通过其他方式设计和完善气候政策，以克服其所面临的困难。有些气候行动本身就能带来短期的利益。例如，在经济衰退时出台“绿色刺激”政策，这时的利率低、劳动力闲置率高，“绿色刺激”政策则能促进经济增长和就业，并增加收入，而制定能效措施也能立即降低能源费用。此外，刺激未来能持续增长的行业肯定比支持有害的即将衰退的行业更加明智。举例而言，淘汰煤炭以治理空气污染可以产生巨大的效益，因为许多国家空气污染的社会成本达GDP的4%以上，在中国甚至超过10%（见第2章）。

将气候行动与其他改革相结合，如降低其他税收、提高医疗服务、其他提高效率的改革、低碳产业政策、公共交通投资等，如果能明确其气候收益与协同效益，那么将有利于为气候变化获得更广泛的支持。[31]一项成功的改革事业意味着改革受益者的收益大于改革受损者的损失，因此应该设计并形成一个支持改革的联盟。政府在促进形成这种联盟的过程中能够发挥其强大的召集作用。这种侧重效率、增长、降低风险的改革，原则上应该能够获得具有科学理性的商业团体的支持。

合理的气候财政措施、转移支付、直接公共政策，可以减少贫困和促进公平。例如，确保部分碳税和环境税收入用于帮助受影响的工人和社区在低碳经济中获得新的就业机会和收入来源，无论在道德上还是在政治上都已成为当务之急。此外，部分收入还可以用于支付能源价格上涨带给贫困人口的额外负担。解决分配影响的另一种方式是让人们有时间适应价格的变化，以可预测的方式逐步引入碳价或取消燃料补贴。在全球油价下跌期间逐步取消燃料补贴，在政治上也比较可行。解决贫困人口能源支出的最有效的方法之一是帮助他们对房屋进行节能改造。[32]此外，如果这一动态的学习过程进展顺利，气候政策带来的能源价格上涨很可能只是暂时性的。

国际合作有助于推动变革。如本书第三部分所述，历史上许多变革都得益于国际合作的开展，气候变化领域的国际合作也非常重要。第一，一定要了解别人在做什么、计划做什么，这是合作的重要基础。如果没有这种了解，就很容易认为别人什么都没做，或者几乎什么都没做。第二，如果合作以国家所提出的规划为基础，这种规划要具有可信度。这并不一定意味着规划要在国际层面上“具有法律约束力、可强制执行”；与此相反，一个国家规划的可信度主要源于其国内的结构、体制、对问题的理解和历史信用。第三，国际合作和国内行动能够相辅相成——基于后者的信心可以促进前者，反之亦然。如果假设必须放弃前者、只能依赖后者，那么就犯了一个极大的错误。第四，我们必须认真地思考哪种“类型”的机制和原则最能促进建立国际信任并推动国内结构转型。

需要创造声势——全球低碳转型不太可能以稳定步伐推进。大型变革往往需要很长的时间来启动，而一旦启动，其进程会出奇地快。全球经济低碳化不会是一个简单的过程——简单到仅仅施加压力，就可以直接以稳定的速率达到峰值和减排，直到实现零排放或近零排放。在过去的25年中，应对气候变化的历程表明，这种大规模的政治、社会、技术和经济变革可能是一个漫长的过程，有时很多的努力貌似只产生很小的效果，非常令人沮丧。但大型变革一旦到达临界点则能被非常迅速地推进，无论社会、政治、经济、技术角度都是如此。低碳创新增长和繁荣浪潮很可能会自行发展为一个势头，低碳世界将成为常态。我们面临的挑战是如何尽早实现这一愿景。

技术、经济、社会和政治变革都是必要的，而且可以相互促进。要产生大规模的变革，通常需要来自多方面的压力和推动力。科学研究的发展、专业人士的参与、政策领导力、自下而上的运动，这些方面互相交织，都很重要，在前文所讨论的禁烟、酒驾、含铅汽油、艾滋病等案例中，都发挥了不同程度的作用。就技术革命而言，技术和经济条件通常是典型的驱动力，我们也目睹了这样的情况。而社会制度和政治体制的改变则能影响公众的观念，改变公众关于“哪些是可能的、哪些更好”的看法，并且创造新的市场，创造对新产品、新服务和新商业模式的需求，促使新技能和新知识的产生，分配资本，或者改变技术和经济所依赖的激励机制。

关于气候变化问题，我们已经看到技术创新、相对价格的变化、社会规范的改变、新政策措施等压力产生了显著的影响。这些力量不是孤立的——它们会相互产生作用。例如，德国上网电价政策和中国的经济状况导致太阳能光伏通过学习和规模效益出现成本下降，改变了很多国家的相对价格，使在屋顶安装太阳能电池板的人数大幅增长，刺激了新兴产业的发展，改变了政治经济状况，为电力市场创造了新的压力和机遇，影响了商业模式，进一步促使政策发生变革，等等。

10.4 领导力和社会压力——推动变革的源泉

促进应对气候风险的行动需要政策的改变，因此我们必须研究如何才能产生这种改变。领导力和社会压力至关重要。历史上广受尊重和信任并能清晰有效沟通问题的领导人，在社会和政策变化中发挥了重要作用。领导人经常能够促使社会运动产生，反过来，这些运动往往又会产生新的领导人。领导力和社会压力可能来源于哪里呢？

政治领袖对于其国家的未来负有特殊的责任，因此有义务从更长远的角度考虑问题。不幸的是，在很多国家，群众对政治家的信任度很低，而且很多政治家虽然了解问题，却不得不在经济危机中转移工作重点，或者不敢去触动既得利益者。采取强有力的行动应对气候变化常常被视为增加了短期选举的困难度。但没有比气候变化更重要的问题了，而且带领集体解决问题是他们的职责。

来自民间社会、商界和地方政府的压力能够促进产生国家层面的领导力。在许多地方，宗教领袖和宗教运动对社会舆论和政治决策具有突出的影响力。我认为，其对气候变化问题具有特殊的意义，因为这一问题的核心就是对年轻一代乃至对整个世界的道德责任等的伦理问题。有些杰出的宗教领袖已经开始就这一问题发表看法——教皇弗朗西斯发表声明支持气候变化行动和环境保护。2014年5月22日，他在罗马警告观众："如果我们破坏生灵，生灵也会毁掉我们！"[33]

许多国家的王室贵族都非常受尊重，这也意味着他们有责任展示均衡及明智的领导力。王室贵族往往需要从长远的角度考虑问题——许多人认为，他们的作用在很大程度上是促进了国家及人民的长期福祉，因为一个王朝的寿命往往比政府要长得多。有些突出的例子——例如，英国王室查尔斯王子就肩负起这一使命，就气候变化问题发表了强烈、有效的看法。

有些观众、听众和读者非常信任某个新闻媒体，如英国的BBC和世界各地的BBC国际频道（以英国为中心的视角）。这些媒体有义务就气候变化话题以一种负责任的方式进行报道。有些杰出的播音员和作家也广受信任，如大卫·艾登堡爵士和梅尔文·布拉格勋爵（再次以英国为例）。他们也肩负着这种重大责任，而且这两位也很好地承担了他们的责任。

演员、名流、体育明星也有很多追随者，因此也负有其各自的责任。有趣的是，这些都是经常被联合国机构列为"信使"的人。他们常常获得年轻人的崇拜，而年轻人的观点也往往会对他们产生影响。《科尼2012》纪录片的案例说明了这一点——世界各地的年轻人对被约瑟夫·科尼强行纳入“圣主抵抗军”的东非儿童展现出强烈的同情，这对社会名流产生压力，名人们纷纷要求采取行动。另一个例子是波诺和鲍勃·格尔多夫通过大型音乐会（如20世纪80年代的募捐现场演唱和2005年“让贫穷成为历史”活动）宣传非洲扶贫行动并呼吁群众支持。[34]2005年的行动对当年7月参加格伦伊格尔斯首脑会议的8国集团领导人产生了强烈的压力，该次会议达成了大额债务减免协议。

学者、教师和专业人士也有自己的角色可扮演，因为他们常常被视为值得信赖的人（虽然并不总是如此）。我们都知道科学家们所发挥的作用——美国国家科学院和英国皇家学会对气候变化问题的态度一直很鲜明，全球各地的科学家也就此发表了很多著作。虽然还有很多沟通工作有待开展，但他们对气候话题的关注度越来越高，工作也越来越有效。

世界各地对于医学界都比较信任和尊重。许多公共健康领域的医学界人士都在呼吁采取行动应对气候变化。在过去的几年中，我们看到越来越多的证据证明了化石燃料燃烧导致空气污染的危险性。目前，这一原因导致每年有数百万人死亡。最近一项研究[35]根据世界卫生组织的健康实录测算了空气污染成本占GDP的比例，结论是在中国该比例已经超过了10%，在德国为6%，在许多其他国家这一比例也很高。[36]这已成为最严峻的问题之一。其他潜在的健康隐患主要包括极端天气事件、疟疾、传染性疾病，以及人群迁徙可能带来的大规模冲突和伤亡。环保的生活方式倡导减少城市污染、多步行和骑自行车、完善公共交通体系，这不仅能提高生活质量，还能改善人类健康。令人鼓舞的是，医疗界越来越多的研究文献和政治力量开始呼吁采取行动应对气候变化。在第7章中我提到过气候卫生委员会，其以2009年的蓝塞-伦敦学院大学气候委员会的工作成果为基础，进一步拓展了相关工作。[37]在最新的IPCC报告发布期间，多亏医学界的介入，使气候变化对健康的危害也得到了大量关注。[38]

除了这些方面的压力之外，还有3个方面可能会发挥非常重要的作用——企业、城市、年轻一代。

从小型农场到大型跨国公司，企业一直在决策中发挥着重要的作用。尽管商业中存在某些短期主义行为，但许多企业仍然倾向于用长远的眼光考虑问题——这些企业可以发挥巨大的影响力。在本书中，我们已经看到了企业如何发挥榜样的力量——从提供低碳和可持续的商品和服务、大幅提高自身的能源和资源效率（参见第2章），到促进整个供应链减排、提高环境可持续性、在运营中内化碳价（参见第7章）等。通过这些措施及更多的创意，企业展示了其潜力，表明了如何将经济增长与环境责任融合起来。

企业还可以通过宣传明确、有力的气候政策发挥其强大、具有建设性的作用。尽管主导气候变化政治和政策的往往还是那些高碳现状下的既得利益者，但公众企业的领导力已经在迅速崛起。“关注气候项目”是联合国全球契约、气候变化框架公约、联合国环境署共同发起的一个项目，旨在促进世界各地的企业发挥其气候行动领导力。该项目的“碳价商业领袖标准”倡导企业“公开宣传碳价的重要性”。[39]根据2014年9月联合国秘书长气候领袖峰会的一系列倡导，已经有1 000多个企业和投资者、73个国家政府、11个州政府和省级政府、11个城市发出信号表示支持碳价。[40]在欧洲，威尔士王子企业领导小组呼吁各国政府制定政策以防止二氧化碳累积排放量超过1万亿吨，认为超过该临界值将导致气候相关风险扩大到无法承受的范围。[41]“在商言商”（We Mean Business）是一个工作组织联盟，涵盖数千个全球最有影响力的企业和投资者，其呼吁政府制定一系列气候政策，包括消除高碳补贴、实施碳价、设定“21世纪末实现净零排放”的全球长期目标。[42]

这些例子表明，很多企业了解气候变化风险，明白气候变化对其业务的潜在影响，洞悉低碳经济中的市场增长机会，认识到客户、股东和员工在乎其行为的环境责任，也正在促使政府发出明确的信号以便它们能够有信心投资低碳经济。

各个城市也可以成为转型的有力推动者。第一，城市可以非常直观地看到气候行动的诸多协同效益。通过改善城市规划、公共交通、步行及自行车基础设施、城市绿地，可以有效减少交通堵塞和空气污染，提高交通流动性和出行效率，创造一个更具吸引力的城市环境。绿色建筑能够节能、节水、节材、减少垃圾，从而节约成本和资源，而且能让居民直接体验到绿色设计的好处。第二，约90%的城市位于海岸线附近——气候变化的最前线，很容易遭遇由海平面上升和沿海风暴所带来的灾害；[43]而且，城市居民在面对灾害的影响时，能够作为一个集体来应对气候变化，从而成为转型的强力推动者。这样的案例不止一个——2005年新奥尔良的卡特里娜飓风、同年的孟买洪水、2012年纽约超级风暴桑迪，都展示了城市社区的行动力。第三，城市规模很大，其排放量和政治行动力都是举足轻重的。世界人口中一半以上都居住在城市，城市消耗全球2/3以上的能源，产生全球70%的二氧化碳排放量。[44]虽然世界各地城市政府的管辖权力不尽相同，但一般而言，市政府对于城市交通、建筑、废弃物、能源效率、城市金融、经济发展、社区开发、气候适应，都有着重要的决策力和影响力。[45]第四，城市政府更具有政策执行优势，因为它们通常比中央政府及省政府更接近居民和企业。

新加坡和纽约作为优秀的案例，很好地展示了城市的潜力。C40城市网络等组织也在积极协助推广优秀实践案例，促进大型城市建立合作（参见第7章）。通过领导力和社会压力，城市政府可以联合其市民推动本国中央政府制定更加有力的气候政策。

最后，年轻人已成为气候行动的强大推动者，并且未来会持续发挥这种推动作用。毕竟如果前辈们（包括我们这一代）漠视气候变化，他们就会成为受害者。在我年轻的时候，激发年轻人进行抗议和争取变革的问题包括种族隔离、越南战争、民权运动。我们所争取的变革后来确实也都一一实现了。气候变化与之前的问题有所不同，但也有很多相似之处。之前的问题，一旦政治意愿得以明确，所寻求的变革就可以被迅速坚定地推进并获得成功，而应对气候变化所需要的变革需要更坚决、更持久的努力。另外，在之前的案例中，最大受害者们进行了漫长而艰苦的斗争，而其他人也积极采取行动给予支持。这些斗争的共同目标是战胜破坏性和不公平性。同样，气候变化也具有破坏性和不公平性。

当代年轻人可以而且应该继承其前辈的精神，积极开展行动以应对现在的问题。他们可以通过引发情绪反应来促进行动。如果考虑尚未出生的生命过于抽象，不足以激励你采取行动，可以试着看一看年幼的孩子或孙子，问问自己即将给他们留下一个什么样的未来。仔细想一想，如果留给自己孩子的将是一个伤痕累累的地球，使孩子未来无法正常生活，这代人又于心何忍呢？[46]

当然，虽然很多气候变化科学理念已经长期存在，但在大多数成年人的教育内容中并未将这一部分纳入其中。在就气候变化问题培养以测量和证据为基础的正确认知，以及就“应该坚持和追求怎样的社会价值”开展有序讨论和反思等方面，学校发挥着特殊的作用。孩子反过来也可以教育他们的父母——我想起了克罗斯比、司提尔、纳什和燕恩的这首歌《好好教育你的孩子》，[47]这首歌也唱道“好好教育你的父母”——教育是双向的。

这本书旨在论述采取大规模紧急行动以应对气候变化是非常有必要的，而应对行动所需的工具我们已经很好地掌握了。为防止气候变化发展到危险的地步，我们迫切需要转型，而实现这种转型则需要不断地增加领导力和社会压力，包括来自年轻人、城市、企业以及我所描述和尚未涉及的各个方面的领导力和社会压力。如果这种压力能够明智、有效地集中在正确的领域，如果政府听从建议、制定并实施科学的政策，我们就可以达到全球的变革临界点，之后将会发生迅速且巨大的转变。

我们正处在一个历史关键点上。我们有机会一方面整合当前世界经济的巨大结构转型与非凡的技术变革，另一方面实现低碳经济的未来。我们可以找到一个更好的发展方式以减少贫困，同时从根本上减少气候变化的严峻风险。我们必须作出决定，并采取行动，否则机会将失不再来。现在正是时候。

我们还在等什么？

注释

1 心理学科学对于沟通过程中的心理机制有很多深刻的见解,其中一些我会在下面进行进一步的讨论。然而,关于有效沟通的基本要素(至少在口头沟通中),我们还是可以从公元前4世纪亚里士多德的《修辞学》中学到很多东西的。这部论著认为,有效的沟通需要具备:(1)精神气质,需要可靠、可信的信使来传播;(2)具有逻辑性的理念;(3)具有感染力的情感。

2 见Kasser和Crompton(2009)、Corner和Roberts(2014)、Marshall(2014)。

3 见Brulle、Carmichael和Jenkins(2012),该研究发现还有两个因素在很大程度上影响了美国人对气候变化问题的态度:其他突出问题(经济不景气、外战)与"精英引导"(即政治领袖产生的影响力),后者是最重要的因素。

4 Kahneman(2011)称之为"可用性"启发式。Paul Slovic与同事(Lichtenstein等,1978)进行了一项著名的研究,受访者被要求比较两类"死亡原因"的发生频率,一类频频在媒体报道中出现,而另一类则没有。受访者的回答展示出了系统性的错误认知,明显偏向于媒体经常报道的死亡原因。例如,龙卷风被认为比哮喘致死率更高,尽管后者造成的死亡高达前者的20多倍。见Kahneman(2011)第138页中的论述。

5 尽管应该认识到有时需要建立直接因果关系。

6 见Painter(2013)。

7 见Oosterhof、Heuvelman和Peters(2009)。

8 见O'Neill(2013)。

9 见Boykoff和Boykoff(2004)。

10 有趣的是,媒体中对气候变化持怀疑态度的似乎主要是英语国家的人群,见Painter(2011)。

11 美国心理学会(2010)就相关问题提供了很好的研究与文献。

12 见Kahneman(2011)、Cialdini(1993)。

13 见Joireman等(2010)。

14 见Li、Johnson和Zaval(2011)。

15 见Risen和Critcher(2011)。

16 见Leiserowitz(2007)。

17 见Kahan等(2012)。

18 见Kahan等(2012)。

19 见Kahneman和Tversky(1979),Kahneman、Knetsch和Thaler(1991),Kahneman(2011)。

20 见Coggan(2013),Wilks-Heeg、Blick和Crone(2012),Gilens和Page(2014)。

21 见Kay(2012)。

22 见McCright和Dunlap(2011A)。

23 世界卫生组织(2014)。

24 见Lovei(1998)。

25 见Lovei(1998)。

26 见http://www.madd.org/about-us/history/。

27 见Appiah(2011)、Bicchieri(2006)、Brennan等(2013)、Pinker(2011)。

28 见Greene等(2001)。

29 见Gauri(2012)。

30　见Cialdini(1993)。
31　这种关于"一揽子改革"的话题是基于Ahmad和Stern(1991)、Green和Stern(2014)的研究。
32　见Hills(2012)。
33　见梵蒂冈电台(2014)。
34　在撰写2004—2005年非洲委员会报告期间,我很荣幸有机会与Bob Geldof密切合作。
35　用GDP计算生命损失是比较标准化的方法,这种做法存在很多问题。此处只是用来说明生命损失和健康成本非常高。
36　见Hamilton(2014)。
37　见https://climatehealthcommission.wordpress.com/ucl-lancet-commission/。
38　例如《英国医学杂志》2014年4月5日刊登的封面与编辑寄语,以及2014年3月29日《纽约时报》刊登的《来自60名医疗专业人员的一封信》。
39　见www.caringforclimate.org。另外两项邀请企业界参加的标准是制定内部碳价与通信机制。
40　见世界银行(2014c)。
41　绿色业务/Business Green(2014)。这本书第1.4节讨论了碳预算与剩余碳空间。
42　见http://www.wemeanbusinesscoalition.org/。
43　见C40,http://www.c40.org/why_cities。
44　见C40,http://www.c40.org/why_cities。
45　见C40/Arup(2014b)。
46　这里有一个强有力的道德论点。此外,有些心理学家认为,有确凿的证据表明互惠理念——别人帮助了我们,所以我们也应该帮助别人(Cialdini,1993)比较具有说服力,往往能够影响人们的行为模式。
47　Graham Nash写的这首歌第一次面世是在1970年,作为Crosby、Stills、Nash与Young的专辑《似曾相识》中的一首单曲。这首歌特别能引起我的共鸣,因为我在领取2013年Stephen H. Schneider卓著气候科学传播奖时,颁奖仪式上播放的就是这首歌。谈到"好好教导我们的孩子"以及教育许多成年人认识气候变化科学,无人能比Steve Schneider做得更好。

↘参考文献

Acemoglu, D., P. Aghion, L. Bursztyn, and D. Hemous. 2012. "The Environment and Directed Technical Change." American Economic Review 102: 131-166.

Acemoglu, D., U. Akcigit, and D. W. Kerr. 2012. "Transition to Clean Technology." Working paper, November.

Ackerman, F., S. J. DeCanio, R. B. Howarth, and K. Sheeran. 2009. "Limitations of Integrated Assessment Models of Climate Change." Climatic Change 95: 297-315.

Ackerman, F., and C. Munitz. 2012. "Climate Damages in the FUND Model: A Disaggregated Analysis." Ecological Economics 77: 219 - 224.

Ackerman, F., and E. A. Stanton. 2012. "Climate Risks and Carbon Prices: Revising the Social Cost of Carbon." Economics: The Open-Access, Open-Assessment E-Journal 6, 2012-10.

Ackerman, F., E. Stanton, and R. Bueno. 2010. "Fat Tails, Exponents, Extreme Uncertainty: Simulating Catastrophe in DICE." Ecological Economics 69: 1657 - 1665.

Africare, Oxfam, and World Wildlife Fund. 2010. "More Rice for People, More Water for the Planet." System of Rice Intensification (SRI), 13 August.

Agarwal, A., and S. Narain. 1991. "Global Warming in an Unequal World." Centre for Science and Environment, New Delhi.

Aghion, P., A. Dechezleprêtre, D. Hemous, R. Martin, and J. Van Reenen. 2012. "Carbon Taxes, Path Dependency and Directed Technical Change: Evidence from the Auto Industry." National Bureau of Economic Research Working Paper No. 18596, December. http://www.nber.org/papers/w18596.

Aghion, P., C. Hepburn, A. Teytelboym, and D. Zenghelis. 2014. "Path-Dependency, Innovation and the Economics of Climate Change." Policy paper, Grantham Research Institute on Climate Change and the Environment and Centre for Climate Change Economics and Policy, November. Contribution to the Global Commission on the Economy and Climate (The New Climate Economy).

Agrawala, S., T. Ota, A. U. Ahmed, J. Smith, and M. van Aalst. 2003. "Development and Climate Change in Bangladesh—Focus on Coastal Flooding and the Sundarbans." OECD, Paris.

Ahmad, E., and N. Stern. 1991. The Theory and Practice of Tax Reform in Developing Countries. Cambridge: Cambridge University Press.

Aldy, J., and W. Pizer. 2009. "Competitiveness Impacts of Climate Change Mitigation Policies." Pew Center on Global Climate Change, Washington, DC.

Allen, M. R., D. J. Frame, C. Huntingford, C. D. Jones, J. A. Lowe, M. Meinshausen, and N. Meinshausen. 2009. "Warming Caused by Cumulative Carbon Emissions towards the Trillionth Tonne." Nature 458: 1163 - 1166.

Allen, R. C. 2009. The British Industrial Revolution in Global Perspective. Cambridge: Cambridge University Press.

Allen, R. C. 2012. "Backward into the Future: The Shift to Coal and Implications for the Next Energy Transition." Energy Policy 50: 17 - 23.

Alley, R. B. 2004. "GISP2 Ice Core Temperature and Accumulation Data." IGBP PAGES/World Data Center for Paleoclimatology Data Contribution Series #2004-013 [dataset]. National Oceanic and Atmospheric Administration (NOAA)/NGDC Paleoclimatology Program, Boulder, CO. Available at ftp://ftp.ncdc.noaa.gov/pub/data/paleo/icecore/greenland/summit/gisp2/isotopes/gisp2_temp_accum_alley2000.txt.

American Psychological Association. 2010. "Psychology and Global Climate Change: Addressing a Multifaceted Phenomenon and Set of Challenges." Report of the American Psychological Association Task Force on the Interface between Psychology and Global Climate Change.

Annamalai, H., K. Hamilton, and K. R. Sperber. 2007. "The South Asian Summer Monsoon and Its Relationship with ENSO in the IPCC AR4 Simulations." Journal of Climate 20: 1071 - 1092.

Anthoff, D., and R. Tol. 2013. "The Uncertainty about the Social Cost of Carbon: A Decomposition Analysis Using FUND." Climatic Change 117: 515 - 530.

Appiah, K. A. 2011. The Honor Code: How Moral Revolutions Happen. New York: Norton.

Ariely, D. 2008. Predictably Irrational: The Hidden Forces that Shape Our Decisions. New York: HarperCollins.

Arrow, K., M. Cropper, C. Gollier, et al. 2013. "Determining Benefits and Costs for

Future Generations." Science 341:349 - 350.

Arrow, K. J., P. Dasgupta, L. H. Goulder, K. J. Mumford, and K. Oleson. 2012. "Sustainability and the Measurement of Wealth." Environment and Development Economics 17:317 - 353.

Asheim, G. 2007. Justifying, Characterizing and Indicating Sustainability. Dordrecht: Springer.

Asheim, G. B. 2010. "Inter-generational Equity." Annual Review of Economics 2: 197 - 222.

Atkinson, T., and A. Brandolini. 2010. "On Analysing the World Distribution of Income." World Bank Economic Review 24:1 - 37.

Baer, P. 2002. "Equity, Greenhouse Gas Emissions and Global Common Resources." In S. H. Schneider, A. Rosencranz, and J. Niles, eds., Climate Change Policy: A Survey. Washington, DC: Island Press.

Bagnoli, P., T. Goeschl, and E. Kovács. 2008. People and Biodiversity Policies: Impacts, Issues and Strategies for Policy Action. Paris: OECD.

Barclays. 2011. "Equity Gilt Study 2011." 56th ed. Barclays Capital.

Barrett, S. 2007. "A Multitrack Climate Treaty System." In J. E. Aldy and R. N. Stavins, eds., Architechtures for Agreement: Addressing Global Climate Change in the Post-Kyoto World. Cambridge: Cambridge University Press.

Barro, R. 2013. "Environmental Protection, Rare Disasters, and Discount Rates." Working paper, Harvard University.

Barrs, A. 2011. "Costs of Low Carbon Generation Technologies: 2011 Renewable Energy Review—Technical Appendix." UK Committee on Climate Change.

Barry, B. 1999. "Sustainability and Social Justice." In Andrew Dobson, ed., Fairnessand Futurity: Essays on Environmental Sustainability and Social Justice, 93 - 117. Oxford: Oxford University Press.

Bassi, S., and A. Bowen. 2014. "The United States and Action on Climate Change." In A. Bowen, N. Stern, and J. Whalley, eds., The Global Development of Policy Regimes to Combat Climate Change. London: World Scientific.

Bassi, S., A. Bowen, and S. Fankhauser. 2012. "The Case for and against Onshore Wind Energy in the UK." Policy brief, Grantham Research Institute on Climate Change and the Environment and Centre for Climate Change Economics and Policy, London School of Economics and Political Science, June.

Bassi, S., S. Fankhauser, F. Green, and M. Nachmany. 2014. "Walking Alone? How the UK's Carbon Targets Compare with Its Competitors." Policy paper, Centre for Climate Change Economics and Policy and Grantham Research Instituteon Climate Change and the Environment, March.

Bassi, S., J. Rydge, C. S. Khor, S. Fankhauser, N. Hirst, and B. Ward. 2013. "A UK 'Dash' for Smart Gas." Policy brief, Grantham Research Institute on Climate Change and the Environment and Centre for Climate Change Economics and Policy, London School of Economics and Political Science, March.

Bassi, S., and D. Zenghelis. 2014. "Burden or Opportunity? How UK Emissions Reductions Policies Affect the Competitiveness of Businesses." Policy paper, Centre for Climate Change Economics and Policy and Grantham Research Instituteon Climate Change and the Environment, July.

Basu, K., and T. Mitra. 2003. "Aggregating Infinite Utility Streams with Inter-generational Equity: The Impossibility of Being Paretian." Econometrica 32: 1557-1563.

Basu, K., and T. Mitra. 2007. "Utilitarianism for Infinite Utility Streams: A New Welfare Criterion and Its Axiomatic Characterization." Journal of Economic Theory 133: 350 - 373.

Becker, G. 1968. "Crime and Punishment: An Economic Approach." Journal of Political Economy 76: 169 - 217.

Bell, R. G., M. S. Ziegler, B. Blechman, B. Finlay, and T. Cottier. 2013. Building International Climate Cooperation: Lessons from the Weapons and Trade Regimes for Achieving International Climate Goals. Washington, DC: World Resources Institute.

Berkeley Earth. 2011. "Berkeley Earth Surface Temperature Study." http://berkeleyearth.org/.

Berlin, I. 1958. Two Concepts of Liberty. Inaugural Lecture as Chichele Professor of Social and Political Theory. Oxford: Clarendon Press.

Berlin, I. 1990. The Crooked Timber of Humanity. Princeton: Princeton University Press.

Bicchieri, C. 2006. The Grammar of Society: The Nature and Dynamics of Social Norms. Cambridge: Cambridge University Press.

Blackorby, C., W. Bossert, and D. Donaldson. 2005. Population Issues in Social-Choice Theory, Welfare Economics, and Ethics. Cambridge: Cambridge University Press.

Bliss, C. 1975. Capital Theory and the Distribution of Income. Amsterdam: North-

Holland.

Bliss, C. J., and N. H. Stern. 1982. Palanpur: The Economy of an Indian Village. Oxford: Clarendon Press.

Bloomberg New Energy Finance. 2011. "Wind Research Note. Closing the Gap: Grid Parity for Onshore Wind." November.

Bloomberg New Energy Finance. 2013. "Solar Spot Price Index, 2013."

Bodansky, D., and E. Diringer. 2014. "Building Flexibility and Ambition into a 2015 Climate Agreement." Center for Climate and Energy Solutions, June.

Bolt, J., and J. L. van Zanden. 2013. "The First Update of the Maddison Project; Re-Estimating Growth before 1820." Maddison Project Working Paper 4.

Bosetti, V., C. Carraro, M. Galeotti, E. Massetti, and M. Tavoni. 2006. "WITCH: A World Induced Technical Change Hybrid Model." Energy Journal 27 (special issue 2): 13 - 38.

Bowen, A., and N. Ranger. 2009. "Mitigating Climate Change through Reductions in Greenhouse Gas Emissions: The Science and Economics of Future Paths for Global Annual Emissions." Policy brief, Centre for Climate Change Economicsand Policy and Grantham Research Institute on Climate Change and the Environment, December.

Bowen, A., and J. Rydge. 2011. "Climate Change Policy in the United Kingdom." OECD Economics Department Working Paper, No. 886.

Boyd, R., A. Rosenberg, and A. Hobbs. 2014. "Eskom CSP 100 MW Plant—Case Study." Climate Policy Initiative, Venice. http://climatepolicyinitiative.org/sgg/publication/san-giorgio-group-case-study-eskom-csp-100mw-plant-south-africa/.

Boykoff, M. T., and J. M. Boykoff. 2004. "Balance as Bias: Global Warming and the US Prestige Press." Global Environmental Change 14: 125 - 136.

BP. 2014. "BP Sustainability Review 2013." BP Group. http://www.bp.com/content/dam/bp/pdf/sustainability/group-reports/BP_Sustainability_Revie_2013.pdf.

Brandt, A. 2009. "Converting Oil Shale to Liquid Fuels with the Alberta Taciuk Processor: Energy Inputs and Greenhouse Gas Emissions." Energy Fuels 23: 6253 - 6258.

Brandt, A. R., J. Boak, and A. K. Burnham. 2010. "Carbon Dioxide Emissions from Oil Shale Derived Liquid Fuels." In O. Ogunsola, ed., Oil Shale: A Solution to the Liquid Fuels Dilemma. ACS Symposium Series 1032. Washington, DC: American Chemical Society.

Brazilian Federal Government. 2009. Law Establishing the National Climate Change Policy. Law 12187,29 December.

Brazilian Ministry of Science and Technology. 2013. "Monitoramento da Floresta Amazônica Brasileira por Satélite." http://www.obt.inpe.br/prodes/index.php.

Brennan, G., L. Eriksson, R. E. Goodin, and N. Southwood. 2013. Explaining Norms. Oxford: Oxford University Press.

Broadberry, S. 2007. "Recent Developments in the Theory of Very Long Run Growth: A Historical Appraisal." Warwick Research Paper No. 818, Department of Economics, University of Warwick.

Broderick and Anderson. 2012. "Has US Shale Gas Reduced CO2 Emissions? Examining Recent Changes in Emissions from the US Power Sector and Traded Fossil Fuels." Tyndal Manchester Climate Change Research.

Broome, J. 2004. Weighing Lives. Oxford: Oxford University Press.

Broome, J. 2009. "The Ethics of Climate Change." In Elizabeth Kolbert, ed., The Best American Science and Nature Writing, 11 - 18. Boston: Houghton Mifflin.

Broome, J. 2010. "The Most Important Thing about Climate Change." In J. Boston, A. Bradstock, and D. Eng, eds., Public Policy: Why Ethics Matters, 101 - 116. Canberra: ANU E Press.

Broome, J. 2012. Climate Matters: Ethics in a Warming World. New York: Norton.

Brulle, R. J., J. Carmichael, and J. C. Jenkins. 2012. "Shifting Public Opinion on Climate Change: An Empirical Assessment of Factors Influencing Concern over Climate Change in the U.S., 2002 - 2010." Climatic Change 114: 169 - 188.

Buchholz, W. 1997. "Inter-generational Equity." In T. Zylicz, ed., Ecological Economics. Uppsala: Uppsala University Press.

Buckle, S. and F. MacTavish. 2013. "The Slowdown in Global Mean Surface Temperature Rise." Grantham Briefing Note 1, Imperial College London, September.

Burke, E. J., I. P. Hartley, and C. D. Jones. 2012. "Uncertainties in the Global Temperature Change Caused by Carbon Release from Permafrost Thawing." Cryosphere 6: 1063 - 1076.

Business Green. 2014. "BT, Shell and Corporates Call for Trillion Tonne Carbon Cap." Guardian, 8 April. http://www.theguardian.com/environment/2014/apr/08/bt-shell-corporates-trillion-tonnes-carbon.

C40/Arup. 2014a. "C40 Cities: The Power to Act." http://c40-production-images.s3.amazonaws.com/researches/images/19_C40_Climate_Action_Report.original.pdf?

1391555377.

C40/Arup. 2014b. "Climate Action in Megacities 2.0:C40 Cities Baseline and Opportunities Volume 2.0." http://issuu.com/c40cities/docs/c40_climate_action_in_megacities/1?e=10643095/6541335.

Cafaro, P., and R. Sandler, eds. 2005. Environmental Virtue Ethics. Lanham, MD: Rowman and Littlefield.

Candelise, C., M. Winskel, and R. Gross. 2013. "The Dynamics of Solar PV Costs and Prices as a Challenge for Technology Forecasting." Renewable and Sustainable Energy Reviews 26:96 - 107.

Caney, S. 2010. "Markets, Morality and Climate Change: What, if Anything, Is Wrong with Emissions Trading?" New Political Economy 15:197 - 224.

Carbon Disclosure Project. 2014. "Global Corporate Use of Carbon Pricing: Disclosures to Investors." https://www.cdp.net/cdpresults/global-price-on-carbon-report-2014.pdf.

Carbon Tracker Initiative. 2013. "Unburnable Carbon 2013: Wasted Capital and Stranded Assets." Carbon Tracker Initiative, in collaboration with Grantham Research Institute on Climate Change and the Environment, London School of Economics.

Carr-Hill, R., and N. Stern. 1977. "Theory and Estimation in Models of Crime and Its Social Control and Their Relations to Concepts of Social Output." In M. S. Feldstein and R. P. Inman, eds., The Economics of Public Services: Proceedingsof a Conference Held by the International Economic Association in Turin, Italy. London: Macmillan.

Carr-Hill, R., and N. Stern. 1979. Crime, the Police and Criminal Statistics. London: Academic Press.

Central Committee of the Communist Party of China. 2013. "Decision on Major Issues Concerning Comprehensively Deepening Reforms." 15 November. http://news.xinhuanet.com/politics/2013- 11/15/c_118164235.htm; English version available at http://english.people.com.cn/90785/8525422.html.

Chazan, G., and G. Wiesmann. 2013. "Shale Gas Boom Sparks EU Coal Revival (Data Sourced from Thomson Reuters Datastream)." Financial Times (London), 3 February.

Chen, K., and S. Reklev. 2014. "China Plan to Cap CO_2 Emissions Seen Turning Point in Climate Talks." Reuters, 3 June. http://uk.reuters.com/article/2014/06/03/

china-climatechange-idUKL3N0OK1VH20140603.

Cialdini, R. B. 1993. Influence: The Psychology of Persuasion. New York: Quill/W. Morrow.

Clark, C. E., J. Han, A. Burnham, J. B. Dunn, and M. Wang. 2011. "Life Cycle Analysis of Shale Gas and Natural Gas." Argonne National Laboratory, US Department of Energy, Chicago. Available at http://www.transportation.anl.gov/pdfs/EE/813.PDF.

Cleveland, C. J., and P. O'Connor. 2011. "Energy Return on Investment (EROI) of Oil Shale." Sustainability 3: 2307 - 2322. Available at http://www.mdpi.com/2071-1050/3/11/2307.

Climate Analysis Indicators Tool. 2013. Version 2.0. World Resources Institute, Washington, DC. http://cait.wri.org.

Climate Group. 2008. "SMART 2020: Enabling the Low Carbon Economy in the Information Age." http://www.smart2020.org/_assets/files/02_smart2020Report.pdf.

Climate Works. 2011a. "The Hundred Billion Dollar Bonus: Global Energy Efficiency Lessons from India." Climate Works Foundation, March. www.climateworks.org/imo/media/doc/KS 3 Energy Efficiency Lessons From India.pdf.

Climate Works. 2011b. "Policies that Work: How to Build a Low-Emissions Economy." Climate Works Foundation, November. http://www.climateworks.org/imo/media/doc/Policies%20That%20Work_Overview%20Report.pdf.

Cline, W. R. 1992. The Economics of Global Warming. United States: Peterson Institute Press.

Coggan, P. 2013. The Last Vote: The Threats to Western Democracy. London: Allen Lane.

Committee on Climate Change. 2010. The Fourth Carbon Budget: Reducing Emissions through the 2020s. London: Committee on Climate Change.

Consultative Group on International Agricultural Research. 2012. "Institutional Innovations in African Smallholder Carbon Projects—Humbo Ethiopia Assisted Natural Regeneration Project." CGIAR. Available at http://r4d.dfid.gov.uk/PDF/Outputs/CCAFS/AfricanAgCarbon-CaseStudy-Humbo.pdf.

Cook, K. H., and E. K. Vizy. 2008. "Effects of Twenty-First-Century Climate Change on the Amazon Rain Forest." Journal of Climate 21: 542 - 560.

Co-operative Group. 2012. "Setting New Sights Our Ethical Plan 2012 - 14 (and Beyond …)." http://www.co-operative.coop/Corporate/CSR/Our_Ethical_Plan_2012 - 2014.pdf.

Coriolis Energy. 2013. "Wind and Its Origins." http://www.coriolis-energy.com/wind_energy/wind.html.

Corner, A., and O. Roberts. 2014. "How Narrative Workshops Informed a National Climate Change Campaign." Climate Outreach and Information Network, Oxford.

Crafts, N. 2010. "The Contribution of New Technology to Economic Growth: Lessons from Economic History." Journal of Iberian and Latin American Economic History, n.s. 28:409 - 440.

Crown Estate. 2012. "Offshore Wind Cost Reduction Pathways Study." London, May.

Crutzen, P. J. 2002. "Geology of Mankind." Nature 415:23.

Dasgupta, P. 2007. "Commentary: The Stern Review's Economics of Climate Change." National Institute Economic Review 199:4 - 7.

Dasgupta, P. 2008. "Discounting Climate Change." Journal of Risk and Uncertainty 37:141 - 169.

Dasgupta, P. 2011. "The Ethics of Inter-generational Distribution: Reply and Responseto John E. Roemer." Environmental Resource Economics 50:475 - 493.

Davenport, C. 2014. "Obama Pursuing Climate Accord in Lieu of Treaty." New York Times, 26 August. http://www.nytimes.com/2014/08/27/us/politics/obama-pursuing-climate-accord-in-lieu-of-treaty.html?_r=0.

DECC [UK Department of Energy and Climate Change]. 2013a. "DECC Public Attitudes Tracker-Wave 5: Summary of Key Findings." April. https://www.gov.uk/government/uploads/system/uploads/attachment_data/file/198722/Summary_of_Wave_5_findings_of_Public_Attitudes_Tracker.pdf.

DECC. 2013b. "Wave and Tidal Energy: Part of the UK's Energy Mix." January. https://www.gov.uk/wave-and-tidal-energy-part-of-the-uks-energy-mix.

DeLong, B. 2006. "Partha Dasgupta Makes a Mistake in His Critique of the Stern Review." http://delong.typepad.com/sdj/2006/11/partha_dasgaptu.html.

DeMenocal, P. B., and J. E. Tierney. 2012. "Green Sahara: African Humid Periods Paced by Earth's Orbital Changes." Nature Education Knowledge 3(10): 12. Available at http://www.nature.com/scitable/knowledge/library/green-sahara-african-humid-periods-paced-by-82884405.

Den Elzen, M., M. Meinshausen, and D. van Vuuren. 2007. "Multi-Gas Envelopes to

Meet Greenhouse Gas Concentration Targets: Costs Versus Certainty of Limiting Temperature Increase." Global Environmental Change 17:260 - 280.

DG Clima. 2013. "Reducing Emissions from Aviation." http://ec.europa.eu/clima/policies/transport/aviation/index_en.htm.

Diamond, P. 1965. "The Evaluation of Infinite Utility Streams." Econometrica 33: 170 - 177.

Dietz, S., and G. B. Asheim. 2012. "Climate Policy under Sustainable Discounted Utilitarianism." Journal of Environmental Economics and Management 63:321 - 335.

Dietz, S., C. Hope, N. Stern, and D. Zenghelis. 2007. "Reflections on the Stern Review (1): A Robust Case for Strong Action to Reduce the Risks of Climate Change." World Economics 8:121 - 168.

Dietz, S., and N. Stern. 2015. "Endogenous Growth, Convexity of Damages and Climate Risk: How Nordhaus' Framework Supports Deep Cuts in Carbon Emissions." Economic Journal 125:574–620.

Dikötter, F. 2010. Mao's Great Famine: The History of China's Most Devastating Catastrophe 1958 - 1962. New York: Walker.

Dole, R., M. Hoerling, J. Perlwitz, J. Eischeid, P. Pegion, T. Zhang, X. Quan, T. Xu, and D. Murray. 2011. "Was There a Basis for Anticipating the 2010 Russian Heat Wave?" Geophysical Research Letters 38: L06702.

DONG Energy. 2009. "Rethinking Energy." Presentation at Ascent Business Leadership Forum 2009, 22 October.

Drèze, J., and N. Stern. 1987. "The Theory of Cost-Benefit Analysis." In A. J. Auerbach and M. Feldstein, eds., Handbook of Public Economics, vol. 2. Amsterdam: North-Holland.

Drèze, J., and N. Stern. 1990. "Policy Reform, Shadow Prices and Market Prices." Journal of Public Economics 42:1 - 45.

Du Pont. 2011. "2011 Sustainability Progress Report." E. I. du Pont de Nemours and Company. http://www.econsense.de/sites/all/files/DuPont_2011_Sustainability_Progress_Report.pdf.

Eclareon. 2014. "PV Grid Parity Monitor—Commercial Sector, 1st Issue." Eclareon, Berlin. http://www.leonardo-energy.org/sites/leonardo-energy/files/documents-and-links/pv_gpm_3_commercial_2014.pdf.

Edenhofer, O., C. Carraro, J.-C. Hourcade, et al. 2009. "The Economics of Decarbonization." Report of the RECIPE project. Potsdam Institute for Climate Impact Research, Potsdam.

EIA [US Energy Information Administration]. 2012. "Statistics." Energy Information Administration, Washington, DC.

EIA. 2013. "Annual Energy Outlook." Energy Information Administration, Washington, DC. Available at http://www.eia.gov/forecasts/archive/aeo13/.

EIA. 2014a. "Short-Term Energy Outlook—January 2014." Energy Information Administration, Washington, DC.

EIA. 2014b. "Electric Power Monthly—June 2014." Energy Information Administration, Washington, DC. http://www.eia.gov/electricity/monthly/.

EIA. 2014c. "Electric Power Monthly—October 2014." Energy Information Administration, Washington, DC. http://www.eia.gov/electricity/monthly/.

Emanuel, K. 1987. "The Dependence of Hurricane Intensity on Climate." Nature 326:483 - 485.

Environment Canada. 2014. "National Inventory Report 1990 - 2012: Greenhouse Gas Sources and Sinks in Canada—Executive Summary." http://www.ec.gc.ca/ges-ghg/default.asp?lang=En&n=3808457C-1&offset=2&toc=show.

Esty, D. C., and A. S. Winston. 2006. Green to Gold: How Smart Companies Use Environmental Strategy to Innovate, Create Value, and Build Competitive Advantage. New Haven: Yale University Press.

European Bank for Reconstruction and Development. 1999. "Transition Report 1999: Ten Years of Transition." European Bank for Reconstruction and Development, London.

European Bank for Reconstruction and Development. 2014. "Investment of Choice." Presentation, London. Available at http://www.ebrd.com/downloads/capital/choice.pdf.

European Commission. 2010. "Europe 2020: A Strategy for Smart, Sustainable and Inclusive Growth." Communication from the Commission, Brussels, 3 March, COM (2010)2020.

European Commission. 2014a. "2030 Framework for Climate and Energy Policies (Proposed)." May. http://ec.europa.eu/clima/policies/2030/index_en.htm.

European Commission. 2014b. "Subsidies and Costs of EU Energy: An Interim Report." October. http://ec.europa.eu/energy/studies/doc/20141013_subsidies_costs_eu_energy.pdf.

European Nuclear Society. 2013. "Nuclear Power Plants, World - Wide, Reactor Types." http://www.euronuclear.org/info/encyclopedia/n/npp-reactor-types.htm.

European Photovoltaic Industry Association. 2011. "Solar Photovoltaics Competing in the Energy Sector—On the Road to Competitiveness." http://www.epia.org/fileadmin/user_upload/Publications/Competing_Full_Report.pdf.

Eurostat. 2014. Electricity and natural gas price statistics [dataset], European Commission, Brussels. Available at http://epp.eurostat.ec.europa.eu/statistics_explained/index.php/Electricity_and_natural_gas_price_statistics.

Exxon Mobil. 2014. "Report: Energy and Carbon—Managing the Risks." http://corporate.exxonmobil.com/en/environment/climate-change/managing-climate-change-risks/carbon-asset-risk.

Fankhauser, S. 2012. "A Practitioner's Guide to a Low-Carbon Economy: Lessons from the UK." Policy paper, Grantham Research Institute on Climate Change and the Environment and Centre for Climate Change Economics and Policy, January.

Fankhauser, S., C. Hepburn, and J. Park. 2010. "Combining Multiple Climate Policy Instruments: How Not to Do It." Climate Change Economics 1:209 - 225.

Fankhauser, S., and R. S. J. Tol. 2005. "On Climate Change and Economic Growth." Resource and Energy Economics 27:1 - 17.

Farmer, J. D., J. Geanakoplos, J. Masoliver, M. Montero, and J. Perelló. 2014. "Discounting the Distant Future." Cowles Foundation Discussion Paper No. 1951, July.

Federal Democratic Republic of Ethiopia. 2011. "Ethiopia's Climate-Resilient Green Economy Strategy." Addis Ababa. http://www.undp.org/content/dam/ethiopia/docs/Ethiopia%20CRGE.pdf.

Figueres, C. 2013. "Statement by Christiana Figueres, Executive Secretary United Nations Framework Convention on Climate Change." Chatham House, London, 21 October. http://unfccc.int/files/press/statements/application/pdf/20132110_chathamhouse.pdf.

Fischer, C. 2008. "Emissions Pricing, Spillovers, and Public Investment in Environmentally Friendly Technologies." Energy Economics 30:487 - 502.

Fischer, C., and R. Newell. 2008. "Environmental and Technology Policies for Climate Mitigation." Journal of Environmental Economics and Management 55:142 - 162.

Foley, D. 2007. "The Economic Fundamentals of Global Warming." Working paper 07-12-044, Santa Fe Institute, Santa Fe, NM. www.santafe.edu/media/workingpapers/07-12-044.pdf.

Food and Agriculture Organization of the United Nations. 2010. "'Climate-Smart' Agriculture—Policies, Practices and Financing for Food Security, Adaptationand Mitigation." FAO, Rome. http://www.fao.org/docrep/013/i1881e/i1881e00.pdf.

Fouquet, R., and P. Pearson. 2012. "Past and Prospective Energy Transitions: Insights from History." Editorial. Energy Policy 50:1 - 7.

Freeman, C. 1974. The Economics of Industrial Innovation. Harmondsworth, UK: Penguin. 3rd ed. (with L. Soete), Cambridge, MA: MIT Press, 1997.

Freeman, C., and C. Perez. 1988. "Structural Crises of Adjustment, Business Cycles and Investment Behaviour." In G. Dosi et al., eds., Technical Change and Economic Theory, 38 - 66. London: Francis Pinter.

Frisari, G., M. Hervé-Mignucci, V. Micale, and F. Mazza. 2013. "Risk Gaps." Climate Policy Initiative, Venice. http://climatepolicyinitiative.org/publication/risk-gaps/.

FS-UNEP [Frankfurt School-United Nations Environment Programme Collaborating Centre for Climate and Sustainable Energy Finance]. 2014. "Global Trends in Renewable Energy Investment 2014." Frankfurt am Main. http://fs-unep-centre.org/publications/gtr-2014.

Gardiner, S. M. 2011a. "Rawls and Climate Change: Does Rawlsian Political Philosophy Pass the Global Test?" Critical Review of International Social and Political Philosophy 14:125 - 151.

Gardiner, S. M. 2011b. A Perfect Moral Storm: The Ethical Tragedy of Climate Change. New York: Oxford University Press.

Garnaut, R. 2008. The Garnaut Climate Change Review: Final Report. Cambridge: Cambridge University Press.

Garnaut, R. 2011. The Garnaut Review 2011: Australia in the Global Response to Climate Change. Cambridge: Cambridge University Press.

Garnaut, R. 2014. "China's Energy Transition: Effects on Global Climate and Sustainable Development." Melbourne Sustainable Society Institute public lecture, University of Melbourne, 25 August. http://rossgarnaut.com.au/Documents/China's_Energy_Transtion_MSSI_public_lecture_Garnaut_250814.pdf.

Gauri, V. 2012. "MDGs That Nudge: The Millennium Development Goals, Popular Mobilization, and the Post-2015 Development Framework." World Bank Policy Research Working Paper No. 6282.

GCCSI [Global Carbon Capture and Storage Institute]. 2012. "The Global Status of

CCS: 2012." http://www.globalccsinstitute.com/publications/global - status - ccs - 2012.

GCCSI. 2013. "The Global Status of CCS: 2013." http://www.globalccsinstitute.com/publications/global-status-ccs-2013.

GCCSI. 2014. "Large - Scale Integrated CCS Project Database." http://www.globalccsinstitute.com/projects.

GCEC [Global Commission on the Economy and Climate]. 2014. Better Growth, Better Climate: The New Climate Economy Report (Global Report). Washington, DC: New Climate Economy. Available at http://newclimateeconomy.report/.

Gemenne, F. 2011. "Climate-Induced Displacements in a 4°C+ World." Philosophical Transactions of the Royal Society A 369:182 - 195.

Gerlach, T. 2010. "Volcanic versus Anthropogenic Carbon Dioxide: The Missing Science." Earth 55:87.

German Federal Environment Agency. 2013. "Greenhouse Gas Emissions Up by 1.6% in Year 2012." Press Release No. 09/2013, February.

Giglio, S., M. Maggiori, and J. Stroebel. 2014. "Very Long-Run Discount Rates." National Bureau of Economic Research Working Paper No. 20133, May.

Gilens, M., and B. Page. 2014. "Testing Theories of American Politics: Elites, Interest Groups, and Average Citizens." Perspectives on Politics (forthcoming, Fall 2014).

Gilmore, E., H. Buhaug, K. Calvin, H. Hegre, J. Steinbruner, and S. Waldhoff. 2013. "Forecasting Civil Conflict under Different Climate Change Scenarios." Paper presented at Impacts World 2013 International Conference on Climate Change Effects, Potsdam. http://www.climate-impacts-2013.org/files/wism_gilmore.pdf.

Global Carbon Project. 2014. "Global Carbon Budget 2014." September 2014. http://www.globalcarbonproject.org/carbonbudget/14/files/GCP_budget_2014_v1.0_lowres.pdf.

Global Wind Energy Council. 2014. "Global Cumulative Installed Capacity 1996 - 2013." Global Wind Energy Council, Brussels. http://www.gwec.net/wp-content/uploads/2014/04/6_21-2_global-cumulative-installed-wind-capacity-1996-2013.jpg.

Gollier, C. 2010. "Ecological Discounting." Journal of Economic Theory 145(2):812 - 829.

Gollier, C. 2012. Pricing the Planet's Future: The Economics of Discounting in an

Uncertain World. Princeton:Princeton University Press.

Gollier, C., P. Koundouri, and T. Pantelidis. 2008. "Declining Discount Rates: Economic Justifications and Implications for the Long-Run Policy." Economic Policy 23:757 - 795.

Good, P., W. Ingram, F. H. Lambert, J. A. Lowe, J. M. Gregory, M. J. Webb, M. A. Ringer, and P. Wu. 2012. "A Step-Response Approach for Predicting and Understanding Non-linear Precipitation Changes." Climate Dynamics 39:2789 - 2803.

Good, P., C. Jones, J. A. Lowe, R. Betts, and N. Gedney. 2013. "Comparing Tropical Forest Projections from Two Generations of Hadley Centre Earth System Models, HadGEM2-ES and HadCM3LC." Journal of Climate 26:495 - 511.

Google. 2014. "Google Green—Renewable Energy." http://www.google.co.uk/green/energy and http://www.google.co.uk/green/efficiency.

Gore, A. 2014. "The Turning Point: New Hope for the Climate." Rolling Stone, 3 July. Available at http://www.rollingstone.com/politics/news/the-turning-point-new-hope-for-the-climate-20140618.

Gore, A., and D. Blood. 2014. "Strong Economic Case for Coal Divestment." Financial Times, 6 August. http://www.ft.com/cms/s/0/46ff6e44-0cd8-11e4-90fa-00144feabdc0.html#axzz3ELDQ5p5t.

Gosseries, A., and L. H. Meyer, eds. 2009. Intergenerational Justice. Oxford: Oxford University Press.

Government of India. 2008. "National Action Plan on Climate Change." Prime Minister' s Council on Climate Change. http://www.moef.nic.in/downloads/home/Pg01-52.pdf.

Government of India. 2014. "The Final Report of the Expert Group on Low Carbon Strategies for Inclusive Growth." Planning Commission, April. http://planningcommission.nic.in/reports/genrep/rep_carbon2005.pdf.

Grau, T. 2012. "Responsive Adjustment of Feed-in Tariffs to Dynamic PV Technology Development." German Institute for Economic Research (DIW) Discussion Paper 1189. https://www.diw.de/documents/publikationen/73/diw_01.c.392871.de/dp1189.pdf.

Greaker, M., P. E. Stoknes, K. H. Alfsen, and T. Ericson. 2013. "A Kantian Approach to Sustainable Development Indicators for Climate Change." Ecological Economics 91:10 - 18.

Green, F. 2012. "Climate Policy and Our Sphere of Influence." Inside Story, 2 August. http://insidestory.org.au/climate-policy-and-our-sphere-of-influence.

Green, F. 2014. "'This Time Is Different': The Prospects for an Effective Climate Agreement in Paris 2015." Policy paper, Grantham Research Institute on Climate Change and the Environment and Centre for Climate Change Economics and Policy, October.

Green, F., W. McKibbin, and G. Picker. 2010. "Confronting the Crisis of International Climate Policy: Rethinking the Framework for Cutting Emissions." Lowy Institute Policy Brief, July. Lowy Institute for International Policy, Sydney.

Green, F., and N. Stern. 2014. "An Innovative and Sustainable Growth Path for China: A Critical Decade." Policy paper, Centre for Climate Change Economics and Policy and Grantham Research Institute on Climate Change and the Environment, May. http://www.lse.ac.uk/GranthamInstitute/publications/Policy/docs/Green-and-Stern-policy-paper-May-2014.pdf.

Greene, J. D., R. B. Sommerville, L. E. Nystrom, J. M. Darley, and J. D. Cohen. 2001. "An fMRI Investigation of Emotional Engagement in Moral Judgment." Science 293:2105 - 2108.

Greenstone, M., E. Kopits, and A. Wolverton. 2011. "Estimating the Social Cost of Carbon for Use in U.S. Federal Rulemakings: A Summary and Interpretation." MIT Department of Economics Working Paper No. 11-04.

Grubb, M., with J.-C. Hourcade and K. Neuhoff. 2014. Planetary Economics: Energy, Climate Change and the Three Domains of Sustainable Development. Abingdon, UK: Routledge.

Gruell, G., and L. Taschini. 2011. "Cap-and-Trade Properties under Different Hybrid Scheme Designs." Journal of Environmental Economics and Management 61: 107 - 118.

Guesnerie, R. 2004. "Calcul économique et développement durable." Revue Économique 55(3):363 - 382.

Gurría, A. 2013. "The Climate Challenge: Achieving Zero Emissions." Lecture, London, 9 October. http://www.oecd.org/env/the-climate-challenge-achieving-zero-emissions.htm.

Gwatkin, D. 1979. "Political Will and Family Planning: The Implications of India's Emergency Experience." Population and Development Review 5:29 - 59.

Hamilton, K. 2014. "Calculating PM2.5 Damages for Top Emitters: A Technical Note." New Climate Economy background note. http://newclimateeconomy.net.

Hansen, J., M. Sato, and R. Ruedy. 2012a. "Global Temperature Updatethrough 2012." NASA. http://www.nasa.gov/pdf/719139main_2012_GISTEMP_summary.pdf.

Hansen, J., M. Sato, and R. Ruedy. 2012b. "Perception of Climate Change." Proceedings of the National Academy of Sciences 109:E2415 - E2423.

Harrod, R. 1948. Towards a Dynamic Economics: Some Recent Developments of Economic Theory and Their Application to Policy. London: Macmillan.

Harsanyi, J. 1953. "Cardinal Utility in Welfare Economics and in the Theory of Risk-Taking." Journal of Political Economy 61:434.

Harsanyi, J. 1955. "Cardinal Welfare, Individualistic Ethics, and Interpersonal Comparisons of Utility." Journal of Political Economy 63:309.

Hawkins, E., R. S. Smith, L. C. Allison, J. M. Gregory, T. J. Woollings, H.Polhmann, B. de Cuevas, et al. 2011. "Bistability of the Atlantic Overturning Circulation in a Global Climate Model and Links to Ocean Freshwater Transport."Geophysical Research Letters 38:L10605.

Haya, B. 2007. Failed Mechanism: How the CDM Is Subsidizing Hydro Developersand Harming the Kyoto Protocol. Berkeley, CA: International Rivers.

Haya, B., and P. Parekh. 2011. "Hydropower in the CDM: Examining Additionality and Criteria for Sustainability." Energy and Resources Group Working Paper ER11-001, University of California, Berkeley.

Helm, D., C. Hepburn, and R. Mash. 2003. "Credible Carbon Policy." Oxford Review of Economic Policy 19:438 - 450.

Henderson, R., and R. G. Newell, eds. 2011, Accelerating Energy Innovation: Insights from Multiple Sectors. Chicago: University of Chicago Press.

Hepburn, C. 2010. "Environmental Policy, Government, and the Market." Oxford Review of Economic Policy 26:117 - 136.

Hepburn, C. 2011. "Emerging Markets and Climate Change." Centre for Climate Change Economics and Policy. http://www.cameronhepburn.com/wp-content/uploads/2012/11/6july2011_cameron_hepburn.pdf.

Hills, J. 2012. "Getting the Measure of Fuel Poverty: Final Report of the Fuel Poverty Review." CASE Report 72, March.

Hirst, N., C. S. Khor, and S. Buckle. 2013. "Shale Gas and Climate Change—Briefing Note." Grantham Institute for Climate Change, Imperial College London.

HM Revenue and Customs. 2014. "Carbon Price Floor: Reform and Other Technical

Amendments 2014." Policy Paper: Carbon Price Reform. UK Government, March. https://www.gov.uk/government/publications/carbon-price-floor-reform.

Hobbs, A., E. Benami, U. Varadarajan, and B. Pierpont. 2013. "Improving Solar Policy: Lessons from the Solar Leasing Boom in California." Climate Policy Initiative, San Francisco.

Hof, A. F., M. G. J. den Elzen, and D. P. van Vuuren. 2008. "Analysing the Costs and Benefits of Climate Policy: Value Judgements and Scientific Uncertainties." Global Environmental Change 18:412 - 424.

Höhne, N., M. den Elzen, and M. Weiss. 2006. "Common but Differentiated Convergence (CDC): A New Conceptual Approach to Long-Term Climate Policy." Climate Policy 6:181 - 199.

Houghton, J. 2004. Global Warming: The Complete Briefing. 3rd ed. Cambridge: Cambridge University Press.

House of Commons Energy and Climate Change Committee. 2013a. "Overview of the Tidal Lagoon Swansea Bay Proposal." Written evidence submitted by Tidal Lagoon Swansea Bay, January.

House of Commons Energy and Climate Change Committee. 2013b. "Energy and Climate Change—Second Report: A Severn Barrage?" Proceedings to the Committee, May. http://www.publications.parliament.uk/pa/cm201314/cmselect/cmenergy/194/19402.htm.

Howarth, R. W., A. Ingraffea, and T. Engelder. 2011. "Natural Gas: Should Fracking-Stop? Yes It's Too High Risk." Nature 477:271 - 275.

Howarth, R., R. Santoro, and A. Ingraffea. 2011. "Methane and the Greenhouse-Gas Footprint of Natural Gas from Shale Formations." Climatic Change 106:679 - 690.

Howson, Susan. 2011. Lionel Robbins. Cambridge: Cambridge University Press.

HSBC. 2013. "Oil and Carbon Revisited: Value at Risk from 'Unburnable' Reserves." HSBC Climate Change, HSBC Global Research, January.

Hsiang, S. M., M. Burke, and E. Miguel. 2013. "Quantifying the Influence of Climate on Human Conflict." Science 341:1235367.

Hsiang, S. M., and K. C. Meng. 2014. "Reconciling Disagreement over Climate—Conflict Results in Africa." Proceedings of the National Academy of Sciences 111:2100 - 2103.

Hsiang, S., K. C. Meng, and M. A. Cane. 2011. "Civil Conflicts Are Associated with the Global Climate." Nature 476:438 - 441.

Hughes, J. D. 2013. Drill, Baby, Drill—Can Unconventional Fuels Usher In a New Era of Energy Abundance? Santa Rosa, CA: Post Carbon Institute.

Hume, D. 1888 [1739]. A Treatise of Human Nature. Ed. L. A. Selby-Gigge. Oxford: Oxford University Press.

Huntingford, C., P. Zelazowski, D. Galbraith, L. M. Mercado, S. Sitch, R. Fisher, M. Lomas, A. P. Walker, C. D. Jones, B. B. B. Booth, Y. Malhi, D. Hemming, G. Kay, P. Good, S. L. Lewis, O. L. Phillips, O. K. Atkin, J. Lloyd, E. Gloor, J. Zaragoza-Castells, P. Meir, R. Betts, P. P. Harris, C. Nobre, J. Marengo, and P. M. Cox. 2013. "Simulated Resilience of Tropical Rainforests to CO_2-Induced Climate Change." Nature Geoscience 6:268 - 273.

IDDRI/SDSN [Institute for Sustainable Development and International Relations / Sustainable Development Solutions Network]. 2014. "Pathways to Deep Decarbonization: 2014 Report." September.

IEA [International Energy Agency]. 2009. Technology Roadmap: Carbon Capture and Storage. Paris: OECD/IEA.

IEA. 2010a. Energy Technology Perspectives 2010: Scenarios and Strategies to 2050. Paris: OECD/IEA.

IEA. 2010b. "ETSAP Technology Brief: CHP, May 2010." IEA/OECD, Paris.

IEA. 2010c. Technology Roadmap: Nuclear Energy. Paris: OECD/IEA.

IEA. 2010d. Technology Roadmap: Solar Photovoltaic (PV). Paris: OECD/IEA. Available at http://www.iea.org/publications/freepublications/publication/pv_roadmap.pdf.

IEA. 2011a. "Are We Entering a Golden Age of Gas?" World Energy Outlook Special Report. OECD/IEA, Paris.

IEA. 2011b. Renewable Energy Technologies: Solar Energy Perspectives. Paris: OECD/IEA.

IEA. 2011c. Technology Roadmap: Electric and Plug-In Hybrid Electric Vehicles. 2011 update. Paris: OECD/IEA.

IEA. 2011d. Technology Roadmap: Smart Grids. Paris: OECD/IEA.

IEA. 2011e. "25 Energy Efficiency Policy Recommendations." OECD/IEA, Paris.

IEA. 2011f. World Energy Outlook 2011. Paris: OECD/IEA.

IEA. 2012a. Energy Technology Perspectives 2012. Paris: OECD/IEA.

IEA. 2012b. Golden Rules for a Golden Age of Gas. Paris: OECD/IEA.

IEA. 2012c. "IEA Wind Task 26:The Past and Future Cost of Wind Energy." National Renewable Energy Laboratory/IEA. https://www.ieawind.org/index_page_postings/WP2_task26.pdf.

IEA. 2012d. Technology Roadmap:Hydropower. Paris:OECD/IEA.

IEA. 2012e. World Energy Outlook 2012. Paris:OECD/IEA.

IEA. 2013a. Energy Efficiency Market Report 2013. Paris:OECD/IEA.

IEA. 2013b. "Redrawing the Energy-Climate Map." World Energy Outlook Special Report. OECD/IEA, Paris.

IEA. 2013c. Technology Roadmap:Wind Energy. Paris:OECD/IEA.

IEA. 2013d. Tracking Clean Energy Progress 2013. Paris:OECD/IEA.

IEA. 2013e. World Energy Outlook 2013. Paris:OECD/IEA.

IEA. 2014b. Technology Roadmap:Energy Storage. Paris:OECD/IEA.

IEA. 2014a. Energy Technology Perspectives 2014. Paris:OECD/IEA.

IEA. 2014c. Technology Roadmap:Solar Photovoltaic Energy. Paris:OECD/IEA.

IEA. 2014d. Technology Roadmap:Solar Thermal Electricity. Paris:OECD/IEA.

IMF [International Monetary Fund]. 2012. Fiscal Policy to Mitigate Climate Change: A Guide for Policymakers. Washington, DC: International Monetary Fund.

IMF. 2013. "Energy Subsidy Reform: Lessons and Implications." January. http://www.imf.org/external/np/pp/eng/2013/012813.pdf

IMF. 2014. "Factsheet: Climate, Environment, and the IMF." http://www.imf.org/external/np/exr/facts/pdf/enviro.pdf

Interagency Working Group on Social Cost of Carbon. 2010. "Technical Support Document:Social Cost of Carbon for Regulatory Impact Analysis under Executive-Order 12866." United States Government, February.

Interagency Working Group on Social Cost of Carbon. 2013. "Technical Support Document:Technical Update of the Social Cost of Carbon for Regulatory Impact Analysis under Executive Order 12866." United States Government, May.

International Civil Aviation Organisation. 2010. "Act Global." Presentation at the ICAO Assembly, 37th session. http://www.icao.int/Newsroom/Presentation%20Slides/Uniting%20Aviation%20on%20Climate%20Change.pdf.

International Maritime Organisation. 2009. "International Maritime Transport and Greenhouse Gas Emissions. Climate Change: A Challenge for IMO Too!" http://www.imo.org/KnowledgeCentre/ShipsAndShippingFactsAndFigures/TheRoleandImportanceofInternationalShipping/IMO_Brochures/Documents/InternationalMaritimeTransportandGreenhouseGasEmissions[1].pdf.

International Maritime Organisation. 2013. "Technical and Operational Measures." http://www.imo.org/OurWork/Environment/PollutionPrevention/AirPollution/Pages/Technical-and-Operational-Measures.aspx.

IPCC [Intergovernmental Panel on Climate Change]. 2007. Fourth Assessment Report: Climate Change 2007. Geneva: Intergovernmental Panel on Climate Change.

IPCC. 2012. "Summary for Policymakers." In C. B. Field, V. Barros, T. F. Stocker, D. Qin, D. J. Dokken, K. L. Ebi, M. D. Mastrandrea, K. J. Mach, G.-K. Plattner, S. K. Allen, M. Tignor, and P. M. Midgley, eds., Managing the Risks of Extreme Events and Disasters to Advance Climate Change Adaptation, 1 - 19. Special Report of Working Groups I and II of the Inter-governmental Panel on Climate Change. Cambridge: Cambridge University Press.

IPCC. 2013. Fifth Assessment Report: Working Group I (The Physical Science Basis). Geneva: UNEP/WMO. Available at http://www.ipcc.ch/report/ar5/.

IPCC. 2014a. Fifth Assessment Report: Working Group II (Impacts, Adaptation, and Vulnerability). Geneva: UNEP/WMO. Available at http://www.ipcc.ch/report/ar5/.

IPCC. 2014b. Fifth Assessment Report: Working Group III (Mitigation of Climate Change). Geneva: UNEP/WMO. Available at http://www.ipcc.ch/report/ar5/.

Ipsos Social Research Institute. 2012. "After Fukushima: Global Opinion on Energy Policy." March. http://www.ipsos.com/public-affairs/sites/www.ipsos.com.public-affairs/files/Energy%20Article.pdf.

IRENA [International Renewable Energy Agency]. 2012. "Renewable Energy Technologies Cost Analysis—Hydropower." International Renewable Energy Agency, Bonn.

IRENA. 2013a. "Renewable Power Generation Costs in 2012: An Overview." Irena Report: working paper. International Renewable Energy Agency, Bonn.

IRENA. 2013b. "Southern African Power Pool—Planning and Prospects for Renewable Energy." International Renewable Energy Agency, Bonn.

Italian Home Office. 2011. "Referendum Results on the Use of Nuclear Power, June." http://elezionistorico.interno.it/index.php?tpel=F&dtel=12/06/2011&tpa=Y&tpe=A&lev0=0&levsut0=0&es0=S&ms=S.

Jackson, T. 2009. Prosperity without Growth: Economics for a Finite Planet. London: Earthscan.

Jamieson, D. 1992. "Ethics, Public Policy and Global Warming." Science, Technology, and Human Values 17:139 - 153.

Jamieson, D. 2001. "Climate Change and Global Environmental Justice." InP. Edwards and C. Miller, eds., Changing the Atmosphere: Expert Knowledge and Global Environmental Governance, 287 - 307. Cambridge, MA: MIT Press.

Jamieson, D. 2010. "When Utilitarians Should Be Virtue Theorists." In S. Gardiner, S. Caney, D. Jamieson, and H. Shue, eds., Climate Ethics: Essential Readings. Oxford: Oxford University Press.

Jenner, S., and A. Lamadrid. 2012. "Shale Gas vs. Coal: Policy Implications from Environmental Impact Comparisons of Shale Gas, Conventional Gas, and Coal on Air, Water, and Land in the United States." Energy Policy 53:442 - 453.

Joint Research Centre. 2012. "Unconventional Gas: Potential Energy Market Impacts in the European Union." JRC Scientific and Policy Reports, Publications Office the European Union, Luxembourg.

Joireman, J., H. B. Truelove, and B. Duell. 2010. "Effect of Outdoor Temperature, Heat Primes and Anchoring on Belief in Global Warming." Journal of Environmental Psychology 30:358 - 367.

Jones, C., J. Lowe, S. Liddicoat, and R. Betts. 2009. "Committed Terrestrial Ecosystem Changes Due to Climate Change." Nature Geoscience 2:484 - 487.

Kahan, D. M., E. Peters, M. Wittlin, P. Slovic, L. L. Ouellette, D. Braman, and G. Mandel. 2012. "The Polarizing Impact of Science Literacy and Numeracy on Perceived Climate Change Risks." Nature Climate Change 2:732 - 735.

Kahneman, D. 2011. Thinking Fast and Slow. New York: Farrar, Straus and Giroux.

Kahneman, D., J. L. Knetsch, and R. H. Thaler. 1991. "Anomalies: The Endowment Effect, Loss Aversion, and Status Quo Bias." Journal of Economic Perspectives5: 193 - 206.

Kahneman, D., and A. Tversky. 1979. "Prospect Theory: An Analysis of Decisions under Risk." Econometrica 47:263 - 291.

Kahneman, D., and A. Tversky, eds. 2000. Choices, Values and Frames. Cambridge: Cambridge University Press.

Kaltenborn, B. P., C. Nellemann, and I. I. Vistnes, eds. 2010. "High Mountain Glaciers and Climate Change: Challenges to Human Livelihoods and Adaptation."

United Nations Environment Programme, GRID-Arendal. http://www.grida.no/publications/high-mountain-glaciers/e-book.aspx.

Kaser, G., M. Großhauser, and B. Marzeion. 2010. "Contribution Potential of Glaciers to Water Availability in Different Climate Regimes." Proceedings of the National Academy of Sciences 107:20223 - 20227.

Kasser, T., and T. Crompton. 2009. Meeting Environmental Challenges: The Role of Human Identity. Surrey: World Wildlife Fund.

Katakey, R., and D. Chakraborty. 2014. "Modi to Use Solar to Bring Power to Every Home by 2019." Bloomberg, 19 May. http://www.bloomberg.com/news/2014-05-19/modi-to-use-solar-to-bring-power-to-every-home-by-2019.html.

Kay, J. 2012. "The Kay Review of UK Equity Markets and Long-Term Decision Making." https://www.gov.uk/government/uploads/system/uploads/attachment_data/file/253454/bis-12-917-kay-review-of-equity-markets-final-report.pdf.

Kempener, R., L. D. Anadon, and J. Condor. 2010. "Governmental Energy Innovation Investments, Policies and Institutions in the Major Emerging Economies: Brazil, Russia, India, Mexico, China, and South Africa." Harvard University, Kennedy School of Government, Cambridge, MA. http://belfercenter.ksg.harvard.edu/publication/20517/.

Kersten, F., et al. 2011. "PV Learning Curves: Past and Future Drivers of Cost Reduction." Proceedings of the 26th European Photovoltaic Solar Energy Conference, 5 - 9 September, Hamburg, Germany.

Khan, N. 2014. "China to Seek Cap on Emissions as Obama Rallies Action." Bloomberg Business Week, 23 September. http://www.businessweek.com/news/2014-09-23/vice-premier-zhang-says-china-to-seek-peak-in-emissions.

King, D., J. Browne, R. Layard, G. O'Donnell, M. Rees, N. Stern, and A. Turner. Forthcoming. "A New Apollo Programme to Combat Climate Change."

King, J. 2008. "The King Review of Low-Carbon Cars." March.

Knopf, B., and O. Edenhofer, with T. Barker, N. Bauer, L. Baumstark, et al. 2009. "The Economics of Low Stabilisation: Implications for Technological Change and Policy." In M. Hulme and H. Neufeldt, eds., Making Climate Change Work for Us: ADAM Synthesis Book. Cambridge: Cambridge University Press.

Knutson, T. R., and R. E. Tuleya. 2004. "Impact of CO_2-Induced Warming on Simulated Hurricane Intensity and Precipitation: Sensitivity to the Choice of Climate Model and Convective Parameterization." Journal of Climate 17:3477 - 3495.

Kolm, S.-C. 1969. "The Optimal Production of Social Justice." In J. Margolis and H. Guitton, eds., Public Economics: An Analysis of Public Production and Consumption and Their Relations to the Private Sectors: Proceedings of a Conference Held by the International Economics Association. London: Macmillan; New York: St. Martin's Press.

Koopmans, T. C. 1960. "Stationary Ordinal Utility and Impatience." Econometrica 28:287-309.

Kopernik. 2012. "Light Up The Philippines—Impact Assessment, Kopernik." Available at http://kopernik.info/sites/default/files/Reports/Light% 20Up% 20The% 20Philippines%20Impact%20Assessment%20v1_FINAL.pdf.

Kopits, E., A. L. Marten, and A. Wolverton. 2013. "Moving Forward with Incorporating 'Catastrophic' Climate Change into Policy Analysis." National Centre for Environmental Economics, Working Paper 13-01.

Kopp, R. E., S. M. Hsiang, and M. Oppenheimer. 2013. "Empirically Calibrating Damage Functions and Considering Stochasticity when Integrated Assessment Models Are Used as Decision Tools." Paper presented at Impacts World 2013 International Conference on Climate Change Effects, Potsdam. http://www.climate-impacts-2013.org/files/ial_kopp.pdf.

Kriegler, E., J. W. Hall, H. Held, R. Dawson, and H. J. Schellnhuber. 2009. "Imprecise Probability Assessment of Tipping Points in the Climate System." Proceedings of the National Academy of Sciences 106:5041 - 5046.

Lagarde, C. 2013. "A New Global Economy for a New Generation." Speech in Davos, Switzerland, 23 January.

Lal, R. 2009. "The Potential for Soil Carbon Sequestration." In G. C. Nelson, ed., Agriculture and Climate Change: An Agenda for Negotiation in Copenhagen. 2020 Vision for Food Agriculture and the Environment. Washington, DC: International-Food Policy Research Institute.

Lanjouw, P., and N. Stern. 1998. Economic Development in Palanpur over Five Decades. New York: Oxford University Press.

Layard, R. 2005. Happiness: Lessons from a New Science. New York: Penguin.

Layard, R., G. Mayraz, and S. Nickell. 2008. "The Marginal Utility of Income." Journal of Public Economics 92:1846 - 1857.

Leggett, J. 2013. The Energy of Nations: Risk Blindness and the Road to Renaissance.New York: Routledge.

Leiserowitz, A. 2007. "Communicating the Risks of Global Warming: American Risk Perceptions, Affective Images, and Interpretive Communities." In S. C. Moser and L. Dilling, eds., Creating a Climate for Change, 44 - 63. New York: Cambridge

University Press.

Lenton, T., and J.-C. Ciscar. 2013. "Integrating Tipping Points into Climate Impact Assessments." Climate Change 117:585 - 597.

Lenton, T., H. Held, E. Kriegler, J. W. Hall, W. Lucht, S. Rahmstorf, and H. J. Schellnhuber. 2008. "Tipping Elements in the Earth's Climate System." Proceedings of the National Academy of Sciences 105:1786 - 1793.

Levine, R. C., A. G. Turner, D. Marathayil, and G. M. Martin. 2013. "The Role of Northern Arabian Sea Surface Temperature Biases in CMIP5 Model Simulations and Future Predictions of Indian Summer Monsoon Rainfall." Climate Dynamics 41:155 - 172.

Li, Y., E. J. Johnson, and L. Zaval. 2011. "Local Warming: Daily Temperature Change Influences Belief in Global Warming." Psychological Science 22:454 - 459.

Lichtenstein, S., P. Slovic, B. Fischhoff, M. Layman, and B. Combs. 1978. "Judged Frequency of Lethal Events." Journal of Experimental Psychology: Human Learning and Memory 4:551 - 578.

Licker, R., and M. Oppenheimer. 2013. "Climate-Induced Human Migration: A Review of Impacts on Receiving Regions." Paper presented at Impacts World 2013 International Conference on Climate Change Effects, Potsdam. http://www.climate-impacts-2013.org/files/wism_licker.pdf.

Lies, E., and S. Reklev. 2013. "Japan's New CO_2 Goal Dismays U.N. Climate Conference." Reuters. 15 November. http://www.reuters.com/article/2013/11/15/us-climate-japan-idUSBRE9AE00P20131115.

Little, I. M. D., and J. A. Mirrlees. 1974. Project Appraisal and Planning for Developing Countries. New York: Basic Books.

Lomborg, B., ed. 2009. Global Crises, Global Solutions. Cambridge: Cambridge University Press.

Lovei, M. 1998. "Phasing Out Lead from Gasoline: Worldwide Experience and Policy Implications." World Bank Technical Paper No. 397.

LSE Growth Commission. 2013. "Investing for Prosperity—Skills, Infrastructure and Innovation." London School of Economics and Political Science, London. http://www.lse.ac.uk/researchAndExpertise/units/growthCommission/home.aspx.

Lüthi, D., et al. 2008. "High-Resolution Carbon Dioxide Concentration Record650 000 to 800 000 Years before Present." Nature 453:379 - 382.

Lütken, S. E. 2012. "Penny Wise, Pound Foolish? Is the Original Intention of Cost Efficient Emissions Reduction through the CDM Being Fulfilled?" UNEP Risø Climate Working Paper Series No. 1, June.

Ma, W. 2013. "China Raises Target for 2015 Solar Power Capacity." Wall Street Journal, 15 July. http://online.wsj.com/news/articles/SB10001424127887323394504578607661315542072.

Malhi, Y., L. E. O. C. Aragão, D. Galbraith, C. Huntingford, R. Fisher, P. Zelazowski, S. Sitch, C. McSweeney, and P. Meir. 2009. "Exploring the Likelihood and Mechanism of a Climate-Change-Induced Dieback of the Amazon Rainforest." Proceedings of the National Academy of Sciences 106:20610 - 20615.

Malinvaud, E. 1953. "Capital Accumulation and Efficient Allocation of Resource." Econometrica 21:233 - 268.

Mann, M. E. 2002. "Little Ice Age." In T. Munn, ed., Encyclopedia of Global Environmental Change, 1:504 - 509. 5 vols. New York: Wiley.

Marcott, S. A., J. D. Shakun, P. U. Clark, and A. C. Mix. 2013. "A Reconstruction of Regional and Global Temperature for the Past 11 300 Years." Science 339:1198 - 1201.

Marshall, G. 2014. Don't Even Think about It: Why Our Brains Are Wired to Ignore Climate Change. New York: Bloomsbury.

Marten, A. L., R. E. Kopp, K. C. Shouse, C. W. Griffiths, E. L. Hodson, E. Kopits, B. K. Mignone, C. Moore, S. C. Newbold, S. Waldhoff, and A. Wolverton. 2013. "Improving the Assessment and Valuation of Climate Change Impacts for Policy and Regulatory Analysis." Climatic Change 117:433 - 438.

Martin, C. 2014. "China Installed a Record 12 Gigawatts of Solar in 2013." Bloomberg, 23 January. http://www.bloomberg.com/news/2014-01-23/china-installed-a-record-12-gigawatts-of-solar-in-2013.html.

Mastrandrea, M. D. 2009. "Calculating the Benefits of Climate Policy: Examining the Assumptions of Integrated Assessment Models." Report, Pew Center on Global Climate Change.

Mastrandrea, M. D., and S. H. Schneider. 2001. "Integrated Assessment of Abrupt Climate Change." Climate Policy 1:433 - 449.

McCright, A. M., and R. E. Dunlap. 2011a. "Cool Dudes: The Denial of Climate Change among Conservative White Males in the United States." Global Environmental Change 21:1163 - 1172.

McCright, A. M., and R. E. Dunlap. 2011b. "The Politicization of Climate Change and Polarization in the American Public's Views on Global Warming 2001 - 2010." Sociological Quarterly 52:155 - 194.

McKinsey. 2009. "Pathways to a Low-Carbon Economy: Version 2 of the Global Greenhouse Gas Abatement Cost Curve." http://www.mckinsey.com/clientservice/ccsi/pathways_low_carbon_economy.asp.

McKinsey. 2011. "Resource Revolution: Meeting the World's Energy, Materials, Food, and Water Needs." McKinsey Global Institute, McKinsey Sustainability and Resource Productivity Practice, November.

McKinsey. 2012a. "Manufacturing the Future: The Next Era of Global Growth and Innovation." McKinsey Global Institute, McKinsey Operations Practice, November.

McKinsey. 2012b. McKinsey Quarterly, July. http://www.mckinseyquarterly.com/Battery_technology_charges_ahead_2997.

Meade, J. 1951, 1955. The Theory of International Economic Policy. Vol. 1, The Balance of Payments (1951). Vol. 2, Trade and Welfare (1955). London: Oxford University Press for the Royal Institute of International Affairs.

Meinshausen, M. 2006. "What Does a 2°C Target Mean for Greenhouse Gas Concentrations? A Brief Analysis Based on Multi-Gas Emission Pathways and Several Climate Sensitivity Uncertainty Estimates." In H. J. Schellnhuber et al., eds., Avoiding Dangerous Climate Change, 265 - 279. New York: Cambridge University Press.

Merrill Lynch. 2008. "The Sixth Revolution: The Coming of Cleantech Clean Technology." Industry Overview. Available at www.responsible-investor.com/images/uploads/resources/research/21228316156Merril_Lynch-_the_coming_of_clean_tech.pdf.

Met Office Hadley Centre. 2013. Global-Average Temperature Records. Met Office UK. http://www.metoffice.gov.uk/climate-guide/science/science-behind-climate-change/hadley.

Michaels, D. 2008. Doubt Is Their Product: How Industry's Assault on Science Threatens Your Health. Oxford: Oxford University Press.

Miller, K. G., J. D. Wright, J. V. Browning, A. Kulpecz, M. Kominz, T. R. Naish, B. S. Cramer, Y. Rosenthal, W. R. Peltier, and S. Sosdian. 2012. "The High Tide of the Warm Pliocene: Implications of Global Sea Level for Antarctic Deglaciation." Geology 40:407 - 410.

Ministry of Environmental Protection of the People's Republic of China. 2013. "The State Council Issues Action Plan on Prevention and Control of Air Pollution Introducing Ten Measures to Improve Air Quality." 12 September. http://english.mep.gov.cn/News_service/infocus/201309/t20130924_260707.htm.

Mirrlees, J. A. 1971. "Explorations in the Theory of Optimum Income Taxation." Review of Economic Studies 38:175 - 208.

Mirrlees, J. A. 1997. "Information and Incentives: The Economics of Carrots and Sticks." Economic Journal [Royal Economic Society] 107:1311 - 1329.

Mirrlees, J. A., and N. Stern. 1972. "Fairly Good Plans." Journal of Economic Theory 4:268 - 288.

Mohan, V. 2014. "New Green Ministry Puts Climate Change on Top of Agenda." Times of India, 28 May. http://timesofindia.indiatimes.com/home/environment/global-warming/New-green-ministry-puts-climate-change-on-top-of-agenda/articleshow/35652160.cms.

Mokyr, J. 2009. The Enlightened Economy: An Economic History of Britain 1700 - 1850. New Haven: Yale University Press.

Moyer, E., M. Woolley, M. Glotter, and D. Weisbach. 2013. "Climate Impacts on Economic Growth as Drivers of Uncertainty in the Social Cost of Carbon." RDCEP Working Paper No. 13-02.

Multilateral Investment Guarantee Agency. 2014. World Investment and Political Risk 2013. Washington, DC: World Bank Group.

Murdiyarso, D., S. Dewi, D. Lawrence, and F. Seymour. 2011. "Indonesia's Forest Moratorium—A Stepping Stone to Better Forest Governance?" CIFOR Working Paper 76, CIFOR/Indonesia.

Murphy, B. P., and D. M. J. S. Bowman. 2012. "What Controls the Distribution of Tropical Forest and Savanna?" Ecology Letters 15:748 - 758.

Musk, E. 2014. "All Our Patent Are Belong to You." Press release, 12 June. Availableat http://www.teslamotors.com/blog/all-our-patent-are-belong-you.

Myllyvirta, L. 2014. "China Coal Peak, What the IEA Missed." Renew Economy, 18 December. http://reneweconomy.com.au/2014/china_coal_peak_iea_missed-91021.

Nachmany, M., S. Fankhauser, T. Townshend, M. Collins, T. Landesman, A.Matthews, C. Pavese, K. Rietig, J. Setzer, and P. Schleifer. 2014. The GLOBE Climate Legislation Study: A Review of Climate Change Legislation in 66 Countries.4th ed. London: GLOBE International and the Grantham Research Institute, London School of Economics.

NASA Earth Observatory. 2014. "World of Change—Decadal Temperature." http://earthobservatory.nasa.gov/Features/WorldOfChange/decadaltemp.php.

National Development and Reform Commission. 2013. China's Policies and Actions for Addressing Climate Change. Beijing: National Development and Reform Commission.

Neuhoff, K., R. Boyd, T. Grau, B. Hobbs, D. Newbery, F. Borggrefe, J. Barquin, F. Echavarren, J. Bialek, C. Dent, C. von Hirschhausen, F. Kunz, H. Weigt, C. Nabe, G. Papaefthymiou, and C. Weber. 2011. "Consistency with Other EU Policies, System and Market Integration: A Smart Power Market at the Centre of a Smart Grid." RE- Shaping Project Consortium, Karlsruhe, for European Commission. Available at http://www.reshaping-res-policy.eu/.

Neumayer, E. 2007. "A Missed Opportunity: The Stern Review on Climate Change Fails to Tackle the Issue of Non-Substitutable Loss of Natural Capital." Global Environmental Change 17.

New Mexico Public Regulation Commission. 2012. "Procedural Order—El Paso Electric Company Case 12-00386-UT." Santa Fe, NM. http://164.64.85.108/infodocs/2013/1/PRS20179845DOC.PDF.

Nicholls, R. J., N. Marinova, J. A. Lowe, S. Brown, P. Velligna, D. de Gusmão, J. Hinkel, and R. S. J. Tol. 2010. "Sea-Level Rise and Its Possible Impacts Given a 'Beyond 4°C World' in the Twenty-First Century." Philosophical Transactions of the Royal Society A 369: 161 - 181.

Nidumolu, R., C. K. Prahalad, and M. R. Rangaswami. 2009. "Why SustainabilityIs Now the Key Driver of Innovation." Harvard Business Review, September.

NOAA [National Oceanic and Atmospheric Administration]. 2010. "State of the Climate: Global Analysis for Annual 2010." NOAA/National Climatic Data Center. Available at www.ncdc.noaa.gov/sotc/global/2010/13.

NOAA. 2014a. "Global Surface Temperature Anomalies." NOAA/National Climatic-Data Center. Available at www.ncdc.noaa.gov/cmb-faq/anomalies.php.

NOAA. 2014b. "State of the Climate: Global Analysis—August 2014." NOAA National Climatic Data Center. Available at http://www.ncdc.noaa.gov/sotc/global/.

Nordhaus, W. D. 1991a. "A Sketch of the Economics of the Greenhouse Effect." American Economic Review 81: 146 - 150.

Nordhaus, W. D. 1991b. "To Slow or Not to Slow: The Economics of the Greenhouse Effect." Economic Journal [Royal Economic Society] 101:920 - 937.

Nordhaus, W. D. 2008. A Question of Balance: Weighing the Options on Global Warming Policies. New Haven: Yale University Press.

Nordhaus, W. D. 2011. "Integrated Economic and Climate Modeling." Cowles Foundation Discussion Papers 1839. Cowles Foundation for Research in Economics, Yale University.

Nuclear Energy Institute. 2013. "World Nuclear Generation and Capacity." http://www.nei.org/Knowledge-Center/Nuclear-Statistics/World-Statistics/World-Nuclear-Generation-and-Capacity.

Oak Ridge National Laboratory. 2008. "Combined Heat and Power: Effective Energy Solutions for a Sustainable Future." Oak Ridge National Laboratory.

OECD [Organisation for Economic Co-operation and Development]. 2010. "Comparing Nuclear Accident Risks with Those from Other Energy Sources." Nuclear Energy Agency, No. 6861.

OECD. 2013. Inventory of Estimated Budgetary Support and Tax Expenditures for Fossil Fuels 2013. Paris: OECD Publishing.

O'Gorman, M., and F. Jotzo. 2014. "Impact of the Carbon Price on Australia's Electricity Demand, Supply and Emissions." Centre for Climate Economics and Policy Working Paper 1411. July. http://econpapers.repec.org/paper/eenccepwp/1411.htm.

Okun, A. 1975. Equality and Efficiency. Washington, DC: Brookings Institution.

O'Neill, S. J., M. Boykoff, S. Niemeyer, and S. A. Day. 2013. "On the Use of Imagery for Climate Change Engagement." Global Environmental Change 23: 413 - 421.

Oosterhof, L., A. Heuvelman, and O. Peters. 2009. "Donation to Disaster Relief Campaigns: Underlying Social Cognitive Factors Exposed." Evaluation and Program Planning 32: 148 - 157.

Oreskes, N., and E. M. Conway. 2010. Merchants of Doubt: How a Handful of Scientists Obscured the Truth on Issues from Tobacco Smoke to Global Warming. New York: Bloomsbury Press.

Otto, V., and J. Reilly. 2008. "Directed Technical Change and the Adoption of CO2 Abatement Technology: The Case of CO_2 Capture and Storage." Energy Economics 30: 2879 - 2898.

Pagani, M., et al. 2009. "High Earth-System Climate Sensitivity Determined from Pliocene Carbon Dioxide Concentrations." Nature Geoscience 3:27 - 30.

Page, E. 2007. Climate Change, Justice and Future Generations. Cheltenham, UK: Edward Elgar.

Painter, J. 2011. Poles Apart: The International Reporting of Climate Scepticism. Oxford: Reuters Institute for the Study of Journalism.

Painter, J. 2013. Climate Change in the Media: Reporting Risk and Uncertainty. New York: I. B. Tauris.

Parfit, D. 1984. Reasons and Persons. Oxford: Clarendon Press.

Parkhill, K. A., C. Demski, C. Butler, A. Spence, and N. Pidgeon. 2013. "Transformingthe UK Energy System: Public Values, Attitudes and Acceptability—Synthesis Report." UK Energy Research Council, London.

Parry, M., N. Arnell, P. Berry, D. Dodman, S. Fankhauser, C. Hope, S. Kovats, R. Nicholls, D. Satterthwaite, R. Tiffin, and T. Wheeler. 2009. "Assessing the Costs of Adaptation to Climate Change." Report, IIED and Grantham Institute, London.

Parsons Brinckerhoff. 2012. "Electricity Transmission Costing Study: An Independent Report Endorsed by the Institution of Engineering & Technology (IET)." Parsons Brinckerhoff, Godalming, UK, in association with Cable Consulting International Ltd. Available at http://renewables-grid.eu/uploads/media/Electricity_Transmission_Costing_Study_Parsons_Brinckerhoff.pdf.

Pearson, N. O., and D. Chakraborty. 2014. "Modi Signals Solar Revolution for Power Market: Corporate India." Bloomberg, 13 March. http://www.bloomberg.com/news/2014-03-12/modi-signals-solar-revolution-for-power-market-corporate-india.html.

Pearson, P., and T. Foxon. 2012. "A Low Carbon Industrial Revolution? Insights and Challenges from Past Technological and Economic Transformations." Energy Policy 50:117 - 127.

Perez, C. 2002. Technological Revolutions and Financial Capital: The Dynamics of Bubbles and Golden Ages. Cheltenham, UK: Edward Elgar.

Perez, C. 2010. "Full Globalisation as a Positive-Sum Game: Green Demand as an Answer to the Financial Crisis." Presentation at London School of Economics and Political Science, 18 May.

Pezzey, J. C.V., and M. A. Toman. 2002. "The Economics of Sustainability: A Review of Journal Articles." Discussion Paper 02-03, Resources for the Future,

Washington, DC.

Pindyck, R. 2013. "Climate Change Policy: What Do the Models Tell Us?" Journal of Economic Literature 51:860 - 872.

Pinker, S. 2011. The Better Angels of Our Nature: A History of Violence and Humanity. London: Penguin.

Popp, D. 2006. "R&D Subsidies and Climate Policy: Is There a 'Free Lunch'?" Climate Change 77:311 - 341.

Posner, E. A., and D. Weisbach. 2010. Climate Change Justice. Princeton: Princeton University Press.

Quiggin, J. 2012. "Equity between Overlapping Generations." Journal of Public Economic Theory 14:273 - 283.

Rahmstorf, S., and D. Coumou. 2011. "Increase of Extreme Events in a Warming World." Proceedings of the National Academy of Sciences 108:17905 - 17909.

Ramsey, F. 1928. "A Mathematical Theory of Saving." Economic Journal 38:543 - 559.

Rawls, J. 1971. A Theory of Justice. Cambridge, MA: Belknap Press.

REN21. 2013. Renewables 2013 Global Status Report. Paris: REN21 Secretariat.

Risen, J. L., and C. R. Critcher. 2011. "Visceral Fit: While in a Visceral State, Associated States of the World Seem More Likely." Journal of Personality and Social Psychology 100:777 - 793.

Rogelj, J., M. Meinshausen, and R. Knutti. 2012. "Global Warming under Old and New Scenarios Using IPCC Climate Sensitivity Range Estimates." Nature Climate Change 2:248 - 253.

Romani, M., J. Rydge, and N. Stern. 2012. "Recklessly Slow or a Rapid Transitionto a Low - Carbon Economy? Time to Decide." Policy paper, Centre for Climate Change Economics and Policy and Grantham Research Institute on Climate Change and the Environment, December.

Romani, M., N. Stern, and D. Zenghelis. 2011. "The Basic Economics of Low-Carbon Growth in the UK." Policy brief, Grantham Research Institute on Climate Change and the Environment.

Rosenzweig, S., J. Elliott, D. Deryng, et al. 2013. "Assessing Agricultural Risks of Climate Change in the 21st Century in a Global Gridded Crop Model Intercomparison." Proceedings of the National Academy of Sciences 111(9):3268 - 3273.

Royal Society. 2009. "Geoengineering the Climate: Science, Governance and Uncertainty." RS Policy document 10/09, September.

Royal Society. 2011. "Four Degrees and Beyond: The Potential for a Global Temperature Increase of Four Degrees and Its Implications." Special issue. Philosophical-Transactions of the Royal Society 369: 1 - 241.

Royal Society/National Academy of Science. 2014. "Climate Change: Evidence and Causes." The Royal Society and the US National Academy of Science. Availableat https://royalsociety.org/~/media/Royal_Society_Content/policy/projects/climate-evidence-causes/climate-change-evidence-causes.pdf.

Russian Federation. 2013. Presidential Decree (YKAS3), 1 October.

Sagoff, M. 2004. Price, Principal, and the Environment. Cambridge: Cambridge University Press.

Sandel, M. 2012. "It's Immoral to Buy the Right to Pollute." In Robert Stavins, ed., Economics of the Environment: Selected Readings. New York: Norton.

Schneider, L. 2009. "Assessing the Additionality of CDM Projects: Practical Experiences and Lessons Learned." Climate Policy 9: 242 - 254.

Schneider, L. 2011. "Perverse Incentives under the CDM: An Evaluation of HFC-23 Destruction Projects." Climate Policy 11: 851 - 864.

Schneider, S. H. 1997. "Integrated Assessment Modeling of Global Climate Change: Transparent Rational Tool for Policy Making or Opaque Screen for Hiding Value-Laden Assumptions?" Environmental Modeling and Assessment 2: 229 - 249.

Schneider von Deimling, T., M. Meinshausen, A. Levermann, V. Huber, K. Frieler, D. M. Lawrence, and V. Brovkin. 2012. "Estimating the Near-Surface Permafrost-Carbon Feedback on Global Warming." Biogeosciences 9: 649 - 665.

Sen, A. 1970a. Collective Choice and Social Welfare. San Francisco: Holden-Day.

Sen, A. 1970b. "The Impossibility of a Paretian Liberal." Journal of Political Economy 78: 152 - 157.

Sen, A. 1997. "Human Rights and Asian Values: What Lee Kuan Yew and Li Peng Don't Understand about Asia." New Republic 217 (2 - 3).

Sen, A. 1998. "Human Rights and the Westernizing Illusion." Harvard International Review 20 (3).

Sen, A. 1999. Development as Freedom. New York: Random House.

Sen, A. 2006. The Argumentative Indian: Writings on Indian History, Culture and Identity. New York: Picador.

Sen, A. 2009. The Idea of Justice. London: Allen Lane.

Sen, A., and B. Williams. 1982. Utilitarianism and Beyond. Cambridge: Cambridge University Press.

Shah, N., et al. 2013. "Halving Global CO2 by 2050: Technologies and Costs." Report, Imperial College London.

Shankleman, J. 2014. "Tim Cook Tells Climate Change Sceptics to Ditch Apple Shares." Business Green, London, 3 March. http://www.businessgreen.com/bg/news/2331838/tim-cook-tells-climate-sceptics-to-ditch-apple-shares.

Shenzhen Municipal Government. 2012. "Tiered Power Bill Debated." Shenzhen, China. Available at http://english.sz.gov.cn/ln/201205/t20120517_1914423.htm.

Sherwood, S. C., and M. Huber. 2010. "An Adaptability Limit to Climate Change Due to Heat Stress." Proceedings of the National Academy of Sciences 107 (21): 9552 - 9555. Shue, H. 1996. Basic Rights. 2nd ed. Princeton: Princeton University Press.

Singer, P. 2010a. The Life You Can Save. New York: Random House.

Singer, P. 2010b. "One Atmosphere." In S. Gardiner, S. Caney, D. Jamieson, and H. Shue, eds., Climate Ethics: Essential Readings. Oxford: Oxford University Press.

Sinn, H. W. 2007. "Pareto Optimality in the Extraction of Fossil Fuels and the Greenhouse Effect: A Note." CESifo Working Paper No. 2083, August.

Sinn, H. W. 2008. "Public Policies against Global Warming: A Supply-Side Approach." International Tax and Public Finance 15: 360 - 394.

Slovic, P. 2010. Feeling of Risk: New Perspectives on Risk Perception. London: Earthscan.

Smith, L. A., and N. Stern. 2011. "Uncertainty in Science and Its Role in Climate Policy." Philosophical Transactions of the Royal Society A 369: 1 - 24.

Solomon, S., et al. 2009. "Irreversible Climate Change Due to Carbon Dioxide Emissions." Proceedings of the National Academy of Sciences 106: 1704 - 1709.

Sorrell, S., J. Schleich, S. Scott, E. O'Malley, F. Trace, U. Boede, K. Ostertag, and P. Radgen. 2000. "Barriers to Energy Efficiency in Public and Private Organisations."

Final report to the European Commission, Project JOS3CT970022. http://www.sussex.ac.uk/Units/spru/publications/reports/barriers/final.html.

South Africa Department of Energy. 2013. "Renewable Energy IPP Procurement Programme—Bid Window 3 Preferred Bidders." http://www.ipprenewables.co.za/gong/widget/file/download/id/199.

Stadelmann, M., G. Frisari, R. Boyd, and J. Feás. 2014. "The Role of Public Finance in CSP: Background and Approach to Measure its Effectiveness." Climate Policy Initiative—San Giorgio Group Brief, Venice.

Stanton, E. 2011. "Negishi Welfare Weights in Integrated Assessment Models: The Mathematics of Global Inequality." Climatic Change 107:417 - 432.

Steinbruner J. D., P. C. Stern, and J. L. Husbands, eds. 2012. Climate and Social Stress: Implications for Security Analysis. Washington, DC: National Academies Press.

Stern, N. 1972a. "Experience with the Use of the Little/Mirrlees Method for an Appraisal of Small-Holder Tea in Kenya." Bulletin of the Oxford University Institute of Economics and Statistics 34:93 - 123.

Stern, N. 1972b. "Optimum Development in a Dual Economy." Review of EconomicStudies 39 (2):171 - 184.

Stern, N. 1977. "Welfare Weights and the Elasticity of the Marginal Valuation of Income." In M. J. Artis and A. R. Nobay, eds., Studies in Modern Economic Analysis: The Proceedings of the Association of University Teachers of Economics, Edinburgh, 1976. Oxford: Basil Blackwell.

Stern, N. 2007. The Economics of Climate Change: The Stern Review. Cambridge: Cambridge University Press.

Stern, N. 2008. "Richard T. Ely Lecture: The Economics of Climate Change." American Economic Review: Papers and Proceedings 98 (2):1 - 37.

Stern, N. 2009. A Blueprint for a Safer Planet: How to Manage Climate Change and Create a New Era of Progress and Prosperity. London: Bodley Head.

Stern, N. 2010. "Presidential Address: Imperfections in the Economics of Public Policy, Imperfections in Markets, and Climate Change." Journal of the European Economic Association 8:253 - 288.

Stern, N. 2011. "Raising Consumption, Maintaining Growth and Reducing Emissions: The Objectives and Challenges of China's Radical Change in Strategy and Its Implications for the World Economy." World Economics 12 (4):1 - 22.

Stern, N. 2013. "The Structure of Economic Modeling of the Potential Impacts of Climate Change: Grafting Gross Underestimation of Risk onto Already Narrow Science Models." Journal of Economic Literature 51:838 - 859.

Stern, N. 2014a. "Ethics, Equity and the Economics of Climate Change Paper 1: Science and Philosophy." Economics and Philosophy 30:397 - 444.

Stern, N. 2014b. "Ethics, Equity and the Economics of Climate Change Paper 2: Economics and Politics." Economics and Philosophy 30:445 - 501.

Stern, N. 2014c. "Growth, Climate and Collaboration: Towards Agreement in Paris 2015." Policy paper, Centre for Climate Change Economics and Policy and Grantham Research Institute on Climate Change and the Environment, December.

Stern, N., J.-J. Dethier, and F. H. Rogers. 2005. Growth and Empowerment: Making Development Happen. Cambridge, MA: MIT Press.

Stern, N., and J. Rydge. 2012. "The New Energy-Industrial Revolution and an International Agreement on Climate Change." Economics of Energy and EnvironmentalPolicy 1:1 - 19.

Stern, T. 2014. "Seizing the Opportunity for Progress on Climate." Remarks by Todd D. Stern, U.S. Special Envoy for Climate Change, Yale University, New Haven, CT.

Sterner, T., and U. M. Persson. 2008. "An Even Sterner Review: Introducing Relative Prices into the Discounting Debate." Review of Environmental Economicsand Policy 2:61 - 76.

Stewart, J. R., and C. B. Stringer. 2012. "Human Evolution Out of Africa: The Role of Refugia and Climate Change." Science 335:1317 - 1321.

Stringer, C. B. 2007. Homo Britannicus: The Incredible Story of Human Life in Britain. London: Penguin.Taber, J. 1998. "Duty and Virtue, Indian Conceptions of." In E. Craig, ed., Routledge Encyclopedia of Philosophy. London: Routledge. Available at http://www.rep.routledge.com/article/F067.

Taschini, L., S. Kollenberg, and C. Duffy. 2013. "System Responsiveness and the European Union Emissions Trading Scheme." Policy paper, Centre for Climate Change Economics and Policy and Grantham Research Institute on Climate Change and the Environment.

Tata Institute of Social Sciences. 2010. "Global Carbon Budgets and Equity in Climate Change." Conference, Discussion Paper, Supplementary Notes and Summary Report, Mumbai.

Titmuss, R. 1970. The Gift Relationship: From Human Blood to Social Policy. London: Allen and Unwin.

Tol, R. S. J. 2012. "On the Uncertainty about the Total Economic Impact of Climate Change." Environmental Resource Economics 53:97 - 116.

Toman, M. A. 1994. "Economics and 'Sustainability': Balancing Trade-offs and Imperatives." Land Economics 70:399 - 413.

Törnqvist, T. E., and M. P. Hijma. 2012. "Links between Early Holocene Ice-Sheet Decay, Sea-Level Rise and Abrupt Climate Change." Nature Geoscience 5:601 - 606.

Townshend T., S. Fankhauser, R. Aybar, M. Collins, T. Landesman, M. Nachmany, and C. Pavese. 2013. "The Globe Climate Legislation Study: A Review of ClimateChange Legislation in 33 Countries." Globe International and Grantham Research Institute on Climate Change and the Environment, London School of Economics, London.

Umwelt Bundesamt. 2014. "Die Umweltwirtschaft in Deutschland." Bundesministerium für Umwelt, Naturschutz, Bau und Reaktorsicherheit, Berlin. Available at http://www.umweltbundesamt.de/sites/default/files/medien/378/publikationen/hgp_umweltwirtschaft_in_deutschland.pdf.

United Nations Development Programme. 2013. "Derisking Renewable Energy Investment." United Nations Development Programme, New York. Available at http://mitigationpartnership.net/sites/default/files/undp_derisking_renewable_energy_investment_-_full_report_april_2013.pdf.

UNEP [United Nations Environment Programme]. 2009. Climate and Trade Policiesin a Post-2012 World. Nairobi: UNEP and ADAM.

UNEP. 2010. "Overview of the Republic of Korea's Strategy for Green Growth." Report, United Nations Environment Programme Green Economy Initiative.

UNEP. 2012. The Emissions Gap Report 2012: A UNEP Synthesis Report. Nairobi: UNEP. http://www.unep.org/pdf/2012gapreport.pdf.

UNEP. 2013. The Emissions Gap Report 2013: A UNEP Synthesis Report. Nairobi: UNEP. http://www.unep.org/pdf/UNEPEmissionsGapReport2013.pdf.

UNFCCC [United Nations Framework Convention on Climate Change]. 2007. "Dialogue on Long-Term Co-operative Action to Address Climate Change by Enhancing Implementation of the Convention." Fourth workshop, Vienna, 27 - 31 August, Dialogue working paper 8.

UNFCCC. 2010. "The Cancun Agreements: Outcome of the Work of the Ad Hoc Working Group on Long-Term Cooperative Action under the Convention." Decision 1/CP.16. UN Doc FCCC/CP/2010/7/Add.1.

UNFCCC. 2012. "Decision 1/CP.17. Establishment of an Ad Hoc Working Group on the Durban Platform for Enhanced Action." http://unfccc.int/resource/docs/2011/cop17/eng/09a01.pdf.

UNFCCC. 2013. "Decision 1/CP.19:Further Advancing the Durban Platform." http://unfccc.int/resource/docs/2013/cop19/eng/10a01.pdf.

United Nations. 2010. "Report of the Secretary-General's High-Level Advisory Group on Climate Change Financing." http://www.un.org/wcm/webdav/site/climatechange/shared/Documents/AGF_reports/AGF%20Report.pdf.

United States Government. 2014. Submission of the US Government to the Ad Hoc Working Group on the Durban Platform on Enhanced Action. September 2014. http://unfccc.int/files/bodies/awg/application/pdf/us_submission_fall_2014_final.pdf.

US Clean Heat and Power Association. 2012. "CHP Industry Hails White House Executive Order Supporting Combined Heat and Power." Press release,30 August.

Valdes,P. 2011. "Built for Stability." Nature Geoscience 4:414 - 416.

Van der Veen, C. J. 2010. "Ice Sheet Mass Balance and Sea Level: A Science Plan." Scientific Committee on Antarctic Research at the Scott Polar Research Institute,Cambridge,UK,SCAR Report 38,July.

Van Vuuren,D. P.,J. Edmonds,M. Kainuma,K. Riahi,A. Thomson,K. Hibbard,G. C. Hurtt, T. Kram, V. Krey, J.-F. Lamarque, T. Masui, M. Meinshausen, N. Nakicenovic, S. J. Smith, and S. K. Rose. 2011. "The Representative Concentration Pathways:An Overview." Climatic Change 109:5 - 31.

Vatican Radio. 2014. "Pope at Audience: If We Destroy Creation, It Will Destroy Us." 22 May. http://en.radiovaticana.va/news/2014/05/22/pope_francis_warns_against_the_destruction_of_creation_/1100782.

Virgin Group. 2014. "What Is Virgin Atlantic Doing to Combat Climate Change?" http://www.virgin-atlantic.com/en/gb/allaboutus/pressoffice/faq/climatechange.jsp.

Vivid Economics. 2011. "Emerging Markets and Low-Carbon Growth:Three Self-Interested Reasons to Act Now." Emerging Markets Forum,Synthesis Paper.

Vogt-Schilb, A., and S. Hallegatte. 2011. "When Starting with the Most Expensive Option Makes Sense:Use and Misuse of Marginal Abatement Cost Curves." Policy Research Working Paper 5803, World Bank, Washington, DC. http://www-wds.worldbank.org/external/default/WDSContentServer/IW3P/IB/2011/09/21/000158349_20110921094422/Rendered/PDF/WPS5803.pdf.

Wall Street Journal. 2009. "Want Clean-Energy Investment? Offer More TLC,

Deutsche Bank Says." Wall Street Journal, 26 October. Available at http://blogs.wsj.com/environmentalcapital/2009/10/26/want-clean-energy-investment-offer-more-tlc-deutsche-bank-says/.

Wara, M. W., and D. G. Victor. 2008. "A Realistic Policy on International Carbon Offsets." Program on Energy and Sustainable Development Working Paper #74, Stanford University, Stanford, CA.

Ward, R. 2013. "Communicating on Climate Change." Weather 68 (1): 16 – 17.

Warren, R., M. D. Mastrandrea, C. Hope, and A. F. Hof. 2010. "Variation in the Climatic Response to SRES Emissions Scenarios in Integrated Models." Climatic Change 102: 671 – 685.

Weaver, A. J., J. Sedláček, M. Eby, K. Alexander, E. Crespin, T. Fichefet, G. Philippon-Berthier, F. Joos, M. Kawamiya, K. Matsumoto, M. Steinacher, K. Tachiiri, K. Tokos, M. Yoshimori, and K. Zickfeld. 2012. "Stability of the Atlantic Meridional Overturning Circulation: A Model Intercomparison." Geophysical Research Letters 39: L20709.

Weitzman, M. L. 1974. "Prices vs Quantities." Review of Economic Studies 41: 477 – 491.

Weitzman, M. L. 1998. "Why the Far-Distant Future Should Be Discounted at Its Lowest Possible Rate." Journal of Environmental Economy and Management 36: 201 – 208.

Weitzman, M. L. 2007a. "A Review of The Stern Review on the Economics of Climate Change." Journal of Economic Literature 45: 703 – 724.

Weitzman, M. L. 2007b. "Subjective Expectations and Asset-Return Puzzles." American Economic Review 97: 1102 – 1130.

Weitzman, M. L. 2009. "On Modeling and Interpreting the Economics of CatastrophicClimate Change." Review of Economics and Statistics 91: 1 – 19.

Weitzman, M. L. 2011. "Fat-Tailed Uncertainty in the Economics of CatastrophicClimate Change." Review of Environmental Economics and Policy 5: 275 – 292.

Weitzman, M. L. 2012. "GHG Targets as Insurance against Catastrophic Climate Damages." Journal of Public Economic Theory 14: 221 – 244.

Wilks-Heeg, S., A. Blick, and S. Crone. 2012. How Democratic Is the UK? The 2012 Audit. Liverpool: Democratic Audit.

Wiser, R., and M. Bolinger. 2012. 2011 Wind Technologies Market Report. Washington, DC: US Department of Energy, Office of Energy Efficiency and Renewable Energy.

Wong, D. 2011. "Comparative Philosophy: Chinese and Western." In Edward N. Zalta, ed., The Stanford Encyclopedia of Philosophy. http://plato.stanford.edu/archives/fall2011/entries/comparphil-chiwes/.

World Bank. 2005. World Development Report: A Better Investment Climate for All. Washington, DC: World Bank.

World Bank. 2010. "Humbo Reforestation Project—Delivering Multiple Benefits."

World Bank, Washington DC. Available at http://wbcarbonfinance.org/docs/FINAL_STORY_green-growth-humbo.pdf.

World Bank. 2012a. Inclusive Green Growth: The Pathway to Sustainable Development.

Washington, DC: World Bank.

World Bank. 2012b. "Turn Down the Heat: Why a 4°C Warmer World Must Be Avoided." Report, Potsdam Institute for Climate Impact Research and Climate Analytics, for the World Bank.

World Bank. 2012c. "World Development Indicators." http://data.worldbank.org/indicator/sp.dyn.tfrt.in.

World Bank. 2013a. "Turn Down the Heat: Climate Extremes, Regional Impacts, and the Case for Resilience." Report, Potsdam Institute for Climate Impact Research and Climate Analytics, for the World Bank.

World Bank. 2013b. "World Development Indicators." http://data.worldbank.org/indicator/sp.pop.totl.

World Bank. 2014a. "Climate Change Overview." http://www.worldbank.org/en/topic/climatechange/overview.

World Bank. 2014b. "World Development Indicators." World Bank, Washington, DC.

World Bank. 2014c. "73 Countries and Over 1,000 Businesses Speak Out in Support of a Price on Carbon." World Bank Website: News, 22 September.

World Commission on Dams. 2000. Dams and Development: A New Framework for Decision-Making. London: Earthscan. Available at http://www.internationalrivers.org/files/attached-files/world_commission_on_dams_final_report.pdf.

World Economic Forum. 2012a. "More with Less: Scaling Sustainable Consumptionand Resource Efficiency." World Economic Forum, in collaboration with Accenture, January.

World Economic Forum. 2012b. "Putting the New Vision for Agricultureinto Action:

A Transformation Is Happening." World Economic Forum, Geneva. http://www3.weforum.org/docs/WEF_FB_NewVisionAgriculture_HappeningTransformation_Report_2012.pdf.

World Economic Forum. 2013. Global Risks 2013: Eighth Edition. In collaborationwith Marsh & McLennan Companies; National University of Singapore; Oxford Martin School, University of Oxford; Swiss Reinsurance Company; Wharton Center for Risk Management; University of Pennsylvania; Zurich Insurance Group. Geneva: World Economic Forum.

World Energy Council. 2013. "Enerdata—Energy Indicators." Database. London. Available at http://www.wec-indicators.enerdata.eu/household- electricity- use.html.

World Health Organization. 2002. World Health Report: Reducing Risks, Promoting-Healthy Life. Geneva: World Health Organization.

World Health Organization. 2014. "Tobacco." Fact Sheet No. 339. http://www.who.int/mediacentre/factsheets/fs339/en/.

World Resources Institute. 2013. "First Take: Looking at President Obama's Climate Action Plan." WRI Insights, June 25.

World Resources Institute. 2014a. "CAIT 2.0, 2014. Climate Analysis Indicators Tool (CAIT) Version 2.0." World Resources Institute, Washington, DC. http://cait2.wri.org.

World Resources Institute. 2014b. "Renewable Energy in China: A Graphical Overview of 2013." ChinaFAQs, The Network for Climate and Energy and Information, 13 May, v. 2.0.

Yeo, S. 2014. "India Plans to Overhaul Approach to UN Climate Talks." Responding-to Climate Change, 1 July. http://www.rtcc.org/2014/07/01/india-plans-to-overhaul-approach-to-un-climate-talks/#sthash.FC2ZbPUg.dpuf.

Zachos, J. C., G. R. Dickens, and R. E. Zeebe. 2008. "An Early Cenozoic Perspectiveon Greenhouse Warming and Carbon-Cycle Dynamics." Nature 451: 279-283.

Zenghelis, D. 2011. "A Macroeconomic Plan for a Green Recovery." Policy paper, Grantham Research Institute on Climate Change and the Environment and Centre for Climate Change Economics and Policy, London School of Economics and Political Science, January.

Zhu, X. 2012. "Understanding China's Growth: Past, Present, and Future." Journal of Economic Perspectives 26 (4):103 - 124.

Zysman, J., and M. Huberty. 2011. "From Religion to Reality: Energy Systems Transformation for Sustainable Prosperity." Berkeley Roundtable on the International Economy, Green Growth Leaders.